Mayo Clinic自译丛

教养全书

（3~11岁）

养育一个健康孩子的必备指南

Mayo Clinic Guide to Raising a Healthy Child

〔美〕安吉拉·玛特克（Angela C. Mattke, M.D.） 主编

韩彤妍 主译

译者（按翻译章节排序）

常艳美 韩彤妍 张 娟 刘云峰

崔蕴璞 汤亚南 潘维伟

（译者均来自北京大学第三医院）

北京科学技术出版社

作者声明

　　书中的信息并不能代替专业的医疗建议，仅供参考。作者、编辑、出版者或发行者对由本书引起的任何人身伤害或财产损失不承担任何责任。

　　本出版物不是由妙佑医疗国际翻译的，因此，妙佑医疗国际将不对出版物中出现由翻译引起的错误、遗漏或其他可能的问题负责。

MAYO CLINIC GUIDE TO RAISING A HEALTHY CHILD

by Angela C. Mattke, M.D.

Copyright ©2020 Mayo Foundation for Medical Education and Research(MFMER)

Published by arrangement with Nordlyset Literary Agency

through Bardon-Chinese Media Agency

Simplified Chinese translation copyright ©2023

by Beijing Science and Technology Publishing Co., Ltd.

ALL RIGHTS RESERVED.

著作权合同登记号　图字：01-2020-0986

图书在版编目（CIP）数据

　　教养全书：3-11岁：养育一个健康孩子的必备指南/（美）安吉拉·玛特克（Angela C. Mattke）主编；韩彤妍主译. — 北京：北京科学技术出版社，2023.1

　　书名原文: Mayo Clinic Guide to Raising a Healthy Child

　　ISBN 978-7-5714-2399-5

　　Ⅰ.①教… Ⅱ.①安… ②韩… Ⅲ.①婴幼儿—哺育—指南 Ⅳ.①TS976.31-62

　　中国版本图书馆CIP数据核字（2022）第115647号

责任编辑：赵美蓉	电　　话：0086-10-66135495（总编室）
责任校对：贾　荣	0086-10-66113227（发行部）
图文制作：北京锋尚制版有限公司	网　　址：www.bkydw.cn
责任印制：吕　越	印　　刷：北京宝隆世纪印刷有限公司
出 版 人：曾庆宇	开　　本：700 mm×1000 mm　1/16
出版发行：北京科学技术出版社	字　　数：500千字
社　　址：北京西直门南大街 16 号	印　　张：31
邮政编码：100035	版　　次：2023 年 1 月第 1 版
ISBN 978-7-5714-2399-5	印　　次：2023 年 1 月第 1 次印刷

定　　价：138.00元

中文版推荐序

静待花开，是一种生活态度，也是一种育儿观念。每一个生命的降临，都饱含着亲人的祝福；每一个幼苗的成长，都需要我们精心的呵护！丑小鸭终会长大，成为美丽的天鹅。孩子们就像家庭花园中的小毛虫，破茧成蝶，给我们的生活带来无尽美好与惊喜。享受这个蜕变的过程，安之若素，微笑向暖！

《教养全书（3~11岁）：养育一个健康孩子的必备指南》是Mayo Clinic科普译丛的一部分，由北京大学第三医院儿科医师共同翻译完成，她们长期致力于向社会广泛传播科普与专业相结合的育儿知识。本书希望给家中孩子刚刚迈过婴幼儿期的爸妈们，提供关于如何保障孩子身体健康与均衡营养、如何处理孩子常见疾病、如何正向引导孩子情绪与行为等问题的有效建议，并以发展的眼光讲述当下成长对未来的长远影响，相信一定有助于减少父母在孩子幼儿园及小学阶段的教养焦虑，以更平和的心态陪伴孩子的成长，让育儿之路不再荆棘丛生，不再坎坷羁绊！愿本书能使孩子收获亦师亦友的父母，并让父母成为孩子成长道路上最坚固的基石和不断攀登的绳梯。

孩子是最好的未来，让我们用爱筑造完美现在，放眼未来，静待花开！

乔杰

北京大学常务副校长、医学部主任
中国工程院院士
北京大学第三医院院长

引 言

养育孩子是一个充满回报和未知的冒险旅程。幸运的是，有很多机会为孩子提供均衡的、健康的生活，建立牢固的基础，帮助孩子度过人生的起起落落！

在孩子很小的时候，教会他（她）面对挑战和挫折，这将使他（她）做好准备在初中、高中和更大年龄时面对更大的挑战。不要太担心家庭中遇到的困难，任何形式的育儿都不是一件容易的事，始终致力于和孩子建立一种充满爱的养育关系，有着深远的意义和终身的回报。

每个家庭的构成各不相同，养育健康孩子的过程也不同。当我们用"家长"这个词的时候，意味着抚育孩子时，任何有爱心和责任的人都致力承担这一重任。我们希望，无论你现在如何育儿，你都能在本书中找到有帮助和有意义的信息。

《教养全书（3～11岁）：养育一个健康孩子的必备指南》是为对儿童发展有兴趣的人们精心准备的作品，特别感谢所有帮助实现这一目标的人。

如何使用这本书

为了帮助你轻松找到你需要的内容,《教养全书(3~11岁):养育一个健康孩子的必备指南》分为如下七部分。

第一部分:生长和发育

在这一部分,你会发现,从学龄前到中学会发生什么,包括发育中的里程碑、关于科技应用的最新指南、展望青春期,等等。

第二部分:保健和健康

这一部分包含保证孩子健康和安全的关键元素:获得儿童保健、疫苗、牙齿健康和睡眠的最新资讯,也会学习如何急救和发生急症时该做什么。

第三部分:健身和营养

这些都是养育孩子的重要话题。在这一部分,你会发现关于健身和运动建议的可信且最新的信息,为你的家庭提供均衡饮食的常识指南,以及预防和治疗儿童肥胖症与保持健康身体形象的行之有效的策略。

第四部分:情感和行为

这一部分是给你渐进式指导,帮助孩子养成积极的行为,培养适应力,建立友谊;你还会学习孩子在应对困难时,你能做些什么来帮助他(她),以及如何解决儿童期常见的心理健康问题。

第五部分:常见疾病和问题

在这一部分,会有一些有用的建议和治疗方法,可以帮助你应对影响孩子的常见疾病,例如过敏、感冒、胃痛及其他。

第六部分:更复杂的需求

有些孩子比同龄人需要更多的关爱,不论是医学、行为心理学还是学校相关的问题。第六部分介绍了一些学龄前和学龄期的慢性病,以及养育有复杂需求孩子的建议。

第七部分:成为一个家庭

家庭构成是多种多样的。但是,每个成功的家庭在一起生活和学习时,都要遵守一些基本原则。这一部分有你需要知道的关于家庭生活的多个方面的信息。

目　录

应考虑的因素 · 如果您认为孩子已经可以独立在家

第一部分
生长和发育

第1章
欢迎来到学龄前期和学龄期

您和孩子已经一起度过了最令人难忘的婴幼儿时期，这是一段充满快乐，但同时也让人筋疲力尽的旅程。您把全部的心血和情感都倾注在这个小生命身上，您在他（她）身上付出了这么多的时间和精力，同时也收获了回报。您为孩子所有的成长和改变感到高兴。随着孩子逐渐长大，您对孩子的了解也更深入。

在孩子不断成长的过程中，毫无疑问地，您的生活安排和育儿策略也会随之变化。您已经深有体会，适应这些变化是为人父母必须完成的重要课题。

现在，您的孩子正要进入一个新的阶段：学龄前期。这段时期也被称为奇迹时期。孩子会成为一个探险家，不再需要您时刻陪伴，他（她）对外界事物充满了兴趣和好奇。家庭以外的世界也逐渐对孩子开放，孩子探索行为的边界不断受到考验。您的孩子开始结交朋友、与老师或其他成年人进行沟通。他（她）变得越来越健谈，喜欢大声和清晰地表达自己的喜恶。您注意到他（她）在日常生活中的执行能力越来越强，这与他（她）想要更加独立的愿望密切相关。这些变化既令人兴奋，又具有挑战性。

如果您的孩子已经过了学龄前期。在童年中期，你孩子更多的时间不再是待在家里或托儿所中，而是在学校中生活、运动、参加课外活动以及社交活动。您的孩子在成长的各个方面都将继续经历巨大的改变，从身体上和情感上的成长，到令人惊讶的对零花钱和手机使用权的合理争论。您会和孩子一起感受这种获得自信和独立的乐趣，并在孩子遇到困难时提供指导。当您的孩子在推理、交流和管理自己情感方面的能力增强时，您就会惊讶于孩子的自我成长方式。

在孩子的整个学龄前期和学龄期阶段，您将继续与孩子一起经历荣耀的时刻和平凡的时刻。与其他所有人一样，在生活中，父母的心情也会有起有落。前一分钟，您还沉浸在欢声笑语中；但下一分钟，您可能就会抓狂，渴望平静和安宁。有些时候，您似乎知道自己在做什么，但其实更多时候，您觉得自己像在随风滑翔。这种状态是完全正常的，也是意料之中的。毕竟，为人父母是一项需要终身学习、边学边用的工作。

成为好父母

有了此前几年的育儿经验，您比第一次抱着刚出生的宝宝时懂得更多。即便如此，您仍感到似乎每天有很多的东西需要学习。您还在试图找出成为好父母的最佳方法。本书就是为了帮助您成为一个好父母而编写。但一定不要让成为好父母的愿望变成"完美"父母的压力。

正如没有完美的孩子一样，也没有完美的父母。即使是那些看起来很有耐心的父母，有时也会失去耐心或把事情搞砸。其实把事情搞得一团乱也是为人父母历程中正常的一部分，父母也是在这个过程中学习进步的。即使您犯了一个错误（未来也许会犯更多错误），您也不会"毁了"您的孩子，您的孩子比您想象得更坚强、更聪明、更具适应能力。

不要总是期望把每件事都做好，专注于成为尽职尽责的父母就足够了。您可以为自己制订一个相当高的标准，但要认识到您有时会达不到。很重要的一点是，您如何看待那些不可避免的失误和养育尝试的失误，同时您也要明白自己将长期处于这种试错状态中。一个失误并不是世界末日，与其惩罚自己或无休止地沉湎于一个失误，不如把失误看作尝试新方法的机会。通过失误来反思自己的育儿方法，并评估这种育儿方法是否适合自己的孩子。原谅自己的第一次失误，下次努力做得更好，您的孩子也会注意到您的关心和努力的。

留一点时间给自己，您就能够更放松，并享受到更多的育儿乐趣。这会让您对孩子有更多的爱和同情心。更重要的是，您将通过让孩子看到您愿意从自己的经历中学习提高，来塑造一种健康的面对生活和挑战的方式。如果您和孩子能一起面对前方的困难，孩子将认识到无论发生什么事，你们都是能互相依靠的家人。

当您踏上这段美妙的育儿之旅时，请记住以下几点。

相信自己的直觉　您知道的比您想的和做的都要多。一方面，即使需要反复尝试，您也要相信自己有能力解决问题。另一方面，请记住，即使是经验最丰富的父母，有时也会不知所措。您可以向朋友、家人和医疗专业人士寻求帮助。如果有人向您主动提出建议，那就采纳那些与您的育儿价值观相同的建议，其余的则不必介怀。

留出反思的时间　为人父母的生活可能非常忙碌，您可能觉得自己连喘口气的时间都没有。有时候，熬过一天，晚上能躺在床上就已感到满足。但如果可能的话，试着挤出一些时间独处，或夫妻双方一起反思一下大的育儿方面。例如，什么样的育儿策略有效？哪些方式可能需要调整或改变？当您的孩子还在上幼儿园的时候，什么方法曾经有效，但现在却不起作用了？经常问问自己这些问题，将帮助您与孩子保持步调一致，以及明白目前需要怎样的育儿方式。

欣赏自己的孩子　尽管育儿生活可能有些混乱，但这些都是宝贵的人生经历。允许自己退后一步，享受与您的孩子共处的时光。当您有时间能够真正投入的时候，为一对一的交流留出时间，注意观察自己的孩子，试着从他（她）的角度看待问题，您要学会从小事中获

得快乐。尽管抚养孩子会面临种种挑战，但为人父母也让您的日常生活变得丰富多彩。

照顾好您自己 在照顾孩子之前，首先要照顾好您自己。自己的感觉越好，您就越有能力照顾自己的孩子。允许自己从父母的责任中解脱出来，腾出时间做自己喜欢做的事，发展自己的兴趣、友谊和人际关系。孩子或许是您生活的中心，但是通过其他方式获得满足感对您来说也很重要。这也是一种给予孩子心理和情感幸福的方式。

保持幽默感 不论是父母还是孩子，每个人都有心情糟糕的时候。有时候事情会变得非常令人沮丧，唯一的解决方式就是一笑而过，重新开始。保持幽默感可以缓解您的紧张情绪，帮助您找到一个更清晰的视角，帮助您保持心理平衡。保持幽默感可以帮助您教会孩子如何适应生活，如何积极应对生活中的挑战。在您的育儿"工具包"中，对待孩子保持幽默感可能是一个很有用的"工具"。

关于这本书

当您实践和摸索如何为人父母时，任何一点指导和安慰也可能有很大的帮助。本书旨在帮助您找到在孩子学龄前期和学龄期常见育儿问题的答案。本书的另一个目的是让您相信，您做得很好，您正在面对和其他很多父母同样的情绪压力。

为了找到最有效最适合您的方法，您可以逐页阅读本书，也可以有针对性地选择那些对您来说最重要的章节。把这本书放在手边，当您感到不安的时候可以随时翻看，或者为未来几年可能出现的情况做好准备。切记，为人父母是一段冒险的旅程，请享受这个过程吧！

第 2 章
学龄前期

学龄前儿童需要父母投入更多的精力。学龄前儿童充满活力和热情。他们会将对生活的热情传递给别人，但有时也会让人感到筋疲力尽。他们的体能和好奇心都在增强，因此，他们在学习安全规则的时候，仍然需要密切的监督。毫无疑问，您的孩子会挑战日常生活中的一些规则，有时甚至会很强烈。随着学龄前儿童自信心和沟通能力的增强，他们会为家庭生活带来全新的体验。您将兴奋地看到孩子正在快速成长并不断突破新的高度。从如厕训练到准备好去上学，孩子在3~5岁有很多重要的课程要学习。

发育里程碑

随着孩子的成长，他们会不断学习新的技能。一定年龄的孩子普遍可以做到的事情被称为发育里程碑。

每个孩子都有自己的生长曲线和发展模式，因此，各项技能的发展在每个孩子身上的表现是不同的。但是，观察发育里程碑是否在一定的年龄发生和发展，仍然有助于监测孩子的发育水平，并为任何潜在的发育迟缓提供早期的线索。

跟踪发育里程碑是孩子年度体检的重要部分。医生可能让您填写一份用于评估孩子的发展阶段的问卷，然后将这些信息与其他同龄孩子的数据进行比较。

发育里程碑通常分为以下几类。

- 体格和运动发育。
- 语言和表达。

- 社交和情感发育。
- 神经心理发育。

本章将为您介绍通常情况下学龄前儿童的发育里程碑。如果您对自己孩子的发育状况有任何疑问，请及时咨询专业医疗人员。

体格和运动发育

您的孩子正越来越强壮，越来越灵活。事实上，您可能发现，在公园里，孩子们总是会跑在您的前面，常常毫不费力地爬上一段楼梯，或者在秋千上摆动双腿，这是孩子的第二天性。

在这个阶段，孩子的技能发育水平会超过决策能力，所以您需要帮助孩子学会如何保证自己的安全，警惕潜在的危险（见第10章）。

身高和体重增长　与出生后最初几年相比，学龄前儿童的生长速度明显减慢。在这段时期，正常体重增长的范围是每年4~5磅（1.8~2.3千克），身高增长的范围是每年2~3英寸（5.1~7.6厘米）。孩子的腹部开始变瘦，腿开始变长。与体重增长速度相比，有些孩子的身高增长更快，因此会显得更瘦一些。随着身体肌肉的发育，大多数孩子最终会变得更强壮。

学龄前期也是孩子很有可能出现挑食现象的时期。这是孩子成长和独立性增强的表现。孩子吃饭会变得没有规律，可能今天拒绝吃晚饭，明天却又狼吞虎咽。

在大多数情况下，孩子们在一周的时间内可以获得足够的营养。在吃饭的时候提供各种有营养的食物，让孩子自己决定吃多少，这通常是对付挑食的最好方法。如果您觉得孩子可能没有摄入足够的营养，请及时和医生进行沟通。

粗大运动发育　在这个年龄段，孩子可以用大肌肉做一些相当复杂的动作，如扔球、骑自行车或爬树。

在这个时期，孩子们进行粗大运动的情况各不相同。只要您的孩子看起来在逐步提高自己的技能水平，就不用过度担心。然而，如果您担心孩子存在发育迟缓，请咨询专业医生。

在这个年龄段，不少孩子走路的时候膝盖会稍微向内弯曲（生理性膝外翻），还会出现轻微的扁平足（足弓不太明显），这些通常都不需要医疗干预。

精细运动发育　相比于学步阶段的儿童，随着大脑和肌肉协调能力的发展，学龄前儿童的手和手指能够完成更精细的动作。

学龄前儿童能够学会使用叉子和勺子就餐，学会使用纽扣和拉链穿脱衣服。

各年龄段的发育技能

在某个特定年龄，大多数孩子能够完成的特定的事情如下。

	身体	语言	社交	神经心理
3岁	• 双脚交替上下楼梯 • 爬、跑、蹬三轮车 • 把小珠子串在一起 • 笨拙地用剪刀从一边剪到另一边（在监督下使用）	• 词汇量达到250～500个词 • 会说3～4个词语组成的短句 • 会说地名 • 说话清楚，能让陌生人听懂75%的内容	• 遵守秩序 • 公开表达感情 • 容易接受与父母的短暂分离 • 理解日常生活（可能会对重大变化感到不安）	• 能够描摹一个圆 • 能够拼3～4块的拼图 • 一次翻1页书
4岁	• 单脚跳或单脚站立两秒 • 大多数时候能接住弹跳的球 • 在监督下使用剪刀	• 回答简单的问题 • 会说4个词语组成的句子 • 说话一直很清晰 • 用语言表达感受	• 与其他孩子合作 • 谈论喜欢和不喜欢 • 通过游戏变得更有创造力	• 在纸上画一些简单汉字或大写字母 • 画一个有2～4个身体部位的人 • 理解数字的意思 • 开始理解时间
5岁	• 单脚站立至少10秒 • 单脚跳、跳绳、荡秋千 • 独立使用卫生间	• 理解押韵 • 会说含多个细节的句子 • 可以使用将来时 • 说出省份的全称	• 想要像他（她）的朋友一样 • 遵守规则和指示 • 知道性别 • 喜欢唱歌、表演和跳舞	• 知道常见的事物，如食物和钱 • 能够数10个以上的物体 • 能够画出三角形和其他几何图形

孩子们画的东西越来越容易辨认。您会很高兴看到您经常成为这些画的主题，因为孩子们倾向于在他们的绘画中描绘那些对他们来说重要的人或事物。

视力 虽然每个孩子的视力发育会有所不同，但在4岁的时候，许多孩子的视力已经基本发育完成。儿童时期可能出现视力问题。为了孩子能拥有更好的视力以及预防并发症，及时发现并解决问题尤其重要。

在3~5岁期间，至少要让您的孩子接受一次儿童眼科医生、验光师、儿科医生或其他受过培训的眼科专家的视力检查。

儿童眼科医生可以检查和治疗儿童常见的眼病，如斜视和弱视。这些问题涉及眼部肌肉以及眼睛和大脑活动之间的协调。

可采取佩戴眼镜或眼罩、滴用眼药水等治疗措施，帮助纠正视力发育问题，改善孩子的视力。

牙齿 在这个年龄段，孩子的所有乳牙应该已经出齐。应鼓励孩子每天用含氟牙膏刷牙两次，并每天用牙线清洁牙齿，定期去看牙医检查牙齿。现在就照顾好孩子的牙齿，可以避免将来牙齿问题带来的痛苦和昂贵的牙科医疗费用（见第7章）。

睡眠 在这个年龄段，很多孩子晚上可以睡11~13小时。4岁时，许多孩子就不再午睡了。即使是这样，也要安排一个每天固定安静休息的时间。这样有助于避免孩子变得过于兴奋或疲惫。

让孩子保持规律的就寝时间。当午睡取消后，就寝时间可能会提前。鼓励您的孩子在自己的床上入睡，并睡整夜觉（见第8章）。

语言和表达

您的孩子在短短的几年时间里，从婴儿期的咿呀学语到学龄前期词汇量的不断扩大，您会觉得很不可思议。这一时期是语言能力发展最快的时期。现在，您的孩子可能知道近2 000个单词，会说更复杂的句子。

有一个通用原则，即孩子的语句中词语的数量通常等于他（她）的年龄。例如，一个4岁的孩子会说4个词语的句子。

孩子会开始理解诸如"更大"和"更小"等概念，遵循更复杂的指示，识别颜色，并在5岁之前学会数到10。这个年龄段的孩子也开始使用过去时和将来时的句子。

培养幼儿的语言能力是一项重要的发育支持，它有助于孩子与他人交流，孩子不再需要用情绪做出反应。

发育迟缓

发育迟缓是指一个孩子没有按照正常儿童发育里程碑学会相应年龄应掌握的技能。发育迟缓常常影响多个领域，包括身体能力、社交、语言和言语技能。

因为每个孩子都有自己的发展模式，所以很难判断一个孩子是在按自己的节奏成长，还是存在发育迟缓，此时需要咨询医学专业人员。如果存在发育迟缓，需要让孩子尽早接受适当的干预和治疗。在上学前帮助孩子处理、改善或解决发育迟缓问题。请寻求医学专业人员的指导，以便进行任何必要的干预措施。

在孩子成长的任何阶段，如果他（她）曾经会的技能现在反而不会了，需要及时咨询医学专业人员。

发育迟缓的潜在征象

3岁	4岁	5岁
• 经常摔倒或不能走楼梯	• 不能跳到位	• 不会表现出各种情绪
• 流口水或说话很不清楚	• 不会涂鸦	• 表现出极端行为（异常害怕、好斗、害羞或悲伤）
• 不能使用门把手或简单的玩具，如钉板或简单的拼图	• 对互动游戏或过家家游戏不感兴趣	• 异常孤僻和沉默
• 不会说句子	• 对其他孩子或家庭以外的人没有反应	• 容易分心，无法专注于一项活动超过5分钟
• 不理解简单的指令	• 拒绝穿衣、睡觉和上厕所	• 不回应别人或只是肤浅地回应
• 不玩假扮或过家家游戏	• 不能复述喜欢的故事	• 分不清真实和过家家
• 不和其他孩子一起玩或不玩玩具	• 不遵守由三部分内容组成的命令	• 不玩多种游戏和活动
• 没有眼神交流	• 不理解"相同"和"不同"	• 不能说出姓和名
	• 不会正确使用"我"和"你"	• 不能正确使用复数或过去时
	• 说话含糊不清	• 不谈论日常活动或体验
		• 不会画画
		• 不能自行刷牙、洗手、擦干双手或脱衣服

如果您的孩子看起来有语言障碍，确保与专业医生沟通以便排除潜在的发育障碍。

当家长注意到自己学龄前期的孩子出现口吃，他们可能会担心。请放心，口吃在这个年龄的孩子中并不少见。例如，说话时停顿一下，或者在词句的开头有点结巴。当您的孩子感到兴奋或有压力时，这种情况可能更频繁地发生，有时很难很快地说出自己想说的话。

促进发育的要点

良好的习惯将有助于促进您的孩子在学龄前期的发育。

1. **责任。**让孩子帮您做一些简单的家务，比如摆桌子或叠衣服。

2. **分享。**在睡觉前让孩子轮流翻翻书，或者让孩子在过家家游戏中扮演自己喜欢的角色。

3. **社交。**鼓励孩子和同龄孩子约好一起玩。通过社区娱乐活动和运动比赛，您的孩子可以结识到有相同兴趣的玩伴。

4. **独立。**让孩子拥有选择权。例如，让孩子自己挑选一件外套穿，或者选择想要吃的零食。

5. **倾听并遵循指令。**将您的要求步骤化，如"请把你的外套挂在衣帽架上，洗手，然后帮我摆桌子吃饭"。

6. **安静的时间。**让您的孩子在短时间内从事一项安静的活动，然后逐渐延长安静活动的时间。

7. **阅读和语言。**避免宝宝式的说话方式。提出问题，鼓励孩子参与谈话，每天晚上给孩子朗读故事。经常去附近的图书馆或书店。一起阅读路标和菜单，在乘车时听有声读物或适合孩子的广播。练习读拼音。与您的孩子一起唱字母歌。

8. **写作。**让孩子练习正确拿铅笔或蜡笔。通过"连点"谜题或迷宫，让练习变得有趣。分拣硬币或串珠等活动可以提高孩子的抓力。

9. **数学。**练习从1数到100。当您和孩子去散步或坐车时，通过让他识别圆形、三角形、正方形和其他形状，让学习形状变得有趣。

10. **一般常识。**常带孩子参观博物馆、动物园和儿童剧场等。

如果您的孩子口吃严重、发生次数频繁或引起您的忧虑，请及时向专业医生咨询，可能需要儿童语言发育专业人员进行评估。语言治疗对某些孩子会有帮助。

社交和情感发育

学龄前期是孩子充满探索精神，并且需要与同龄孩子互动的时期。孩子们的分享能力有所提高，渴望交朋友并取悦对方。这个年龄段的孩子在处理情绪方面的能力也越来越强，发脾气的次数也少了一些。这些发育技能都有助于孩子适应幼儿园的生活。

玩耍 在孩子还小的时候，他（她）可能只是默默地在同伴身边自己玩，不会和同伴一起玩。如果孩子年龄比较大，他（她）可以和朋友一起合作玩游戏，并且会遵守游戏规则。

在游戏环节中只看到一个"领导者"是不足为奇的。经常可以看到处于主导地位的孩子开始引导其他孩子，而孩子们通常对此并不介意。

孩子的游戏可能包括一些熟悉的动作，如假装打电话或做饭。您也会注意到孩子的想象力在这个阶段飞速发展。游戏变得越来越复杂，例如，让宇宙飞船在火星着陆，变成拯救世界的超级英雄，或者成为著名的冰激凌发明家。您

的孩子可能求助于假想的朋友，或者用填充式的动物玩具来实现自己的幻想。

孩子们在这个年龄段讲夸张的故事也很常见。他们还在学习区分什么是真实的，什么是虚幻的。不过，到5岁的时候，大多数孩子都能分辨出这两者。

萌芽中的同情心会帮助学龄前儿童与他人建立连接，并开始从他人的角度看问题。通常，这个年龄段的孩子会对朋友表现出自发的喜爱。如果别人受伤了，他们则会感到难过。

行为 学龄前儿童以挑战自己和父母的极限而闻名。早期的抵触可能十分考验父母的耐心，但这也是孩子社交和情感发展不可或缺的一部分。

这段时期，孩子发现了两件重要的事情：第一，他（她）仍然有一些身体方面的限制，这使他（她）对想要做却无法做到的事情感到沮丧；第二，您不允许他（她）做某些事情。这正是他（她）学习界限的方式。

虽然应该允许学龄前儿童探索周围的世界，但他们需要明确和遵从规则来保证安全。这就是为什么坚持执行规则很重要，否则您会发现自己的耐心经常被考验。

这个年龄段的孩子还会发脾气，不过可能比蹒跚学步的时期少一些。如果孩子长时间发脾气，或者一天发脾气好

自由玩耍的重要性

对您来说，这看起来像是一个简单的角色扮演游戏。例如，故事中一个虚构的教室里挤满了学生，或是动物园管理员与毛绒玩具动物的争吵。实际上，您的孩子正在发展丰富的技能。电视节目《罗杰斯先生的邻居》中罗杰斯先生总结得很好，他说："人们经常谈论戏剧，好像它把人从认真学习中解脱出来。但对孩子来说，玩耍就是认真学习。"

简单来说，自由玩耍是一种由孩子自己决定的活动，由他（她）的想象力和决策力来引导，您可以出于安全的考虑进行监督。这些游戏包括玩娃娃、堆积木、跑步、跳跃、跳舞和在操场上玩耍等。

玩耍有助于儿童在认知、身体、社交和情感方面的进一步发展。它可以帮助孩子发展决策技能，培养新的兴趣，让他们按照自己的节奏行动。

在学术上，这类游戏已被证明可以提高与同伴互动和解决问题所需的技能。玩耍还能让您和孩子建立亲密的关系，这有助于增强孩子的自信心和适应力。

遗憾的是，随着孩子对电视节目或电子游戏越来越感兴趣，自由玩耍时间有时会从孩子的日程中被挤掉。然而，电视节目和电子游戏被认为是被动的活动，往往意味着孩子几乎不需要自行想象。因此，确保孩子有自由玩耍的时间是很重要的。

您还要考虑孩子参加了多少社区和学校活动。参加大量的活动有时会导致日程安排过满，这会使孩子几乎没有时间去自由玩耍，可能会导致焦虑和压力增加。

几次，您可以和孩子的医生谈谈。医生可能会提供一些技巧或策略，来检查或解决可能影响孩子情绪与行为的潜在问题。

孩子在这个年龄段也想取悦父母。您的孩子希望能像您一样，会模仿您的言行。当您谈论自己，或与孩子和其他人交流的时候，要考虑到这一点。早期的积极行为将帮助您的孩子学习健康的社会交往。

与此同时，由于孩子们对规则和某些做事方式越来越欣赏，他们可能对日常生活中的重大变化感到不安。重要的是使孩子的日程安排保持规律。如果出现大的变化，尽量提前让孩子做好准备。

性问题 学龄前儿童对性感到好奇是很正常的。在这段时间里，孩子们经常发现触摸自己的生殖器会带来愉悦的感觉，这是很常见的一个现象。

有时孩子可能会在公共场合触摸自己的生殖器。如果发生这种情况，试着转移孩子的注意力，或者把他（她）拉到一边，温柔地提醒他（她）隐私的重要性。4～5岁的时候，孩子们通常会明白只有当他们独处的时候才可以触摸生殖器。作为家长，要避免对孩子的自慰行为反应过度。

学龄前期，孩子可能对自己的身体产生更大的羞耻感，从在客厅内换衣服，改为到关着门在卧室内换衣服。

很多家长在讨论性的时候，首先会教孩子关于生殖器的知识，以及正确的名称。关于性的讨论应该是开放和诚实的，但要用这个年龄段的孩子能理解的简单的术语。

尽管讨论性问题有时候让人尴尬，但这在流行文化中是一个不朽的话题。与一个充满好奇的孩子生活在一起，可能意味着很多年都要保持这样的谈话。尴尬的时刻和谈话也是做父母的一部分，不要让尴尬阻挠您。虽然一开始讨论性可能让您感到不舒服或尴尬，但随着时间的推移，您可能变得越发自在与放松。

父母们常担心孩子是否有遭受性虐待的危险。如果孩子对性方面的事情似乎过于关注，或者对性知识的了解相对于他（她）的年龄段来说似乎要多，要警惕孩子是否遇到性方面的不适当的事情或受到性虐待的可能性。告诉孩子隐私的重要性，任何人都没有权利触摸他（她）的生殖器。一定要强调，如果有人试图这样做，应该马上告诉您。

神经心理发育

学龄前儿童的大脑里充满了各种活动：猜谜题、讲故事、艺术创造等。

如厕训练

您有没有想过您的孩子在4岁时应该完全学会上厕所了？当发现孩子有时无法控制自己的大小便时，您也要意识到这个里程碑事件对孩子来说是很个体化的。父母经常忍不住将自己孩子的进步与其他同龄孩子进行比较，请尽量不要这样做。如厕训练是一场"马拉松"，而不是"短跑"。

学龄前儿童通常白天能保持内裤干燥，但是夜间偶尔会尿床。一般来说，女孩完成如厕训练需要的时间往往比男孩更短，而成功的夜间如厕训练比白天如厕训练要花更多的时间。如果您的孩子仍然偶尔尿床，不要惩罚他（她），反之，要告诉他（她）虽然意外还可能发生，但是他（她）最终会在成长的过程中掌握这项技能。您可以购置一些夜间训练器和防水床垫，以便更轻松地处理孩子尿床的情况。准备好备用的衣物和被单，以便在尿床后能及时更换。

如果您认为孩子特别难以完成如厕训练，或者孩子对尿床不太在意，那么您需要努力把如厕训练的主动权及责任转移给孩子。一旦孩子意识到他（她）应该在需要的时候使用厕所，他（她）就更可能去独立完成。您也可以提供一些奖励措施，比如奖励一个小玩具或延长看电视的时间，以及在孩子每次独立使用厕所后都充分地夸奖他（她）。最初的奖励措施会增加孩子的动力。

如果孩子以前大小便控制得很好，但现在又出现意外，需要及时咨询医生。白天发生意外的常见原因是慢性便秘。因为控制肠道运动的肌肉对排尿也有影响，因此治疗慢性便秘将有助于解决尿床问题（见第325页）。

在这一时期,您的孩子可以努力地数到10甚至更多,可以为孩子打印数字和字母,玩适合的棋盘或纸牌游戏。这些新技能的掌握将有助于他(她)适应以后的学校生活。

去幼儿园 您已经准备送孩子上幼儿园了。您可能想知道孩子会如何适应幼儿园生活。您是孩子的启蒙老师,您教给了他(她)许多事情,从使用勺子到蹬三轮车。

因此,对于把孩子的控制权交给别人,您感到有点紧张或焦虑是很自然的。到目前为止,孩子的大部分时间可能都待在家里,您会担心他(她)将如何适应新的环境。您可以找一个最适合孩子的幼儿园。

传统的幼儿园模式 在这种模式中,往往是教师主导课堂,这意味着孩子们在一个更有组织性的环境中学习,使用由教师开发的课程。教师通常以儿童为中心,通过游戏学习的理念来设计课程。

灵活的教学模式 课程设计同样以儿童为中心,但侧重于让学生的兴趣成为日常学习的指导,而不是依赖于既定的学习主题。

还有一种模式是儿童主导的模式,它关注每个孩子的学习经验,并让孩子自己控制他们将做哪些适合发展的活动。可供选择的方法包括蒙台梭利教学法、华德福教育(Waldorf)、瑞吉欧式(Reggio Emilia)、成长入门(Bank Street)、高瞻(HighScope)等。

合作形式的机构 一些幼儿园可能是合作性质的,通常需要家长帮忙管理,例如,在特定的日子帮忙打扫幼儿园,组织活动和筹款等。

州和联邦项目 在美国,一些涉及学前教育的项目,如学前教育计划(universal pre-K)或学龄前儿童启蒙计划(Head Start),属于免费向社区提供的公共项目。

您可以寻找并选择一所提供教育活动的幼儿园,帮助孩子为接下来的学校生活做好准备。最理想的情况是,幼儿园教师鼓励孩子多参与对话,多问一些不能用简单的"是"或"不是"来回答的问题,多使用新单词来帮助孩子扩大词汇量,从而培养孩子的思维能力和语言技能。

为了提高阅读技巧,教师们可以先读一个故事,然后讨论故事的内容和所传达的信息。孩子的课程中可包括写作、科学、数学和艺术。教师也应该提

孩子准备好上幼儿园了吗？

孩子的4岁生日就要到了，父母们常常会想他（她）是否准备好上幼儿园了。认识字母和知道如何数数是很有帮助的，但是在发育技能方面的准备更为重要。当孩子表现出以下能力时，他（她）可能已经准备好进入幼儿园了。

- 说话或提问时，可以做到倾听和按顺序发言。
- 遵守设定的规则。
- 可以按照要求进行打扫。
- 可以将注意力集中在一项活动上。
- 可以独立完成基本任务，如使用厕所和洗手。
- 需要时会寻求帮助。

供孩子进步的反馈，并定期与家长见面。课程应兼顾孩子的个性以及适合他（她）的最好的学习方式。

幼儿园准备 在美国的大多数地区，孩子必须在规定日期之前年满5周岁才能入学幼儿园。但是，孩子是否做好上幼儿园的准备，不能仅通过年龄来判断。

判断孩子是否做好准备的标准，已经从单纯的学习准备（例如了解字母表和能够从1数到10）转向综合评估。评估内容包括身体健康、社交和情感发展、学习模式、语言发展和心理发展。幼儿园可能在孩子入园前评估孩子在这些方面的情况。

这些方面有困难并不一定意味着孩子不能如期入园。幼儿园工作人员可以帮您决定什么时候入园最适合您的孩子。

如果孩子存在发育迟缓或慢性疾病，应与幼儿园保持密切合作，确保孩子在幼儿园能成功获取所需的特殊服务。3岁及以上的儿童通常需要由心理学家和教育者进行评估，他们将判断孩子是否需要接受特殊教育服务。

在美国，有些家长担心孩子没有做好准备，可能考虑推迟一年再上幼儿园，尤其是孩子的生日临近入园的截止日期时。建议家长务必仔细考虑利弊，并咨询医疗人员和幼儿园工作人员后再做出最佳的决定。

科技 孩子处于学龄前期时，您仍

然是对他（她）影响最大的人。但电视和互联网等正在慢慢地影响着孩子如何看待和回应这个世界，在学龄前期也是如此。

人们花费在电子产品上的时间，通常被称为屏幕时间。电子产品可能会激发智力，也可能会扼杀智力。您可以通过一些方法来控制它对学龄前儿童发展的影响程度。

美国儿科学会（AAP）建议学龄前儿童每天观看电视节目的时间不要超过1小时，包括在电视、平板电脑、智能手机和电脑上观看。

随着孩子年龄的增长，应限制屏幕时间：屏幕时间过长会扰乱睡眠；影响父母与孩子的亲密关系；导致缺乏体育活动和注意力不集中等问题。

父母们往往会感到提早引进电子产品的压力。随着世界进入媒体时代，父母们可能觉得孩子应该在很小的时候就要学会使用电子产品，这是可以理解的。由于当今大多数电子产品都是用户友好型的，易于学习，所以您不要觉得必须尽早让孩子熟悉这些事物。当时机成熟时，您的孩子会学得很快。

为了减少对电子产品的过度使用，可以考虑设立"无屏幕区"（比如卧室）以及"无屏幕时间"（如用餐时间、自由玩耍时间和就寝时间）。

如果您在制订媒体计划时需要帮助，请访问AAP的家长网站Healthy Children.org，并搜索其媒体计划工具。

在适当的时间限制内，可参考以下关于使用电子产品的建议。

电视　适度看电视并没有问题。在有限的观看时间内，最好选择高质量的节目。当孩子对影视剧和剧中的人物有感情投入时，学习能力就会增强。例如，《芝麻街》这类节目对孩子来说既有趣又有教育意义。

避免播放孩子们难以接受的含有暴力内容和广告的节目。您也可以在看电视的过程中寻找机会和孩子讨论一些有教育意义的话题。例如，讨论可以从影视剧主角身上学到什么经验教训。当孩

子不再看电视时，关掉电视以消除不必要的背景噪声。

电脑游戏和应用程序　电脑游戏和应用程序的种类繁多。一些应用程序可能有助于学习，但是宣传其具有教育意义的人士并没有提供有效的证据，而且这些应用程序并没有可以让父母和孩子一起使用的相关设计。这些应用也不涉及学校所需要的技能，例如，创造性思维需要通过自由玩耍而得到更好发展。如果孩子已经在使用一些应用程序，可以监控他（她）的活动，并亲自测试该应用程序以确保其内容适合孩子的年龄。

智能手机　在这个年龄段，孩子可能使用智能手机玩游戏、看照片或视频。您可以自行决定是否给孩子一点时

刚刚入园时的慌乱

对孩子来说，学前班或幼儿园刚开始的一段时间可能是慌乱的。但是您可以让他（她）为这个里程碑事件做好准备。

- 让孩子挑选感兴趣的学习用品。如他（她）最喜欢的颜色的书包或铅笔盒。
- 安抚孩子。很多孩子都会害怕入园的第一天。问问孩子在开学第一天是否有什么特别的事情让他（她）担心，这样您就可以更好地解决这个问题。如果您的孩子感到很紧张，送一件他（她）最喜欢的东西，例如，送一本书或一条毯子来安慰孩子。
- 利用任何提前到幼儿园参观的机会。许多幼儿园会为即将入园的孩子们提供参观机会，让他们在开学前到教室里看看，顺便把东西带来，这样开学第一天的情况就不会那么混乱。在到幼儿园参观时，您和孩子也可能有机会见到教师。
- 向孩子强调在未来一年要做的所有有趣的事情。例如，阅读故事、参加班级聚会和进行现场考察。
- 从开学前一个星期开始调整孩子的作息时间，避免疲劳导致更加焦虑。
- 如果您的孩子不习惯和您分开，让一个成年的亲戚或朋友陪伴他（她）一段时间，同时设定一个固定的您回家的时间。通过这种方式，告诉您的孩子您会按时回来。

间玩手机，但不要用手机来安抚孩子。将孩子可以使用的所有应用程序放置在一页或一个文件夹中，以避免孩子访问不适于其发展阶段的应用程序。

电子书 有些电子书可能存在多个分散注意力的功能，例如，弹出窗口和音效，这些会影响学习体验。购买或从图书馆借阅电子书时，请尽量选择最简单的类型，并与孩子一起阅读，就像您拿着一本纸质图书一样。一定的亲子阅读时间已被证明能促进学习。

对于任何您允许孩子使用的可联网的电子产品，一定要执行基本的安全规则。例如，电脑、智能手机或平板电脑应放在家中最显眼的地方，以便监控孩子的活动。

您可以根据孩子喜欢的游戏或其他应用程序来制订安全规则。您可能希望将孩子的活动限制于某些教育网站，或者阻止某些功能的权限，例如，发送图片或电子邮件。

最后，作为家长，您能做的最重要的事情就是树立一个好榜样。虽然有时您会因为工作需要长时间使用手机或电脑，但尽量限制时间，这样您的孩子就不会认为屏幕时间可以代替面对面交流的时间。

蓝图

对父母和孩子来说，学龄前期是一段美妙的时光，也是一个快节奏的时期，因为您和孩子都要学会面对新的挑战，适应新的规则。您在早期的投入越多，以后的教育就会变得越容易。

有时候，父母会担心自己的孩子可能没赶上一个特定的里程碑事件，或者孩子的技能没有像预期的那样进步。

按照医生建议的时间表，父母需要定期带孩子进行健康体检。这些定期体检的重点是孩子的成长和发展情况。您的任何担忧都可以与儿童保健医生进行讨论，医生可以回答您的问题，并帮助您减轻忧虑。

一定不要忘记把您的孩子视为独一无二的个体。在现在这段时期，享受孩子的个性萌芽。留更多时间给孩子，给予孩子关注和无条件的爱。

第3章
小学初级阶段

"快看看我做了什么!"这是孩子在童年时经常讲的一句话。他们有许多有趣的技能需要学习。在这个年龄段,孩子会迫不及待地向您展示自己的成就,让您和他们一起庆祝成功。

在这个阶段,孩子开始掌握必要的生活技能,这些技能有助于他们长大后与世界互动。当孩子接受新的挑战时,您会注意到在他们身上出现了萌芽中的独立和自信,孩子与他(她)的小伙伴之间形成了更深层次的友谊,他们不断尝试新事物,并学会如何应对失败等。

这个年龄段的孩子开始拥有自己的想法和计划,并付诸行动。他们在控制情绪和讨论困扰他们的问题方面的能力也在提高。

与此同时,学校生活逐渐成为孩子生活的主要组成部分。随着同学、老师、教练和其他人的加入,您和孩子的关系将开始改变。孩子会逐渐减少对您的依赖,但不要把这种独立能力的发展看作是对您的疏远,它是你们关系的进一步发展。在孩子成长和成熟的过程中,您仍然需要继续提供大量的指导和监督。

体格和运动发育

在6~8岁,孩子继续以稳定的速度成长。孩子之间有很大差异,有些孩子比其他孩子发育得慢,而有些孩子发育得快,这两种情况都是正常的。在这个年龄段,视力和牙齿的问题可能变得突出,但治疗的选择还是有很多种的。

在儿童中期,您可以看到孩子出现以下一些变化。

身高和体重增长 相当缓慢和稳定的生长将演变为快速的生长。总体来说,孩子在这个时期的体重每年增长

6~7磅（2.7~3.2千克），身高每年增长约2.5英寸（6.4厘米）。

请记住，体格的发育取决于许多因素，包括遗传。只要您的孩子饮食均衡，有足够的锻炼，并沿着自己的生长曲线成长，就不用担心孩子们之间的差异。

如果您担心自己的孩子没有达到预期的生长或发育水平，请及时咨询专业医生。

粗大运动发育　孩子越来越强壮，协调性也越来越好，他（她）可能会做一些更复杂的动作，例如，掌握新的舞步、把篮球投进篮筐。孩子可能还会爬树、用双手接球、游泳或滑冰。他（她）可能开始喜欢特定的运动，尤其是那些让他（她）感到自信的运动。这个年龄段的大肌肉运动技能举例如下。

- 跑步。
- 跳跃。
- 跳绳。
- 踢腿。
- 攀爬。
- 投掷。
- 接球。

同其他年龄段的孩子一样，他们掌握某项运动或技能的具体时间和能力会有很大差异。如果您有任何担忧，请及时咨询专业医生。

有时候，这些差异会让孩子产生挫败感。例如，当孩子在体育课上没有别的同学那么自如，或者发觉学习骑自行车比自己想象中更困难时。

虽然困难重重，但是要支持孩子渡过难关，鼓励孩子不断练习，并引导孩子发现自己独特的优势。

当孩子从这些经历中有所收获时，他（她）将更从容地处理失望的情绪，并继续勇敢前行。这些体验也会帮助孩子在面对逆境时变得更有韧性。

在这个年龄段，部分孩子可能变得不喜欢活动。需要警惕久坐的生活方式，这可能导致健康问题，如肥胖和糖尿病。

当孩子越来越注意自己的外表和形象的时候，整个家庭都应鼓励孩子进行体育活动并养成健康的饮食习惯，这是很重要的。

如果您担心孩子的体重，可以咨询医生。医生可以查看孩子的生长趋势图和体重指数，从而更清楚地了解孩子的生长模式和体重。本书的第三部分有更多关于体型和营养，以及预防肥胖和饮食失调的内容。

精细运动发育　随着孩子精细运动技能的发展，他（她）可能不需要您的太多帮助就可以完成一些简单任务。孩子现在可以自己完成的任务如下。

- 穿衣。
- 洗头和刷牙。

经验提示：

应鼓励孩子在小学初级阶段发展的良好习惯如下。

1. **拓宽视野**。鼓励孩子学习一种乐器或一门新的语言。

2. **创造力和表达**。让孩子多参与艺术活动和制作手工艺品，例如，为自己做首饰，或者为家里的狗画一幅肖像画。准备充足的美术用品，以备孩子兴致来临时使用。

3. **批判性思维**。鼓励孩子参加需要策略思考的游戏，如跳棋、国际象棋等棋盘类游戏。

4. **同情心和怜悯心**。帮助您的孩子准备食物，并在社区免费发放。

5. **培养兴趣**。帮助孩子开始收藏，培养孩子对世界各地的积木、玩偶或硬币的兴趣。

6. **语言技能**。通过疯狂单词游戏或类似的文字游戏，让学习新单词变得有趣。

7. **数学**。用真实世界的例子来演示数学概念。例如，通过测量孩子最喜欢的食物的成分来学习分数。

8. **阅读**。作为阅读伙伴与孩子轮流读一本书中的一页或一章，然后讨论刚刚读了什么。

9. **责任心**。让孩子做一些适合其年龄的家务，例如，喂宠物或帮忙洗碗。给孩子一些零用钱，培养孩子的理财意识。

10. **社交能力**。鼓励孩子进行合作游戏、轮流游戏、组队任务等，培养孩子的社交能力。

11. **自我概念**。让孩子参与积极乐观的活动或鼓励孩子的正面行为。要特别指出孩子所做的事情中让他（她）感到骄傲或让您欣赏的部分。

- 系鞋带。
- 画精细的图画。
- 正确握笔，书写整齐。

视力　孩子的视觉能力，如聚焦和跟踪移动物体的能力正在不断发展和提高。

与此同时，视力问题在这几年可能

需要关注的问题

没有两个孩子的行为完全相同。但是出现某些行为，例如下文列出的行为，可能需要引起家长的警惕。如果这些行为持续超过两周，您需要向专业医生或儿童心理学家寻求帮助。

情感问题

- 经常难过、担心或害怕。
- 恐惧尝试，过于担心失败或犯错误。
- 难以独自入睡，过于黏人。

行为问题

- 行为倒退。
- 逃避家庭活动或不愿与家庭成员交流。
- 对曾经最喜爱的活动失去兴趣。
- 冲动或出现行为失控，存在不安全的风险。
- 不能处理情绪问题，如愤怒。
- 暴力倾向，虐待动物或兄弟姐妹。

同伴问题

- 不能与其他孩子合作。
- 欺负其他孩子。
- 没有朋友或失去友谊。
- 易受到其他孩子的伤害。

认知问题

不能表达自己的想法或兴趣。
沟通障碍。

学业问题

- 厌恶学校。
- 与其他孩子相比，难以集中注意力或者安静下来。
- 破坏性行为。
- 强烈拒绝完成家庭作业。

在校问题

- 身体状态跟不上同龄人。
- 有遗尿或遗粪意外。
- 对自己的身体有负面印象。
- 嗜睡或失眠。
- 经常抱怨胃痛或头痛。
- 变得消瘦或肥胖。
- 多次因病不能上学。

会变得更加突出，特别是孩子需要在教室上课之后。

孩子如果经常眯着眼睛，长时间坐在电视机旁边，或者抱怨在学校看不清黑板，那么可能存在视力问题。

视力问题包括以下方面。

近视 近视是指看不清远处的东西。它通常发生在眼球前后径比正常长或角膜弯曲度过大的时候。光线无法精确地聚焦在视网膜上，而是聚焦在视网膜前，导致孩子看远处的东西很模糊。

远视 远视是指看近距离的物体或字母时很模糊。当眼球前后径比正常短或角膜弯曲度过小时，就会发生这种情况，其结果与近视相反。

散光 当眼的屈光体（主要指角膜、晶状体）表面弯曲度不一致时，就会出现这种常见的问题。散光会让物体看起来总是有点模糊。

验光师或眼科医生可以给孩子进行全面的眼科检查，并在需要时提供处方眼镜。隐形眼镜通常适合年龄较大的儿童，他们可以承担更多的护理和使用隐形眼镜的责任。轻微散光常常不需要矫正。

一般来说，孩子在一年级之前需要进行眼部疾病的筛查，并由儿科医生、眼科医生、验光师或其他受过培训的筛查者进行视力测试。以后应每两年在学校、儿童健康门诊或公共筛查机构进行一次检查。

牙齿 从6岁左右开始，孩子的乳牙开始脱落，取而代之的是恒牙，一般孩子每年会掉4颗乳牙。

如果有任何担忧，请咨询牙科医生和牙齿矫形师（见第96页）。

让孩子每天用豌豆大小的含氟牙膏刷牙两次。避免摄入损害牙齿的含糖饮料和食物。可以咨询牙科医生是否需要使用含氟漱口水（见第7章）。

语言和表达

到了儿童中期，孩子的阅读和写作能力都在提高，他（她）能说一些容易理解的单词和句子。

孩子也开始意识到为了更有效地与他人沟通和合作，在说话时需要轮流发言，专注于主题，并学会倾听。

孩子的词汇量也在增长。到8岁的时候，大多数以英语为母语的孩子知道大约2万个单词，平均每天学习20个新单词。

社交和情感发育

这个年龄段的孩子对"对与错"有

处理兄弟姐妹间争执的7个技巧

如果您有不止一个孩子，您已经见到过兄弟姐妹之间的争吵，这是儿童期的一部分。通常，年龄相近的孩子之间的竞争最激烈。您可以用以下方法帮助孩子处理他们之间的冲突。

1. 尽量避免发生小的争吵。
2. 在孩子来找您时，鼓励他们自己和平解决分歧。
3. 如果冲突升级，进行干预。例如，不允许打人、弄坏东西或诽谤。
4. 如果您需要参与，尽量保持公平和中立，尽量避免将孩子与其他孩子进行比较。
5. 让每个孩子都有机会自由地表达自己的观点而不受干扰。
6. 让孩子从不同的角度来看待这场争论，鼓励他们对彼此产生同理心。
7. 鼓励孩子为妥协而努力。

了更深刻的认识。

当您从孩子嘴里开始听到"这不公平"的时候，不要感到惊讶。当某人或某事违背了孩子所认为的"正义"时，他（她）可能感到不安。

您的孩子长大了，您可以帮助他（她）认识到有许多不同的观点，世界并不是非黑即白。与此同时，孩子的同情能力也在增强。

孩子也开始认识到，努力做事可以得到回报，例如，在一个花费大量时间和精力的项目上得到好的成绩。他（她）也会意识到，不是每一次努力都会成功，就像练习足球技能后并不意味着总能进球。

并不是每一次尝试都能成功，这是人生中困难而重要的一课。给予您的孩子支持和鼓励，让他们学会不断尝试，不要轻易放弃。

玩耍 孩子最可能与同性的玩伴一起玩耍，他们喜欢玩同样的游戏。

他（她）也逐渐认识到人是复杂的。例如，一个人可以是朋友，可以一起玩耍，但朋友有时也会让人失望。本书第18章有更多关于童年友谊的内容。

假装游戏主导了学龄前儿童的生活，而在学龄阶段，孩子们开始被有规则、最终目标是"赢"的游戏所吸引。继续鼓励孩子自由玩耍，自由的游戏时间可以帮助激发孩子的大脑发育（见第16页）。

行为　随着年龄的增长，孩子开始更加关心同龄人的想法。当您试图介入时，您会发现孩子可能开始做或说一些他（她）知道是错误的事情，包括一些有潜在危险的事情。

现在也是孩子通过撒谎、欺骗或偷窃来试探底线的常见时期。当您和自己的孩子谈论同伴之间的关系和友谊时，讨论如何在做出可接受或危险行为的情况下，仍然能够与同伴融洽相处。对非犯罪行为，避免严厉惩罚。有关鼓励积极正向行为的更多信息，请参见第16章。

如何处理偏见　即使是在6个月大的时候，孩子都会注意到人与人之间的差异。当还处于学龄前期时，孩子就已经开始内化在周围的人身上看到的刻板印象和偏见，以及他们通过媒体看到和听到的观点。

教会孩子尊重和欣赏人与人之间的差异，谈论差异不会增加偏见。在诸如种族、社会阶层、宗教、能力、性别认同或性取向存在差异的问题上，让孩子得到简单、实事求是的回答是很重要的一点。

在教育孩子如何处理遇到的模式化观念和偏见之前，往往会发现家长首先需要面对自己的偏见。

处理孩子的偏见，也有助于您思考自己长期以来形成的世界观。他们是善良又富有同情心吗?孩子会很快意识到您的看法以及潜规则。请时刻自省您的行为和您传递给孩子的信息。

您可以采取以下方式消除孩子可能接触到的模式化观念和偏见。

- *树立良好的榜样。* 您对待他人的方式会影响孩子的行为。请让孩子知道如何尊重和礼貌地对待他人，即使有时这可能让他们感到不舒服或者在人群中显得与众不同。

- *讨论偏见。* 当孩子表现出某些不能被容忍的行为时，需要跟他（她）谈谈。问问孩子为什么会有那样的行为或感觉。真诚的讨论将帮助您和孩子识别和纠正发展中的偏见。当您在电影或杂志中发现偏见或模式化观念时，给孩子指出来。模式化观念往往投射出一种过于简单化的个人观点，而实际上可能非常复杂。

- *让孩子的生活有多样性。* 鼓励孩子与来自不同文化背景的孩子互动并建立友谊。了解他人最好的方法就是和他们成为朋友。与孩子一起阅读关于不同文化的书籍和电影，帮助孩子了解世界是大而有趣的。

- *谈论家庭传统。* 帮助孩子了解自身背景的多样性。可以与孩子分享关于移民的家族史。

- *积极参与。* 在您所在的社区中发出反对偏见的声音。

偏见的氛围会对儿童产生深远的影响，造成社会和情感的紧张，引发焦虑和敌意。

因为个人特征而被拒绝或受到骚扰会导致孩子在情感上受到伤害，有时甚至会受到身体上的伤害。偏见的氛围会让孩子觉得自己没有价值。这会导致社交退缩、焦虑、抑郁和学习成绩下降。

如果孩子被有偏见地对待，允许他（她）表达自己的感受，包括愤怒、恐惧或悲伤。提供情感上的支持，并想办法增强孩子的自信心。和孩子讨论一下最好的应对方法。

性问题 随着孩子年龄的增长，他们对性的兴趣也逐渐增加。虽然孩子们仍然认为异性令人讨厌，但这个年龄段的孩子对男孩和女孩之间的差异越来越感兴趣。自慰在这个年龄段是很常见的。

重要的是保证孩子不被羞辱，或因他们的好奇行为而受到惩罚。

孩子可能更频繁地接近您，让您来回答他（她）关于性的问题。和孩子谈论性可能使您感到尴尬，但是在讨论中请尽量开诚布公，让孩子知道您会一直陪在他身边。这样做，可以让孩子知道，他（她）遇到问题时可以毫无顾虑

性别认同

在童年中期，大多数孩子都会对自己的性别身份产生好奇。孩子可能通过衣着、行为、与他人的互动以及如何谈论自我身份来表达这种好奇。

孩子的性别认同通常与出生时的性别相同，但情况并非总是如此。当孩子认同的性别不同于出生时的性别时，这被称为"性别错位"。例如，有些孩子可能不会认同任何一种性别，有些孩子可能认同相反的性别，还有一些孩子可能觉得自己介于两性之间。性别认同与出生时性别不匹配所带来的痛苦被称为性别焦虑。然而，跨性别行为在儿童中很常见，这可能与病理性心态无关，也大多不会持续到成年。

性别错位的儿童可能面临着羞辱、偏见和歧视的风险，尤其是在学校里。作为父母，想要保护孩子是很自然的。父母可以鼓励孩子做出更传统的与性别相关的行为，或者把孩子的行为仅仅作为一个阶段性行为来看待。性别错位的孩子在得到肯定和支持后会更健康地发展。父母能为孩子做的最重要的事情就是为他们提供一个安全的家，让他们得到无条件的爱和接纳。

如果您对孩子的性别认同有任何疑问，请向专业的医疗人员咨询，如有必要，可转诊至在性别认同方面有经验的专家。

地来找您。这是保护您的孩子不受性虐待的重要一步。

开放的交流有助于孩子理解您的价值观，并可提高孩子在处理性问题时做出恰当选择的概率。

以下是一些与孩子谈论性的技巧。

- 让孩子提出问题。如果有必要，可以询问孩子是否有疑问。
- 用孩子容易理解的语言来回答他（她）的问题。
- 教孩子身体部位和性活动的正确术语。这样可以教会孩子使用什么样的词汇去提出他（她）关心的问题。
- 随时可以寻找机会以适合孩子年龄的方式讨论有关性、性行为和性关系的问题。
- 随着孩子的成熟，他们的问题会更具体化，可以给孩子提供更详细的答案。

神经心理发育

孩子的心智在童年中期发展得很

快。他们对未来和时间概念的认知水平正在提高。孩子可能喜欢提前几天或几周做计划。他们会开始思考长大后想做什么。

您还可能注意到，孩子变得更善于解决问题。随着大脑发育的成熟，这个年龄段的孩子能够独立思考后做决定，并能够在任务上花费更多的时间。这些都是提示孩子能够进入学校学习的重要里程碑。

在校学习　参与孩子的教育是帮助孩子在学业上取得成功的重要途径，尤其是在孩子成长的早期。随着学习环境日趋结构化，课堂作业变得更具挑战性，孩子可能越来越难以取得显著性的进步。

小学一二年级主要学习阅读、写作和基础数学。到了三年级，随着课程任务量的增加，孩子每节课需要至少花45分钟专注于越来越复杂的课程任务。

阅读是从认识字词到理解内容，再到领会深意。写作的发展从正确和整齐地书写字词，到创造能表达主题或想法的句子。如果您注意到孩子在学业上有些吃力，可以向孩子的教师寻求帮助，与教师沟通孩子存在的困难，这样教师会提供一些策略来帮助孩子。您需要与教师保持联系，了解孩子的学习情况。在孩子的午餐盒或书包里塞一张您写的鼓励便签，这可以让孩子在一天中都情绪高涨。

在以下几个方面建立规矩可以帮助孩子养成良好的习惯并提高条理性。

- *家庭作业*　每天为孩子留出特定的时间，完成家庭作业或学习或复习本周所学的功课。不要让孩子到睡觉前才做作业，这会让孩子养成拖延习惯并影响睡眠质量。帮助孩子制作一个完成作业的日程表，督促孩子提前规划，避免错过最后期限。
- *睡眠时间表*　让孩子坚持在固定的时间起床和就寝，以确保每晚得到足够的睡眠。睡眠不足会对孩子的学习成绩和行为产生负面影响（见第8章）。
- *阅读*　每晚花一些时间陪孩子读书。

学习障碍　语言障碍会影响孩子完成某些任务或使用某些技能，尤其是在学校。孩子在进行阅读、写作和完成简单的数学题时都可能遇到困难。

遗憾的是，孩子可能在很长一段时间之后才被诊断为学习障碍。这可能影响孩子的自尊心、学习效果和学习动力。潜在学习障碍的征象包括以下方面。

- 难以识别和书写拼音字母。
- 长期混淆字母。
- 无法理解拼音字母的发音。
- 识读拼音的能力有限。

- 难以完成基本的阅读和写作任务。
- 即使努力也写不好。
- 握笔格外用力。
- 无法完成定时任务。
- 难以学习基础数学或多步骤算法。
- 理解方向存在困难，由此产生行为问题。
- 与其他学习领域相比，在某些领域表现不佳。
- 无法与同伴互动。
- 长期不愿上学。

如果您认为孩子有学习障碍，可以和医生或老师沟通一下。早期诊断和早期干预可以帮助孩子应对这些障碍，并建立一个更安全的学习基础（见第22章）。

孩子的天赋 孩子们可能在许多领域都被认为是天才，包括学术、音乐、艺术和体育。虽然没有公认的标准来衡量孩子的天赋，但智力和技能水平超越该年龄的标准是一个标志。智商分数有时被用来区分不同程度的学术天赋。然而，这些分数并不总是准确的，因为可能存在语言沟通障碍、注意力分散及行为受限等因素，如果孩子缺乏良好的应试技巧，也可能影响测试结果。

一些人也许认为，天才儿童更容易抚养。然而，这些孩子也可能存在某些方面的发展问题。

天才儿童也会遇到一些阻碍学业的情况，导致学习障碍，如注意缺陷多动障碍（ADHD）、孤独症谱系障碍、混合性焦虑与抑郁障碍。

帮助孩子发展他（她）的天赋，制订一个与孩子的能力相匹配的计划，这个计划要有适度的挑战性，同时也能让孩子保持专注，但又不可过于困难使孩子感到气馁。

通常需要综合各种方法才能获得最好的教育成果。可以应用一些补充措施，如速成班或补习班，或在学校教室

艺术的重要性

美国国家艺术基金会（National Endowment for the Arts）发表了一篇综述性文章，对近20项研究进行了分析，考察了艺术对社会情感技能发展的影响。这些研究观察了参加音乐、舞蹈、戏剧、绘画等活动的儿童。这些儿童被发现具有更高水平的社会情感技能，如帮助、分享和调节情绪。人们相信艺术可以帮助人们建立联系，让孩子表达情感。

里就能达到更全面的解决方案，以满足那些拥有相似智力或技能孩子的需要。

科技产品　如果使用得当，科技产品可以为这个年龄段的孩子带来帮助。互联网可以让孩子了解新的或不同的观点和知识。电子邮件或即时通讯工具能够让孩子与同学合作讨论家庭作业和学校项目。

社交媒体可以为孩子和家人提供沟通和求助渠道，他们可以通过社交媒体在某所学校或社区内寻求支持，或解决某些问题。一些互联网上的团体还可以让同性恋、双性恋等性少数群体感受到

包容和理解。

需要注意的是，这个年龄段的孩子长时间面对屏幕容易缺乏活动和出现睡眠障碍，并可能导致抑郁和其他精神问题。

互联网上可能存在错误的信息和儿童不宜的内容，还可能涉及一些隐私问题。

目前，美国儿科学会（AAP）建议：这个年龄段的孩子每天观看电视节目的时间不超过两小时，包括在电脑、手机、电视和平板电脑上观看。根据AAP的建议，可参考以下建议指导孩子使用科技产品。

- 与孩子明确，他（她）可以使用什么类型的电子设备。
- 限制电子设备的使用时间。
- 了解孩子浏览或观看的内容。
- 使用家长控制程序来避免孩子接触到儿童不宜的信息。
- 与孩子讨论有关网络安全和责任的问题，如尊重他人、避免网络欺凌、远离网络诱惑、避免有损个人隐私和安全的交流。
- 建议孩子与某个值得信赖的成年人在网络上保持联系（如祖父母或其他亲戚），对方可以与孩子在网上互动。
- 完成作业期间禁止孩子使用某些电子娱乐设备。
- 设置"限制屏幕时间"（如用餐时间），

应该给孩子买手机吗

父母们想知道孩子们什么时候可以拥有自己的手机。手机是一种与孩子保持联系的便捷工具，在紧急情况下非常有用。然而，拥有智能手机也会让孩子面临接触互联网和社交媒体中的不良信息的风险。此外，使用应用程序可能取代其他更健康的活动，例如，和朋友玩耍或学习。

专家们对这个问题没有达成明确的共识。您最了解自己的孩子。在购买手机之前，考虑孩子的成熟度和责任感。您可能会考虑购买一款仅可以打电话和发短信的手机，它几乎没有互联网接入等附加功能。

以保证家庭交流。

- 确保屏幕时间不会干扰孩子的睡眠和体育活动。
- 在睡前一小时关闭电视、电脑等科技产品。
- 在睡眠时间里禁止孩子把电子设备放在卧室里。

可以考虑制订并遵循家庭电子设备使用计划，阐述各个电子设备使用的时间和地点，作为限制屏幕时间的清晰一致的规则。

享受这段时光

随着成长和学习，孩子在每一天都会获得和发展新的层次的认知和潜能。请尽情享受这段与孩子共处的美好时光。您的支持、引导和无条件的爱在孩子的这段充满惊喜的成长时期扮演着重要的角色。

孩子会观察您的行为，如果您希望孩子长成您希望的样子，要为孩子的行为和信念树立榜样，这将有助于孩子理解您的价值观。与此同时，别忘了在这段旅程中加入一些乐趣。

第4章
小学高年级阶段

童年中期的孩子很有趣。一方面，他们变得更加独立，不需要父母像之前那样费心费力地密切关注。另一方面，他们仍然喜欢花时间和父母在一起，讲有趣的故事，分享他们学到的新知识。

孩子现在开始形成一种更复杂的自我意识，也开始认识和寻找他们在世界上的位置，并开始学习如何应对生活中的起起落落。

在这个年龄段，孩子可能每天大部分时间都和老师、看护人员、教练和朋友在一起。但是，您与孩子在童年中期相处的时间，对他（她）的发展与此前的时期同等重要，他（她）仍然需要您无条件的爱和支持。孩子现在可能不会总是直接向您寻求帮助，尤其是那些他（她）可能感到有些尴尬的话题（如青春期），但是他（她）仍愿意与您保持亲密无间的关系。

如果您发现自己和孩子进行了一些发人深省的对话，不要感到惊讶。他（她）的思维正在快速发展，孩子的推理能力、理解因果关系的能力、处理假设问题的能力以及讨论更抽象概念的能力都在增强。

生理上，这个年龄段的孩子有很多差异。孩子形成自我概念时，也会产生把自己和同龄人比较的冲动。这有助于提醒孩子，每个人都是不同的。

体格和运动发育

在进入青春期的过程中，由于雌激素或睾酮的分泌，孩子的身体会发生一些重大的变化。这些变化会让孩子对自己的身体感到有点不安或不舒服。重要的是，要和孩子讨论青春期将会出现的身体甚至情感上的变化，让孩子做好充足的准备。

可以预测孩子成年后的身高吗？

目前还没有成熟的方法可以预测孩子成年后的身高。但有一些公式可以提供参考，例如：

- 把母亲的身高（厘米）和父亲的身高（厘米）相加；

- 男孩，加上5英寸（约13厘米）；女孩，减去5英寸（约13厘米）；

- 除以2，可以得出遗传身高。

孩子的身高在很大程度上是由遗传因素决定的。孩子的成长速度各不相同，有些孩子很早就开始发育，而有些孩子会晚一些。

如果您担心孩子的体格发育，请和医生谈谈。医生会在标准生长图表上绘制孩子的生长曲线，以确定孩子是否遵循自己的曲线发育，也有助于预测孩子成年后的身高。

身高和体重增长 孩子的生长速度仍然十分稳定，体重每年大约增长6~7磅（2.7~3.2千克），身高每年大约增加2.5英寸（约6.4厘米）。

这也是一个发育高峰时期，女孩通常比男孩更早出现。在生长高峰期，一个孩子可以长高4~5英寸（10~13厘米）。这些生长高峰通常伴随着食欲增加和睡眠需求增加。

因为青春期相关的身体变化会导致体重增加，主要集中在腹部等部位，孩子可能会倾向于节食或限制饮食。

继续提倡健康、灵活的饮食习惯和大量的体育活动。更多关于帮助孩子保持健康的身体形象和健康的饮食习惯，见第14章。

粗大运动发育 在这个阶段，跑步、跳跃和跳绳可能是第二天性。身体控制能力有了很大的提高，孩子更专注于变得更强壮更灵活。他（她）会逐步调整自己的运动技能，让自己的动作更加协调，还可以参加自己喜欢的运动，比如给队友传足球、走平衡木或运球。

精细运动发育 此阶段孩子精细动作的发展主要在于书写和绘画技能的提高。孩子也可能会在使用工具和炊具，以及操纵小物件方面表现出更强的能力。

在学龄前期开始出现习惯性使用右手或左手，这个阶段变得更加显著，优势手通常在这一阶段确定。

需要关注的问题

在这段时间里，有关孩子的情绪和行为的担忧并不少见。大多数学龄儿童有时会出现情绪低落或行为失常。但是如果孩子表现出持续的负面情绪或行为，持续几周，则需要和孩子的专业医生进行沟通。在早期阶段解决问题并找出潜在的原因，以便使孩子及时得到所需要的帮助。这本书的第四部分有更多关于儿童情感和行为的信息。涉及身体形象问题可遵循第14章的有关内容。

情感问题

- 经常难过或沮丧。

- 过于焦虑、紧张或忧虑。

- 极端的情绪波动。

- 对他（她）曾经喜欢的活动失去兴趣。

- 失败时很容易气馁。

- 谈到自残或自杀。

身体问题

- 没有长高的迹象，或其他身体变化。

- 体重增长显著快于这个年龄段的预期，且常常久坐不动。

- 因身体形象问题而出现食欲不振。

身体形象问题

- 密切监控自己摄入的食品量或能量。

- 害怕体重增加。

- 暴饮暴食。

- 痴迷于锻炼。

行为问题

- 无礼或叛逆，常常争吵。

- 躲避家人和朋友。

- 过于依赖。

- 做出危险或潜在的有害行为。

- 经常屈服于同伴的压力。

- 出现暴力行为。

- 欺负或伤害他人。

- 被欺负或伤害。

- 滥用药物或酒精的迹象。

视力 如果孩子已佩戴眼镜，您需要注意他（她）的视力问题可能处于进展阶段。需要定期带孩子去眼科就诊。

看远处物体时视物模糊，称为近视，通常在小学早期形成，在整个青少年期度数可能会加深。在11～13岁的时候，视力可能会迅速下降。到了青少年后期，视力通常会稳定下来。

牙齿 成年之前，青少年的牙齿大约以每年4颗的速度长出来，您可以预期孩子有大约8颗恒切牙（与门牙相邻的牙齿）和4颗恒磨牙（口腔后部的较大牙齿）。大约在11岁时，您会看到孩子的第一前磨牙长出来（参见第7章）。

性发育

青春期的第一个阶段，通常女孩开始于8～13岁，男孩开始于9～14岁。不管您是否已经做过，青春期的开始为您提供了一个和孩子谈论性发育的好机会。

您可以帮助孩子为他（她）的身体在接下来的几年里一连串的变化做好准备。您的目标是让孩子接受并欢迎这些变化，不要因为它们来得太快或太慢而感到羞愧或焦虑。

如果您孩子的青春期开始得比同龄人偏早或偏晚，不要担心，绝大多数属于生理性的，很少是因为疾病。然而，您的孩子可能会因为觉得自己偏离了平均发育时间表而感到尴尬和难为情。

对孩子的感受要保持敏感。向孩子保证他（她）目前的状态很好，向他（她）强调每个孩子包括他（她）自己和同龄人，都在沿着相同的道路走向成年，只是每个人的发育开始时间不同而已。

女孩的青春期 虽然每个女孩的发育年龄会有所不同，但通常在9～10岁时，女孩会开始经历青春期的第一个迹象——乳蕾。许多因素会影响青春期发育的早晚，如种族和体重。女孩青春期的症状和体征包括以下方面。

乳蕾 可以感觉到乳头下的小而坚硬的肿块，可能会感到疼痛。这很容易被误认为是囊肿或其他不正常的生长，但请放心，这是正常现象。

阴毛 对于许多女孩来说，即将进入青春期的第二个迹象是阴毛的生长，通常是会阴部稀疏的毛发。随着时间的推移，毛发的质地会变得更黑更粗。

体形 女孩们在青春期倾向于在腹部周围增加脂肪，为臀部和胸部的脂肪分布做准备。除非体重增长过度，否则

青春期准备工作

月经对女孩来说可能有点神秘和可怕。孩子可能会害怕在学校里突然来月经，或者担心自己没有准备好，或者担心自己来月经时会很痛苦。部分孩子可能担心月经期意味着她们不能做以前能做的事情，比如游泳。

提前公开讨论月经问题可以缓解这些担忧。对孩子而言，排卵是一个晦涩的话题，所以您可能需要一张女性生殖系统图，帮助您解释为什么，以及它是如何发生的。

卵巢是两个类似葡萄的小器官，上面散落着成千上万的小卵子。青春期时，卵巢开始释放卵子。如果卵子没有受精，卵子和子宫内膜就会脱落并通过阴道排出。这看起来可能有很多血，但其实量并不多，这种情况叫作经期（月经期）。在月经期，需要我们在内裤里放一块卫生巾或用卫生棉条来吸收经血，每隔几小时就换一次卫生巾或卫生棉条。

每个月经期通常持续2~8天。第一次来月经通常是不规律的。可以在日历上记录月经开始的时间。在接下来的两三年里，月经周期会变得更容易预测，您可能会开始看到一个模式，所以您大概会知道下一次是什么时候。平均来说，月经期每28天一次，或者一个月一次。但每个人都是不同的。大多数女孩的月经周期相隔21~35天。

还需要讨论月经期可能的不舒服，许多女孩在月经期开始前几天会出现经前症状（通常称为经前症候群）。常见的症状包括腹部绞痛、头痛、腹胀、疲倦、情绪波动和乳房触痛。布洛芬一类的非处方药物可以帮助缓解疼痛。

如在月经来之前就开始讨论月经，您的女儿可能会很好奇她什么时候来月经。虽然女孩第一次来月经的时间和她们的母亲差不多，但是没有办法确定，所以最好做好准备。告诉您的孩子如何使用卫生巾，并让她随身携带，以防万一。

虽然您的孩子以后可能会选择使用卫生棉条，但最好让她先用卫生巾，因为卫生巾使用起来更容易。

性早熟

性早熟一词用于定义提前出现青春期的症状和体征，女孩发生在8岁之前，男孩发生在9岁之前。对女孩来说，这意味着乳房可能在8岁之前发育。对男孩来说，意味着9岁前睾丸和阴茎可能增大。此时，男孩和女孩都可能出现阴毛或腋毛、身高和体重的快速生长、痤疮和成人体臭。

在许多情况下，性早熟的原因还不清楚，并被认为仅仅是青春期的过程开始得太早了。在其他情况下，由于潜在的医学病因、基因或暴露于雌激素或睾酮的外部因素，如乳膏和药膏，这些可能都是致病原因。潜在的并发症包括身高较矮和自尊出现问题。

出现青春期提前症状的儿童，应该由专业医生进行评估。专业医生将进行检查以确定导致性早熟的原因。根据致病原因，可以推荐使用药物等治疗方法，将与青春期相关的进一步发育推迟到适当的年龄，或解决潜在的医疗问题。

一般不用担心。然而，有些女孩可能会因为看到自己的身体呈现出更圆润的外观而感到不安。向您的女儿解释这是正常的，避免出现节食行为。

月经 女孩的月经一般出现在乳房发育后的2~2.5年，所以现在是让孩子为这一里程碑做好准备的最佳时机。与孩子讨论月经问题时要开诚布公，并随时准备回答任何问题。

男孩的青春期 和女孩一样，男孩进入青春期的时间也各不相同，但通常在10~11岁。在这个时候，大多数男孩开始经历身体上重大的变化。

睾丸长大 在青春期初期，睾丸和阴囊的大小几乎翻倍。阴囊上的皮肤和外观出现变化，包括阴囊变黑和毛囊的发育，这些毛囊看起来像小肿块。一个睾丸可能比另一个低。

最终，阴茎变长，然后变粗。在靠近阴茎头的地方可能会出现类似丘疹的生长，这是正常现象，不需要治疗。

男孩可能会把自己的生殖器与同龄人进行比较。如果您的孩子对差异感到担忧，您需要向孩子解释孩子间正常的阴茎大小和外观差异可能会很大，但根本不需要担心。

阴毛 您的儿子可能会注意到他的

有助于鼓励孩子在小学高年级阶段发展的积极习惯如下。

1. **社区**。鼓励您的孩子参加当地的社区团体或为当地慈善机构做志愿者。

2. **责任**。教您的孩子做一些更复杂的事情，比如洗衣服，准备简单的饭菜或者前一天晚上准备在学校吃的午餐。

3. **毅力**。鼓励您的孩子尝试一项有合理程度挑战的活动。如果您的孩子一开始不成功，那就把它当作一个如何处理缺点和失望的教训。努力和坚持是这个学习过程中的关键部分。

4. **前瞻性思维**。让您的孩子去采访成年家庭成员、朋友或邻居，了解他们的职业。帮助您的孩子思考要问的问题，比如这份工作需要做什么，做了多久，这份工作是否需要特殊培训或教育。

5. **思维判断**。和您的孩子一起去杂货店购物，讨论如何购物。例如，如何在品牌之间做出选择，挑选最新鲜的水果和蔬菜，以及比较价格。通过让孩子从购物单上挑选商品，并在商店里找到它们，来了解商店是如何组织管理的。

6. **了解全球新闻**。和您的孩子一起看新闻，记下里面提到的人和地方。在新闻节目结束后，帮助您的孩子在网上了解更多相关新闻信息。

阴茎底部周围出现了几根柔软的毛发，这些毛发最终会变得更粗更卷。之后，阴毛会形成一条细线延伸至肚脐。

体形　随着青春期的来临，有些男孩看起来四肢很长，而有一段时间可能会比大多数女孩矮。一般来说，男孩的身体在生长高峰期会很突出，随着身高（主要指下肢）的增长，躯干部也出现快速生长。随着青春期的逐渐发育，肌肉逐渐替代脂肪。

射精和勃起　您的儿子现在可能知道触摸他的阴茎可以带来快感，这是在孩子性成熟到足以达到高潮和射精的时候。

射精可能发生在孩子手淫或在他睡觉不自觉的时候（梦遗）。如果孩子醒来发现床上是湿的，他可能会感到困惑和尴尬。让您的儿子知道所有的男孩都会这样，这些不自觉的事情会逐渐停止。

虽然勃起通常与性唤起有关，但男孩的阴茎在青春期会莫名其妙地变得坚硬。男孩对这些问题常常无能为力。唯一能让他感到安慰的是，随着时间的推移，这些事情发生的频率会逐渐降低。

嗓音 随着童年中期的结束，您可能会注意到孩子的声音偶尔会沙哑。这是暂时性的，也是青春期正常发育的一部分，与喉的生长和声带的变化有关。

乳房 虽然乳房发育通常与女孩有关，但它也会发生在男孩身上。您的儿子可能会抱怨乳头区域的敏感或不适，这是正常现象。

在某些男孩中，乳房生长可能更明显，这种情况被称为男性乳腺发育。这种情况通常会在一两年内消失。不过，最好还是咨询一下专业医生，确保这不是由于潜在的疾病、药物或过度接触含有类似雌激素成分的产品造成的。雌激素是一种对女性性发育影响最大的激素。

语言和表达

到孩子四、五年级的时候，语言就有了更多的用途。您可能会注意到孩子越来越熟练地使用词汇来开玩笑、争论和提问。孩子的机智或冷幽默可能会让您大吃一惊。您也会发现你们能进行一些相当深入的对话。

俚语和粗口一样，也会进入谈话中。后者可能会提醒您，在您的家庭中什么是合适的语言，什么语言是不合适的。

这也是孩子们更好地理解比喻的时候，比如"外面比太阳还热!"。他们说话和写作内容也变得更加复杂。事实上，

增强孩子自信心的6个方法

1. 留出时间出去聊天，无论是关于朋友、成就还是挫折。
2. 参与孩子的学校活动。定期与孩子的老师联系，参加学校活动。
3. 鼓励您的孩子成为一个"参与者"，参与学校和社区团体。
4. 谈论不屈服于同伴的压力。家庭支持和健康的自我价值感，可以帮助您的孩子恰当地处理社交需求。
5. 一家人一起做事。
6. 经常表达爱意和表扬。

大一点的孩子可能写他们自己的故事。

在小学后期，孩子们通常可以做到以下方面。

- 将想法转化为文字。
- 通过观察一个句子的上下文，学习新单词。
- 在演讲和写作时，更好地组织自己的想法和信息。
- 写故事，包括开始、中间和结束。
- 针对一个具体的主题开展研究。
- 阅读或理解字里行间作者的意思，即使这个想法并不能被明确表达。
- 阅读能力提高。可以在无严重错误情况下，逐渐地阅读简单到较为复杂的故事。

社交和情感发育

在孩子的眼中，世界开始变得更有层次感。他（她）意识到人们有不同的观点，他（她）可能并不总是同意别人的观点。在小学高年级阶段，您的孩子也会因为被批评而变得更容易沮丧。作为父母，您可以通过针对具体行动和行为，而不是针对个人，来树立建设性批评的榜样。

在这个年龄段，孩子对社会活动的兴趣越来越大，和朋友之间形成了更深的联系。正因为如此，孩子中普遍存在如何让自己的行为举止表现得像同龄人

或者外形看起来更像同龄人的压力。孩子们有时会因此而自尊受挫。支持您的孩子度过友谊的起起落落，同时继续巩固您的家庭价值观（见第18章）。

行为 在这个年龄段，孩子有能力承担更大的责任，比如做家务或帮助父母照看更小的弟弟妹妹。孩子们对诸如在公园里捡垃圾的行为，有了更深刻的认识，这可能源于他们对"变大"的日益增长的认识，或者是认识到他们的行为不仅影响他们自己，而且影响周围的人，有时甚至是世界。

与此同时，这个年龄段的孩子将继续挑战他们的父母和规则。当您的孩子努力争取独立时，他（她）可能会表现得喜怒无常或粗鲁无礼。您可能会发现您的孩子做了您不赞成或者有危险的事情。虽然您的孩子可能知道他（她）所做的是不可接受的，但重要的一点是要让他（她）明确您的期望，跟进并承担相应的后果（见第17章）。

浪漫的火花 这个年龄段的孩子可能会出现初恋。这个年龄段的孩子对同性同伴产生柏拉图式的迷恋很常见。这种早期的迷恋通常是暂时的，但可以提供一个机会来跟孩子讨论为什么人们会坠入爱河，以及在健康的浪漫关系中最重要的元素是什么。

神经心理发育

在小学后期，学校的目标是提高孩子的批判性思维和解决问题的能力。

虽然您的孩子可能会抱怨家庭作业，但这些课外任务可以帮助他（她）学会更独立地工作。

这个年龄段的孩子也喜欢参与家庭决策和计划，喜欢知道未来。一个共享的家庭时间表或日历可以帮助家庭成员保持同步和紧密的联系。

准备上初中 您的孩子可能很快就要上初中了。对于一个孩子来说，上中学是一段可怕的时光，因为他（她）可能会同时面临很多重大变化。

对一些孩子来说，上中学意味着要面临一座陌生的建筑，可能会遇到新的同学。这也可能意味着您的孩子将再次成为学校里最小的孩子，他（她）可能不得不遵循时间表，一整天都要去不同的教室。在孩子的学习生涯中，成绩扮演着更重要的角色。

如果您问刚上初中的孩子，他们最担心的是什么，他们可能会告诉您，怎么也打不开储物柜，怎么也找不到教室。他们可能听说过八年级学生有多刻薄，或者中学老师布置了一大堆家庭作业。

作为父母，您在帮助孩子消除恐惧方面扮演着核心角色。让您的孩子做好以下准备。

一起做好心理准备　尽量让孩子把注意力集中在他（她）将要做的有趣的事情上，但也要倾听孩子的担忧和恐惧，并帮助他们解决问题。例如，如果您的孩子担心在新学校迷路，安慰他（她）许多其他同学也会有同样的处境，会有很多工作人员帮助新生找到正确的道路。

利用好迎新会　这通常是小学生进入初中的时候，孩子的父母可以通过迎新会更多地了解学校和学校活动，会见老师并参观学校。在学校开学前的暑假里，学校可能会举办一些"破冰"活动，让孩子们熟悉中学生活，比如野餐或冰激凌社交活动。

参与学校的活动　参加学校会议并与孩子的老师保持联系。参加学校家长会和家长协会组织的志愿者活动。想办法就孩子学校有趣的活动发表意见。

必要时寻求帮助　从小学到中学的过渡并不总是一帆风顺的。加之青春期相关的生理变化，这段日子可能不好过。

如果您的孩子表现出挣扎的迹象，比如持续地感到悲伤或焦虑，食欲或睡眠模式发生变化，或在几周内对朋友和活动失去兴趣，建议咨询专业人员。儿童保健提供者、指导顾问或其他心理健康专家可以为您和孩子提供心理健康策略，这些策略对您和孩子现在和以后的生活都有帮助。

科技　科技在孩子的生活中变得越来越重要。学校使用电脑和平板电脑来辅助课堂教学。在家里，一些孩子有自己的电脑或手机，他们可能会定期上网和使用社交媒体。

如今的孩子对数字媒体越来越上瘾，父母们担心的是他们好像在不停地发信息、玩手机。虽然需要进一步的研究来确定儿童是否真的沉迷于数字媒体，但屏幕时间过长还会导致其他问题。

例如，有证据表明，持续的上网可能会对孩子的睡眠质量、注意力和学习能力产生负面影响。它还可能增加儿童罹患肥胖和抑郁的风险。此外，孩子总有可能接触到不恰当的内容。

和生活中的大多数事情一样，场景和均衡是关键。如果孩子花很长的时间在他（她）的电脑上作曲或写故事，那就不应该限制屏幕时间。但是如果一个孩子使用科技产品而不进行体育活动或和朋友出去玩，他可能就需要更严格的屏幕时间限制。

针对孩子如何、何时、何地可以使用电子设备和访问互联网，您需要执行

组织与时间管理

您的孩子进入了更高的年级，更多的作业任务和老师成为了常态。他（她）可能需要变得更有条理，以便更好地管理有限的时间。以下几点可以帮助您的孩子走上正轨。

- **保持规划。**不管是在纸上还是在网上，日历都可以帮助孩子学习如何记录好任务和作业。
- **列出任务清单。**让您的孩子列一张清单，列出他（她）一天或一周需要完成的事情，无论是功课还是家务。孩子会很满意于已完成的任务以及他（她）完成多少任务。
- **分解任务。**把工作分成更小的部分放在更长的一段时间里，以便更容易管理。例如，与其在周末写一篇读书报告，不如提前一周动手，每天写一部分。
- **帮助孩子浏览在线日历和任务。**许多学校都有发布重要信息的网站，比如课程表和作业。此外，学校经常要求孩子在网上提交作业。尽管这在初中和高中更为普遍，但小学甚至可能会给学生分配平板电脑或笔记本电脑。和您的孩子一起坐下来，熟悉一下这些在线工具，这样您和孩子就都知道应该怎么做了。老师通常会通过网站发布有关学业的信息，登录这些网站需要填写家长信息、用户名及密码。
- **每周安排一次书包清理。**在每个周末，把文件和其他物品从书包里拿出来，让您的孩子决定什么需要保留，什么可以扔掉。

清晰一致的指导方针。这些规则如下。

- 鼓励数字媒体和技术的具体用途，比如学校项目或是其他活动，又比如编码或了解世界大事。
- 帮助您的孩子学习和探究事物本质，指导他（她）正确使用数字媒体及网络。
- 保持电脑、平板电脑和其他设备在一个中心位置，以便很容易地监控孩子的互联网活动。
- 加强网络安全规则教育，例如，不要分享个人信息，避免与陌生人在线交友。重要的是，教育您的孩子有关网上犯罪者的信息，并确保您的孩子知道，在没有可信任的成年人在场的情况下，永远不要同意与网上见面。
- 如果您的孩子在使用社交媒体，能做到跟现实生活中一样，确保他（她）能理解并尊重他人。鼓励您的孩子告

教育类的游戏

如何寻找有助于您的孩子积极参与和学习的教育类游戏？

美国教育协会建议浏览以下组织的网站。

- 历史：美国图书馆里的美国的故事（America's Story from America's Library）。

- 阅读：儿童读物（Kidsreads）。
- 数学：数学游乐场（Math Playground）。
- 多个主题：事实怪兽（Fact Monster）、PBS儿童频道（PBS Kids）。
- 科学与自然：网络游侠（Web Rangers）、史密森学会学习实验室（Smithsonian Learning Lab）。

知您任何形式的网络欺凌或网上骚扰的发生。让您的孩子知道您会和他（她）一起解决任何出现的问题。

- 强调与家人、朋友和同事面对面交流的重要性，虚拟沟通和社交媒体不能取代线下个体间的沟通交流。
- 坚持固定的远离屏幕的时间。比如在吃饭和睡眠时，以及在卧室里。

就您而言，记住父母对孩子的行为有很大的影响。日常生活中，父母需要起到模范作用，率先做到您所希望孩子去遵循的科技产品及社交媒体的使用方式。

共同成长

在未来的岁月里，还会有更多的变化和困难。但是，有了您持续的爱和引导，您的孩子可以继续成长为一个健康、行为良好的年轻人。您也会发现，自己的育儿技能会随着经验的积累和调整而得到扩展和更新。

当您指导孩子进入青春期时，这是一个帮助孩子发展自信心、责任感和对他人的同情心的重要时期。帮助您的孩子培养是非意识。

与孩子所在的学校保持联系，跟上孩子的学习进度，并解决可能出现的任何问题。随着孩子年龄的增长，来自同伴的压力和欺凌变得越来越普遍。多和孩子交流可能会遇到的挑战。

继续设定生活和学习的界限以及指导方针。为孩子设定吃饭时间、睡觉时间和日常家务。为他们设定屏幕时间、家庭时间，以及任何您有强烈要求的时间。

享受孩子的陪伴。让你们的关系随着你们共同的进步而开花结果。

第二部分
保健和健康

第 5 章
与主要医疗保健者的合作

作为父母的一个重要任务，就是使您的儿子或女儿在成长过程中尽可能强壮和健康。作为父母，您在这一领域承担着许多繁重的工作。包括提供营养餐，花费大量时间与孩子游戏和运动，擦鼻涕，鼓励萌芽期的社交关系，保持按时睡觉。这些工作的一个重要合作者，也是您应该充分利用的盟友，就是您孩子的医疗保健者。

在孩子的一生中，他们可能会遇到各种医疗专业人员，以满足孩子成长的各种需求。例如，例行儿童健康检查，疫苗接种和急诊，以及针对复杂医疗状况的更专业的照护。满足所有这些需求的就是医疗保健者——通常有儿科医生、家庭医生、医师助理或执业护士。

专业医疗人员能够熟悉您孩子的完整健康史，认真随访您孩子的成长和发展，并可以向您发出任何潜在问题警

报，这是一件令人欣慰的事。拥有医疗保健者还可以在您的孩子生病时为您提供方便的就医地点，将花费在急救或急诊室的时间减至最少。此外，您孩子的病历也可以集中存放保管在医疗保健者的办公室里。

此外，医疗保健者不仅对您的孩子有帮助，他们也是您的宝贵参考，可以在您有困难时向您提供育儿领域的指导、建议和支持。

选择医疗保健者

在许多家庭中，看护孩子的医疗保健者往往从婴儿期就开始看护着孩子成长，这样可以帮助孩子顺利过渡到学龄前和学龄期。

但是，在您需要寻找其他的保健者时怎么办呢？也许您最近搬家了，或者您当前的医疗保健者要退休了，或者您

还没有为孩子找到医疗保健者。

无论如何，在寻找新的医疗保健者时，很多父母往往会感到不知所措。提前做好准备有助于顺利完成。从长远来看，为您的孩子寻找到优质的医疗保健者，在时间、金钱和压力方面都是非常值得的。

第一步是思考您想要寻找什么类型的医疗保健者。可以寻求有孩子的朋友、亲戚和同事的建议，也可以听取其他医生或其他医疗保健者的推荐。这些都是有效的好办法。

权衡好您的选择　为孩子选择医疗保健者时，您会面临很多选择。能够为孩子提供专业护理的、有资质的医疗保健者一般有以下几种。

儿科医生　儿科医生是专门研究从婴儿期到青春期儿童的医生。在医学院学习后，儿科医生完成了三年的住院医培训。在住院医学习期间，他们在医院、护理专科或儿科医师诊所接受了导师的指导和训练。这种实践和训练使他们掌握了治疗各种儿童疾病的专业知识。

在完成住院医阶段后，儿科医生将获得参加美国儿科委员会组织考试的笔试资格。通过该考试意味着儿科医生是"美国儿科委员会认证"的，同时也获得美国儿科学会的会员资格。您可能会在其名字后或名片上看到"FAAP"（美国儿科学会会员）。

一部分儿科医生会选择继续接受三年或以上的教育，例如心脏（心脏病学）或早产儿（新生儿医学）的专科培训。

许多父母喜欢儿科医生是因为他们是既能治疗有复杂医疗需求的孩子，又能照顾健康儿童，他们能回答大多数的问题。

当孩子长大以后（通常在18～21岁），他（她）将转为选择成年人医疗保健者，例如内科医生或家庭医生。

家庭医生　家庭医生可以为您家庭的所有成员提供医疗保健服务。他们接受了许多不同领域的培训，使他们能够提供从儿童到成年的医护服务，以及处理最常见的病症，例如感冒、咽喉疼痛，以及糖尿病、高血压这种慢性疾病。如果家庭医生为您的整个家庭提供医护服务，这将使他能够熟悉您和您家人的病史，这对以后更好地服务是很有帮助的。

与儿科医生类似，家庭医生从医学院毕业后，也是先完成三年的住院医培训，并获得美国家庭医学委员会的家庭医生资格认证。在上述培训过程中，家庭医生也掌握了儿童患者的照顾知识，但家庭医生并不会像儿科医生一样专注于儿科医学领域。

如果您有兴趣带孩子看家庭医生，您可以询问他（她）是否有儿童治疗经验。

中级医疗保健者　中级医疗保健者包括执业护士和医师助理。执业护士是接受过高等教育的注册护士，例如护理学硕士或博士，他们接受某些特定医学领域的继续培训，如儿科或家庭健康。

完成护士学校的学习后，执业护士将在所选专业领域接受正规的教育计划。儿科执业护士负责照看各个年龄段的儿童，从婴儿到青少年，而家庭护理护士负责照看儿童和成人。这些专业保健者可以根据其所在州的状况独立工作，也可以与一位或多位医生合作，或在医生监督下工作。

医师助理是经过培训并获得执照以诊断疾病，制订和管理治疗计划以及开出处方的医疗专业人员。医师助理通常根据州指南，与医生合作或在医生的监督下工作，并且可以成为您的主要医疗保健者。医师助理的工作范围通常覆盖全部医学领域，包括儿科和家庭医学。

需要考虑的因素　在选择医疗保健者之前，考虑一下什么适合您和您的孩子。例如通常可以在医疗服务者网站或其他在线资料中，找到其办公时间和教育背景之类的信息。此外，还应考虑以下因素。

当孩子的情况更加复杂时

如果您的孩子患有慢性疾病，或需要接受复杂的医疗保健治疗，则通常需要经常拜访孩子的医疗保健者，并可能需要其他领域的专家进行会诊。

例如，患有哮喘的儿童除了其主要的医疗保健者以外，还可能需要其他的医疗保健者，如呼吸专科医生、过敏科医生或耳鼻喉科医生。对于患有孤独症的孩子，其医疗团队还可能包括社会工作者、心理健康专家、发育儿科医生、物理治疗师以及言语治疗师。事实上，协调所有这些医疗保健者是一项专职工作。

许多医疗机构都意识到医疗协调对家庭的负担。为解决这一问题，有越来越多的医疗机构提供了保健协调的服务。这些提供保健协调的医学机构或医疗保健组织一般被称为"医疗之家"。这也意味着它可以作为您孩子大部分或全部医疗保健需求的基地。

在您的孩子接受诊断之后，将有专门保健协调员负责协调您、您孩子的主要医疗保健者和相关专家之间的沟通。父母在保健协调中的作用非常重要，父母的反馈是制订治疗计划的关键组成部分。

保健协调员会综合您的家人、您的主要医疗保健者和其他专家的意见，来帮助您为孩子制订治疗计划。此外，保健协调员还可以帮助您的孩子获得社区和学校的服务及资源。护理协调员负责保管您孩子的病历，发挥"中央访问点"的作用，所有的历史监测结果和各类健康信息都储存在那里。

如果您的孩子需要一名或多名专家的更复杂的照顾，那么找一个提供保健协调的机构可能值得考虑。一些研究表明，这种经过协调的保健可以发挥明显的优势。例如，减少急诊次数，减少学校缺勤，并可以降低家庭的自付费用。

在某些情况下，可能无法获得保健协调。但不管您是否最终拥有"医疗之家"，您可能都会发现，不断更新孩子病史的书面记录是很有用的，可以快速方便地查找。目前可以采取手机App程序、在线文档、笔记本或者计划表。

要详细记录的重要信息包括：疫苗接种、住院、疾病、过敏、用药、医疗预约、保险和药房信息，以及任何有助于保健协调的其他信息。您可以在孩子预约医疗保健时，甚至在度假时都带着上述记录，以备不时之需。

美国医疗之家实施中心提供大量可打印页面和其他资源，可以帮助您开始进行记录保存。您可以浏览该中心网站，并访问有关家庭和看护人部分。

你的需要是什么　尽管前文提到的所有医疗保健者都接受过照顾孩子的培训，但某些特定的培训对您而言或许更加重要。例如，您正在考虑的医疗保健者是否有儿童相关的丰富经验？他（她）是否列出了您认为能提供孩子关键专业领域的照顾？例如，能否治疗哮喘或糖尿病的儿童？或者，您希望选择在儿童行为健康方面有专长的人。

医疗保健者是否接受您的保险　即使医疗保健者名录列示在您的保险受益书上，或列示在您健康保险公司网站的公司网络成员中，也强烈建议您向医疗保健者的办公室再次核实。

医疗保健者的办公地点在哪里　出行时间是一项重要因素。为了孩子的年度体检开车很长的路程，并非什么大不了的事，但是当您的孩子因为生病而出门就诊时，这就会显得非常不便。特别是在感冒和流感高发的季节，可能会很频繁地出门就诊。

预约是否方便　将预约固定在最标准的早上9点到下午5点，并不都是很容易的事情。如果医疗保健者可以提供夜间或周末预约保健，则能够给您提供更好的便利。

能否一直选择同一位医疗保健者　目前的普遍现象是，医疗保健者已成为由医生和执业护士在内的广大医疗专业人员组成的大型群体。如果您很重视选择某一位特定专家为您的孩子提供医疗保健的话，建议您仔细检查对方是否可以提供指定预约保健服务。

医疗和咨询保健是否便利　请认真考虑您所期待的与孩子的医疗保健者之间沟通的方式。如果您下班后遇到疑问或有问题怎么办？医疗保健者是否有说明哪些疾病或问题需要去诊所就诊，哪些可以通过电话处理？您也可能希望直接通过电子邮件或通过门户网站的在线信息服务与保健者联系。医疗保健者通常会提供非工作时间留言的转接回答服务；有的办公室可能会提供护士专线，您可以通过专线提问题。

医疗保健者有哪些医院的优先权　如果您倾向于选择特定的医院，则需要确保您正在考虑的医疗保健者具备在该医院就诊的优先权，以保证您的孩子能够在该医院得到诊疗。

您如何处理转诊　询问医疗保健者关于转诊专家时的流程。一些医疗保健者可能仅会将您的孩子转诊给在同一医疗保健网络或医疗机构中执业的人士。

充分考虑以上问题，可以帮助您缩小选择医疗保健者的范围。在确定候选范围之后，您就可以致电医疗保健者的办公室，以确认对方可以接纳新的患者，并可以接受您的保险。

健康儿童随访内容

2岁以后，大多数孩子进入医疗保健者的年度体检计划。这种定期随访有以下好处。

- 医疗保健者能及时跟进孩子的发育情况。
- 孩子能够及时接种疫苗。
- 提供及时筛查发现异常情况的机会。如果能够提早发现异常，治疗效果可能会更好。
- 定期随访可以使医疗保健者持续监控存在的问题。

健康儿童体检的随访——对没有生病的孩子或其他一些原因进行体格检查，一般比较轻松愉快，从而为您、您孩子和医疗保健者在轻松愉快的环境中，提供相互了解的机会。通常，健康儿童体检包括简单的身体检查、必要的疫苗接种，其余的时间则用来谈话。根据孩子的年龄，医疗保健者可能会询问您大多数问题，或请您的孩子回答。随着孩子年龄增长，让您的儿子或女儿与医疗保健者直接建立和发展良好的关系，可能会更有利。

以下就是健康儿童随访可能覆盖的领域。

体格检查 包括对孩子的血压、身高和体重检查，心脏和肺脏听诊，腹部触诊，反射测试。医疗保健者还会检查眼睛、耳朵和嘴巴，脊柱对齐情况，生殖器，走路步态，以及您所关心的其他身体情况。

生长情况 生长曲线图通常是健康儿童随访的标准内容。生长曲线图详细绘制了您的孩子在不同年龄的身高和体重值，显示出孩子的生长速度和曲线。

您孩子的医疗保健者通常会更关注孩子的身高随时间的生长情况，而不是特定的一次测量值。您会看到一条典型的、随时间逐渐向上的平滑曲线。定期回顾孩子的生长曲线，可以及时提示您和医疗保健者，孩子是否出现意外的生长迟缓或体重变化，如果有的话，则可能提示需要额外的监控。

相比婴幼儿期，在孩子达到学龄前和学龄期时，生长速度会略有减慢。常见的生长测量通常用百分位表示。例如，身高处于50百分位，体重位于20百分位。这些数字代表您的孩子与相同年龄和性别孩子的对比情况。例如，如果您的儿子的体重为20百分位，则代表有

20%的同龄男孩的体重比您的儿子轻，有80%的同龄男孩的体重比您的儿子重。

听到80%的孩子体重比您的孩子重，可能会引起担忧，但重要的是将这些数字放在特定环境中观察。每个孩子都是独一无二的，最重要的是您的孩子正在遵循他自己的生长曲线。请参阅第62~65页本章的生长曲线图。

发育情况　您孩子的医疗保健者会根据孩子年龄检查其是否达到了适当的发育阶段里程碑。

如果您的孩子年龄较小，则医疗保健者会要求您填写一份标准化的发育情况问卷，用来记录和检查孩子发育的各个方面，包括精细运动、粗大运动、人际交流、情感发育和自理技能。

例如，问卷可能会问到您孩子的词汇量，是否已达到一定的单词量，或者他（她）是否能够听从一定量的指令或画出特定的形状。

医疗保健者可能会要求您的孩子执行特定的动作，来测试运动技能，例如单脚跳。如果没有达成预定目标，那么医疗保健者可以帮助您确定下一步计划，可能是继续观察或者进行更专业的评估。

对于年龄较大的孩子，医疗保健者可能会询问学校和课外活动情况。例如他们的成绩、家庭作业和标准化考试的表现，以及是否接受导师指导、参加补习班或高级班。如果您或您的孩子在这方面有担忧，这也是一个让医疗保健者知道的好机会。

情绪健康　您孩子的医疗保健者也希望了解孩子在社交和情感方面的表现，以及孩子如何通过行为进行表达。

医疗保健者可能会询问孩子在家庭和社交生活方面的各种问题，以确保他（她）能够很好地适应。医疗保健者可能会问是否存在让您担心的行为问题。例如，与其他孩子相处困难，或在遵守家庭和学校的规定方面存在困难。

如果是学龄前儿童，可能会要求您填写一份标准化的社会情感调查表，以帮助发现您孩子在这些方面可能遇到的困难。这些调查表可以帮助您及早识别伴随孤独症等疾病的情绪和形为，这对于早期干预非常重要。

不过，在大多数情况下，医疗保健者能够帮助您和您的家庭摆脱孤立无援的担忧，但是事实上，您也很可能像其他具有类似经历的家庭一样面临着日常生活的压力。医疗保健者或许能够提供一些技巧或资源，以帮助您维持积极乐观的家庭氛围。

疫苗接种　疫苗是确保孩子健康的重要组成部分，可以显著降低孩子患某些

为什么测量孩子的BMI?

从2岁开始，您孩子的医疗保健者可能会开始测量孩子的身体质量指数（BMI）。这是一种基于人口平均水平的筛查工具，该指数使用体重与身高相关性来估算一个人是否体重过轻、超重或肥胖。

儿童的BMI指数的表示方式与成人不同。在测量儿童和年轻人时，优选使用BMI百分位（也称体块指数年龄百分数）。考虑到随着时间的增长，儿童发育过程中的身体脂肪量在变化，因此，BMI百分位比标准BMI的测量结果更加灵活。通常认为处于5百分位到84百分位之间的儿童属于健康范围。如果孩子处于或低于4百分位，则可能被认为体重过轻；如果孩子处于85百分位至94百分位，则可能被认为超重；95百分位及以上的儿童可能被视为肥胖。请参阅第63和65页的BMI百分位。

不过，您孩子的BMI位于哪个百分位只是图表的一部分。医疗保健者最想查看的是，您的孩子是否随着年龄增长始终遵循着他（她）的个人生长曲线。医疗保健者还将查看您的家族病史，以及孩子的总体饮食和活动水平。如果孩子的生长是稳定的（例如孩子的BMI始终处于87百分位），那么通常没有理由担心。如果BMI百分位与上一年的测量值相比有较大变化（例如突然下降到50百分位，或上升到98百分位），则可能是体重出现不健康变化的信号。

如果您非常在意孩子的体重，则请告诉您孩子的医疗保健者。重要的是请记住，BMI作为筛查工具存在局限性。它不能诊断肥胖，也难以代表孩子的健康状况。并非每个处于较高BMI百分位的孩子都一定有健康问题。有些孩子的骨架比其他孩子大，有些孩子的肌肉更多。这些因素会使健康孩子的BMI偏高。一个更重要的指标是您的孩子在运动活动中，例如在操场或体育课上，是否能跟上他（她）的同龄人。

2~20岁：女孩

身高/年龄和体重/年龄百分位

姓名 _____

记录 _____

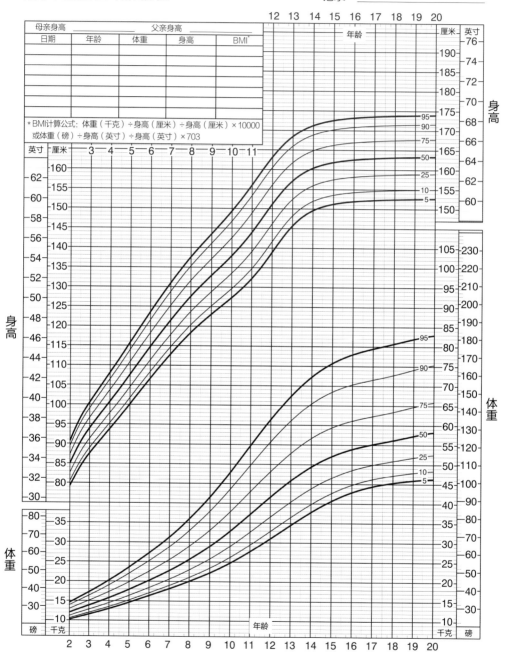

2~20岁：女孩
体块指数年龄百分数

姓名 _____
记录 _____

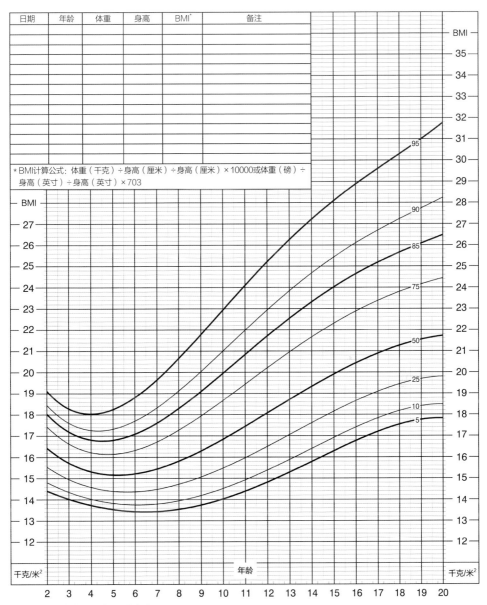

日期	年龄	体重	身高	BMI*	备注

*BMI计算公式：体重（千克）÷身高（厘米）÷身高（厘米）×10000或体重（磅）÷身高（英寸）÷身高（英寸）×703

来源：美国疾病控制与预防中心

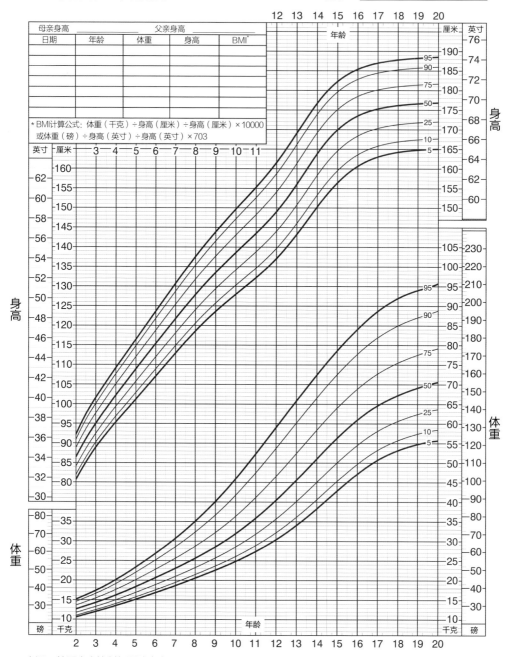

2~20岁：男孩

身高/年龄和体重/年龄百分位

姓名 _____

记录 _____

日期	年龄	体重	身高	BMI*
母亲身高 _____	父亲身高 _____			

*BMI计算公式：体重（千克）÷身高（厘米）÷身高（厘米）×10000
或体重（磅）÷身高（英寸）÷身高（英寸）×703

来源：美国疾病控制与预防中心

2~20岁：男孩

体块指数年龄百分数

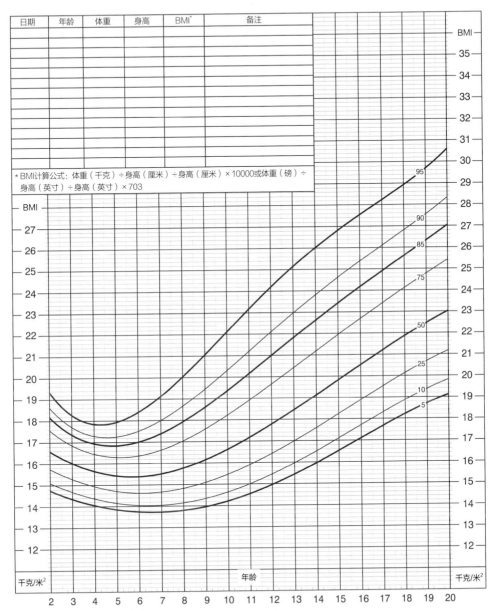

疾病的风险。疫苗接种不会在2岁以后结束。在孩子成长的过程中，需要注射加强疫苗和新疫苗，包括年度的流感疫苗。

如果孩子没有及时接种最新的疫苗，通常来讲还来得及赶上接种计划，请尽快带您的孩子去看医疗保健者。有关疫苗接种的更多信息，请参见第6章。

营养情况 在每次带孩子进行健康儿童随访时，医疗保健者可能会想知道孩子的饮食习惯和喜爱的食物，还可能与您讨论孩子是否摄取了足够的某些特定营养素，例如，钙、维生素D。有关营养的更多信息，请参阅第13章。

尿便控制 健康儿童随访是与孩子讨论如厕问题的绝好机会。年幼的孩子，尤其是男孩和睡眠较沉者，晚上可能仍会尿床。对于7岁以下的孩子来说，这通常不是太大的问题。

但是，如果您的孩子以前整夜睡觉都没有尿床问题，而现在出现尿床，或者您的孩子白天有尿裤子的问题，则有可能是一些潜在问题的征兆，例如膀胱感染。有时，因为搬了新家或上新学校带来的压力，可能导致发生膀胱控制问题。

进行健康儿童随访也是您解决肠道功能问题和任何大便不规则现象的机会，例如常见的大便稀或便秘（请参阅第325页）。

听力和视力 医疗保健者可能会使用多种方法定期评估孩子的听力和视力。听力测试能够发现听力下降的迹象，这个年龄段的原因通常是感染、创伤或者噪声。医疗保健者可能会检查潜在的眼部异常情况，并评估孩子的视力（视敏度）。

睡眠情况 充足的睡眠对于儿童的健康发育至关重要。医疗保健者可能会询问孩子的睡眠习惯，例如就寝时间，以及孩子睡眠的时长和质量。医疗保健者还可以提供有关巩固健康睡眠习惯的指导（请参见第8章）。

预防和安全 医疗保健者将会讨论预防性的健康措施，例如定期牙科检查、运动指引和限制电子设备使用时间。他（她）可以提供一些常识，以保证您的孩子在家里和家外的安全。医疗保健者可以提供如何存储和管理药品的指南，例如解释如何使用安全装置（如汽车安全座椅和加高座椅）。

请记住，医疗保健者与您的家庭间是一种伙伴关系，这种关系需要花费时间和精力来培养。但其回报也是巨大的，这样的伙伴关系能够保证孩子获得个性化、全面和有效的照顾。

充分发挥随访的作用

与医疗保健者的随访通常很短暂，而且在许多医疗机构中，每种类型的随访都受限于特定的时间分配。

虽然大多数医疗保健者会尽力回答您的所有问题，但您可能需要提前想好最优先咨询的问题。这将有助于确保您能够在随访期间解决最重要的问题，并充分利用与医疗保健者交流的时间。

如果您在不同领域有多个问题，或者需要更长的孩子随访时间，请务必在预约时明确提出来，以便分配更多时间。

在两次随访之间把您的问题写下来是有帮助的做法，可以随时记录到您的笔记本电脑、智能手机或平板电脑上，这样在您预约下一次孩子随访时就能记住这些问题。也要记下可能给孩子带来压力或其他可能影响孩子正常行为的生活事件。例如，弟弟或妹妹的出生，或亲爱的祖母过世。

还有一些数字化工具可以帮助您规划随访安排。例如，您可以上网搜索一个"儿童和青少年健康评估计划"的免费"健康随访计划器"，该计划是针对6岁及以下儿童的。

第6章
疫苗接种

按照建议的疫苗接种时间表，大多数儿童将获得针对多种疾病的免疫接种。在学龄前和学龄期，疫苗接种仍然是儿童保健的重要内容。及时的疫苗接种，有助于保护您的整个家庭免受几代人以前发生过的严重疾病、永久性残疾和致死性疾病的伤害。

能够生活在这样一个医学可以为幼儿和社区提供广泛保护的时代，父母会更加放心。当人们对某种疾病免疫后，将这种疾病传染给他人的机会就更小了。这使得周围的每个人都更加安全。这种现象称为"群体免疫"。

在本章中，您将找到作为父母需要了解的疫苗的信息，包括关于疫苗作用机制的信息、疫苗安全性的最新信息，以及各个年龄段儿童推荐使用哪些疫苗。您还可以找到各种有用的提示，包括如何减轻注射时的不适感，跟踪疫苗接种记录，以及符合学校和旅行的要求。本章的末尾是疫苗可以预防的学龄前儿童和学龄儿童所有疾病的分类信息。

疫苗的作用机制

每天，每个人都暴露在大量细菌、病毒和其他微生物的环境中。但是大多数人并没有被微生物（即使是病原微生物）过分困扰。这是因为免疫系统在发挥着作用。当有害微生物进入您的身体时，免疫系统就会进行防御，产生称为"抗体"的蛋白质来抵抗入侵者。免疫系统的目标是中和或破坏外来的入侵者，消除其伤害并防止您生病。

人体免疫系统抵御疾病的一种途径是：在接触外来入侵物后对入侵物产生特定的免疫力。一旦人体感染了某种病原微生物，免疫系统就会"记住"该病

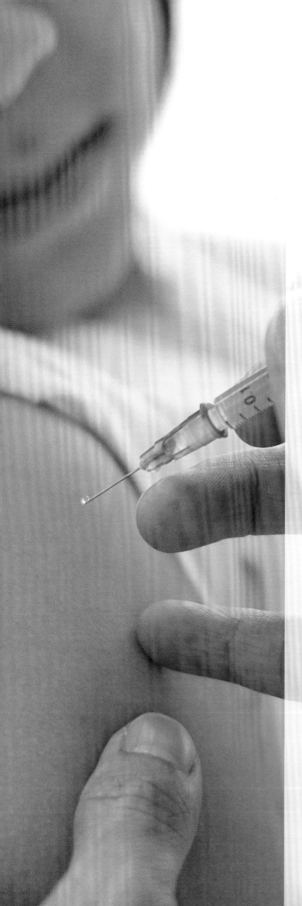

原微生物的特征。如果病原微生物再次出现，免疫系统则会发挥一系列复杂的防御作用，以防止您再次感染这种病原微生物。

帮助免疫系统抵御疾病的另一种途径是通过疫苗免疫。通过这种方法，一个人不必生病就能获得免疫力。疫苗包含足够数量的病原微生物的灭活菌株或减毒菌株或衍生物，从而触发免疫系统发挥作用，而不会患病。

如果您在被传染前已接种疫苗，疫苗会使您的身体认为它已被特定生物体所入侵，从而您的免疫系统将开始建立针对该生物体的防御能力，以在将来对其进行防御。如果您在接种疫苗后再次暴露于这一病原微生物，那么入侵的微生物会遇到准备击败它们的抗体。另外，接种疫苗并没有产生严重疾病和并发症的风险。

有时需要多次接种疫苗才能产生完全的免疫反应，许多儿童疫苗就属于这种情况。有些人无法在接种第一剂疫苗后建立免疫力，但他们通常会对后来的剂量产生反应。

特别需要注意的是，破伤风疫苗、百日咳疫苗等所提供的免疫力不是终生的。由于免疫反应会随着时间的推移而减弱，因此，可能需要再次注射一剂疫苗（加强剂）以恢复或增强免疫力。对于某些疾病，致病细菌或病毒也会发生变异，因此，需要接种针对这种变异的新疫苗。年度流感疫苗就属于这种情况。

疫苗安全性

如果您对给孩子接种疫苗感到忧虑，这完全可以理解，这是父母的共同感受。

虽然您从医生那里了解到疫苗是重要而且安全的，但您也听过疫苗可能有害的说法。您可能听到或看到一些儿童在接种疫苗后不久产生严重反应的报道，或者接种疫苗后患慢性病的报道，并因此而感到担忧。这样的故事经常在互联网上流传。

人们对疫苗已经进行了许多的研究，结论是疫苗非常安全。实际上，它们是当今使用的最安全和研究最多的医疗产品。

在疫苗投入使用之前，它们必须达到美国食品药品监督管理局（FDA）制定的严格的安全性和有效性标准。要达到这些标准，需要在实验室中进行多年的研究开发，然后进行三个阶段的临床试验，可能需要7年或更长时间。与药品研究不同，这些研究涉及成千上万的个体。研究后的疫苗只有少数可以获得许可。一旦获得许可，FDA还要求对该疫苗进行持续的安全性研究。

在FDA许可的所有疫苗中，只有少数许可的疫苗被推荐给公众。在美国疾病控制与预防中心（CDC）的支持下，该领域的专家研究了疫苗预防疾病发生的频率，以及推荐使用许可疫苗的有效性。只有上述组合推荐的疫苗才会被纳入常规疫苗计划。

一旦某一疫苗获得推荐，FDA和CDC将继续对其进行安全性研究，以及监测随着时间的推移，疫苗在预防疾病和保持免疫力方面的效果。此外，疫苗还需要经过医生、科学家和公共卫生官员的不断研究、审查及完善。提供疫苗的人员，如疫苗生产商、医生、护士和其他卫生工作者，如发现任何副作用，则必须报告FDA和CDC。

在美国，每年会使用数以百万剂的疫苗，但是很少有严重的副作用报道。从统计学上讲，孩子被某种疾病导致的伤害或致命的概率，远远大于他（她）被预防该疾病的疫苗所伤害的概率。

疫苗添加剂　除了包括构成疫苗的灭活或减毒的微生物外，在疫苗中还会添加少量其他物质，以防止污染，增强免疫反应，以及在温度变化和其他条件下保持疫苗的稳定。疫苗中还可能包含制造过程中使用的少量材料，例如明胶。

有些人担心其中的某些添加剂可能有害。但到目前为止，几乎没有科学证据支持这些担忧。示例包括以下几种情况。

疫苗和孤独症

由于经常出现在新闻、博客和各种媒体中的一些故事，使得一些父母担心接种疫苗与孤独症等某些疾病间可能有关联。作为父母，必然想保护自己的孩子免受潜在的伤害。但是了解整个事情的来龙去脉是很重要的。疫苗可能与孤独症有关的讨论可以追溯到1998年，当时一组科学家在医学期刊《柳叶刀》上发表了一篇文章。该文章认为，麻疹、腮腺炎和风疹（MMR）疫苗中的成分可能会导致炎症性肠部疾病，从而使有害蛋白质进入血液循环并损害大脑。

但是，由于该研究基于错误的信息，所以这篇文章后来已被该期刊撤回，主要的研究者最终也失去了医师执照。该研究者没有透露他的研究是由一个寻求针对疫苗生产商提起法律诉讼的组织所资助的，这是一个严重的利益冲突。

该研究还有其他缺陷，它是在样本量很小的一组儿童中进行的，总共只有12人。很难认为这么小的样本量可以代表人群，也不足以证明具有可信性。此外，即使是大型研究也需要确认过程。从科学角度看，为了确认假设是否成立，需要通过多次的独立研究并得出可复制的一致性模式。就这项特殊的研究而言，其他研究者未能重现其结果。研究者们进行了很多次研究，包括了成千上万的儿童，并未发现MMR疫苗与孤独症之间存在关联。

关于孤独症的研究还在持续进行。例如，2017年一项检查婴儿脑部扫描影像的研究发现，与孤独症有关的神经系统变化可能最早在接种MMR疫苗之前的6个月就开始出现。迄今为止，尚无医学证据表明MMR疫苗会导致孤独症。希望在不久的将来，研究者们将能够解释孤独症的成因，并找到有效的治疗方法乃至治愈方法。

硫柳汞 硫柳汞用作多次注射剂量的小瓶装流感疫苗的防腐剂。当每次注射并将新针头插入药瓶时，硫柳汞可以防止细菌和真菌的生长。如今，大多数儿童疫苗都已使用单次注射剂量的小瓶装，不再使用硫柳汞。流感疫苗也已经实现了不含硫柳汞的单次注射剂量的小瓶装。

硫柳汞进入人体后，会被人体迅速清除。未有证据表明儿童因疫苗中使用硫柳汞而受到伤害。

铝 在疫苗中使用铝凝胶或铝盐已有70多年历史，铝可帮助人体刺激产生更强的免疫反应。美国联邦法律对疫苗中铝的含量做出了限制，因此，总暴露量大大低于联邦法律规定的最低风险水平。注射后，大多数铝会迅速从体内清除，没有证据表明任何残留的铝与不良反应之间存在联系。

甲醛 该物质用于灭活疫苗中的病毒或细菌，并避免疫苗被其他细菌污染。大多数甲醛已在疫苗封装前被去除。通常，只有吸入大量甲醛才会导致中毒，例如来自油漆或清漆的甲醛。

副作用 疫苗被认为是非常安全的。但是与所有药品一样，它们并非完全没有副作用。

大多数副作用是轻微的和暂时性的。您孩子可能会出现低热，注射部位可能出现酸痛或肿胀；严重反应，如惊厥或高热，从单次剂量上来说是很少见的。

注射疫苗后发生威胁生命的严重过敏反应的风险约为百万分之一。疫苗造成的死亡风险非常之小，以至于无法准确确定。但是，在接种疫苗后发生任何严重事件，都必须报告，FDA和CDC将开展仔细审查。

有些疫苗被归咎于与孤独症、糖尿病等慢性疾病有关（前页有关于疫苗和孤独症关系的更多信息）。有零星的报道称，接种疫苗与上述疾病间存在关联。但其他研究人员试图重复这些研究结果，这是很好的科学研究的检验方法，但他们均未能重现。实际上，世界各地进行的许多大型研究都没有发现疫苗与这些疾病之间的联系。

什么情况不能接种疫苗　只有在少数情况下应推迟或避免接种疫苗。如果您对推迟疫苗接种有疑问，请与孩子的医疗保健者联系。

如果您的孩子有以下情况，则可能不合适接种疫苗。

- 曾经在接种该类疫苗时产生过严重或危及生命的反应。
- 已知对疫苗成分存在严重过敏。对鸡蛋过敏不再影响儿童接种流感疫苗。

对鸡蛋过敏的儿童无须采取特殊的预防措施。

- 有严重的健康问题，例如艾滋病或癌症。这些疾病会损害孩子的免疫系统，并可能使病毒活疫苗引发其他疾病。

如果出现以下情形，您的孩子需要推迟接种疫苗。

- 处于中度至重度疾病的早期、急性期阶段。
- 近期长时间服用过降低免疫功能的药品。
- 在过去一年中接受过血液或血浆输注，或使用过血液制品。

学前班和幼儿园之前的疫苗

各个地区都有关于孩子入学前的疫苗接种要求。这些法律通常不仅适用于公立学校，而且也适用于私立学校和儿童保育机构。大多数学校、学前班和日托中心都需要学生在入学前提供免疫证明。因此，保管好您孩子的疫苗接种记录非常重要。您孩子的医疗保健者也应该能够提供孩子的免疫接种记录。

您可以通过与孩子的医疗保健者、孩子的学校、所在州的免疫计划或卫生部门了解有关要求。

CDC没有为学校和托儿所设定免疫要求，但CDC提供了大量有关疫苗的信息和搜索工具，可以帮助您找到本地区学校疫苗接种要求的信息。您可以访问CDC网站以获取更多信息。

对孩子进行全面的免疫接种，不仅有助于保护孩子的健康，而且还可以保护朋友、同学、老师和其他人的健康。

如果孩子患轻度疾病，如普通感冒、耳部感染或轻度腹泻，则无须延迟接种疫苗。这些情况下，疫苗仍然有效，且不会加重孩子的病情。

如果您孩子居住的家庭中，有家庭成员对疫苗可预防的疾病存在严重的并发症，例如年迈的祖父母，或免疫系统较弱的家庭成员，那么您的孩子更应该及时接种疫苗，以防止这些家庭成员感染和生病。

消失但并未消灭　广泛接种疫苗的好处显而易见。在美国，由于现在许多疫苗所预防的疾病已不常见，因此有些人认为这些疾病永远消失了，从而导致许多人降低了对自己或孩子接种疫苗的紧迫性。

如果您还在疑虑，是否有必要给家人接种疫苗并保持每个人接种了最新的疫苗，答案是肯定的。在美国，许多几乎已经消失的传染病仍可能很快重新出

查找免疫记录

如果您需要孩子的免疫记录的正式副本，或者您只想更新自己的个人记录，您可以通过以下几种方法来查找所需的记录。

- 咨询您孩子的医疗保健者或当地的健康诊所。
- 向您所在地区的卫生部门或您的孩子最后一次注射疫苗的地区进行核对。大多数地区都有免疫信息网络信息服务（IIS），医生和公共卫生诊所可以使用该系统查询患者所接种的疫苗。
- 与您孩子的儿童保健中心、学校或夏令营营地联系。在向此类机构申请或登记时，您可能一起提交了免疫记录，而管理员可能仍然存有副本。但在您的孩子离开免疫项目后他们通常只会将相关记录保留一年左右。

如果您找不到孩子的免疫记录，就会假设您的孩子容易感染疾病，并需要接受适当的免疫接种。医生可以帮助确定孩子需要接种哪些疫苗。验血可能检测出某些疾病的抗体（免疫性）。即使您的孩子过去接种过疫苗，再次接种也不会伤害您的孩子。

如果孩子是在被收养或寄养的情况下，更需要关注免疫记录。收养机构或协调员有权访问这些记录。如果找不到记录，或记录不完整，或记录无法理解，或者您与孩子的医疗保健者怀疑记录不正确，则建议重新接种。

是否可以延迟注射或分多次注射？

一些父母担心孩子一次接种太多疫苗，想把疫苗推迟到孩子年龄较大或可能更好的时机。或许这听起来有些道理，但是，这种想法可能是一个挑战，跳过或延迟接种疫苗，可能会使您的孩子容易感染上正在传播的、而疫苗可预防的疾病。

此外，没有科学证据表明，调整过的疫苗注射计划能够像CDC例行推荐的疫苗计划一样安全和有效。实际上，调整注射计划可能引发以下问题。

- 延缓免疫效用发挥。
- 增加孩子的痛苦和困扰。
- 难以跟上疫苗接种计划。
- 使孩子的病历复杂化。

Mayo Clinic的医生、护士、研究人员和其他专家，根据现有的最佳证据，建议遵循CDC所公布的疫苗接种计划时间表。

现。病原微生物仍然存在，仍有许多国家还在努力实施疫苗接种计划。这些病原微生物很容易感染不具备免疫保护的人群和引起传播。

当旅行者在不知不觉间将疾病从一个国家带到另一个国家时，一次新的暴发可能只有一次飞机旅行的距离。从单个感染病例开始，传染病可以在未受保护的人群中迅速传播。在过去的几年中，腮腺炎和麻疹多次通过这种方式在美国暴发。

各年龄段的疫苗

建议为学龄前儿童和学龄儿童接种多种疫苗，包括流感疫苗和多价加强疫苗，加强疫苗可以帮助进一步增强对白喉、破伤风、百日咳等疾病的免疫力。

如果您的孩子错过了一种或多种疫苗接种，那么现在是追赶接种疫苗的好时机。孩子接种计划表的中断并不意味着必须重新开始一系列或重复任何接种。但是，只有在孩子完成了整个疫苗系列的接种，他（她）才能够得到最大限度的保护，预防疾病。

CDC的网站上有非常全面的疫苗信息。但是，您可能会被图表和脚注所困扰，使您难以准确了解孩子需要接种哪种疫苗。请您与孩子的医疗保健者联系，以确定您的孩子需要接种什么疫苗，以及何时需要。

3岁阶段　到3岁时，大多数孩子应该已经完成了从出生开始的主要疫苗接种系列。如果您不了解最新的疫苗，请与孩子的医疗保健者联络，以补上您孩子可能错过或接种不完整的疫苗系列。您的孩子越早接种疫苗，将越早得到保护，远离某些疾病。

另外，您和您的孩子每年都应该注射流感疫苗。与所有其他疫苗一样，强烈推荐使用流感疫苗。流感疫苗所预防的疾病，比除人乳头瘤病毒（HPV）疫苗以外的任何其他疫苗所预防的疾病都要常见得多。

通常在秋季提供流感疫苗，有助于预防多种类型流感。流感疫苗对年幼的孩子和孕妇尤其重要，因为他们通常更容易感染流感。

直系亲属注射流感疫苗有助于间接保护年长的亲属，例如祖父母或外祖父母。他们可能会表现出更严重的流感症状。降低自己患流感的风险，也降低了将其传染给他人的风险。

4~6岁阶段　孩子在4~6岁时（通常在进入幼儿园之前），应该接受一组加强注射，以进一步增强他（她）的免疫力。这些加强注射可以帮助孩子更新潜在感染的免疫"记忆清单"。这些感染包括以下几种。

- 白喉、破伤风和百日咳（DTaP）。
- 灭活脊髓灰质炎病毒疫苗（IPV）。
- 麻疹、腮腺炎和风疹（MMR）。
- 水痘。

对孩子而言，同时接受所有这些加强注射是安全和有效的。实际上，最好一次全部完成。将它们分开几次注射会带来更多的痛苦，并导致延迟或错过接种。一次接受多价疫苗接种不会对健康的免疫系统产生有害影响。为了效率最大化，应在上学前接受所有的加强注射。

不要忘记注射年度流感疫苗，如果您的孩子即将进入学前班或幼儿园这样的团体环境，接种会更有帮助。面对增加的暴露风险，注射流感疫苗可以降低孩子患流感的风险，并尽可能减少在家休病假的时间。再次强调，与其他常规疫苗一样，强烈建议接种流感疫苗。

7~11岁阶段　7~11岁的孩子需要每年接种流感疫苗以预防季节性流感。

当您的孩子11岁以后，他（她）将

将注射的不适感最小化

遗憾的是,接种疫苗并非完全没有痛苦。注射确实有点刺痛,有些孩子,甚至父母,非常害怕打针。消除孩子的焦虑,或告诉他们注射不会带来伤害的做法,并不一定正确。实际上,有可能破坏孩子对您的信任。

相反,诚实地回答问题。请记住,您的孩子会向您寻求安慰和指导。如果您能够保持镇定、舒适和轻松的态度,孩子才更有可能拥有与您同样的态度。

您可能还想尝试以下一些方法,以最大限度地减少孩子的焦虑和不适感。

- **抱着一件舒适的东西。** 孩子喜欢的毛绒动物、毯子、书或其他物品可能有助于抚慰孩子。
- **保持坐姿。** 在注射过程中,坐着似乎比躺着的痛苦小。您可以将孩子抱在腿上,也可以坐或站在孩子旁边给予支持。
- **把某些反应大的疫苗留在最后。** 如果孩子在一次就诊时需要接受两种或多种疫苗,请要求最后接种最疼的疫苗。例如,已知第2针MMR(针对麻疹、腮腺炎和风疹的疫苗)比其他疫苗稍微疼一些。您孩子的医疗保健者一般都会这样做,但主动要求一下也不会有坏处。

- **分散孩子的注意力。** 对于年幼的孩子,通过谈话、唱歌或绘画的方式分散其注意力,可能会有所帮助。
- **摩擦注射部位。** 一些证据表明,在注射前摩擦注射部位有助于减轻疼痛,但还没有其他研究证实这一点。
- **深呼吸。** 鼓励孩子专注于他(她)自己的呼吸,或在注射过程中深呼吸。
- **向孩子的医疗保健者询问其他手段。** 一些办公室还会提供其他的选择,例如使用麻醉喷雾剂或麻醉霜,使用冷却或震动包以使附近的神经不敏感。
- **不要太快起身。** 打针有时会使人头晕,因此,在接种疫苗后,让孩子坐几分钟再起身。
- **注射后使用止痛药。** 您的孩子可能会因注射疫苗而出现轻微的副作用,例如注射部位发红、疼痛或肿胀。询问医生会发生什么。不建议在每次接种疫苗后都服用止痛药以防止出现副作用。研究表明,这样做可能会抑制人体对疫苗的免疫反应。但是,如果您的孩子在注射疫苗后出现易怒或疼痛感,请根据需要使用对乙酰氨基酚以减轻不适症状。请按照标签说明使用正确剂量,或向您孩子的医疗保健者咨询具体的剂量。

疫苗一览表

蓝色=所有儿童

绿色=补打免疫针

紫色=某些高风险人群

疫苗 / 年龄	2~3岁	4~6岁	7~10岁	11~12岁
流感	每年1~2剂	每年1~2剂	每年1~2剂	每年1剂
白喉、破伤风和百日咳（DTaP）<7岁		DTaP 第5剂		
破伤风、白喉和百日咳（Tdap）≥7岁				Tdap
灭活脊髓灰质炎病毒疫苗（IPV）		IPV 第4剂		
麻疹、腮腺炎和风疹（MMR）		MMR 第2剂		
水痘（VAR）		VAR 第2剂		
甲型肝炎（Hepatitis A）				
乙型肝炎（Hepatitis B）				
流感嗜血杆菌b型				
肺炎球菌结合疫苗				
脑膜炎球菌（MenACWY）				MenACWY 第1剂
人乳头瘤病毒（HPV）				HPV（2剂）
脑膜炎球菌B（MenB）				MenB
肺炎球菌多糖疫苗（PPSV23）		PPSV23		

来源：美国疾病控制与预防中心免疫实施咨询委员会，2018年

需要接种破伤风、白喉和百日咳疫苗（Tdap）。

同样也是在11岁左右，您的孩子应该接种一剂脑膜炎球菌疫苗，以防止脑膜炎球菌感染，脑膜炎球菌可能导致脑部和血液的严重感染。

Mayo Clinic建议儿童从9岁起接种两剂人乳头瘤病毒（HPV）疫苗。HPV疫苗可预防某些人乳头瘤病毒感染和HPV引起的癌症。一般建议在11或12岁时接种，但Mayo Clinic建议尽早接种，以充分利用这个年龄段机体的强烈免疫反应。与其他疫苗一样，强烈建议接种HPV疫苗。

这个年龄段也是补种孩子错过的疫苗的良好时机。咨询孩子的医疗保健者，确定适合孩子情况的补种时间表。

疫苗可预防的疾病

当前的疫苗可以帮助学龄前和学龄儿童预防的疾病包括以下几种。

水痘 水痘是一种常见的儿童疾病，导致瘙痒、水疱样皮疹和发热。对于大多数孩子来说，水痘并不会危及生命，但对于少数孩子来说却可能很严重，可导致住院甚至死亡。它还会影响没有免疫力的成年人。

水痘主要通过与皮疹直接接触而传播，皮疹是该病最常见的体征。

皮疹会从面部、胸部、背部和身体其他部位的浅表斑点开始，斑点迅速充满透明的液体，破裂并结痂。皮疹会蔓延至全身，瘙痒，非常不舒服。

患有水痘的儿童通常需要隔离和居家休息大约1周时间。

疫苗建议 水痘疫苗第一针推荐接种时间是12～18个月。在4～6岁接种第二针。如果为了追赶接种进度，建议接种两针。请与您孩子的医疗保健者讨论时间安排。

白喉 白喉是一种细菌感染，会通过空气飞沫在人与人之间传播，例如咳嗽或打喷嚏。白喉初始症状是咽喉疼痛、发热和寒战。接下来，它会在喉咙后部形成厚厚的覆盖物（膜），使人难以呼吸。

白喉会导致严重的呼吸系统疾病、瘫痪、心力衰竭和死亡。这种疾病在5岁以下儿童中致命的比率高达20%。

得益于疫苗的广泛使用，在过去的20年中，美国的白喉报告病例已接近零。

疫苗建议 白喉疫苗通常与破伤风和百日咳疫苗组合（DTaP）接种。从出生两个月开始，孩子应该在6岁前

接受5次注射。可以与孩子的医疗保健者联系安排补种。建议在11~12岁时使用增强型Tdap疫苗，以帮助预防破伤风、白喉和百日咳，然后每10年接种一次Td增强针预防破伤风和白喉。

流感 流感是一种病毒感染，美国每年数百万人患病。它会在某些人中引起严重的并发症，尤其是患有哮喘或糖尿病等慢性疾病的儿童和老年人。

与流感相关的死亡病例中儿童并不常见。死亡通常是由于继发细菌感染（例如细菌性肺炎）或流感加重了现有疾病而引起的。但2004—2012年的数据显示，几乎一半的与儿童流感有关的死亡病例，发生在既往健康的儿童中。此外，大多数死亡的儿童没有接种季节性流感疫苗。

流感疫苗旨在预防可能在秋季和冬季流行的流感病毒株。疫苗通常在10月底前提供，并且在整个流感季节都可以使用。在美国的大多数州，流感季节可持续到4月或5月。

疫苗建议 现在，每年向所有人推荐流感疫苗，最小从6月龄开始。如果您的孩子不到9岁，并且是第一次接种流感疫苗，那么他（她）在第一次接种时需要两剂疫苗。这是因为该年龄段的儿童在第一次接种疫苗时不能产生足够

的抗体水平。

甲型肝炎 甲型肝炎是由甲型肝炎病毒引起的高度传染性肝病。该病毒可在感染者的粪便中发现。通常通过进食或饮用受污染的食物或水，或接触受污染的物体（例如用过的尿布或门把手）来传播。

6岁以下的儿童通常没有甲型肝炎的症状，但可以将疾病传播给年龄较大的儿童和成年人，他们的病情可能会很严重。体征和症状包括恶心、呕吐、黄疸、疲劳和关节痛，可持续长达6个月。罕见情况下，甲型肝炎可导致肝衰竭和死亡。

疫苗建议 在美国，建议所有儿童接种两针系列的甲型肝炎疫苗。第一针通常在12个月时注射，第二针在24个月时使用。也可以提供较大年龄的补打疫苗。

乙型肝炎 乙型肝炎病毒可引起急性疾病，其特征是食欲不振、疲劳、腹泻、呕吐、黄疸、肌肉痛、关节和腹部疼痛。更常见的是，它会导致潜伏感染，这种感染会持续数十年，并可能导致长期（慢性）肝损害（肝硬化）或肝癌。

病毒通过与被感染者的血液或其他

体液接触而传播，无论此人是否有症状。可通过以下方式发生：触摸感染者的疮口或伤口，共同使用感染者的牙刷或其他个人物品，无保护的性行为，在注射非法药品时共用针头或分娩时（病毒从已感染的母亲传播给婴儿）。但在美国有超过1/3的乙型肝炎患者不知道是如何被感染的。

疫苗建议 乙肝疫苗分三针给儿童接种：出生时、至少一个月后（1～4个月）、6～18个月。补打疫苗接种可以在较大年龄时进行。

b型流感嗜血杆菌（Hib） Hib细菌可通过咳嗽或喷嚏在人与人之间传播。当细菌传播到肺部或血液中时，感染会引起严重且可能致命的问题，最常见的是脑膜炎——脑部和脊髓周围的膜（脑膜）感染。

大多数患有Hib感染的儿童需要住院治疗。即使进行治疗，与Hib相关的脑膜炎中，每20名儿童会有1名致命。每5名幸存儿童中，就有1个会受到脑部损伤或有听力障碍。Hib感染还可能导致喉咙严重肿胀，以及血液、关节、皮肤和骨骼的感染。

疫苗建议 Hib结合疫苗通常以2个月、4个月、6个月和12～15个月的年龄，分4针给儿童接种。如果需要补打接种，请询问您孩子的医疗服务者确定个性化的时间表。

对于15个月至5岁之间、没有接种过任何Hib疫苗的儿童，通常需要一针来补上。5岁以上的儿童通常不需要Hib疫苗，除非他们无脾脏或有镰状细胞病。

人乳头瘤病毒（HPV） 您的孩子可能到中学时才开始接种这种疫苗，但这很值得了解。HPV是一种常见病毒，具有许多不同的株系。根据CDC数据，每年约有1 400万人感染HPV，主要是青少年和年轻人。

HPV疫苗可以预防某些病毒株，其可能导致生殖器疣，以及发生在男孩和女孩的多种癌症。这些病毒株通常通过性接触传播。

该疫苗的目标是在可能接触病毒之前保护您的孩子。另外，与年龄较大的孩子相比，HPV疫苗在青春期前，可以产生更强的免疫反应，这就是接种疫苗的合适时机非常重要的原因。

疫苗建议 HPV疫苗建议在青春期前接种，开始于11岁或12岁。Mayo Clinic建议所有的孩子在更早的9岁时开始接种，以获得更好的免疫反应。15岁之前开始接种疫苗的人只需要注射

2针，从15岁或更大年龄开始接种的人则需要3针疫苗，疫苗在连续几个月内注射。

麻疹 麻疹是由已知的最具传染性的人类病毒引起的。病毒以飞沫的形式通过空气传播，例如打喷嚏。

麻疹的体征和症状包括：皮疹、发热、咳嗽、打喷嚏、流鼻涕、眼睛刺激和咽喉疼痛。麻疹有时会导致肺炎、惊厥发作、脑损伤和死亡。它在儿童中最常见，但也会影响成年人。

根据美国疾病控制与预防中心（CDC）的数据，在暴露于该病毒的情况下，几乎所有未接种过麻疹疫苗的人都可以被感染。在美国，人们通常会从其他国家或地区的旅行者那里感染麻疹。这种病毒的传播方式，曾导致麻疹在未完全接种疫苗的美国居民中广泛暴发。

疫苗建议 通常会注射两针麻疹、腮腺炎和风疹（MMR）的组合疫苗，第一次在12～15个月时接种，然后在4～6岁时接种第二针。年龄更大的人也可以补打接种。

脑膜炎球菌病 脑膜炎球菌病是由脑膜炎球菌（脑膜炎奈瑟氏菌）感染引起的。这种细菌感染可导致威胁生命的疾病，影响大脑和脊髓的内膜（脑膜炎球菌性脑膜炎）和血液（脑膜炎球菌血症）。

脑膜炎球菌通过与感染者的唾液密切接触而传播，例如亲吻、共享食物或在附近咳嗽。感染发展迅速，必须及时使用抗生素进行治疗。

疫苗建议 所有青春期的孩子都应在11岁或12岁时接受一次单剂的脑膜炎球菌结合疫苗，并在16岁时注射加强针。

腮腺炎 腮腺炎是由病毒通过唾液或唾液飞沫传播而引起的，例如当感染者咳嗽或打喷嚏时。该疾病会引起发热、头痛、疲劳，以及唾液腺肿胀、疼痛。虽然腮腺炎通常是轻微疾病，但在某些儿童中，它可能导致耳聋、脑膜脑炎，以及睾丸或卵巢发炎，并可能导致不育。

疫苗建议 接种麻疹、腮腺炎和风疹（MMR）组合疫苗两针，通常第一针从12~15个月开始，第二针在4~6岁时注射。在美国，通过使用这种疫苗，已显著降低了腮腺炎的发病率。年龄更大者也可以补种MMR组合疫苗。

肺炎链球菌病 肺炎链球菌病是5岁以下儿童患细菌性脑膜炎和耳部感染的最主要原因。它还可能导致血液感染和肺炎。

肺炎链球菌病是由肺炎链球菌引起的。当感染者咳嗽或打喷嚏时，细菌会播散到空气中，而当另一人吸入细菌时就会被传染。由于许多细菌菌株已对抗生素产生抗药性，因此该疾病的治疗比较难。

疫苗建议　肺炎链球菌结合疫苗（PCV）可以帮助预防严重类型的肺炎链球菌病，例如脑膜炎和肺炎。它也可以预防一些耳部感染。建议在2～15个月接种4针疫苗。对于2～5岁尚未完成免疫接种的儿童，可以补打接种。

脊髓灰质炎　脊髓灰质炎由脊髓灰质炎病毒引起，这种病毒通过感染者的唾液或粪便传播。感染可能导致轻微的流感样症状，但也可能更加严重。每200名感染者中，大约有1名会出现无力和四肢瘫痪，并可能持续一生。有些孩子可能死于呼吸肌麻痹。即使是那些康复的孩子，成年后也可能出现新的症状。

在美国，最近30多年已经没有脊髓灰质炎病例发生，但该疾病在世界上一些地区仍很常见。因此，病毒仍有可能被带入美国。所以，继续保持接种脊髓灰质炎疫苗对孩子们来说仍然非常重要。

疫苗建议　疫苗被称为灭活脊髓灰质炎病毒（IPV）疫苗，其中包含通过化学方法灭活的病毒。IPV分为4针，分别在2个月、4个月、6～18个月时使用，并在4～6岁进行加强注射。如果您的孩子需要补打接种，请与医生讨论个性化的时间表。

风疹　风疹也称为德国麻疹，由感染者咳嗽或打喷嚏时通过空气传播的病毒引起。通常为轻度感染，表现出皮疹和低热。但是，怀孕期间感染风疹可能会导致流产，或者宝宝出生时存在一定问题或缺陷。

疫苗建议　麻疹、腮腺炎和风疹（MMR）混合疫苗通常分两针注射。第一针在12～15月龄，第二针在4～6岁。同样也可以进行补打疫苗接种。

破伤风　破伤风是一种危险的疾病，通常会引起头痛、下颌痉挛和肌肉紧张，常有全身疼痛。患者难以张开嘴巴或吞咽。破伤风还可能引起剧烈的惊厥发作、发热和心跳加快。破伤风患者一般需要几个月时间才能恢复，该疾病的致死率高达20％。

破伤风细菌生活在土壤以及人和家畜的粪便中。细菌通过深或肮脏的切口或伤口进入人体。破伤风不属于传染性疾病，因此没有群体免疫力。每个人都需要接种疫苗以保护自己。

疫苗建议 破伤风疫苗通常与白喉和百日咳疫苗（DTaP）联合接种。疫苗接种通常在2月龄时开始，并在6岁前进行5次接种。建议在11~12岁时对破伤风、白喉和百日咳进行加强注射（Tdap），然后每10年对破伤风和白喉进行Td加强注射。如果需要补打接种，请与您孩子的医疗服务者联系。如果您的孩子已7岁或更大，则可能需要注射Tdap。

百日咳 百日咳是一种引起严重咳嗽的疾病，对婴幼儿特别危险。"百日咳"的英文单词来自于拉丁文"咳"。

咳嗽需要持续数周才能治愈，而且可能引起严重的并发症，如肺炎、惊厥、脑损伤，甚至死亡。严重的百日咳主要发生在2岁以下的儿童中。

百日咳容易通过感染者的唾液或唾液飞沫传播，经常由病情较轻的大龄儿童患者或成年患者咳嗽播散到空气中。通过注射百日咳疫苗，已将死亡人数从每年约8 000例减少到每年不到20例。但仍然存在暴发可能，因此群体免疫仍然非常重要。

疫苗建议 DTaP疫苗联合了白喉、破伤风和百日咳疫苗。通常采取5次注射接种，从2月龄开始，持续到4~6岁。建议在11~12岁时注射Tdap加强疫苗。

第 7 章
保护孩子的牙齿

没有什么比孩子露出牙齿的笑容能更快地融化父母的心。但是，保持迷人的微笑并不总是那么简单。尽管这个年龄段的孩子已经能独立地保持个人卫生，但让孩子们刷牙或用牙线清洁牙齿，仍是许多父母每天都在面对的难题。有些孩子可能不喜欢牙膏的味道或刷牙的感觉，或者他们沉迷于玩耍而无法停下来清洁牙齿。让孩子刷牙这件事可能使父母精疲力竭，但一定不要放弃。这是培养孩子形成良好的刷牙习惯的关键时刻，可以预防许多牙齿健康问题。

美国牙科协会（ADA）建议儿童在第一颗牙齿萌出后的6个月内，或不迟于一岁时开始看牙医。第一次就诊后，大多数孩子每6个月需要去看一次牙医，进行牙齿清洁并检查是否存在龋齿，这是为了孩子能够拥有健康的牙齿。如果您的孩子有特殊需要，或容易出现龋齿，牙医可能会建议您更频繁地带孩子去做牙科检查。

牙科检查

到现在为止，您的孩子可能已经请牙医检查过几次牙齿了。如果还没有，是时候尽快补上了。如果您正在寻找牙医，请知晓儿科牙医和许多普通牙医都可以接诊儿童患者。儿科牙医的患者仅限于儿童和青少年，他们在牙科学校毕业后需要接受至少两年的补充培训，重点培训儿科牙科问题。而普通牙医接受培训还包括成年患者的牙科问题。

在检查过程中，牙医或牙科助理将评估孩子的牙齿健康状况和龋齿风险。牙科助理也是牙科专业人员，他们协助牙医开展各种工作，包括清洁牙齿、进行X线检查，以及讲解如何保持牙齿健康。

牙医可能会建议孩子接受牙齿X线检查，以仔细评估孩子的牙齿状况，查看是否存在龋齿、分析牙根的发育情况，并确保上下颌咬合正常。如果您的孩子有某种可能影响牙齿的习惯（例如，吮吸拇指），您的牙医将评估它是否会影响牙齿发育。随着孩子长大，牙医可能会与您讨论孩子是否需要接受正畸治疗，例如，戴牙套。

牙医是帮助孩子战胜龋齿的最好帮手。龋齿是儿童最常见的牙齿问题之一。牙医可以提供合理的刷牙和牙线使用建议，使用窝沟封闭预防龋齿，并提供通过改善饮食习惯减少龋齿的相关指导。

与龋齿做斗争

在常见的牙科诊疗过程中，牙医或牙科助理可能会用一个细小的金属工具或探针检查孩子的口腔，敲打可疑的区域，寻找可能代表龋齿的软斑。但龋齿究竟是怎么形成的呢？

每个人的口腔里都布满了各种细菌，有些细菌是有益的，另一些则是有害的。那些有害细菌会利用孩子食物中的糖产生酸。因此，吃含糖或淀粉的食物时，有害细菌产生的酸会腐蚀牙齿表面的牙釉质，使牙齿失去矿物质的保护，时间久了就会形成龋齿。

治疗龋齿唯一的方法是用牙钻磨掉受损区域，并使用填充物进行填充。

但是，龋齿并非不可避免。如果能够及早发现，就可以阻止牙齿损伤甚至使其恢复健康。孩子的唾液中天然存在的钙、良好的口腔卫生习惯、牙膏或水中的氟化物以及控制摄取含糖食品都是防治龋齿的关键。防治龋齿的步骤如下。

刷牙　刷牙是保持牙齿健康的基础。根据孩子的年龄，您应该对孩子提供相应的帮助。通常，大多数孩子都需要家长帮助刷牙，直到他们大约8岁或可以自己系鞋带为止。这是孩子可以独立地使用牙刷的标志。

牙医或牙科助理可以为您和孩子提供正确的刷牙教程。刷牙技巧如下：让孩子握住牙刷，使其与牙龈成一定角度或45°，轻柔、小幅度地前后移动牙刷，确保刷到牙齿的内侧表面和其他难以刷到的部位，并鼓励孩子也刷一刷舌头，这有助于清除细菌。建议每天刷牙两次，每次两分钟。

没有必要购买最贵的牙刷。您只需要一个适合小孩子口腔大小的小头软毛牙刷即可。而且，关于手动牙刷和电动牙刷哪一种更好，也存在争议。如果使用正确，两种牙刷都能很好地发挥作用。您的孩子觉得哪一种更容易使用，

鼓励刷牙

因为儿童的刷牙问题而争吵是很常见的，尤其是对于年幼的儿童。尝试说服不愿刷牙的孩子保持牙齿清洁经常令人苦恼。那么，面对一个厌恶刷牙或需要被鼓励的孩子该怎么办？试着使刷牙成为有趣的事。例如你可以做以下事情。

带您的孩子去买新的牙刷和牙膏　挑选孩子喜爱的口味的牙膏和喜欢的颜色或装饰有喜爱的卡通人物的牙刷，可以极大地激励孩子刷牙。您的孩子会很乐意做出购买哪一种的决定。

让孩子爱上刷牙　可以引导儿童说服自己。为什么不尝试用一些有吸引力的音乐视频来强调刷牙对小孩子的重要性呢？您通常可以在网上找到这些音乐视频。例如，《芝麻街》上有一首歌《孩子们爱刷牙》(*Kids Just Love to Brush*) 是受辛迪·劳帕 (Cyndi Lauper) 的 "女孩只是想玩得开心" (*Girls Just Want To Have Fun*) 的启发而写出的。同时，也有许多书通过流行的卡通人物说明刷牙的重要性。

使按时刷牙成为孩子的快乐　每天两次、每次两分钟的刷牙建议时间表似乎是永恒不变的，但是您可以帮助孩子更好地度过刷牙时间。有些有趣的手机应用程序可以记录孩子刷牙的时间。另外，您还可以在孩子刷牙时大声朗读孩子喜欢的书，或者大声播放孩子喜欢的歌曲。要让孩子自己来选择这些方式。

给予奖励　做一张刷牙奖励表。孩子每一次成功刷牙后可以获得一颗星星。如果孩子获得了一定数量的星星，就可以获得奖励，例如一次图书馆的特别旅程，在游乐场多玩30分钟，或选择晚餐吃什么。记住，一定要对孩子好的表现进行表扬。

使刷牙成为 "家庭时间" 的一部分　与孩子一起刷牙是一个演示如何正确刷牙并且让孩子知道成年人也必须刷牙的很好的机会。

有时候，您可能会觉得通过这些激励措施才能让孩子刷牙是在浪费时间，但是，这样付出的收获也是双倍的。您可能不必长时间都这样做，但您让孩子养成的从小保持良好牙齿卫生的好习惯将伴随孩子的一生。

就可以使用哪一种。但无论您决定使用哪种牙刷，都要确保每3～4个月更换一次牙刷。因为当刷毛磨损或损坏时，它们清洁牙齿的功效会下降。

氟化物 氟化物是一种天然矿物质，有助于增强牙釉质或修复被酸腐蚀的牙齿受损点。通过使用含氟牙膏，您可以使孩子获得氟化物的保护。

根据孩子的年龄，您可能需要帮助他在牙刷上涂抹适量的牙膏——大约豌豆大小。确保孩子在刷完牙后将牙膏吐出，以免摄入过多的氟化物。如果您不能确保孩子吐出全部牙膏，请使用更少量（米粒大小）的牙膏，直到孩子能将其吐出为止。过量的氟化物会导致氟中毒，导致孩子成年后牙齿上出现白线或变色。

除了从牙膏中获取氟化物外，如果您居住在提供氟化水的社区，或饮用水中天然存在一定量的氟化物，则孩子就可以从自来水中获取氟化物。遗憾的

使用口腔防护器以保护牙齿免受伤害

正如护垫和头盔是运动员必不可少的防护装备一样，口腔防护器同样也是牙齿的防护装备。这些装备可保护儿童免受牙齿断裂或下颌受伤的伤害。接触性运动，例如橄榄球和曲棍球，通常要求运动员在进行练习和比赛时佩戴它们。对于其他运动，例如足球或体操，通常不强制佩戴，但佩戴它也有好处。如果孩子参加的体育运动具有较高的跌倒和面部受伤的风险，例如滑板或溜冰，您可能需要考虑让孩子佩戴口腔防护器。

美国牙科协会（ADA）建议人们通过牙医定制口腔防护器，以确保其提高口腔贴合度和给予口腔充分的保护。但是，由于定制口腔防护器价格昂贵，您也可以选择从商店购买针对特定运动的口腔防护器。通常，这些产品是按尺寸出售的，也有可以在沸水中软化然后按孩子的口腔定型的种类。请在包装上寻找ADA检验印章，这意味着该产品已通过测试，即正确使用可防止口腔受伤。您需要一个有一定柔韧性但又不易撕裂的口腔防护器，它需要具有舒适的、不影响孩子说话或呼吸，且易于清洁的特性。

牙齿损伤后的修复费用可能很高，因此，您在保护孩子的牙齿上所做的任何投资都是值得的。

是，瓶装水不能提供足够的氟化物。

如果牙医认为孩子患龋齿的风险较高，并且您没有为孩子提供氟化水的条件，那么医生可能建议在牙科检查时直接将氟化物涂在孩子的牙齿上。这种氟化物处理可以是漂洗，或者通过凝胶或泡沫施加。还可以选择每日给孩子补充氟化物，由牙医开具处方，形式多样，包括片剂和滴剂。

由于许多幼儿漱口时很难控制不吞咽漱口水，因此一般不建议6岁以下的孩子使用含氟的漱口水。

使用牙线 虽然一些专家质疑使用牙线清洁牙齿的作用，但是卫生和公共服务部与ADA等专业组织都建议每天用牙线清洁一次牙齿。从孩子有了两颗接触在一起的牙齿开始，就应该使用牙线，以清除卡在牙缝中的食物。它还有助于去除牙菌斑。牙菌斑是一种在牙齿上形成的黏性物质，可导致龋齿和其他牙龈疾病。

刚开始使用牙线时会有些困难，因此您需要给予孩子帮助。ADA建议首先把牙线置入牙齿之间，然后沿着牙龈线轻轻地上下摩擦。有一款叫作牙线棒的产品可帮助儿童更容易地使用牙线，它有各种有趣的形状和丰富的颜色，有助于鼓励孩子保持这种健康的习惯。

如果孩子使用牙线有困难，请与牙医或牙科助理商讨。他们可以给您和孩子推荐牙线指示器或其他方法，例如水牙线。水牙线是一种利用脉冲水流清洁牙缝的设备。如果孩子使用牙线有困难，水牙线会是一个更方便的选择。

牙科密封剂 孩子很难用牙刷刷到最后的牙齿。这些后部牙齿不平整的表面容易积聚食物和细菌。为了保护后牙免受腐蚀，牙医会建议孩子使用牙科密封剂来密封牙齿咀嚼面的凹槽（窝沟封闭）。根据美国疾病控制与预防中心的数据，使用密封剂后的两年内，做过窝沟封闭牙齿患龋齿的风险降低了80%。

窝沟封闭的过程非常简单：清洁牙齿后，牙医会在牙齿凹槽中涂上密封剂，这只需几分钟时间。密封剂是透明或白色的，当孩子微笑或说话时都看不到。这种保护通常会持续数年，但具体时间可能不同，这取决于孩子是否经常吃坚硬的食物或其他可能压迫或损坏密封剂的食物。孩子的牙医将在每次随访时检查密封剂，以判断是否需要重新涂抹。

饮食习惯 糖果、甜品以及其他富含糖或淀粉的食物是引起龋齿的主要原因。但您不必为了保护孩子的牙齿而彻底不允许他们食用糖果，而应该试着限制糖果和其他甜品的摄取。

引起儿童龋齿的常见食物还有果汁。由于果汁含糖量高，美国儿科学会（AAP）建议每天的果汁摄入量不要超过4～8盎司（约120～240毫升），这具体取决于孩子的年龄。

孩子进食的时间和频率也很重要。专家建议在儿童的两餐之间限制零食的摄取，以降低酸性物质腐蚀牙齿的频率，并使牙齿有时间进行自我修复。如果孩子在上床睡觉前已经刷过牙，则必须禁止所有的睡前零食。唾液有助于防止龋齿，但其分泌在夜间会减少，从而不足以抵消零食所产生的酸的影响。

解决牙齿问题

虽然您已经在努力，但仍然无法全部避免孩子可能遇到的每一种牙齿问题。您的孩子可能习惯性地吮吸拇指，牙齿也可能在垒球比赛中被磕掉。您还可能发现自己的孩子非常害怕看牙医。有这些焦虑的父母不仅您一个人。以下是一些可以帮助您解决孩子牙齿问题的技巧。

吮吸拇指　对年幼的孩子来说，吮吸拇指通常是一种自我放松或促进睡眠的方式。到4或5岁时，大多数孩子会停止吮吸拇指，并找到其他的替代方法。但是，年龄较大的孩子在感到压力或焦虑时，仍可能恢复这种行为。如果孩子在长出恒牙以后仍然吮吸拇指，则可能影响口腔上部发育、导致牙齿不齐或带来下颌的问题，特别是在剧烈吮吸的情况下。

对于5岁及以上的儿童，AAP建议尝试制止其这种习惯。尽管习惯很难改变，但有多种方法可以帮助您的孩子，这取决于习惯的具体情况。

- *故意忽略*　如果您觉得孩子吮吸拇指可能是为了引起您的注意，那么最好的方法就是不去注意它。

- *进行提醒*　如果您的孩子似乎是在无意识地吮吸拇指，那么请温柔地提醒他（她）停下来，一定不要责骂或批评。

- *寻找替代*　如果您的孩子在紧张情况下会吮吸拇指，请为他们寻找替代的方法，例如给孩子一个拥抱或可以挤压的填充式动物玩具。

- *正向激励*　小奖励可以发挥大作用。例如，当孩子在一定时间内成功避免吮吸拇指时，可以带他去游乐场玩一次。用图表记录孩子没有吮吸拇指的天数，也可以给他们提供很好的视觉激励。

- *寻求专家帮助*　您的孩子可能更愿意接受除您以外的人的建议，例如牙医甚至是祖父母。牙医还可能建议孩子使用特制的口腔保护器或其他干预吮吸的牙科用具。

乳牙脱落

	上牙	脱落
	中切牙	6~7岁
	侧切牙	7~8岁
	犬（尖）牙	10~12岁
	第一磨牙	9~11岁
	第二磨牙	10~12岁

	下牙	脱落
	第二磨牙	10~12岁
	第一磨牙	9~11岁
	犬（尖）牙	10~12岁
	侧切牙	7~8岁
	中切牙	6~7岁

恒牙萌出

	上牙	萌出
	中切牙	7~8岁
	侧切牙	8~9岁
	犬（尖）牙	11~12岁
	第一前磨牙（第一双尖牙）	10~11岁
	第二前磨牙（第二双尖牙）	10~12岁
	第一恒磨牙	11~12岁
	第二恒磨牙	12~13岁

	下牙	萌出
	第二恒磨牙	12~13岁
	第一恒磨牙	11~12岁
	第二前磨牙（第二双尖牙）	10~12岁
	第一前磨牙（第一双尖牙）	10~11岁
	犬（尖）牙	11~12岁
	侧切牙	8~9岁
	中切牙	7~8岁

- *避免给孩子压力* 给孩子压力可能只会延长吮吸的过程。如果不成功，请稍等一会儿再试。

乳牙脱落 乳牙脱落的作用之一是为新长出的恒牙腾出空间。乳牙脱落通常从6岁或7岁最先长出的牙齿开始。但是，有时乳牙会因为外伤而脱落（请参见第170页），或者由于龋齿而需要将其拔除。这可能会导致剩余牙齿的移位和重新对齐。

如果孩子的牙齿脱落过早，牙医会建议放置一个临时垫片。垫片通常由金属或塑料制成，放在乳牙缺失的位置，为以后的恒牙萌出留出足够空间。一旦恒牙露出，就可以去除垫片。

咬合不正 当牙齿排列不齐时，孩子的整体咬合会受到影响。在理想情况下，孩子的上颌牙齿应该略微覆盖一部分下颌牙齿，使上方臼齿的凹槽与其下方臼齿的凹槽相吻合。当发生牙齿错位时，孩子可能会出现牙齿过度拥挤、咬合异常、咬合或咀嚼困难、用口呼吸或某些情况下的说话问题（例如口齿不清）。错位分为轻度到重度等不同等级。大多数情况下，咬合不正是遗传性的，但也可能是由于先天缺陷、吮吸拇指时间过长、牙齿脱落或过多以及颌骨受伤等。

牙医会在定期的牙科检查中发现孩子的咬合问题和牙齿对齐问题，并在必要时将孩子转诊给可以进一步评估和治疗该问题的正畸医生。如果孩子的牙齿错位很少，则可能不需要治疗。

牙科焦虑症 害怕看牙医是很常见的现象，儿童和成人都可能存在。如今，大多数牙科诊所都能使就诊非常愉快，有些孩子甚至喜欢去看牙医。许多牙科诊所都会提供特别的奖励，例如就诊后可以从百宝箱中选择玩具；有些地方则在诊疗室通过电视和电影分散孩子的注意力。

不过，孩子们仍然可能害怕看牙医，因为他们担心治疗会导致疼痛，无法预料治疗时会遇到什么情况，或者以前有过不好的牙科就诊经历。发育迟缓或有特殊需要的儿童在看牙医时，可能更易感到焦虑。在这种情况下，您可能需要寻求更专业的儿科牙医的帮助。这些儿科牙医经过专门的培训，能够为可能会害怕和不合作的儿童患者提供治疗。

您还可以通过解释就诊的过程以及保持牙齿健康的重要意义，来帮助孩子减轻焦虑。也可以通过观看网络视频来帮助孩子做好去牙科诊所治疗的准备。定期进行牙齿清洁和检查也有助于孩子熟悉牙医，并降低以后出现龋齿的概率。

如果孩子要进行牙齿治疗，请提前对孩子进行简单明了的解释。当您在讲述牙医或牙科助理怎样工作时，建议尽量避免使用令人恐惧或容易误解的词汇，例如，不说"钻牙齿"而说"去除牙洞"会更易令孩子接受。对于年幼的孩子，在家里玩"牙医看病"的游戏来模仿就诊过程可能有所帮助。带着孩子喜爱的书或毛绒玩具去治疗，也可以给孩子带来安慰。

您的孩子是否需要牙箍

牙齿不齐在年轻时更容易被矫正，因为这时牙齿的位置更容易调整。大多数人在8～14岁都会戴上牙箍。这时，大多数乳牙脱落，恒牙已经长出。如果您的孩子还没有长出足够的恒牙，那么正畸医生可能建议等一段时间再戴上牙箍。

在首次就诊时，正畸医生通常需要对孩子的牙齿、颌骨和口腔进行彻底检查，并进行X线检查，以确认上下牙的咬合位置，以及是否仍有牙齿未长出的情况。为了进一步评估孩子的咬合情况，正畸医生会让孩子咬住一种柔软的材料并将其制成石膏模型。

在牙齿过度拥挤的情况下，正畸医生可能会建议移除一颗或多颗恒牙为剩余的牙齿腾出空间。对于咬合严重不齐

的儿童，也可能建议手术矫正。

在确定孩子的治疗计划后，接下来的事情将分三个阶段进行：佩戴牙箍，定期调整牙箍，以及去掉牙箍后佩戴牙齿保持器。牙箍通常会固定在牙齿上，但有时也会使用可摘戴的牙齿矫正器。

固定式牙箍　这种牙箍通过一根可调节的金属线的压力来矫正牙齿和颌骨。金属线穿过临时固定在牙齿上的支架和牙带上。支架由不锈钢、陶瓷或其他材料制成。如果您的孩子需要额外的矫正压力，正畸医生可能建议在夜间佩戴特殊的牙齿矫正器，或者用松紧带牵引上下腭。

作为孩子治疗评估的一部分，正畸医生会告知您固定式牙箍的风险。例如，牙箍会使儿童难以全面地清洁牙齿，从而导致食物颗粒残留和细菌滋生。反过来，这可能会导致牙釉质中的矿物质流失和牙齿上留下永久性的白色痕迹，还可能会发生龋齿、牙龈疾病或牙齿向矫正反方向移动的现象。

以下做法可以降低损坏牙齿和牙箍的风险。

- 建议孩子减少食用含糖或淀粉的食物，尤其是黏性和坚硬的食物，因为它们会拉扯或破坏牙箍。
- 监督孩子定期刷牙，最好每餐后都刷牙，并彻底清洁牙齿。

- 要求正畸医生向孩子演示如何在穿线器的帮助下使用牙线，以使孩子学会清洁牙箍和金属丝下面的位置。
- 为孩子安排定期的牙科检查。
- 强调遵循正畸医生的指示的重要性。不听医生的话可能会延长治疗时间、导致并发症或治疗效果不佳。

在治疗过程中，医生会通过拧紧或弯曲金属丝来调节牙箍，从而对牙齿施加轻微的压力，逐渐将牙齿移动到新的位置。每次调整后，孩子的牙齿可能会疼痛1～2天。这时，使用非处方止痛药即可缓解不适。如果疼痛严重，请及时咨询孩子的正畸医生。

可摘戴的透明矫正器　可摘戴的矫正器通过佩戴一系列的模具，逐渐将牙齿移动到所需的位置。每套模具要戴2～3周，然后再换下一套。为了正常发挥其功效，建议每天大多数时候都要佩戴。

与固定式牙箍不同，可摘戴矫正器在进食、刷牙或用牙线清洁牙齿时可以取下来。除了喝水以外，饮用任何饮料都必须小心，以免将含糖或酸性的液体滞留在牙齿周围导致龋齿。

可摘戴矫正器的潜在缺点是可能会丢失或放错位置。在为孩子选择最佳矫正方案时，您需要考虑到这一点。

牙科手术镇静或麻醉前要询问的问题

　　如果孩子在牙科手术前需要进行镇静，请事先与牙医或镇静/麻醉师讨论。根据美国牙科协会的建议，可参考以下问题。

- 除了局部麻醉，孩子还将接受哪种程度的镇静或麻醉？轻度、中度或深度镇静还是全身麻醉？
- 镇静和手术在哪里进行？
- 镇静麻醉师所接受的培训和经验情况？是否具有儿童镇静方面的经验？
- 牙科助手是否接受过最新的紧急复苏程序的培训？
- 孩子麻醉或手术前的程序都有哪些，家长需要做什么？手术前，孩子应多长时间不进食或饮水（以少量的水服用必需的药品除外）？
- 在手术前、手术中和手术后，如何监控孩子的身体情况？
- 如果需要，能否立即提供适当的紧急药品和急救设备？医院是否有书面的医疗紧急情况下的应急计划？
- 镇静/麻醉师是否可以提供紧急指示和紧急联系方式？以备在回家后有任何担忧或出现手术并发症时可以联系。

保持器 保持器是后续治疗的关键措施。这些定制的模具通常由塑料或塑料和金属线共同构成。它们会防止牙齿移位回到其原始位置。根据孩子的情况，正畸医生会建议孩子每天在一定时间内佩戴可拆戴的保持器，或使用固定在牙齿后方的固定式保持器，或二者结合使用。

牙箍一般平均佩戴1~3年。保持器可长期佩戴，以固定牙齿的位置和保持整齐。

牙科诊疗时的镇静或麻醉

在某些情况下，可能需要进行镇静或麻醉，以使孩子保持镇静或长时间的安静来进行必要的牙科治疗，特别是对于时间更长和更复杂的处理程序。您需要与牙医讨论镇静剂或麻醉剂的使用、利弊以及可能存在的风险。镇静或麻醉程序，如果不进行严格监测的话，可能会导致严重的并发症，例如吸入食物颗粒或液体、呼吸困难、心脏问题、过敏反应、声带痉挛、脑部缺氧甚至死亡。

如果您的孩子有特殊的需求、慢性病、气道或面部异常等，则镇静或麻醉可能会面临更高的并发症风险。在这种情况下，孩子应在儿科麻醉医师的监护下进行镇静和麻醉。请务必向医生阐述孩子的健康史，以及您的任何疑虑。

牙科手术的镇静剂选择如下。

轻度镇静 通常会使用"笑气"（一氧化二氮）进行轻度镇静。在手术过程中，这种轻度镇静剂通过鼻罩与氧气一起吸入孩子体内。您的孩子将保持清醒的状态，但会更加放松。

轻度镇静可用于治疗较深的牙洞或拔牙等操作。在牙科诊所中，通常会将一氧化二氮与局部麻醉剂一起使用，但不再使用其他镇静药品。在这种情况下，牙医和工作人员应持续观察孩子的反应、肤色、呼吸频率和呼吸模式等，并不时地与孩子交谈，以确保孩子仅处于轻度镇静状态以及气道保持畅通。

中度镇静 这种情况下，孩子虽然很困，但还有意识，并能够按照指示去做。低剂量的中度镇静有时在牙医诊所内进行，但是由于需要额外的监控，因此该程序一般会在医院中进行。医院人员应接受过专业训练，可以为儿童进行镇静处理，并应配备必要的监控设备和应急方案，以防发生紧急情况。

中度镇静需要在术前、术中和术后监测各种生命体征，例如心率、血氧水平、呼吸频率和血压等。除了牙科医生之外，还应该额外配有专业的有资质的人员参与镇静操作并负责监测上述指标。镇静师不仅应接受过儿童镇静药品管理方面的培训，还应接受过基本的儿科气道管理培训。

深度镇静和全身麻醉　在深度镇静期间，孩子会进行药品静脉注入，在整个过程中处于睡眠状态，也可能会有自主小范围的移动。在全身麻醉期间，孩子将失去知觉。这些镇静方式更多用于外科手术，例如拔除多颗牙齿或下颌骨折修复。

深度镇静和全身麻醉都需要密切监测生命体征，包括心率、血氧水平、呼吸频率和血压。如果您的孩子在进行牙科手术时需要深度镇静或全身麻醉，则应在有照护儿童经验的医院或诊所做手术。这些地方可以保证儿科麻醉专家或麻醉护士，和受过训练的医护人员在手术过程中对孩子进行适当的监控。

同时，这些地方也配有必要的设备以监测孩子的生命体征，确保孩子的呼吸道畅通，进行氧疗，并能够在出现紧急医疗情况时做出快速反应。医护人员也应该接受过急救技能培训。

不要担心麻醉专家的经验、员工的培训情况以及医院处理紧急情况的能力等问题。

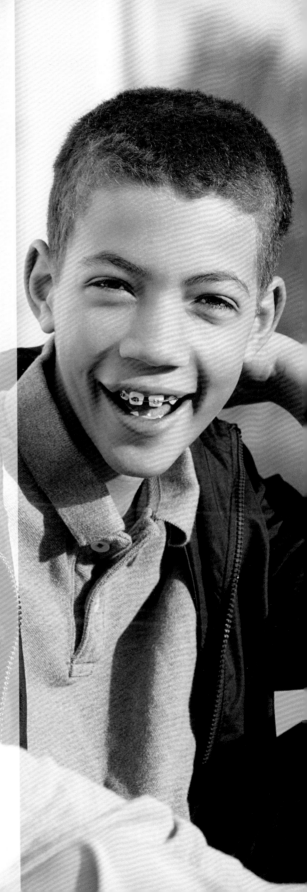

第 8 章
良好的睡眠

下面的情形是不是听起来很熟悉？当您试图让6岁的孩子在晚8点前上床睡觉，但是到了9点半却几乎没有任何进展。在这段时间里，孩子可能去了好多次洗手间，求您多给一小会儿游戏时间并再多讲一个睡前故事。可以肯定的是——孩子看起来似乎仍然精力充沛，但您却已经精疲力竭了。

尽管父母通常将新生儿和婴儿时期与不眠之夜联系在一起，但在幼儿期和青春期前的时间里，您可能也经常难以睡个好觉。但您可以放心，就像您刚成为父母时所面对的那些不眠之夜一样，这些日子最终也会过去。

同时，您还可以做很多事情，以试着建立孩子就寝的规律，使孩子与您睡个好觉。从一开始就鼓励孩子建立良好的睡眠习惯是保持孩子身体健康的最佳方法。

良好的睡眠习惯

在孩子的睡觉过程中会发生一系列复杂的事件。在沉睡期间，身体会在两种状态之间交替，即：非快动眼（NREM）和快动眼（REM）。前者是睡眠的安静阶段，后者通常是做梦的阶段。当孩子处于学龄前期，他（她）大约每90分钟在这两种状态之间切换一次。

充足并且在这两种阶段间正确循环的睡眠是至关重要的。在这段时间内，身体将进行必要的"家务整理"。在睡眠期间，孩子的身体会补充能量，修复组织并分泌对发育至关重要的激素。规律地获得充足的睡眠，可以提高注意力、行为、情绪、学习、记忆、生活质量以及身心健康的水平。

尽早养成良好的睡眠习惯（睡眠卫生）可以预防许多睡眠问题。保证高质量的睡眠并形成习惯，可以让孩子搁置一天中的快乐和烦恼，不受干扰地一觉睡到天亮。睡眠专家的建议如下。

遵守睡眠时间表　帮助孩子每天在固定的时间起床和睡觉。将孩子在工作日和周末晚上睡觉的时间差异尽量控制在一小时内。持续、坚持可以促进孩子的睡眠—觉醒周期的发育。

为了使就寝时间可以固定，每晚应保持相同的入睡程序。通常，在睡觉前的2~3小时内尽量避免剧烈运动。睡前1小时停止玩乐、玩游戏、看电视、看电脑或玩手机。在这1小时内，可以让孩子放松一下，准备睡觉、刷牙，集中精力阅读或进行其他安静的活动。

孩子的睡前例行准备可以包括各种舒缓的活动，例如沐浴或穿好睡衣阅读睡前故事。这个过程不应超过20~45分钟。

注意孩子睡前吃什么和何时吃　孩子应在睡觉前几个小时食用晚餐，如有必要可以在睡前补充少量零食。过饱或者饥饿都会干扰入睡。

注意饮料中的咖啡因含量。咖啡因可能需要几个小时才能被代谢掉。通常，应避免儿童饮用含咖啡因的饮料，以及苏打水和能量饮料。能量饮料含有兴奋剂，可能增加儿童潜在的健康风险，因此在任何时候都不适合儿童和青少年饮用。

提供舒适的睡眠环境　理想的睡眠环境是凉爽、安静和黑暗的。应确保床单和毯子足够舒适，让孩子不要太热或太冷。

黑暗不仅有助于入睡，还有助于产生褪黑素，这是一种有助于调节睡眠周期的激素。如果孩子不适应黑暗的房间环境，可以开一盏小夜灯以减轻恐惧，而且也不会破坏睡眠。色彩较暗的窗帘可阻挡外界不必要的光线。

尽量减少卧室的噪声。如果噪声无法控制，可以播放一些轻松的音乐以帮助孩子入睡，或引入一些白噪声，例如风扇声。

消除干扰　卧室里如果放太多的玩具、书籍和小玩意，会使孩子精神兴奋并抗拒入睡。特别要避免在卧室里放置电子设备，例如电视、手机和电脑。如果电子屏幕发出的光里包含"蓝光"，会干扰褪黑素的产生。

您可以把所有的电子设备集中放在房屋中央（例如厨房柜台上），以减少就寝时使用电子设备的诱惑。

您的孩子是否有足够的睡眠

对孩子来说，多少睡眠是足够的呢？在理想情况下，您希望孩子有足够的睡眠，使他（她）白天保持聪明机敏。每个孩子的睡眠需求各不相同。虽然您最了解自己的孩子，但专家会提供每天24小时内的睡眠建议，包括小睡。

• 3～5岁，应该睡10～13小时。

• 6～11岁，应该睡9～12小时。

达到建议的睡眠时间并不总是那么容易。由于对孩子的时间利用率和注意力的要求在提高，孩子在学龄前期和学龄期间睡眠中断很常见。当孩子需要做家庭作业或参加体育锻炼和俱乐部活动时，他（她）可能难以准时上床睡觉。从父母的角度来看，确保孩子达到足够的睡眠时长会增加很多负担，特别是当父母下班很晚或者要照顾多个孩子上床睡觉时。

尽管如此，保证充足的睡眠仍然对孩子的健康和幸福至关重要。儿童和成年人一样，也会受到睡眠不足的影响。睡眠不足的孩子更有可能出现注意力、行为和学习方面的问题。

休息良好的孩子能够每天更加专

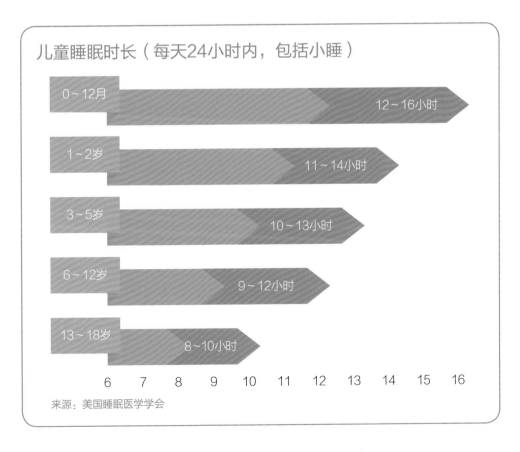

儿童睡眠时长（每天24小时内，包括小睡）

0～12月　　　　　　　　　　12～16小时

1～2岁　　　　　　　　　　11～14小时

3～5岁　　　　　　　　　10～13小时

6～12岁　　　　　　　　9～12小时

13～18岁　　　　　　8～10小时

6　7　8　9　10　11　12　13　14　15　16

来源：美国睡眠医学学会

注、遵循指示和处理信息。睡眠也有助于改善情绪和行为。是否拥有充足的睡眠，就像好日子和坏日子的区别一样。因此，将睡眠作为优先事项对所有人都有益处。

睡眠的行为问题

睡眠问题在学龄前和学龄儿童中经常出现。最常见的问题包括难以入睡或难以保持睡眠状态（失眠）。幸运的是，这些问题通常与行为有关，因此可以进行纠正。

以下是一些孩子拖延上床睡觉时常用的方式以及您可以采取的措施。

孩子需要安慰　这是许多父母都遇到过的熟悉情况：您的孩子想得到安慰，以便他（她）入睡，您也希望自己可以尽快上床睡觉。为此，您想尽了一切办法去安慰孩子，包括唱一首歌，抚摸孩子的后背或者为他们倒一杯水。

不幸的是，孩子可能已经过分地依赖这些安慰，以至于如果没有您的帮助，孩子晚上将很难入睡或很难重新睡着。

您可以做什么　学会独立入睡对孩子来说是一项重要且有意义的成就。您可以将自己从陪伴入睡的场景中移出，并帮助孩子平滑地过渡到独立入睡，以帮助孩子达到这个里程碑。

有一种被称为系统忽略的技术，其基于忽略孩子对就寝时间推后的请求，是一种帮助孩子休息的最有效的技术。它具体有两种方法，第一种是让孩子"哭出来"。在这种情况下，您让孩子自己上床睡觉，然后直到第二天早晨起床时才再次出现。但是，这种"冷火鸡式"的方法并不适合胆小的孩子，许多父母发现这种方法很难进行下去。

第二种方法称为褪色技术，该方法可以使孩子断绝对你的依赖：当孩子在床上快睡着但还醒着时，保证过一会儿来看他。您来看孩子的时间应该很短（1～2分钟），并应确保没有任何拥抱，以及很少的身体接触。

刚开始时，您可能要频繁地探视孩子。随后的每天晚上，把探视的时间间隔慢慢延长，最终让孩子不再需要探视。

探视孩子的时间由您自己决定，当然也取决于孩子对此的反应。如果频繁的探视似乎使孩子不高兴时，请考虑缩减时间。如果孩子从床上起来或者大声喊叫，请考虑只有在孩子平静或安静下来以后再回来看他。

作为父母陪伴的替代选择，您可以让孩子自己选一个新的毛绒玩具或毛毯。此外，如果您在孩子睡觉时把他的卧室门半开着，也会给孩子带来一些安慰。

关于陪伴睡眠的一句话

陪伴睡眠是儿童睡眠医学领域的热门话题，分别有很多支持者和反对者。

父母与孩子合住房间或共享床铺的原因有很多。在世界上的某些地区，陪着幼儿或较大的孩子睡觉是很普遍的现象，甚至是一种文化。在另外一些地方，当家里没有足够的空间，孩子可能不得不与父母或兄弟姐妹共用一张床。又或在某些时候，睡在一张床上只是因为父母想与孩子保持亲密，或者简单地认为这是正确的事。这种情况称为"故意式床共享"。

更常见的是，由于睡眠问题，孩子们希望与父母共享床铺。例如，孩子在经历一连串的噩梦之后，非常害怕独自睡觉。或者孩子十分拒绝自己睡觉，而您厌倦了与他作斗争，从而一起睡觉。这些情况被称为"反应式床共享"，并且大多数父母对这种睡眠安排都不满意。

一些研究将床共享与睡眠问题关联起来，包括独自睡眠困难、频繁在夜间醒来、睡眠时间较短、睡眠阶段之间的转换问题与睡眠呼吸障碍。需要陪伴入睡的孩子也不太可能有规律的就寝时间。

美国儿科学会不建议陪伴睡眠，并建议孩子通过固定的就寝时间和良好的睡眠环境养成健康的睡眠习惯。如果您的家庭中有干扰孩子睡眠的情况，请一定向医生咨询。

对于某些孩子，通过给予奖励（如贴纸）的积极强化，可以使孩子更有动力独立地睡觉。

这种断绝依赖的方法适用于那些在夜间醒来时需要自我安慰的孩子。但当孩子做噩梦时（请参阅第113页），您需要对此做出迅速的反应，使孩子明白这只是个噩梦，等孩子准备好后，再温柔地鼓励他继续睡觉。

抗拒就寝时间　与就寝时间作抗争是学龄前儿童和大龄儿童的普遍行为。您的孩子可能完全拒绝上床或寻找各种方法拖延睡觉，并最终导致睡眠不足。

意志力较强的孩子，没有规律的睡眠时间或睡眠习惯的孩子，仍需要小睡的孩子，以及其自然睡眠周期具有"夜猫子"倾向的孩子，都更有可能努力拖延就寝时间。

您可以做什么　一定要遵循并执行制订好的睡眠时间表。许多孩子在4或5岁以后就不需要小睡了。如果孩子还需要小睡，请确保时间不超过45分钟，而且不要离就寝时间太近。大多数孩子至少需要4小时后才能再次睡着。

如果小睡会对孩子的睡眠造成干扰，应该是摆脱小睡的时候了。一整天的体育运动，也可以帮助孩子在就寝时间更容易入睡。

有时，孩子为了拖延就寝，会在最后一刻要吃零食。一杯水、一些饼干或少量的水果没问题，但要避免给孩子吃油腻不易消化的食物，或任何含咖啡因的食物（苏打水、茶和巧克力），因为这些食物会破坏睡眠。

实际上，孩子的就寝时间和行为可能会在引入新规则后变得更糟，然后才变得更好。这种负面行为的增加被称为消灭前爆发，当您尝试调整规则时这会很常见。但是，请坚持您所做的调整，并且知道您是在帮助孩子养成健康的睡眠习惯，这将使他在成年后受益！

早睡早起　睡眠需求是非常个性化的。有的孩子每天10小时的睡眠可能就足够了，而有的孩子的理想睡眠时间则是12小时。如果您让孩子过早上床睡觉，可能会发现要费很大力气才能让孩子睡着，并且第二天很早就起床，或者夜间起床。

您可以做什么　通过推迟就寝时间或提早起床时间，以量身定制适合孩子的就寝时间。例如，如果孩子需要10小时的睡眠以保证茁壮成长，并且需要早上7点起床准备上学，那么应该在晚上9点熄灯睡觉。为了让孩子遵守时间表，需要慢慢调整就寝时间；推迟就寝时间或提前起床时间时，可以每隔几个晚上调整15分钟，直到达到您预期的时间安排。

突然失眠 如果孩子平时睡眠状况良好，但最近夜里频繁醒来或入睡困难，可能是短期问题引起的。例如，孩子可能因某些事情有了压力，比如即将到来的考试或舞蹈演出。诸如感冒或流感之类的疾病也可能会使孩子咳嗽、疼痛或鼻塞导致失眠。

这些睡眠问题通常会在一段时间后自己就没了，但如果您采取了一些哄孩子入睡的安慰措施，它们将可能成为长期问题。

您可以做什么 如果孩子对某件事感到焦虑，请鼓励他在上床睡觉之前放下负担。当头脑清晰时，往往能更快入睡。让孩子知道他可以与您谈论自己的担心。大一点的孩子可能发现，把要关注的问题列出来放在一旁，等到第二天再处理，这个方法有助于他们用新视角看问题。

对于感冒和咳嗽，治疗方法包括使用非处方的滴鼻剂、开启加湿器、补充水分和食用0.5～1茶匙的蜂蜜。这些措施对1岁以上儿童的夜间咳嗽很有帮助。推荐的感冒药请参见第319页。

其他夜间问题

儿童睡眠问题的主要来源是自然行为。但是，也有一些夜间睡眠障碍超出了孩子的控制范围。其中的一些情况可能令人恐惧或担忧，让父母难以接受或应对，例如噩梦或梦游。但是，这些问题通常不会给孩子带来伤害，也不会对睡眠造成负面影响。

失眠是医学上很常见的睡眠事件，通常在睡眠阶段转换期间发生。失眠的例子包括：神志不清或醒来时神志不清、恐慌、梦游和说梦话。噩梦也是一种失眠症。

如果您的孩子每月仅发生一次或两次失眠，或者失眠是由于一些暂时性事件（如生病）引起的，那么孩子很可能不需要任何治疗。睡眠不足会引起失眠，所以一定要确保孩子得到足够的睡眠。稳定的就寝时间、良好的睡眠卫生、减少压力并在就寝前避免进餐，都对解决睡眠问题有明显的帮助。随着时间的流逝，许多孩子在长大成熟以后将不再失眠。

焦虑、下肢不宁综合征、胃酸反流或睡眠呼吸暂停等问题，都可能导致持续性的失眠，这也会增加孩子夜间醒来的次数。如果孩子患有失眠超过了1～2个月，请与孩子的医生联系。医生会建议进行睡眠测试，以排除潜在的睡眠问题。

睡眠评估和测试

孩子虽然养成了良好的睡眠习惯，但仍然休息不佳，此时请向您孩子的医生咨询，由睡眠专家进行评估。白天出现的问题，例如注意力不集中、活动过度、易怒和情绪波动等，可能是夜间睡眠障碍的表现，需要进一步研究。

为了解孩子的睡眠困难情况，睡眠专家会询问睡眠问题发生的频率，持续的时间，是突然出现还是逐渐产生等。专家可能还会询问您所采取的睡眠策略，孩子是否使用过药品及使用了哪些药品等问题。

完整的睡眠记录通常是找到问题根源的关键。睡眠记录包括孩子何时上床睡觉、何时入睡、何时醒来，以及睡眠期间遇到的所有问题。例如：难以入睡或难以沉睡、睡觉时做出异常动作、打鼾、长时间呼吸停顿或呼吸困难。专家会建议您为孩子建立一个书面的睡眠日志。其他有价值的信息还包括：每天简要记录孩子的睡眠长度，以及孩子醒来时的心情等。

抗拒睡觉、入睡困难或不能沉睡等现象通常是由行为问题引起的，睡眠专家可以帮您设计解决方案。但是，如果专家怀疑是医学原因，则还会建议孩子进行更深入的睡眠测试。测试方式如下。

多导睡眠监测仪　检查过程中，孩子要在睡眠实验室度过一个夜晚，并连接上特殊的睡眠记录设备。传感器放置在头皮、太阳穴、胸部和腿部。传感器通过导线连接到计算机。多导睡眠图记录的内容包括脑电波、肢体运动、呼吸、心脏功能以及夜间噪声（例如打鼾或发声）。这些记录可以帮助孩子确定是否存在睡眠障碍。如果孩子的医生怀疑孩子患有阻塞性睡眠呼吸暂停或发作性睡病等，则可以做此项检查。

多次睡眠潜伏期测试　用于评估孩子白天过多的嗜睡情况，该测试是在完成夜间多导睡眠图测试后进行的。为了测试孩子的困倦程度，会让孩子先在睡眠实验室里度过一天，之后每两个小时会有5次机会小睡20分钟。孩子入睡的速度可代表他白天过度嗜睡的严重程度。该测试还用于诊断发作性睡病。

体动记录仪　为了监测睡眠模式和清醒程度，会在孩子手腕上佩戴一个装置1~2周，以评估夜间睡眠活动。这种数据收集方法的优点是可以记录多天的信息，并且可以在家中进行。该测试还可用于评估干预措施的成功与否。

最常见的失眠包括以下类型。

意识不清的苏醒 孩子在入睡2~3小时后醒来，坐在床上显得很困惑，会哭泣或呻吟，同时拒绝您的抚慰。这种情况可能持续5分钟或长达半小时。孩子没有出汗或面部潮红等其他症状，第二天也不记得所发生的事。通常，孩子在上学以后，这种类型的夜间苏醒就会自然消失。

您可以做什么 尽管孩子这种意识不清的苏醒会令人担心，但您基本上对此无能为力，只能等待。这时，请避免尝试触摸孩子或给予安慰，因为这可能只会使他更加沮丧。

睡惊症 孩子尖叫着坐起来，似乎很沮丧。孩子可能出汗、脸红或心跳加速，似乎正在逃避某些事情。尽管您已尽了最大的努力，但孩子却无法得到安慰，整个过程可持续长达20分钟。

像意识不清的苏醒一样，睡惊症通常发生在睡眠的较早阶段，并且可能在同一夜晚重复多次。但孩子第二天早上不会记得睡惊症发作时的情况。睡惊症常见于4~12岁。

您可以做什么 就像意识不清的苏醒一样，在睡惊症期间尝试唤醒或安慰孩子，只会使他感到不安。因此，在孩子睡惊症时，最好的做法就是在孩子的房间里等待。

什么时候尿床会成为问题

到5岁时，虽然经常尿床的情况并不罕见，但大多数孩子已拥有足够的膀胱控制能力以避免尿床。大约15%的5岁儿童每周至少尿床两次。

有些孩子能一整夜尿床（原发性夜间遗尿），而另一些孩子在很长时间不尿床后却又形成了尿床习惯（继发性睡眠遗尿症）。原发性遗尿症往往具有家庭性，家人停止尿床的时间或年龄，也意味着孩子何时可能不再尿床。

在某些儿童中，拥有感到膀胱充盈并醒来的控制能力，只需要再多成长一段时间就能做到。这并不稀奇，他最终能够长大并具备这种能力。发生继发性睡眠遗尿症的原因往往是尿路感染、睡眠呼吸暂停、糖尿病和压力过大等。有关尿床的更多信息，请参见第314页。

如果孩子自己在睡惊症时醒了，请不要开灯，并确保孩子的睡眠区域没有任何危险。如果您发现孩子可以接受您的抚摸，那么轻柔的拥抱或低声的安慰都可能有助于孩子和您自己平静下来。

有时，劳累过度会触发这类事件。如果您认为可能是这个原因，请试试让孩子比平时早睡半小时。

睡行症 孩子在半夜起床，站在您的床边，或者打算下楼走出家门。这时，他睁着眼睛，看起来很清醒，但是无论您对孩子说什么话他似乎都没有反应。这种睡眠障碍往往发生在深夜以前，或者睡后2～3小时，可持续长达半小时。

您可以做什么 这个年龄段的梦游通常与他（她）的任何行为或疾病都没有关系。如果孩子在生活中感到压力，梦游可能会变得更加频繁。

除非孩子在梦游走动中即将遇到危险，否则最好不要尝试唤醒孩子，而应该尝试引导他回到床上。

如果梦游危及孩子自身的安全，则需要对他（她）采取保护措施。可以多安装一把锁以防止孩子离开房屋，或在楼梯口加装安全门以阻止孩子走楼梯。

梦话 孩子在睡觉时似乎在进行交谈。有时听起来像胡言乱语，而有时像是正常的对话。

您可以做什么 说梦话在儿童和成年人中很普遍，您不必采取任何措施来防治这种睡眠障碍。请记住，孩子不知道自己在说什么，也不会记得任何谈话内容。因此，不要太在意孩子说了什么，也不要第二天问孩子。

在某些情况下，说梦话可能是一些潜在问题的表象，例如压力、睡眠不足或抑郁。而且说梦话可能会影响身边其他人的睡眠。如果这种情况持续超过1~2个月，请与您孩子的医生讨论。

噩梦 孩子在清晨很早醒来，因为一个不愉快的梦而沮丧。对孩子来说，梦境似乎是真实的，因而使他感到恐惧或焦虑。尽管您反复解释"这只是一个梦"，但孩子仍然非常不安，并且很难再次睡着。

您可以做什么 这很容易理解，如果孩子认为噩梦还会继续，就会害怕睡觉。这时，请拥抱和安慰孩子。

您可能会选择陪孩子坐一会儿以培养睡意，但要避免养成习惯。让孩子上床睡觉，并保证在指定的时间再来看他（她）。抱着喜欢的毛绒动物，开一盏夜灯，半开着门或播放一些舒缓的音乐，都可以帮助孩子减轻恐惧。

有时，孩子醒了以后会想要谈论自己的噩梦。您可以跟孩子多交流，使孩子明白没有什么值得害怕，而且噩梦不是真的。如果孩子对此仍旧害怕，可以鼓励孩子在他（她）不那么害怕的白天谈论噩梦。通过画画或改写的方式给予噩梦更快乐的结局，会使孩子感到舒适。

虽然噩梦很常见，也很正常，但某些孩子（例如患有焦虑症的孩子）可能比其他孩子更频繁地做噩梦。一个舒缓的就寝过程会对其有所帮助，例如阅读使人平静的故事。要避免在睡觉前看电视或使用电子设备，因为这会令人兴奋。

被欺凌或其他令人沮丧的生活经历，可能导致孩子经常做噩梦。在这类情况下，噩梦可能会成为一个问题，您需要与孩子的医生讨论。

睡眠障碍和其他医学问题

在某些案例中，睡眠问题可能是某些潜在的或未经诊断的医学问题的症状表现。

阻塞性睡眠呼吸暂停（OSA） 与成人一样，睡眠呼吸暂停的儿童会在整

个夜间反复停止呼吸，这会使孩子有时短暂地惊醒。孩子通常记不住这些情况。您可能会注意到孩子睡觉时打鼾或呼吸异常，这些情况会严重降低孩子的睡眠质量。

尽管肥胖症可导致儿童和成人患OSA，但这并不意味着未超重或不肥胖的儿童不会患OSA。儿童OSA的最常见原因是扁桃体和（或）腺样体肥大，这些腺体是位于喉咙上方、鼻子后面和舌头后面的组织，肥大时会妨碍呼吸。

儿童睡眠呼吸暂停的影响常表现为注意力不集中或行为问题，而不是白天嗜睡。

根据病情的严重程度和原因来选择治疗方案，包括：处方和非处方的鼻喷剂、持续气道正压通气或者手术切除肥大扁桃体和（或）腺样体。

延迟的睡眠-觉醒周期障碍 延迟的睡眠-觉醒周期障碍是因为人体的昼夜节律紊乱或睡眠生物钟失灵。如果孩子患有这种疾病，您可能会发现他入睡的时间比通常认为合理的时间要晚得多，并且早晨醒来也很晚。其睡眠本身通常是正常的，只是出现了整体延迟。因此，当孩子必须比平时的时间更早起床时，例如为了上学，可能会导致白天发生困倦和疲劳。

在这种情况下，孩子的医生可能推荐在孩子就寝时间的前几个小时服用小剂量的褪黑素，以帮助孩子更早地感到睡意。

运动紊乱 儿童在睡觉时无意识的手臂或腿部运动，会导致其难以入睡或影响睡眠质量。这种运动紊乱可以与神经系统问题（例如注意缺陷多动障碍、情绪问题和焦虑症）以及其他睡眠障碍（例如梦惊症和睡行症）一起诊断出来。

导致运动紊乱的原因尚不清楚。与之相关的因素包括运动障碍家族史、铁缺乏症以及与大脑中的化学传导物质"多巴胺"有关的问题。

运动紊乱及其造成的睡眠不足，会对孩子在学校的表现产生重大影响。运动紊乱的类型如下。

周期性肢体运动障碍（PLMD） 这种疾病的特征是孩子睡觉时肢体反复运动。由于这种干扰，孩子可能白天会出现嗜睡和注意力不集中等问题。

下肢不宁综合征（RLS） 患下肢不宁综合征的孩子经常因腿部抽搐而使睡眠受到干扰，这看起来就像在睡觉时踢腿。患有RLS的儿童通常会感到腿部不适，并有动腿的冲动。孩子可能将这种感觉描述为像有虫子在皮肤上爬。当孩子不动时，这种感觉会加重，当孩子再次运动时就会减轻。尽管这种疾病与周期性肢体运动障碍有许多相似之处，但二者是不同的病症。

由于铁缺乏症在RLS和PLMD儿童中很常见，因此孩子的医生可能建议评估孩子体内的铁水平。如果需要，医生可能会开铁补充剂，服用数月即有助于停止夜间的肢体运动。铁补充剂与橙汁或维生素C一起服用会促进吸收。

另外，观察孩子每天喝多少牛奶。如果每天饮用超过2杯或3杯牛奶，可能会影响铁的吸收，从而导致铁缺乏。

其他类型　夜间可能发生的其他运动紊乱还有：腿抽筋、足部震颤、夜间牙齿紧咬、磨牙以及一些有节奏的运动（例如身体摇摆、头部晃动和头部撞击）。

在大多数情况下，这些都是无害的，不需要治疗。但是，如果您发现它们破坏了孩子的睡眠，请与孩子的医生讨论。

睡眠药物

大多数儿童的睡眠问题可以通过行为干预来解决。在极少数情况下，仅靠干预措施可能无法奏效，这时，医生会建议在治疗方案中添加睡眠药品。

目前，尚没有获得美国食品药品监督管理局（FDA）批准的专门解决儿童睡眠问题的药品。但是，医生也经常用"超适应证"的形式开出药品，这种"超适应证"表示该药品在此类疾病的使用尚未获得FDA批准。

在治疗儿童的睡眠问题时，几乎都是到最后才会使用处方药，因为它们经常带来极大的风险。

药品使用必须谨慎。只有在尝试行为干预治疗几周时间并且失败以后，并且与孩子的医生充分讨论分析风险和疗效后，才考虑使用药品治疗。

还要注意，要确保睡眠药品与特定的睡眠问题相匹配。例如，如果孩子无法入睡，则可以选择能够使孩子快速入睡，但药效时间不长的药品。而药效长的药品可以帮助有夜醒问题的孩子。

如果孩子的医生认为药品可能有所帮助，则会建议您首先选择非处方药，举例如下。

褪黑素　褪黑素是非处方药，是一种合成激素，它在自然的睡眠和苏醒循环中发挥关键的作用。夜间血液中的褪黑素自然水平最高。一些研究表明，褪黑素补充剂可能对难以入睡和由时差引起的失眠有一定帮助。

研究表明，无论有无特殊需求的儿童，褪黑素的耐受性都很好，不会形成依赖，而且长期使用也不会失去疗效。

但请记住，褪黑素补充剂的质量可能因产品而异。目前，尚未显示褪黑素能够有效促进儿童睡眠。褪黑素通常在睡前半小时到1小时服用。

抗组胺药　它是一种非处方药，如盐酸苯海拉明（Benadryl），通常可用于治疗短期因素引起的失眠，包括时差和疾病，使孩子能够加快入睡，并减少夜间苏醒次数。

不建议将抗组胺药用于治疗长期的睡眠问题，因为随着药品耐受性的增加，往往需要增加剂量。抗组胺药对于某些儿童实际上会起刺激作用。

如果孩子患有可导致或加剧睡眠问题的潜在疾病，则需要服用特别针对孩子状况的药品，并且这种药品不能干扰孩子服用的其他药品。

第 9 章
不在孩子身边时如何照顾孩子

在当今社会中，许多父母在远离家庭的地方工作，并需要多种形式对子女进行补充照料。在职的父母通常会依靠各种医疗保健者来满足他们照顾孩子的需求。

对于学龄前儿童，将孩子放在靠近工作地点的托儿中心通常很方便又放心，出现问题或紧急情况时也能及时解决。

随着孩子长大，一些父母会求助于邻居或亲属来送孩子早上上学。很多孩子在上学前或放学后有课外班，或者兼而有之。有些父母也会找保姆照顾孩子。

对于儿童照护这个难题而言，没有正确、错误或简单的答案。您可能发现孩子所需要的照护类型随着时间的推移而改变，照护也会从密切的监护向允许孩子更独立的方向迈进。

根据孩子的年龄和您的需要，您可以采用多种方法来解决儿童照护问题。关键是要制订适合家庭的日程和预算计划，同时为孩子提供安全、愉快的高品质环境。

可选的儿童照护方式

父母在儿童照护方面有很多选择，包括请保姆、去儿童保育中心或上课外班等。

寻找高品质的儿童照护时，要考虑的因素包括：孩子的安全和健康、保姆是否可靠与预算和时间是否适合等。您可能还需要考虑孩子喜欢哪些运动，以及孩子在小组活动中表现得更好，还是在受到私人关注时表现更好。

朋友和家人的推荐是很好的方式。他们在保姆或托儿所方面的经验可以为您提供有益的参考。因此，您可以现场参观，并亲眼看看工作人员与孩子互动、收费标准，以及孩子是否喜欢。

以下的信息虽然不太详细，但有助于您权衡每种方式的利弊。

托儿中心　有时也被称为日托中心或儿童发展中心，它们是位于建筑物内的设施，而不是在家里，并由美国或者州监管。一般分为非营利组织和营利组织，可能从州获得资助，或成为联邦计划（例如"开端计划"）的一部分。

托儿中心通常根据年龄将孩子分去不同的教室或小组。每个小组由接受过幼儿发展、心肺复苏和急救培训的工作人员监管。

一些托儿中心可能有正式的学前班或幼儿园课程，也可以为大一些的孩子提供课后辅导。

您正在考虑的儿童保育中心可能会邀请您参观。在考察期间，您可以关注以下内容。

- 营业许可证明和最新的健康证明。
- 认证，这意味着托儿中心高于了大多数的州的许可要求标准。认证是自愿的，通常通过美国国家幼儿教育协会（NAEYC）之类的组织进行。
- 员工的培训和离职。较高的离职率可能对孩子造成困扰，频繁的人员变动也会给托儿中心和孩子们带来负面影响，并表明工作环境很有可能比较混乱或不稳定。

- 成人与儿童的比例。NAEYC建议对于4~5岁的孩子，每间教室不超过16~20名，成人与儿童的比例为1：10至1：8。
- 处理突发疾病、伤害以及健康问题的能力。您应了解如果孩子在托儿中心生病，会发生什么情况。在中心附近出现传染病时工作人员如何通知父母，以及工作人员对玩具和地面进行清洁和消毒的频率。
- 安静时间和午睡的安排。如果您不想让孩子小睡或孩子自己不想睡觉的话，有哪些其他选择。
- 安全措施。例如防止陌生人进入的安保系统或游乐场的安全措施，以及对工作人员的犯罪背景的调查。

美国或者州检查机构会定期进行检查，以确保儿童保育中心符合规定要求。您可以在线获取这些检查的结果，也可以向相应的州机构索取信息。政府资助计划"Child Care Aware"的网站上收集了各州的有关信息，包括检查报告的链接。

育儿主管能够为您提供有关托儿中心的概述，简要介绍孩子将如何度过自己的一天，遵循什么课程体系，以及有什么促进孩子学习的活动安排等。孩子在托儿中心学习的内容遵循州的早期教育指南。

总体而言，您可以综合监管、学

儿童照护预算的5个窍门

儿童照护的费用很可能会迅速增加。一些节省的方法如下。

1. **做好预算。** 记录您每个月的所有支出，包括住房抵押贷款、汽车贷款和学生贷款等大笔费用的支出。记录要为杂货和煤气等日常必需品所支付的费用，以及外出就餐或看电影等非必要性支出费用。规划好预算后，您将能够对配置适当的托儿费用，以及削减成本等有更好的整体安排。

2. **多做对比。** 比较各类托儿服务的价格。与当地的托儿资源和转介代理联系，以了解您所在地区的托儿平均费用。

3. **考虑付款结构。** 一些托儿医疗保健者可以提供不同的选择，例如，可以在月初一次性支付所有服务费用，或者将总费用划分为较小金额后每周支付，您可以选择合适的付款结构进行财务管理。在计算每月的托儿费用时，请不要忘记考虑一些"隐性支出"，例如注册费、伙食费和滞纳金等。

4. **节省其他支出。** 如果预算不足，可以考虑其他削减成本的花销。您可以考虑到有折扣的杂货店购买饮食、通过拼车出行或者外出工作时自带午餐以代替在餐馆就餐。

5. **查看是否有资格获得补助。** 查询您是否有资格申请儿童看护有关的补助，例如国家的补贴或雇主的补助，包括雇主的折扣等。可以在线访问"美国儿童保育需知（Child Care Aware of America）"以获取更多信息。如果您是军人家庭，则还可能有资格参加某些项目。

习、营养、游戏时间和其他养育健康孩子的关键要素，以选择与期待大致相符的托儿中心。

亲属或朋友 很多家庭会聘请朋友或家人为孩子提供兼职或全职的护理。可以在自己家里，也可以在看护者的家里。

找到真正了解孩子的人来照顾他，会令父母更加放心，但这也会带来一些挑战。这样做虽然降低了孩子在儿童保育中心被传染感冒等疾病的风险，但也会减少与其他孩子交流的机会。

而且，当孩子的看护者生病或外出时，可能需要安排替代选择。

儿童照护方式的比较

优点	缺点
托儿中心	
• 一般会受到州和其他地方性运营标准的约束；可能拥有认证 • 更有可能针对特定年龄段的孩子制订结构化的安排 • 员工受过专业的培训，掌握心肺复苏和拥有急救证书 • 护理更加可靠 • 获得接触社会的机会 • 可能允许延长托管时间，安排更灵活	• 可能价格昂贵 • 孩子生病时可能需要留在家里 • 接触传染性疾病的风险提高 • 可能缺少对孩子的个性化关注 • 晚接孩子可能会收取费用 • 热门的托儿中心的等待名单可能很长
亲属或朋友	
• 获得更加个性化的关注 • 在家庭般的舒适环境中得到看护 • 降低接触外部疾病的风险 • 孩子生病时也能得到看护 • 时间安排更加灵活 • 费用可能低于其他的选择	• 缺乏正规的课程 • 护理人员可能未接受过心肺复苏或其他紧急护理的培训 • 当看护人无法照顾孩子时，则需要寻找替代
家庭式儿童托管	
• 提供居家式的环境 • 孩子有社会化的机会 • 费用通常比其他选项低 • 根据各州的指南，可能需要满足州和地方法规 • 可能提供更为灵活的时间安排	• 设施环境与护理质量可能差异很大 • 护理者可能未接受背景调查或未参加培训 • 对年级较大的学龄儿童可能不提供交通工具 • 可能不能制订正式的学习计划

优点	缺点

保姆或者互惠生

优点	缺点
• 可以在家里照顾孩子	• 缺少严格的监管
• 父母可以出差或较长时间加班	• 通常比其他护理方案贵
• 获得个性化的关注	• 存在潜在的中介费用
• 降低接触外部疾病的风险	• 保姆可能未接受过儿童培养有关培训和心
• 孩子生病时也能得到看护	肺复苏等急救培训
• 保姆的职责可能还包括做家务或准备	• 可能需承担一些责任，例如支付最低工
饭菜	资、提供健康保险和税务报告
• 如果有几个孩子，这种家庭内护理费	• 使学龄前儿童的社交机会不多
用可能更低或与其他选择相当	• 如果保姆生病或休假，则需要寻找替代

课前班和课后班

优点	缺点
• 通常比其他护理方案更便宜	• 各州情况不同，可能缺少监管法规
• 提供社会化的机会	• 如果孩子在校外参加课程，需要考虑交通
• 孩子对环境比较熟悉	问题
• 课程安排可能较丰富	

此外，为了避免造成混乱和潜在的误解，您需要讲清楚对照护人员的期望和要求，这些要求应该包括准备饭菜和零食、管理孩子的行为、留出足够的娱乐时间，以及尽可能减少屏幕时间等。

家庭式儿童托管 很多人在自己的家里提供对一小组儿童的照护服务，有

保姆指南

几乎每个父母都梦想着在夜晚偶尔外出时，能有一个完美的保姆照顾孩子。回家时，你看到孩子已经做完了家庭作业，查阅了各种参考资料，完成了最新的心肺复苏的培训。这也就是找到了一个负责任的、并且能够与孩子融洽相处的人。

但是，即使是最负责任和经验最丰富的保姆也需要指导。如果这是您第一次雇用保姆，请让他（她）早点到达，以便您有足够的时间仔细明确各种注意事项。

- **联系方式** 告诉保姆紧急联系电话。您提供的电话表应该包括：您的电话号码，以及几位邻居、孩子的医疗保健者、消防队、警察局以及药品控制中心的电话号码。除此之外，还可以提供您的家庭电话和地址与孩子的全名和生日等，以备一些紧急情况下需要保姆提供这些信息。

- **介绍房屋** 带保姆熟悉厨房、浴室、出口、安全门，以及其他对照看孩子很重要的区域。

- **家庭规则** 说明餐点的提供时间，以及允许食用哪些饮料或小吃。告知电脑或手机的使用时间限制。说明孩子的就寝时间和睡前事项（例如洗澡、刷牙和睡前故事），以及遇到孩子不配合的行为时的可行方法等。

- **保姆规则** 讲清楚保姆必须遵守的规则。例如，看孩子时不能使用手机和接待朋友。

- **安全第一** 仔细检查孩子是否发生过敏，以及孩子出现异常反应该如何应对。教给保姆在不安全情况下要做什么，例如有人敲门时。告知保姆应急物品的存放地点，例如急救箱和手电筒。

当您回到家时，询问孩子对保姆的看法，以及您不在家时保姆的行为。如果一切顺利，您将发现自己成功地选到了一个称心的保姆。

时也是为了照顾他们自己的孩子。这种方式覆盖的年龄范围通常可以从婴儿到学龄儿童。它的优点是可以提供比托儿中心更小规模、更像家庭的环境。

美国的州指南中会规定获得许可的家庭式托管的儿童数量，通常包括对一个人可以照顾的儿童总数的限制，以及对婴儿和学步阶段儿童数量的限制。例如，一个家庭式儿童托管可能限制为7~12个孩子，并且进一步限制不超过3个2岁以下的孩子。

当考虑家庭式托管服务时，请寻找经过认证和许可的地方。但是也请您了解，请根据您所居住的州的规定不同，以及家庭中照顾的孩子数目，有时也可能不需要执照。其他要考虑的因素如下。

- 照料者与儿童的比例。
- 看护人员的背景情况。
- 看护人员的介绍信息等参考信息。
- 看护人员所接受的儿童期发展与安全响应的培训，包括心肺复苏和急救培训。
- 看护人员关于学习、纪律、营养和其他方面的工作方法。

- 谁住在家里，谁来家里，该人如何与孩子互动。
- 有哪些保护孩子安全的措施。
- 看护人员休假时怎么办。

看护人员应该能够为您展现出他们生活一天的典型样子，以及怎样通过活动帮助孩子学习和发展。

保姆或者互惠生　在这种安排下，保姆可以住在您的家里，或者每天来您家提供托儿服务。互惠生（临时保姆）通常使用学生签证来美国，通过提供托儿服务以获得食宿和较低的薪水。

检查保姆或互惠生的推荐信非常重要。您可以与保姆的前几位雇主沟通以了解其优点和缺点，以及雇主曾经遇到的任何问题。

通过询问某些问题（例如，保姆怎样纠正孩子的行为，或怎样抚慰沮丧的孩子），您将了解保姆的看护方式。此外，确定工作的细节和要求也很重要，要明确以下期望。

- 正常的工作时间。

您是否需要帮助？

如果您在为孩子寻找合适的照护时遇到困难，托儿资源和转介机构可以帮助您联系在您家庭或工作地点附近的托儿服务提供者。您还可以访问儿童看护网站查询当地的儿童照护代理机构信息。

夏季的托管安排：参加夏令营吧！

对于需要工作的学龄儿童的父母来讲，夏季可能会带来特别的挑战。在这期间，您需要努力寻找白天托管的解决方案，以填补平时孩子在学校上学的时间。从孩子的角度来看，夏天意味着有几个月可以跟老师和功课说再见，而且能够做更多有趣的事情。对很多家庭而言，夏令营是同时满足父母和孩子的需求的热门选择。

一些父母选择送孩子参加由当地的公园、娱乐部门、社区组织或日托中心提供的日间夏令营。一些动物园、博物馆和自然中心也提供日间夏令营活动。

日间夏令营大多专注于特定的领域，例如科学、体育或戏剧，也可以选择从做手工艺品到游泳等的各类活动。许多营地可以提供半天和全天的选择。当孩子年龄

还小，或者还不能自己在外过夜时，营地如果可以按需提供托儿服务，这对您来讲会是最好的选择。

父母还可以选择让孩子参加一个住宿夏令营，夏令营期间孩子会有一个星期或更长的时间离开家。有些夏令营会有特定主题，例如足球、啦啦队、自然或计算机。另一些夏令营则是为特定目的而设计的，例如有特殊需要儿童的夏令营。

选择夏令营时，请优先考虑孩子最习惯的环境和最喜欢的活动。然后，您可以通过询问营地负责人以下的关键问题来缩小选择范围。

• 我能否先参观一下营地？   在缴纳定金前要求现场考察，并了解每天的日程安排，以确定营地设施和日程安排是否适合孩子的个性。

- 夏令营是否获得许可和认证　许可由夏令营所在的州来颁发。州政府主要关注健康和安全方面的问题，以及其是否符合执行标准。各个州的许可可能不同，而且并非所有的州都会颁发许证。申请诸如美国营地协会之类的组织所颁发的认证是自愿的，只有达到该认证组织所设定的准则和标准才能获得。

- 其他人的评价如何　其他人的推荐会起很大的帮助。但是如果您没有得到推荐，请上网搜索各个夏令营的评论，也可以询问夏令营负责人是否有参考资料。

- 是否有隐藏费用　报价是包含了所有内容，还是进行某些活动（例如实地考察）要额外付费？是每天提供午餐，还是需要自备午餐？

- 人员配备的标准如何　请访问夏令营的网站或联系工作人员，以了解其工作人员所接受的培训、辅导员的年龄、工作人员的背景，以及营员与员工的比例。美国营地协会要求其认可的夏令营应保持特定的营员与员工比例。

  ➤ 住宿夏令营：
  4~5岁　1:5
  6~8岁　1:6
  9~14岁　1:8
  ➤ 日间夏令营：
  4~5岁　1:6
  6~8岁　1:8
  9~14岁　1:10

- 如何处理紧急情况　夏令营是否有营地护士或附近有医疗机构？员工应接受过心肺复苏和其他的安全培训，例如美国红十字会的课程。

- 夏令营如何保证孩子的安全　夏令营应该能够为您提供一套营地的书面规则，以及有关如何执行规则的详细信息，例如如何处理欺凌行为。如果您的孩子有特殊的健康问题，例如哮喘或食物过敏，请了解清楚营地会如何处理，并确保营地中有孩子需要的药品。

- 如何与孩子保持联系　了解夏令营关于孩子与父母联系的规则，或者在开营期间是否允许您探视孩子。在夏令营期间，父母与孩子保持距离可以培养孩子的独立性并增强其适应能力。例如，某些营地规定禁止使用手机以保证儿童融入营地。但是父母应该知道在紧急情况下如何联系营地。

日间夏令营一般是最经济的一种夏令营，尽管如此，它仍然会带来预算的负担。但是，许多夏令营会提供各种资源或方案，这有助于降低您的财务压力。例如：提前付款的折扣、分期付款计划、颁发奖学金或其他形式的援助。请及时询问有关信息。

- 额外的家务。　· 健康保险。
- 休息时间。　　· 扣缴税款。
- 薪资范围。　　· 服务期限。

为了确保找到合适的照护人员，可以考虑联系保姆中介公司。尽管可能需要支付一定的费用，但是由中介公司负责对候选人进行审查，这会让您更加放心。您也可以通过浏览在线推荐照护人员的站点，筛选已经通过审查的看护人员。

课前班和课后班　许多父母都知道，上学的时间表和工作的时间表并不总是一致的。如果您的学龄儿童在上学前或放学后需要照料，请询问孩子的学校是否提供在校的上学前或放学后的辅导或照看服务。

其他的选择包括由当地娱乐或宗教中心或组织（例如，男童和女童俱乐部或基督教青年会）举办的社区活动。有时学校也会与此类组织合作安排课前或课后活动。

这些活动的时间安排通常会符合大多数在职父母的时间表。在这段时间内，您的孩子可能会吃一些零食，参加学习活动，做作业或进行社交。

学校还可能提供课前和课后的能力提升课程，重点在体育、艺术、音乐、数学和科学等领域。能力提升课程可能仅安排在放学后1小时左右，因此您可以将这些课程与其他课程组合起来，以更好地满足孩子的教育需求。

独自在家

随着孩子长大，您可能想知道什么时候可以让孩子独自待在家。也许是在您想赶快去药房买一些药的一段时间，或者是在孩子放学回家后与您下班回家前的几个小时。

大多数专家建议等到11或12岁后，才能让孩子独自留在家里。如果孩子年龄还小，并且通常会在某些时间段没有人看管，那么您可能要考虑在您不在家时寻找和安排儿童看护人员，直到孩子长大。

应考虑的因素　在大多数情况下，年龄只是决定性的因素之一，您还要考虑如下因素。

法律问题　只有少数几个州的法律规定了孩子独自在家的最低年龄。虽然大多数州是依靠父母的主观判断，但许多州在其官方网站上都提供了有关此主题的指导建议。

如果您不确定所在州或地方的法规，请上网搜索州、县或直辖市的官方网站，或者"独自在家"的有关信息，您将很容易找到所在州的具体法律或指导建议。

安全问题　一个孩子独自在家的最大隐患是安全问题。您的孩子需要知道如何执行紧急计划，在哪里找到急救箱，以及在紧急情况下如何与您或另一位指定的成年人联系，并致电110。您的孩子应该能够说出自己的全名、家庭住址和电话号码。同时，您也需要考虑房间内存在的危险和社区是否安全等因素。

孩子的成熟度　让孩子独自在家之前，请确认孩子是否已准备好应对这一情况。孩子是否能够遵守规则和执行指示？他独自一人回家时的感觉如何？他能否做出正确的选择？他对陌生情况的应变能力如何？您如何评价他在紧急情况下的反应？这些都是要考虑的问题。

如果您认为孩子已经可以独立在家　如果您认为孩子已经有足够的能力独自一人待在家里，那么可以采取以下几项措施为这一里程碑事件做好准备。

- *试运行*。家长可以试着短时间出门去药房、杂货店或其他短距离处所。这样可以使您更好地预测孩子怎样处理较长时间独自待在家中的情况。
- *明确家庭规则*。请明确告知您的孩子什么事情可以做，什么事情不能做。列出要完成的杂事、作业或运动。提供适量的健康零食。讨论出门、请朋友来玩和使用社交媒体的规则。

- *紧急情况的应对准备*。与孩子讨论什么是紧急情况，如何处理紧急情况。将紧急电话号码列表张贴在孩子可以看到的地方，或存到孩子的手机中。制订并演练应急计划。此外，孩子应学会请自己信任的邻居提供帮助。例如，如果孩子闻到烟味、煤气味，或听到烟雾警报器响起，孩子需要去邻居家打电话给消防队。
- *如何处理陌生人来访*。这包括不要为计划外的任何人开门，怎样接听电话以避免让对方知道孩子独自在家，不与陌生人交谈或在网上透露家庭地址。一些父母发现与孩子建立秘密代码是有帮助的。当需要时，可以通过秘密代码与其他人沟通联系。
- *清除安全隐患*。不要留下任何安全隐患。确保正确存储或锁起潜在的危险物品，例如武器、电动工具、有毒的家用物品、火柴、打火机、药品和酒精饮料。
- *经常检查*。经常给孩子打电话，或者让孩子打电话给您，例如让孩子放学回家时试着这样做，这是练习保持联系的好机会。美国红十字会还提供了用于智能手机和平板电脑的应用程序，这些应用程序具有针对父母和孩子的应急功能，以及基本的急救信息，孩子可以在需要时查阅使用。

第 10 章
保护孩子的安全

对孩子而言，世界的每一个角落都可以进行令人兴奋的新奇冒险。在尽最大的努力让孩子体验世界的奇妙的同时，您应意识到世界上也存在危险。

当孩子的技能水平与他想尝试的活动不匹配时，常常会发生事故。设想一下，一个好奇的学龄前儿童试图爬梯子，或者几个四年级学生在还没有足够强壮的时候决定去池塘里游泳。请根据孩子的发育阶段和所处环境设定相应的限制，这将有助于防止或降低受伤的风险。

孩子的个性也会对此产生影响。如果您有多个孩子，您可能惊讶地发现，在安全方面他们有多么不同。在一般情况下，您可能会假设由于您的大孩子玩得很安全，那么最小的孩子应该也一样。

尽管您无法预防所有的不幸事故，但作为父母，您可以做很多事情来帮助孩子避免日常的危险和伤害。本章会为您制定预防计划提供建议。

家庭中的危险因素

虽然大多数父母会尽全力保证房屋对孩子是安全的，但事实上，大多数房屋是面向成年人的，因此，孩子居住的地方就成为了他最可能受伤的地方。为了防止儿童受伤，请从孩子的视角审视您的家，以找出需要注意的地方。随着孩子逐渐长大，您可以重新评估采取的预防措施。

如果您家里有多个孩子，则需根据孩子年龄和发育水平，围绕最脆弱的孩子进行安全规划。

对于由祖父母或其他人照顾孩子的家庭，如果他们已有很长一段时间没有看管过孩子，那么彻底评估家庭安全则尤为重要。

清洁剂和其他家庭用品　孩子是天生的探险家，因此，不论他们钻进壁橱或经常存储危险物品的浴室还是厨房的水槽下面，都不足为奇。清洁剂、洗衣粉、家具抛光剂、防冻剂和其他的家居用品可能拥有令人愉悦的香味和包装，这些物品在视觉和嗅觉上都对儿童具有吸引力，诱使他们玩耍里面的东西或品尝它们，可能使孩子的皮肤、眼睛和消化系统受到腐蚀性化学物质的伤害。

家中存放的任何日化产品都可能对孩子造成伤害。建议您采取以下安全措施。

- 将日化产品存放在孩子够不到的地方。如果必须将它们存放在孩子可以够到的地方，例如洗手池下，请将其安装儿童安全锁。
- 保留日化产品的原始包装，并存放在儿童接触不到的容器中。这有助于防止孩子接触日化产品，以及在孩子意外摄入或接触时能快速分辨接触的是什么。切勿将产品存放在空的食物容器中，因为这可能误导孩子认为里面的物品是可以安全食用的。
- 仅购买那些需要尽快使用的日化产品或其他危险材料，以免使其在家里存储。
- 在别人家里时也要保持警惕，尤其是当其房屋中未采取儿童安全预防措施时。

药品　药品可用于减轻疼痛或防止感染，但也可能带来用药过量或中毒的危险。不幸的是，意外用药过量经常在儿童身上发生。为防止这种情况发生，请特别注意药品的存储、管理和处置方式。对于有祖父母或其他有很多药品的老年人的家庭而言，这一点尤其重要。

药品存放　将药品存放在孩子看不到的地方，即使是孩子经常使用的药品也要注意存放。设置指定的药品区域可以帮助您保持药品摆放整齐，更易寻找，但仍注意要放在儿童接触不到的地方。

橱柜锁和梳妆台锁是防止幼儿接触药品的好办法。防儿童的药瓶盖是第二道防线。

有的家长为了方便，可能会把药品放在厨房柜台或床头柜上。但由于幼儿可能会被鲜艳的色彩或吸引人的包装吸引，因此务必改变乱放药品的习惯。

如果您有必须冷藏的药品，请将其放在高处的冰箱格上，让年幼的孩子无法接触该药品。

服药　当父母给孩子服用药品时，可能会不小心给了过多的药，从而出现服用药品过量的情况。以下建议可以避免这种情况发生。

- 每次服药时都要检查标签，确保以

正确的剂量服用正确的药品。服药剂量应基于孩子的体重。请参阅第470～471页上的对乙酰氨基酚和布洛芬的剂量表。如果是晚上服药，请打开灯以看清楚药品。

- 避免交替服用对乙酰氨基酚和布洛芬，以免因为意外重复服用相同的药品。坚持服用同一种药品，并记录用药的时间和剂量。

- 如果服用液体药品，请仅使用药品附带的分配器。为避免分配剂量混乱，请勿使用茶匙或汤匙等餐具来计量药品。

- 不要让孩子在无人看管的情况下独自服药。另外，请确保您确切地看到他们正在服用什么药以及服用了多少。教会孩子仔细检查标签以了解剂量说明。

　　您也可以在私密的时间或地点独自服药，这样的话，孩子就不会看到和模仿您的行为，以进一步防止孩子服用不属于他们的药品。

　　药品处置　正确地处置剩余或过期的药品，是防止孩子过量用药的关键措施。正确做法如下。

- 查找药品回收计划或者授权的收集者，他们通常是当地的警察局、药房或医院。美国缉毒局（DEA）每年都会举办一些活动，在当地社区设立处方药收集处。请访问DEA的Diversion Control Division网站，以了解有关药品回收的详细信息，或者在您所在地区找到DEA授权的收集者。

- 如果附近没有药品回收活动，则可以将过期药品丢入垃圾箱。为此，美国食品药品监督管理局建议采取以下措施：将药品与不可食用的东西混合，例如咖啡渣、灰尘或猫砂。将其密封在塑料袋或容器中，然后放入垃圾箱中。在处置原始容器之前，请刮擦处方标签上所有的个人信息。

- 如果服用不当，某些处方药可能产生很大的伤害。如果没有可行的回收项目，这些药品可能会附带处置说明，要求将未使用的药品倒入马桶冲掉。

- 如果您的孩子不慎误食或接触了药品，请随身携带相关药品并拨打毒药救助热点电话。毒药帮助中心的工作人员会就医疗需要和解毒剂的应用，及时提供可靠的信息。

　　噎塞　因食物引起的噎塞占所有噎塞事件的一半以上。纽扣型电池、硬币、珠子和其他小物件也有发生噎塞危险。为防止噎塞，建议如下。

- 坚持让孩子在吃饭时保持坐姿。

- 对于4岁以下的孩子，把葡萄、热狗、胡萝卜等食物切成小块，以方便其咀嚼和吞咽。

- 避免让孩子吃光滑且容易滑入喉咙的食物，例如硬糖和花生。
- 请遵循玩具包装上的年龄建议。
- 让年幼的孩子远离可能会无意吞下的小东西。例如纽扣、弹珠、小玩具、笔帽和橡皮筋。
- 玩乳胶气球游戏时必须进行监控，这又是发生噎塞的危险。

烧伤 有很多家庭用品和用具可能给孩子带来烧伤的危险，不仅是我们最先想到的烤箱和火炉。热水、食物和电源插座也可能伤害您的孩子。为防止孩子在家中被烧伤，请注意以下事项。

- 将家中的热水器设置在48.9 ℃或以下。
- 务必先检查孩子洗澡水的温度，再把孩子放进去。洗澡水的温度应在37.8 ℃左右。
- 教孩子厨房安全知识。在做饭时让孩子与烤箱保持安全距离，因为热的液体、食物和油脂会溅到孩子身上并造成严重烧伤。尽量使用炉子靠后的火眼（译者注：美国很多炉子有4个火眼，前后各2个），并让锅柄转向里边。切勿在无人看管的情况下用炉子烹饪食物。
- 避免将热的食物或饮料放置在幼儿容易接触的地方，例如柜台边缘或厨房的桌子上。

- 在微波炉中加热过的所有食物或饮料都应先检查再给孩子。微波炉因为加热食物不均匀而存在隐蔽的高风险。
- 让孩子与壁炉、加热器、散热器、烤架、火坑和篝火保持安全距离。
- 将熨烫机和烫发钳等热的设备放在孩子够不到的地方，并在不使用时拔下电源插头。
- 不用暖雾式加湿器而选择冷雾式加湿器，这有助于避免蒸汽烫伤和热水溢出。
- 为防止电烧伤，请在所有未使用的电源插孔上使用安全保护器。及时更换损坏、易碎或磨损的电源线，不要将电源线从地毯下穿过。
- 用毛巾或毯子盖住孩子的汽车安全座椅，以防带扣或皮带在夏天过热。

火灾 意外起火有多种原因，包括无人看管的蜡烛和玩火柴的孩子。由于火灾可以迅速蔓延，逃生时间非常短暂，因此预防火灾和规划逃生路线对拯救生命至关重要。为了保护您的家庭，请遵循以下建议。

- 将火柴和打火机存放在视线以内的安全地方。告诉孩子火柴和打火机不是玩具。
- 将蜡烛放在儿童接触不到的地方，并在离开房间之前将其熄灭。考虑使用

准备医疗用品急救包

准备充足的医疗用品急救包，可帮助您快速有效地应对常见的伤害和紧急情况。您可以在药店购买急救包套装，也可以自己搭配组合。将医疗用品放置在易于取用的地方，但不要让小孩子接触。确保年龄足够大的儿童了解急救包的用途，并知道它们存放的位置。

切记在使用完医疗物品后要进行补充，以确保急救包总是装满的。每年检查您的耗材情况，并查找可能需要更换的过期物品。每年两次检查药品的有效期，并确保里面有急救手册。以下是您需要为事故和常见疾病做好的准备。

- **割伤。**各种尺寸的绷带、纱布、纸胶带或布胶带，清洁伤口的消毒液以及防止感染的抗菌药膏。

- **烧伤。**冷敷袋、纱布、烧伤喷雾和消毒药膏。

- **疼痛和发热。**温度计、非类固醇抗炎药和对乙酰氨基酚（儿童应避免服用阿司匹林）。

- **眼伤。**无菌洗眼液（例如生理盐水）、洗眼杯、眼罩和护目镜。

- **扭伤、拉伤和骨折。**冰袋、伤口的弹性包裹物、夹板和三角绷带（用于制作手臂吊带）。

- **蚊虫叮咬。**冰袋用于减轻疼痛和肿胀。将氢化可的松乳膏（规格0.5%或1%）、炉甘石洗剂或小苏打与水结合制成糊状物后涂于被叮咬的部位，直至症状消失。抗组胺药可减轻瘙痒和肿胀。如果家庭成员对蚊虫叮咬过敏，则还应准备一个含有肾上腺素自动注射器的试剂盒，如果没有可以请医生开一个。定期检查有效日期。

- **摄入毒物。**记录美国中毒帮助电话存放在电话附近，并将其存入手机中。

- **一般性急救护理。**尖锐的剪刀、镊子、棉球或棉签、塑料袋、安全别针、纸巾、肥皂、清洁纸巾或洗手液、乳胶或合成手套（在流出血液或体液时使用）和药杯或汤匙。

由电池供电的无火焰蜡烛。

- 吸烟对健康有害，而且也是导致家庭火灾的常见原因，因此这是一个戒烟的好理由。如果您吸烟，请不要在室内吸烟。

- 电暖器应距离可燃物品（例如被褥和窗帘）至少3英尺（约91.4厘米）远，在睡觉时切勿将电暖器打开。

- 对壁炉和烟囱每年进行检查、清洁和维护。

- 安装烟雾探测器以在有危险时警示您，使您和家人及时离开。

- 在房屋的每层楼至少放置一个烟雾探测器，可安装在卧室附近，并每月进行测试。对其使用长寿命的电池，并每年至少更换一次。每10年或在设备上标明的失效日期前更换烟雾探测器。

- 将灭火器放在厨房里孩子够不到的地方，并教会他们如何使用。

- 教孩子在身上衣服着火时"停住、趴下和滚动"，也就是先停住，然后趴在地上用手遮住脸，最后在地板上滚动以扑灭火焰。

- 为您的家人制定好疏散计划。确保每个人都知道如何从家里的任何一个房间离开。教孩子如何在烟雾下爬行，并快速离开燃烧的建筑物。确定好室外的会合地点，最好是在房子的前面，以便让消防人员找到。如果您居

拨打紧急电话110

在某些紧急情况下，您的孩子必须联系110寻求帮助。如果孩子能够识别何时需要帮助并且听从口头指示，请教他如何拨打110。

- 说明110是什么，什么时候需要呼叫（例如仅在需要警察、消防员或救护车时）以及如何拨打该号码（可以先在电话模型上练习）。在某些情况下，孩子可能不能确定情况是否紧急，则可以先拨打110再由接线员评估。
- 确保孩子知道如何使用电话，无论是座机还是手机。
- 如果您认为合适，可以在孩子5岁左右时，与孩子一起进行角色扮演。假装紧急情况并测试孩子的反应。孩子应该能够告诉110接线员他的名字、家长的名字、电话号码和所在地址。任何人在紧急情况下都会感到慌张，因此孩子可以在手机保存好这些重要信息以方便使用。
- 强调信任110接线员，要回答接线员的所有问题，并保持通话直到被告知可以挂断电话。
- 警告孩子不要随意拨打110。如果意外拨打了110，请孩子一定不要急着挂断电话。相反，请保持通话并解释发生了什么，这样可以使110接线员知道没有发生紧急情况，从而不必回电或进行紧急帮助。

住在公寓楼中，请在楼梯间或大厅等地方查找疏散路线图。

一氧化碳 一氧化碳是汽车、卡车、小型发动机、火炉、灯笼、烤架和壁炉中燃烧燃料时产生的一种无味的气体。当一氧化碳气体无法逸出而积聚时，会导致吸入它的人中毒。

最重要的预防措施是在家里安装一氧化碳探测器。许多产品都将一氧化碳探测器与烟雾探测器结合起来，使两个救生设备合二为一。这些探测器应安装在每个楼层靠近卧室的位置。请定期检查并更换电池。您还可以采取以下预防一氧化碳中毒的方法。

- 每年由经过训练的服务人员维修您的供暖系统、热水器和燃煤、燃木或煤油的仪器。
- 确保所有燃气用具都已正确换气。
- 切勿在距离窗户、门或通风口20英尺（约6.1米）内的室内外使用发电机。
- 切勿使用燃气炉为房屋供暖。
- 每年对烟囱进行检查和清洁；在点燃和熄灭壁炉之前，请确保壁炉的风门已打开。
- 在发动车辆前，请先打开车库门。
- 在进入房屋之前，请确保车库中具备无钥匙启动功能的车辆已经熄火。如果您的一氧化碳探测器报警，请不要尝试调查报警来源。相反，请立即与您的家人转移到室外，拨打120或紧急服务电话，直到第一响应者告诉您可以安全返回。

铅暴露 由于孩子生长速度快，以及他们容易把手伸到嘴里等，6岁以下的儿童铅中毒的风险最大。最常见的原因是孩子接触了被铅基涂料污染的土壤或灰尘。尽管美国已在1978年禁止使用含铅涂料，但是生活在较老的房屋或公寓中的儿童仍可能接触到老旧的含铅涂料，面临铅中毒的危险。

即使是小剂量的铅也会对孩子的智力、注意力和学习成绩产生负面影响。铅中毒一旦发生，其影响不可逆转，因此重点在于检查和预防。

儿童的常规铅检查通常在12个月和24个月大时进行。当然也可能在其他时间进行，这具体取决于孩子面临的风险因素，例如家里的铅含量。

最大限度地减少孩子接触铅源至关重要。如果您的房屋是在1978年之前建造的，除非检查表明安全，否则请假设房屋中有铅涂料，并采取以下预防措施。

- 让孩子远离任何可能发生铅涂料脱落的区域，特别是在您要进行翻新工程时，这可能会导致旧涂料脱落。应让儿童远离这些区域，直到有执照的专业人员完成清理为止。

- 定期清洗儿童的手和玩具，它们可能携带被铅污染的灰尘或土壤。
- 每隔几周用湿拖把清理地板，并擦拭窗户和其他水平面，以减少可能含有铅的灰尘。
- 让您的家人和访客进屋时脱鞋，以防止将铅污染的土壤带进室内。
- 用草或各种地面覆盖物覆盖所有裸露的土壤，以最大程度减少孩子与污染土壤的接触。

还有一些更不明显的铅来源。进口的糖果、草药、民间药材、餐具和烹饪锅中都可能含有铅。请注意被召回的玩具和服装首饰含有铅。避免孩子接触旧玩具，例如旧货店出售的玩具。

此外，因为热水中更可能含有铅，因此请您只使用冷自来水供饮用和烹饪。如果孩子已接触了铅基产品，如射击场上的彩色玻璃或子弹，请尽快洗澡并更换衣服。

家具和家用电器　美国消费品安全委员会（CPSC）的数据显示，每年会发生数千起与家具和家用电器相关的儿童伤害。儿童可能会尝试攀爬梳妆台或电视柜，从而使家具和日常用具翻倒在儿童身上。在某些情况下这些伤害可能是致命的。

儿童防护是防止翻倒悲剧的关键。美国消费品安全委员会建议如下。

- 将电视放置在专门为其设计的家具上，例如电视柜或媒体中心台。
- 将电视固定在墙壁或家具上。
- 使用防倾倒支架将家具固定在墙壁上。它价格不贵，可以在五金店买到。如果您购买的新家具（例如梳妆台）配备了防倾倒的配件，请立即安装。
- 把玩具、遥控器和其他物体从电视机或家具的顶部拿走，以消除吸引孩子攀爬的诱惑。

割草机　割草机存在对孩子造成严重伤害的风险。它们具有很烫的表面和强大的旋转叶片，可以切断岩石和其他物体，也是儿童被截肢最常见的原因。骑坐式割草机比推草机的伤害率更高。为了防止儿童受到割草机的伤害，请采取以下预防措施。

- 在割草时，请勿让孩子在院子里玩耍，也勿让孩子与您一起骑乘割草机。
- 不要让孩子操作割草机。儿童至少12岁后才能使用推草机，至少16岁后才能操作骑坐式割草机。
- 告知孩子割草机的危险，并让其远离割草机，切勿让割草机无人看管。对孩子强调绝对不可以把手放在电动机或刀片附近，即使有东西卡在里面。
- 清除院子里的碎块或杂物，因为这些

东西在割草机碾过时可能变成飞快弹起的子弹。

- 避免反方向割草。如果必须向后退，请确保身后没有孩子。
- 切勿忽略割草机所拥有的重要安全功能。例如，当您把手从手柄上移开时割草机自动关机的功能。

枪支　枪支在美国很流行，因此许多家庭选择拥有枪支。但是，家中有枪会带来安全隐患。在意外被枪杀的幼儿中，伤害通常是孩子自己或者另一个孩子造成的。

不在家中放枪支是预防儿童受枪伤最有效的方法。如果您拥有一把或多把枪，请确保您已接受过安全使用枪支的培训。更重要的是，请采取以下措施保障枪支安全，并使其远离儿童和其他未经授权的使用者。

- 卸载枪支子弹，并将其存放在上锁的柜子、保险箱、保险库或存储箱中。弹匣也应单独存放在上了锁的地方。请将钥匙藏起来，或者在孩子看不到的地方组装枪支。
- 将枪支从存储地取出时，切勿放之不管。当完成狩猎或从射击场返回时，请立即卸下子弹并清洁和存放枪支，不要丢下枪支不管。
- 可以使用多种枪支安全装置，例如弹仓指示器，弹匣断开装置和其他装置。此外，"智能枪支"能够识别授权用户，并阻止那些未经许可的使用者使用。

- 锁和安全装置均可能发生故障，因此最重要的是学会如何安全地操作枪支：始终将枪口指向安全的方向；除非打算射击，否则切勿将手指放在扳机上。教授孩子有关枪支安全的知识，合适时可以让孩子在可靠的学校或射击场参加枪支安全的课程。
- 警惕其他人是否遵循正确的枪支安全规定。在孩子拜访朋友之前，要敢于询问对方家里是否有枪支。
- 如果住在家里的人患有精神疾病（包括严重的抑郁症）或有暴力倾向，请慎重考虑是否在家中存放枪支。此类家庭成员使用枪支自我伤害或伤害他人的风险很高。

性虐待

性虐待是一种严重的犯罪，但不幸的是，它普遍存在。教给您的孩子什么是恰当和不恰当的接触方式，可以保护孩子免受性侵害。让孩子懂得他们有权拒绝威胁自己的任何人，并立即把这件事告知您。

什么是性虐待　性虐待涉及与儿童的任何性接触或性行为，包括向孩子展示色情图片，或拍摄孩子的色情照片。不论男孩还是女孩都可能受到性虐待。在大多数情况下，遭受性虐待的孩子与施虐者是认识的（例如家庭成员、看护者或教练）。施虐者将通过命令和恐吓来诱使孩子进行性行为，并让孩子保守秘密。这种性虐待通常会持续很长时间。

儿童可能遭受了性虐待的迹象包括：对特定的人或地方产生恐惧，逃避朋友和家人，行为明显变化，产生睡眠问题，食欲不振，进行不恰当的性行为，以及产生被虐待时的自杀倾向。在大多数性虐待的案件中，孩子的身体症状并不明显，但有时可能发生肛门和阴道流血、生殖器感染、膀胱反复感染或经过如厕训练后又出现尿床。

降低孩子的风险　为降低孩子被性虐待的风险，您可采取的方法如下。

- 教会孩子生殖器的正确名称，诚实地回答有关性的问题，用直截了当的方式讨论有关性的主题，并使用准确的语言表明性并非禁忌话题。
- 确保您的孩子知道，即使感到愧疚或羞耻，也总是可以告诉您任何"奇怪的"或不适当的性接触，并且您绝不会因为这些事而惩罚孩子。施虐者常常会恐吓受害对象，如果孩子告诉了别人会遇到麻烦，或者即使孩子告诉

儿童失踪

这是每个父母最可怕的噩梦：您的孩子失踪了。尽管您会感到恐惧和慌乱，但请立即采取行动，以增加成功与孩子再次团聚的概率。如果您认为孩子失踪了，那么应立刻向警察局报案。想立即开始寻找孩子是一种自然的本能，但您会错失关键的时间。切记：在致电当地执法部门后，再开始寻找孩子。请不要担心事后是否会发现报警是一个误会。孩子的安全胜于您的后悔。

您要做什么 如果您的孩子失踪了，请按以下步骤处理。

- 立即致电当地执法部门，报告您的孩子失踪。提供关键信息，包括孩子的身形和穿着，以及孩子是否拥有明确的特征，例如胎记。还要提供您与孩子最后一次见面的时间，以及可能见过孩子的人的信息。此外，您还应要求将您的孩子添加到联邦调查局（FBI）的国家犯罪信息中心失踪人员档案中。

- 向当地执法机构报案后，如果执法部门尚未采取行动，请考虑通过电话与美国国家失踪与受虐儿童中心（NCMEC）联系。这个非营利组织为寻找失踪儿童提供家庭和地方的法律支持。

- 如果您在家中，请搜索孩子可能睡着、躲藏、受伤或被困的地方，包括床下、壁橱中、洗衣篮或大型设备（如烘干机）中。检查车辆内和附近的室外空间，例如废弃的水井和小河。

- 如果您在商店、学校或医院中，请先告知工作人员、管理人员或安全人员您的孩子失踪了，然后致电警察。许多地方都有关于儿童失踪的规定，并会立即采取行动封锁建筑物。

- 确保您的孩子可能用来上网的任何电脑或其他设备的安全，并等执法部门对这些设备进行检查。同时，还要保护您的家，直到执法部门有时间进行搜查。

- 询问执法部门是否将为您的孩子发出黄色警报。这是一个紧急警报系统，可通过短信、道路信号和其他方法通知特定地区的居民有儿童失踪了。

了别人也没人会相信。

- 教孩子关于隐私和尊重的知识。让孩子知道，任何人未经允许都无权触摸他人身体的私处，并且自己也需要尊重别人的隐私。
- 与孩子讨论性骚扰者可能试图吸引孩子入内的场景，例如提供礼物或进行郊游。鼓励孩子谨慎行事，并在接受他人的礼物或金钱前，始终先征求您的意见。警告孩子除非有可信任的成年人陪伴，否则切勿进入他人的房屋或车辆。当有成年人特别注意您的孩子时，例如给孩子买礼物，或旁边没有其他人时想要照看您的孩子，请保持警惕。
- 当您给予孩子爱和关注时，就能与孩子建立起开放和信任的关系，并消除您的孩子在其他地方寻求关注的需要。参与孩子的活动，注意孩子与谁在一起，在哪里以及他们在做什么。

如果您的孩子受到性骚扰 如果您的孩子告诉您自己受到性虐待，请严肃对待。确保您的孩子明白受到性虐待不是他们的错，并且您将尽一切努力保护他们。

致电孩子的医生，或联系就近的儿童辅导中心，因为他们接受过安抚受性虐待儿童的专业培训。中心的工作人员可以提供全面的护理，避免孩子不得不多次讲述自己的受虐经历。他们可能与您的孩子先面谈，进行身体检查，寻找受伤部位，收集证据（如果可能）并提交必要的报告，以及提供其他资源，例如为孩子转诊心理咨询。

要查询附近的儿童辅导中心，请访问国家儿童辅导中心的网站。您也可以拨打儿童救助组织在全美的防止虐待儿童热线。

滥用药品或毒品

当孩子还小的时候，谈论吸毒和酗酒似乎为时过早。但是，在孩子广泛接触到毒品和酒精之前，先与他们讨论这个话题，有利于以后开展持续的讨论。请考虑以下建议。

保持开放 虽然孩子有时会固执地拒绝听从父母的话，但事实上，在面对毒品时，父母会对孩子的最终看法产生巨大的影响。通常，您的影响力开始于开放地讨论这些敏感的话题，并真正倾听孩子的想法。让孩子知道您会在他们身旁并提供全力的支持。

明确家庭的规则 有些父母倾向于避免讨论毒品问题，因为他们认为孩子已经知道毒品的危害并且不会服用毒品。但是，有关毒品的使用规则的问

题，不能不讲出来。要非常清晰地表明您对孩子的期望，并在孩子做出正确的决定时给予表扬。进行一些角色扮演的练习，以测试孩子在面对毒品时的行为。不要回避告诉孩子使用毒品会对他（她）的健康造成恶劣影响的现实，尤其当毒品与其他化学品混合在一起时会更加危险。

树立好的榜样　同样重要的是，您要为孩子树立榜样，不要使用烟草或服用毒品，也不要过度饮酒。例如，当您在辛苦一天后喝了几杯酒，可能使孩子对如何正确处理压力产生错误的认识。避免让孩子看弱化了毒品、酒精和烟草的危险的电视和其他媒体节目。

关注孩子的朋友和活动　如果您发现孩子的同伴有令人警惕的行为，请与孩子进行讨论，让孩子知道他（她）不需要勉强自己做某些事，以获得同伴的接纳。鼓励孩子多参加学校俱乐部活动、体育活动和其他活动，这些活动可以结构化地培养孩子积极向上的行为习惯。

增强孩子的能力　教给孩子用不同的方式说"不"。或许这可以减少孩子接触毒品并增加参与其他活动的机会，例如打篮球或玩电子游戏。让孩子知道，当他（她）感到不喜欢或不舒服时，既可以离开，也可以打电话给您接他（她）回家。

发现征兆　虽然不能确保您的孩子不会吸毒，但尽早开始预防有助于降低这种风险。不幸的是，有些孩子很早就开始吸食毒品。如果您认为孩子可能是这种情况，请寻找如下的征兆。

- 眼睛发红。
- 瞳孔扩大或收缩。
- 经常流鼻血。
- 出现睡眠问题。
- 体重突然减轻或增加。
- 外表凌乱。
- 呼吸或衣服上可以闻到烟酒的味道。
- 出现问题行为。例如偷钱、在学校捣乱、逃避家人和朋友、容易发怒、注意力下降，以及经常逃课和成绩下降。

如果您的怀疑得到证实，请及时与孩子讨论并寻求帮助。孩子的医生或学校辅导员都可以帮助您获得所需的资源。

车辆和交通安全

与车辆有关的事故（无论是对乘客还是行人）是导致儿童死亡的主要原因。采取适当的安全预防措施，例如正确使用汽车安全座椅和安全带，将有助于降低这种风险。

汽车安全　当孩子遭遇车祸时，汽车安全座椅和增高座椅可以保护孩子免受严重的伤害。但是，为了使孩子获得最大程度的安全保护，不仅要正确安装座椅，孩子的坐姿也应正确。

美国国家公路交通安全管理局（NHTSA）和美国疾病控制与预防中心（CDC）建议12岁以下的儿童要坐在汽车后排座位，并正确使用安全座椅、增高座椅或安全带。根据您的居住地，您所在的州可能有专门的法律规定，儿童何时可以合法地坐在前排座位上。

为了最大限度地提高安全性，请遵循以下研究得出的安全指南，以正确地使用前向的安全座椅、增高座椅和安全带。

前向汽车安全座椅　请让孩子使用具有安全扣和系带的前向安全座椅，直到孩子达到该座椅限制的最大高度或重量（通常在4~7岁）。安全座椅的使用说明书上会有相关信息。前向安全座椅有多种设计。

- 可转换座椅方向，从向后变为向前。
- 拥有组合座椅功能，从前向座椅变为增高座椅。
- 多合一座椅，可以向后、向前或增高。

上车后请脱下孩子的外套。如果需要，可以盖上毛毯以给孩子保暖。

能佩戴安全带的增高座椅 一旦孩子的身高和体重超过了前向安全座椅的限制，您就可以给孩子更换增高座椅，并将汽车安全带佩戴在孩子胸前，确保安全带紧贴胸部。增高座椅有多种样式，包括高靠背座椅和无靠背座椅。高靠背座椅适用于没有头枕或没有高靠背座椅的车辆；无靠背座椅适用于有头枕的车辆。

安全带 儿童可以在安全带适合身体时，开始使用安全带。这通常是在孩子的身高达到4英尺9英寸（约1.45米），年龄在8～12岁时。

安全带的下方腰带必须紧贴在大腿上方，而不是胃部。肩带应紧贴肩膀和胸部，而不是颈部或脸部。

如果不确定应使用哪款安全座椅，请在NHTSA的网站上搜索"安全座椅搜索器"。该搜索器易于使用，可根据孩子的年龄、身高和体重找到合适的安全座椅。

选择好孩子的安全座椅后，请严格按照制造商的指示进行正确安装。NHTSA的网站上有演示操作的视频。您还可以在某些地方对汽车安全座椅进行检查，例如当地的消防局或警察局。

冬季外套或笨重的衣服会妨碍安全带或系带的正确使用。当天气寒冷时，

何时更换汽车安全座椅

因为碰撞会损坏汽车安全座椅，并降低其在将来发生事故时保护儿童的能力，因此美国国家公路交通安全管理局建议，在经历中度或严重碰撞后应及时更换汽车安全座椅。

轻微的碰撞可能不需要更换儿童安全座椅。满足以下所有条件的，可以被视为轻微情况。

- 事故后仍能驾驶车辆离开。
- 最靠近安全座椅的门没有损坏。
- 事故中没有人员受伤。
- 事故中安全气囊没有弹出。
- 安全座椅没有可见的损坏。

如果不确定损坏程度，为谨慎起见，请更换汽车安全座椅。

在选择并安装好孩子的安全座椅后，请务必在安全座椅制造商或NHTSA上登记注册，这将确保您收到召回通知或其他更新信息。

行人安全 当教孩子如何安全地过马路时，"双向观察"是正确的选择。儿童在过马路之前应该与来车的驾驶员的目光接触，并继续双向观察，直到安全地穿过马路。

什么时候允许孩子独自过马路合适呢？应考虑孩子的发育阶段及其个性。例如，孩子是否非常喜欢冒险？如果答案是肯定的，则您可能需要继续帮助孩子安全地过马路。此外，请遵循以下行人安全建议。

- 孩子在安全地穿过马路之前，应避免使用电话、耳机或其他分散注意力的设备。
- 鼓励孩子在人行道或小径上行走。如果没有人行道，则要以面对车流的方向在路肩上行走，并尽可能远离车流。
- 告诉孩子在街道拐角处过马路，因为在那里有交通信号灯和人行横道的保护。孩子不应试图在暂时停下的汽车之间穿过，因为这时司机的视野有限，并可能在孩子穿过时使司机措手不及。
- 在晚上行走时，穿色彩鲜艳或醒目的衣服。
- 教孩子要密切关注正在倒车或驶入停

车位时的汽车，也要注意自己家门口的车道。在大型车辆、拖车和拖船车的附近要更加谨慎地观察。

休闲娱乐时的风险

玩耍是让孩子们在学校度过漫长的一天后进行运动和减压的好方法。与其他活动一样，玩耍也会存在受伤的风险。

自行车、滑板、踏板车和轮滑 学习骑自行车、轮滑或在滑板上玩花样是大多数孩子的童年的一部分。这些活动造成的许多伤害，都可以通过穿戴适当的防护装备并遵守安全规则来预防。

始终佩戴头盔 头盔必须适合使用者，因此请带着您的孩子一起去购买头盔。一些头盔上有丰富的色彩和有趣的

乘坐校车

如果您的孩子需要乘坐校车，并且必须在校车前方穿过才能回家，请向孩子强调以下常见的安全规定。

- 先靠路边走，直到孩子可以看到驾驶员，并且驾驶员发出可以安全通过的信号。
- 先向左看，向右看，然后再向左看，确保没有车辆驶来，然后再过马路，并持续观察马路上驶来的车辆。
- 远离大巴车的后方。

设计，可以让孩子自己选择，这样他（她）会更喜欢佩戴。如果孩子进行多种轮式运动，请购买多运动式头盔。头盔应戴在额头上，不能向后推。如果您也一起参加这些活动，要戴上合适的头盔以身示范。

别忘了防护垫 佩戴覆盖肘部和膝盖的防护垫以及手套和护腕，以在玩滑板、骑踏板车、玩滚轴溜冰或轮滑摔倒时保护骨骼。

遵守基本的交通规则 在进入交通繁忙的区域前，请让孩子停下来，双方向观察汽车和其他危险。在骑车或滑冰时，孩子应尽可能地沿路的右边前行，同时要小心人行道是否不平整或有其他地面问题。遵守所有交通信号灯和停车标志，就像开汽车一样。穿鲜艳的衣服以提高可视度。使用手势以指示转向或停止。

教授平衡与跌倒的技巧 教年轻的滑板手怎样跌倒才能最大程度地减少伤害。为了降低骨折的风险，请让您的孩子遵循以下建议。

- 保持放松，避免身体僵硬。
- 下蹲以减少跌倒的高度。
- 跌倒后滚动身体以避免手臂受到所有的冲击。

- 跌倒时用身体上有最多缓冲垫的部位着地,例如臀部。

滑板手在滑行时切勿抓住自行车、汽车或其他车辆。特技滑板应在指定区域内进行。

全地形车辆(越野车) 美国儿科学会(AAP)不鼓励16岁以下的孩子驾驶全地形车辆,因为这有可能造成严重的伤害甚至死亡。这个年龄段的孩子通常还不具备驾驶汽车的能力,这使他们特别容易发生碰撞事故。作为一项通用规则,AAP建议只有拥有驾照的人才能够驾驶全地形车辆,并建议不允许孩子作为乘客乘坐越野车。

如果您想让孩子驾驶越野车,请遵循AAP中的以下准则以防止发生严重的伤害:

- 在孩子驾驶越野车时,始终对其进行监督。
- 不要让孩子驾驶或乘坐成人尺寸的越野车。请检查越野车上的警告标签,其中标明了最低的年龄要求。
- 确保越野车轮胎正确充气和制动器正常工作。在孩子使用之前,请检查车辆是否有可能存在安全隐患的损坏。
- 所有的骑手都必须佩戴头盔、护目镜和反光衣。佩戴适合车辆使用的头盔,且头盔应具有保护眼睛的功能,例如有护目镜或面罩。

- 不允许孩子在街上或夜晚使用越野车。
- 通过添加反光板和灯泡等物品,提高越野车的可视度。
- 考虑让孩子参加越野车安全课程。查询通过越野车安全学院、美国4-H委员会、当地车手团体、州机构或越野车制造商提供的课程。

蹦床和弹跳屋 蹦床和弹跳屋已经成为后院、社区、家庭聚会和儿童生日派对的主要活动。由于它们的表面非常柔软,一般会让您觉得它们对孩子来说是安全的。但是,每年都会有儿童因蹦床和弹跳屋而受伤,包括扭伤、骨折与头颈部受伤。这些伤害源于儿童下落时碰到蹦床的坚硬部位(例如框架)或尝试空翻等有难度的动作。受伤的儿童绝大多数为5~14岁。

您可以通过采取以下的预防措施来降低孩子严重受伤的风险。

- 检查蹦床,确保框架、蹦床表面和保护垫状态良好。
- 监督孩子对蹦床和弹跳屋的使用。
- 对蹦床运动设置限制:6岁以下儿童不得使用与一次仅限一个人使用等。
- 不要让安全网误导您的判断。安全网只能防止孩子从蹦床上摔下来,但是大多数的伤害是在蹦床上发生的。
- 建议禁止孩子做空翻、翻筋斗和其他高风险的跳跃动作。除非孩子接受过专业的动作指导，并佩戴了安全带等保护装备。

- 当不使用蹦床时，应将连接蹦床的梯子挪开，以避免孩子在没有监督时玩耍。
- 蹦床与弹跳屋的使用都应遵循相同的规则，因为弹跳屋可能带来的伤害与蹦床是类似的。如果您的孩子和朋友们一起在弹跳屋里玩，请确保所有参加的孩子的年龄大致相同。
- 请确保弹跳屋牢固地固定在地面上。当有强风或暴风雨时，请不要使用它。

水上运动的安全 游泳是一项很健康的运动，也是一种克服夏季炎热的有趣方式。但是，如果在游泳时没有监督孩子或没有恰当的安全措施，可能发生危险。其他水上活动（例如划船）也是如此。

在孩子游泳或玩水时要一直监督孩子，这是防止孩子溺水最重要的措施。您与孩子都应参加美国红十字会的水上安全课程以及急救和CPR的课程。如果您的孩子不会游泳，请帮他（她）报名游泳课。

儿童和缺少经验的游泳者，即使有救生员在场，在任何水域时都应该穿着救生衣（包括在船上、水上乐园和游泳池中）。请记住，救生衣不能代替成人的监督。

监督儿童玩耍时，请始终与年幼的

> ## 接受心肺复苏（CPR）的培训
>
> 了解有关心肺复苏（CPR）的知识，并学会识别何时需要使用心肺复苏非常重要，但它不能代替心肺复苏的实践，尤其是对于儿童而言。专家强烈建议父母和其他儿童看护者接受心肺复苏的培训。参加儿科心肺复苏课程是对于孩子安全的最佳投资。一旦遇到紧急情况，您也许可以挽救孩子的生命。
>
> 美国红十字会、美国心脏协会和其他组织的地方分会都能够向公众提供儿科急救和心肺复苏的课程。某些课程可以在线学习，而且许多课程可以在一天内的不同时间段进行，从而具有更大的灵活性。

孩子保持可接触的距离，并不要分心（例如玩手机）与饮酒。

为确保救生衣能够为孩子提供最大保护，请注意以下事项。

- 寻找适合孩子运动的救生衣，上面应贴有美国海岸警卫队的认证标志。套在手臂上的和充气玩具上的漂浮装置不能代替救生衣，也不属于救生设备。
- 确保孩子的体重在救生衣指定的范围之内。

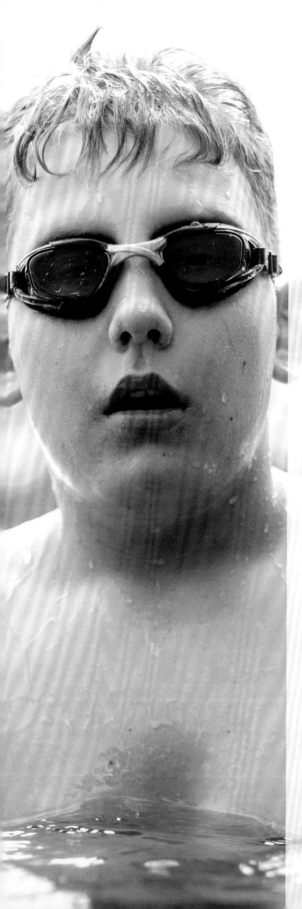

- 检查救生衣是否有可能影响安全的破损；确保安全扣正常。

教孩子如何成为安全的游泳者，例如只在有救生员巡查的地方游泳。建议孩子不要一个人游泳。在游泳池中时，还应该避免去某些具有吸力的区域，例如排水孔附近。

虽然您明确规定孩子在没有成年人看护时，绝不能在家庭游泳池中游泳，但是孩子仍然可能被游泳池吸引，从而在无人看管时独自游泳。通常，您应采取以下安全措施。

- 围栏应该至少4英尺（约1.2米）高，并装有儿童打不开的具有自动关闭和落锁功能的门。同时，围栏应难以攀爬（不应使用链式的围栏）。
- 安装安全盖和水池警报器，使其在有人打开门或入水时自动提醒您。
- 准备必要的救援设备，例如救生圈或救生钩。
- 准备能容纳泳池玩具的大型储物器。用此将玩具保存在孩子看不见的地方，从而避免玩具吸引年幼的孩子进入泳池玩耍。
- 对于高于地面的游泳池和充气游泳池，当不使用时，应将可移动的梯子收起来。

很多家庭在夏天都会选择购买便宜的儿童游泳池或充气游泳池。请一定记住，即使它们是临时性的，并且通常比典型的地下或地面游泳池浅得多，但仍然会给儿童带来溺水的风险。因此，请实行与其他尺寸的泳池相同的安全措施。

您居住的城市可能颁布了关于家庭泳池安全措施的具体法律，当地的建筑法规可能要求在较大的充气泳池周围设置围栏。请与当地的主管部门联系以获取更多的安全指导。

天气灾害和危害

孩子通常不知道天气也会危害他们的健康。当孩子不穿外套就想在雪中奔跑时，您就能想象到天气的危害是什么了。以下简单的预防措施有助于保护孩子的安全。

寒冷　保暖衣物是抵御寒冷和带来温暖与安全的必备品。要给孩子穿得比你自己更暖和一些。靴子、手套和帽子是必不可少的。如果您与孩子一起乘汽车旅行，请给他（她）穿几层薄衣服并带一件厚外套。因为穿着厚重的衣服可能难以正确地给孩子束紧安全带或穿戴其他安全装置。

在寒冷的冬季，您可以采取以下方式保证孩子的安全。

安排时间温暖身体　限制孩子在户外的时间，以避免体温急剧下降（体温过低）或冻伤对皮肤和身体组织造成损害。安排规律的时间让孩子回到室内温暖身体，然后再去外面。

保证运动的安全　在孩子活动时做好监护，例如滑冰、乘雪橇和滑雪等。为防止孩子的头部受伤，应该在不拥挤且无障碍物的区域先穿好滑雪板。

滑雪时应该始终佩戴头盔和运动专用的防护装备，例如安全绑带、护目镜和带护腕的手套。孩子不应尝试不熟悉或超出其技能水平的课程，因此请先让孩子参加滑雪或单板滑雪的基础课程。

骑乘与驾驶雪地摩托的注意事项　AAP建议不要让16岁以下的儿童和青少年驾驶雪地摩托，也不要让6岁以下的儿童骑乘雪地摩托。

如果您的孩子要骑乘雪地摩托车，请让他（她）穿戴好适当的防护装备，例如护目镜和专为雪地摩托车或其他机动车辆设计的头盔。

教给孩子基本的安全规则，例如以合理的速度驾驶，以及在没有树木或其他危险的地方停车。

炎热天气　在32.2 ℃以上和高湿度的室外玩耍时，务必让孩子定期停下来休息以降低体温，并密切注意孩子有无中暑的迹象。您可以采取以下措施对付炎热。

- 鼓励孩子定时喝水。
- 穿轻便、浅色、易于排汗的衣服。
- 让孩子及时停下来休息，以降低体温。
- 给孩子冲冷水澡，也可以通过洒水器或游泳降温。
- 如果您的房间没有空调，请寻找有空调的地方。例如一些城镇将诸如图书馆或娱乐中心的地方指定为"乘凉中心"。
- 夏天切勿将孩子留在封闭的汽车中，车中的温度会迅速升高并足以致命。

如果您的孩子开始表现出与热有关的异常症状，请立刻寻求紧急治疗，此类异常症状包括眩晕、嗜睡、头痛、发热、恶心、呕吐、呼吸不规则、肌肉不适和皮肤刺痛或麻木等。

如果您不确定孩子的症状，但认为它们可能与热有关，请致电孩子的医生寻求帮助，或带孩子去最近的急诊室。

晒伤 孩子在幼年时期遭受的一些严重晒伤，会提高成年后罹患皮肤癌的风险。因此，在儿童时期就采取措施预防晒伤非常重要。晒伤可能在孩子的皮肤出现变化之前就已经发生，因此请不要等到皮肤颜色变化后才采取保护措施。

为了达到最佳的保护效果，请采取多种方法预防孩子晒伤。

正确使用防晒霜 防晒霜应该至少提前30分钟涂抹在孩子所有会暴露于阳光的皮肤表面，即使阴天也要使用。选择防晒系数（SPF）至少为30的广谱防晒霜给孩子涂抹足够的量，并每2个小时重新涂抹一次。如果孩子游泳或出汗，则应更频繁地涂抹。含有防晒霜成分的润唇膏将有助于保护孩子经常被忽视的嘴唇。

遮挡阳光 给孩子戴上帽子和穿上合适的衣服。帽子应能够遮盖脸、头皮、耳朵和脖子。有些衣服内置防晒成分。一般来讲，编织紧密的衣物可以提供更大的保护。

避免紫外线伤害 紫外线A和紫外线B（UVA和UVB）会伤害皮肤。这些光线在上午10点至下午4点之间最强。如果可能，请把户外活动安排在早晨或傍晚。

佩戴太阳镜 太阳镜可以保护儿童的眼睛免受紫外线的伤害，并有助于防止白内障的发生。建议选择环绕式太阳镜，因为它可以阻挡UVA和UVB。

自然灾害 未雨绸缪是应对自然灾害带来的紧急情况的关键。为您和家人准备好应急计划，这可以使您在应对紧急情况时避免混乱或减小压力，还可以减轻孩子对未知灾难的恐惧。美国红十字会提供了如下制订紧急计划的建议。

设想紧急场景　与家人讨论家庭或社区中可能发生的各种紧急场景（例如飓风或龙卷风），以及可以采取的应对措施。知道在紧急情况下该怎么做，可以带给孩子多一些安全感。

分配任务　讨论清楚在紧急情况下家庭成员如何合作，以及每个家庭成员的个人任务。向孩子说清楚当前并未发生紧急情况，而只是在做准备。

确定疏散路线　选择几条疏散路线，以及您与家人将到达的目的地（例如某个特定的旅馆）。如果您有宠物，也应寻找可以接受它们的住所。

选择会合场所　当您和家人在混乱中走散应去约定好的场所会合。可以选择火灾现场前的草坪，或者附近的公共社区。

演练　应尽可能多地演练紧急计划。美国红十字会建议每年演练2次。

确定紧急联络人　选择一位与您

不住在同一区域的亲戚或好朋友，将他（她）的电话号码保存在每个家庭成员的手机中和记录本上，以在灾难后与亲人重新建立联系。您可以在美国红十字会网站上为您的家人开启"安全与平安"功能，也可以在名单中搜索亲人。

准备应急工具包　请确保工具包中有水、不易腐烂的食物、电池供电的收音机、手电筒和备用电池，以及其他应急和急救用品。工具包应至少能够存放3天或更长时间。同时，也应考虑将重要的文档以扫描件和在线存储的形式备份在安全的地方。

旅游安全

家庭旅行是让孩子见识自然奇观、体会大城市的活力和体验不同文化的绝佳方式。但是旅行也会使孩子进入陌生的环境，让生活规律发生变化，以及遇到在家中碰不到的危险。做好准备工作并制定计划可以消除很多麻烦，也可以减少父母带孩子旅行时可能遇到的一些危险。

乘坐飞机旅行　与孩子一起乘坐飞机有时会有压力，但做好预防措施可以使飞行更加平稳和安全。

准备好必需品 带足够的零食、娱乐用品、洗手液或湿纸巾；准备一套额外的衣服；如果孩子在下降过程中容易耳痛，可以让孩子嚼口香糖或吃其他可吮吸的食物；带好需要定期服用的各种药品。

避免仓促 请预留出足够的时间去机场。美国联邦运输安全管理局（NTSB）建议国内航班的乘客起飞前2个小时到达机场，国际航班的乘客提前3个小时到达机场。

全家穿着简洁的服装 这有助于快速通过安全检查。穿着容易脱下和穿上的衣服和鞋子。如果您的孩子未满12岁，那么在安全检查期间他（她）可以不脱鞋。

及时做出保证 如果孩子对自己的物品特别依恋，请向孩子保证，乘客携带上飞机的任何物品都需要接受检查，但会在检查后迅速归还。

确保言语得当 确保孩子知道不适当的笑话（例如说"我要炸毁飞机"），也将会被机场安全部门严肃对待。

记着汽车安全座椅 如果孩子需要使用汽车安全座椅，可以随身携带或托运自家的安全座椅；如果您要租车，请预定好汽车内放置安全座椅。在使用前，请确保自带或租用的汽车安全座椅没有任何损坏。

如果您的汽车安全座椅是政府批准可在飞机上使用的，则可以将汽车安全座椅带上飞机，并将其安装到座位上。您可以向航空公司询问相关政策。此外，您还可以访问美国联邦航空管理局的网站，上面有更多关于孩子乘坐飞机的信息。

最大限度减少时差 与成人一样，孩子可能很难适应时差。为了减少时差，请在旅行前几天就开始调整孩子的睡眠时间。到达目的地后，可以鼓励孩子白天多在户外玩，以帮助他（她）的身体调节生物钟。

国际旅行 带孩子出国旅行是一次激动人心的探险。但是，您最不希望遇到的事情应该是将所有时间都花在旅馆或医院里。您可以采取一些措施来帮助家人安全健康地旅行。更多详细信息，请咨询孩子的医生或前往旅行诊所。

行前准备 确保您和孩子在旅行前接种了全部所需的疫苗并完成了所有的牙科诊疗。

提前准备好所需的药品。请多带一些关键药品。将药品一部分放在托运行李中，一部分随身携带。如果孩子有严重的过敏反应史，请务必多带几支肾上腺素自动注射器，因为在国外无法进行补充。

在计划旅行时，请联系您的保险公司以了解保险的承保范围。询问在其他国家接受医疗服务是否有什么规定。同时，请让孩子获得充足的睡眠，以防止其发生时差反应。

需携带的物品 随身携带的物品包括洗手液和湿巾、防晒霜、止痛药和不超过30％避蚊胺的驱蚊剂，以及抗瘙痒、抗花粉症和治疗其他过敏的抗组胺药。如果饮用水可能受到污染，请带上净水药片或便携式水处理系统。

到达旅行目的地后 请勿与宠物玩耍或喂狗、猫、猴子及其他动物，因为这样做被可能患有狂犬病的动物咬伤的风险很高。如果您或孩子被咬伤，这将非常危险。

在没有干净饮用水的地方，请使用瓶装水解渴和刷牙。可饮用密封包装、商业罐装或瓶装的碳酸饮料。避免使用自来水冲洗牙刷和使用冰块，除非您知道冰块是由净化过的水制成的。不要饮用或食用未经巴氏消毒的奶制品，例如未消毒的牛奶和酸奶。

勤洗手。避免食用街头贩卖的食品、未经烹煮的食物、不需要去皮的未加工的水果或蔬菜，以及未冷藏的食物。

通常，应避免在受污染的湖泊和河流中游泳，因为这样可能会导致寄生虫或细菌感染。在海洋中游泳一般是安全的，但要小心危险的洋流。要当心被水母、海葵或珊瑚刺伤，保护孩子免于晒伤，并且一定不要让孩子独自或者晚上游泳。

请始终与孩子保持较近的距离，并注意走在拥挤地区的陌生人，避免发生绑架儿童事件。

旅行回来后 如果孩子曾经在旅行途中生病或住院，请咨询孩子的医生。如果孩子在回家后的3个月内发热、持续腹泻、出皮疹或有其他症状或异常体征，请及时预约就诊。

第 11 章
急症和急救

孩子们天性活泼、好奇心强，并且渴望探索周围的环境。但是，由于这个年龄段孩子的能力仍然需要发展，并不能很好地掌控这个世界，所以有时好奇心会导致他们受伤，甚至造成紧急情况。作为父母，最好的行动计划是预测您的孩子可能遇到哪些危险，并采取措施防范危险的发生。同时，也做好准备，以备不时之需。第10章深入介绍了多种安全防范措施。在本章中，您将了解更多有关急救和紧急护理的信息。

阅读有关安全和紧急护理的内容很有帮助，但更有效的方法是参加儿科急救、心肺复苏和自动体外除颤器（AED）的使用等课程。您应在经认可的组织（例如美国红十字会和美国心脏协会等）的本地分会中寻找课程，并且父母们结伴学习的效果会更好。这些知识和技能在未来某时也许能够拯救孩子的生命。

情况是否紧急

并非孩子每一次受伤都属于紧急情况。实际上，许多伤病都可以在医生的诊室或家里治疗。当孩子出现以下紧急情况的体征和症状时，您应该及时拨打120急救电话。

- 出血不止。
- 头部受伤，然后失去知觉、神志不清、性格改变、严重头痛或呕吐。
- 初次癫痫发作。
- 呼吸困难，皮肤或嘴唇呈蓝色、紫色或灰色。
- 意识丧失或无回应。
- 身体突然无法移动。
- 严重烧伤。
- 无法移动脖子，尤其是伴有发热时。
- 无法喝水或吞咽。
- 眼痛。
- 呕吐或咳嗽。

什么时候需要做心肺复苏

如果孩子失去知觉或出现反应迟钝，心肺复苏（CPR）可以在挽救孩子生命时发挥关键作用。它能给孩子的大脑和其他器官提供额外的氧，有助于防止发生永久性伤害或死亡。

由受过训练的人员进行儿童心肺复苏，可获得最佳效果。这就是为什么父母参加心肺复苏的学习非常重要。请与美国心脏协会或美国红十字会的当地分会联系，以获取课程表。

在紧急情况下，您越早开始实施心肺复苏，挽救孩子生命或预防永久性伤害的机会就越大。

先拨打120还是先做心肺复苏 如果您是独自一人并且孩子没有晕倒，在拨打120或当地急救电话并获得自动体外除颤器（AED）之前，请给孩子执行5次按压和人工呼吸周期，这大约需要2分钟。

如果您是独自一人且孩子已经晕倒，请在开始心肺复苏之前，先拨打120或当地急救电话并获得AED（如果有）；或边使用免提拨打120，边执行CPR。120接线员可以指导您整个急救过程。

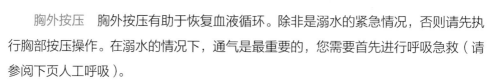

如果您身边有其他人可提供帮助，请在开始心肺复苏时让他致电以寻求帮助并获得AED。执行心肺复苏，请记住首字母缩写词CAB，它代表Compressions-Airway-Breathing。

胸外按压 胸外按压有助于恢复血液循环。除非是溺水的紧急情况，否则请先执行胸部按压操作。在溺水的情况下，通气是最重要的，您需要首先进行呼吸急救（请参阅下页人工呼吸）。

1. 将孩子放在稳固的平面上。
2. 跪在孩子的脖子和肩膀旁边。
3. 用两只手进行胸部按压；如果孩子体型很小，则只用一只手进行胸部按压。

在按压过程中保持肘部笔直，向下按压胸部深度约2英寸（约5厘米），并以每分钟100~120次的速度用力按压。

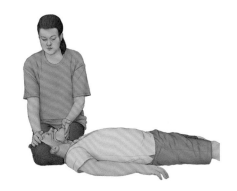

4. 如果您尚未接受心肺复苏培训，请继续进行胸部按压，直到孩子出现活动迹象或急救医护人员接手为止。如果您已经接受过心肺复苏培训，请继续进行呼吸急救。

呼吸气道　如果您接受过心肺复苏培训，并且已经进行了30次胸部按压，接下来请使用仰头抬颏的动作打开孩子的气道。将一只手掌放在孩子的额头上，然后将头轻轻向后倾斜（如果担心导致颈部受伤，请不要进行此操作）；用另一只手向前轻轻提起下巴以打开气道。

人工呼吸　为孩子进行人工呼吸时，请使用与成人相同的按压和人工呼吸频率：每个周期进行30次按压，后接2次人工呼吸。

1. 在呼吸气道打开的情况下，捏住孩子的鼻孔以进行口对口呼吸。用您的嘴包住孩子的嘴，保持密封。

2. 准备进行2次急救呼吸。第一次急救呼吸持续1秒，并观察胸部是否上升。如果出现上升，则进行第二次急救呼吸。如果胸部没有升起，请重复仰头抬颏的动作，然后再做一次人工呼吸。注意不要给予过多次或过于用力的人工呼吸。

3. 完成两次人工呼吸后，立即开始下一轮胸部按压和呼吸循环。如果有两个人开展心肺复苏急救，则先进行15次按压，然后进行两次人工呼吸。

4. 当AED可以使用后，立即应用并按照提示进行操作。如果可能，请为8岁以下的儿童使用儿童垫。如果没有儿童垫，可以使用成人垫。当AED提示进行一次电击后，再进行2分钟CPR（从胸部按压开始），然后在AED提示的情况下进行第二次电击。如果您没有接受过使用AED的培训，则120接线员或其他急诊医疗人员会指导您使用它，直到孩子恢复自主呼吸或救援到达为止。

- 跌倒或发生其他事故后，骨头变形或呈奇怪的角度。

在紧急情况下，当您认为孩子有危险生命或遭受了永久伤害，请致电120或当地的紧急服务部门。如果无法获得紧急帮助，请将孩子带到最近的急救设施处。

如果您不确定孩子受的伤是否严重到需要接受急救，请先致电孩子的医生，他（她）能够提供指导。如果需要紧急救治，医生可以立刻致电医院以帮助您加快到达医院后的办理速度。根据美国儿科学会（AAP）的规定，如果孩子可以走路、说话、互动和玩耍，就很可能不是紧急情况。

在美国，如果孩子可能中毒，可以拨打中毒帮助热线。请在手机中保存这个号码。如果孩子摄入毒物后引起紧急症状或异常体征，请及时致电120。

动物或人类咬伤

绝大多数的咬伤是由家庭宠物造成的，例如狗和猫。但是，也可能被人类或野生动物咬伤。狂犬病是一种威胁生命的疾病，可以通过野生动物或未接种疫苗的狗和猫咬伤而传播。如果孩子被咬伤，请尽最大努力找出咬伤的来源。

咬伤有多严重 感染是被咬伤后最常见的并发症。动物的咬伤会留下瘢痕，尤其是当伤口在面部时。由于猫的牙齿长而锋利，很容易穿透皮肤并将细菌传播到深层的身体组织，因此被猫咬伤后的风险最大。

咬伤手部最有可能引起并发症，因为该区域的骨头和关节距离皮肤表面不远，所以被感染的危险较高。如果未经适当的治疗，被携带狂犬病的动物咬伤可能致命。

您可以做什么 将所有穿透皮肤的动物或人类的咬伤视为严重的伤害。被野生动物（例如臭鼬、浣熊、狐狸或蝙蝠）咬伤后，应立即进行狂犬病风险的医学评估，被疫苗接种状况不确定的猫或狗咬伤后也应立即接受医学评估。

如果您认为孩子可能发生骨折，或孩子患有糖尿病或癌症等疾病，或者孩子正在服用会减弱免疫力的药品，也应立即寻求医疗帮助，因为孩子可能需要抗生素治疗。

如果咬伤是由可能携带狂犬病的动物造成的，则医生会对孩子进行一系列疫苗注射以预防狂犬病感染。因为一旦发生感染，就没有有效的治疗方法。

最后，重要的是孩子必须进行最新的破伤风免疫疫苗的接种。如果孩子接种的疫苗少于3剂或伤口很脏，并且最后一剂疫苗是5年以前接种的，则医生可能建议给孩子注射破伤风疫苗。

浅表轻微咬伤　如果伤口是浅表性的，或几乎没有皮肤的破损，则没有被传染狂犬病的危险。这种情况请做以下处理。

- 用肥皂和大量的水彻底清洗伤口。
- 用非处方抗生素乳膏或药膏涂抹伤口。
- 用干净的绷带包扎好伤口。
- 如果孩子的皮肤被咬破，请致电医生。孩子可能需要被评估是否使用抗生素。

更深的伤口　如果伤口较深、皮肤撕裂或出血严重，请采取以下措施。

- 如果伤口仍在流血，请用纱布或干净的布擦拭伤口，并施加压力以助止血。紧密地包扎伤口也可以帮助止血。
- 向孩子的医生或当地急诊服务寻求帮助。

对于轻微咬伤和较严重的咬伤，都应监测伤口是否有感染迹象，包括发红或发烫、脓液渗出和疼痛加剧。对于关节附近的伤口，检查是否出现疼痛、肿胀或关节活动困难，这可能是产生感染而需要使用抗生素的征象。

出血

割伤、刺伤和擦伤都可能导致出血，这是静脉、小血管（毛细血管）或动脉受伤的结果。

情况有多严重　失血率可以很好地表明出血的严重程度。轻微出血（缓慢、稳定的深红色血流）通常表示静脉或毛细血管受伤；血液从伤口喷出通常是动脉损伤的迹象，这很快会危及生命。如果孩子大量出血，无法止血或孩子出现意识混乱或丧失，请立即寻求紧急帮助。

您可以做什么　刚开始流血的伤口可能有点吓人，但重要的是止血或减缓出血。请按照下列步骤操作。

- 让孩子放心并保持镇定。
- 如有必要，脱下孩子的衣服以更全面地了解伤口的范围。
- 用纱布或干净的布覆盖伤口。如果伤口又大又深，请尝试将纱布或干净的布放入伤口。不要试图先清洁伤口或去除任何嵌入的物体。
- 将双手直接放在伤口上方持续施加压力，尽可能向下压住，直到出血停止。如果是严重的伤害，直到急救到位。
- 如果出血停止，请用紧绷的敷料覆盖伤口，并用胶布牢牢固定。如果血液最终渗出绷带，则要在第一个绷带上放置更多吸收性材料。

- 如果可能，请抬高受伤的部位。
- 如果出血没有停止，请寻求紧急帮助或将孩子带到最近的急诊室。
- 与孩子的医生联系，以确保孩子接种最新的破伤风疫苗。

呼吸问题

有呼吸问题（呼吸窘迫）意味着孩子无法顺利地呼吸，以致不能吸入足够

的氧气。呼吸窘迫是导致心脏骤停的主要原因，也是最常见的威胁儿童生命的病症。某些因素和状况可能导致孩子呼吸困难：慢性病症（例如哮喘）、呼吸道异物、胸部受伤导致肺部塌陷（气胸），以及流感等病毒性疾病。

情况有多严重 缺氧在短时间内就会威胁儿童的生命。这就是为什么呼吸窘迫应被视为紧急医疗事件。

您可以做什么 您的孩子呼吸困

前往急诊室

在某些情况下，孩子需要立即就诊，但您可能没有时间提前做准备。如果孩子需要前往急诊室就诊，您可采取以下步骤使就诊更加顺利。

- **保持冷静。** 尽力减轻孩子的恐惧，告诉他（她）可以期望什么，并且带上令孩子安心的物品，例如孩子喜爱的毯子或玩具。使自己保持冷静也可以帮助孩子平静下来。
- **收集必需品。** 包括孩子服用的药品、病历、保险信息、具体的治疗方案，以及您在家中用于治疗疾病的用品，例如胃造口术或气管造口术的导管。
- **避免进食。** 不要给孩子任何食物，以防耽误需要进行的检查。
- **寻求帮助。** 如果您的孩子有兄弟姐妹，请在您前往急诊时找人帮忙照看他们。
- **有需要时服用止痛药。** 如果孩子不舒服或有疼痛感，可以给他（她）吃一片止痛药。只要确保药品的保质时间未到和剂量适当即可。
- **保持耐心。** 前往急诊室的行程可能会很漫长，特别是当孩子需要进行影像检查或其他检查。
- **随访事项。** 请做好随访计划，在急诊治疗后安排与孩子的医生的随访。

难，请立即致电120或紧急服务部门。呼吸窘迫的警告信号如下。

- 呼吸快速。
- 呼吸费力、困难，出现凹陷征，表现为吸气时胸骨上窝、肋间隙或锁骨上方的肌肉用力拉紧。
- 身体位置异常，例如将双手放在膝盖上向前倾斜以帮助呼吸。
- 烦躁、焦虑和激动。
- 皮肤苍白或发青。
- 嗜睡或昏睡。

这时孩子会很烦躁，但是请尝试使他（她）保持镇定。哭泣会增加氧气的消耗，使人体对呼吸的需求更大。将孩子安置在可以让他（她）更舒适地呼吸的位置，例如可以让孩子靠在您的膝盖上或保持更直立的姿势，而不是让他（她）平躺，直到援助到达。

如果哮喘引起呼吸窘迫，使用诸如急救吸入器（支气管扩张剂）等药品可以迅速缓解症状。如果您通常用来控制孩子哮喘的药品或治疗无效，请立即拨打120或带孩子去急诊室。

如果孩子完全没有呼吸，请立即拨打120并开始实施心肺复苏。

骨折

骨折是儿童（尤其是6岁以下的儿童）常见的伤害。在大多数情况下，孩子是由于摔落或机动车事故而导致骨折。骨头可能会弯曲或完全断裂，并发生肿胀和疼痛。孩子可能无法走路或使用受伤的手臂或腿。但是，即使没有上述体征和症状，也有可能出现骨折。

情况有多严重　有些骨折比较明显，但也有一些可能需要进行影像学检查以确定是否发生骨折。如果孩子疼痛或无法活动肢体，请立即去孩子的医生处就诊，以检查受伤的程度。

对于较轻的骨折，仅需使用石膏固定伤处，使骨骼保持不动，即可正常愈合。如果骨折导致骨折端错位，则孩子的医生可能需要将骨折端复位，以使其正确愈合。

在治疗时，可以使用杂志或报纸作为夹板或吊索来稳定骨折的骨头。

在某些情况下，骨折会损坏骨骼的生长板。这是骨骼末端的区域，决定未来的骨骼生长。如果治疗不正确，骨骼可能会变形或生长异常。如果有生长板损坏的潜在可能，则医生可能建议孩子在特定时间段内检查受伤情况，以确保愈合良好。根据受伤部位的不同，医生也可能建议进行手术，以降低未来发生问题的风险。

较严重的骨折，例如开放性骨折或粉碎性骨折，通常需要进行手术以重新排列断裂的骨头并植入线、板或螺钉

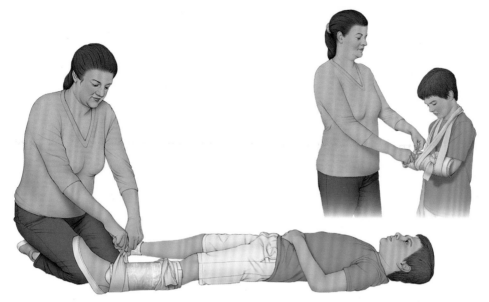
使用杂志或报纸作为夹板或吊索来稳定骨折的骨头

以在愈合过程中将骨头固定在恰当的位置。

复合性骨折是骨骼严重断裂的一种情况，表现为骨头从皮肤中穿透出来。穿透皮肤的骨折会增加感染的风险，必须立即进行治疗。

您可以做什么 如果您认为孩子发生了骨折，请立即致电医护人员。医护人员可能建议您立即采取缓解措施，例如为孩子提供止痛药或使用冰袋，并致电120，将孩子送至急诊室进行检查和治疗。

同时，您可以使用吊索或夹板固定孩子的骨骼，也可以使用卷起的杂志或报纸。如果孩子无法移动，请不要尝试移动孩子。对于复合性骨折，切勿自己尝试重新定位骨骼而要用力按压伤口，并用纱布覆盖。拨打120或当地的紧急电话。

烧伤或灼伤

当皮肤暴露于极端高温下（无论是热炉、热水还是烈日）时，皮肤的各层组织都可能被灼伤，其损坏有时甚至无法修复。采取适当的预防措施可最大程度地降低孩子发生灼伤的可能性。如果孩子已经被烧伤，您需要了解以下知识。

情况有多严重 烧伤范围从轻度到重度，并根据其严重程度进行分类。烧伤类型或烧伤程度取决于受影响的皮肤层数。

I 度烧伤 这类烧伤为表面烧伤，属于最温和的情况，只影响外层皮肤。一度烧伤可引起皮肤红肿和轻微的肿胀。

II 度烧伤 在此类情况下，第一层皮肤已被烧透，第二层也被损坏。浅层和局部深层烧伤会导致皮肤起疱，明显变红，并引起中度至重度的肿胀和疼痛。

III 度烧伤 这类烧伤最严重。全层皮肤深度烧伤呈白色或焦色（棕色或黑色），涉及皮肤的所有层。由于严重的神经损伤，这类烧伤几乎没有疼痛。

您可以做什么 如果孩子的烧伤较轻，通常可以在家中进行急救处理。轻度烧伤的护理程序如下。

- 去除束缚性的物品。由于烧伤区域会出现肿胀，因此孩子需要摘下所有珠宝、皮带和类似物品。请试着快速而小心地进行此操作。

- 将灼伤部位放在清凉的（但不冷的）流水中几分钟，直到疼痛减轻。您也可以将烧伤部位浸入凉水中或冷敷以降温。这有助于减轻灼烧感并减少肿胀。请勿将冰块放置在烧伤部位。

- 冷却灼伤部位使其不适减轻，并将其清洁后，用抗生素软膏涂抹烧伤部位，以防止绷带或敷料粘在伤口上。避免弄破水疱，因为它们可防止感染。如果水疱已经破裂，请用水轻轻洗净，并涂上抗生素软膏。

- 确保灼伤部位清洁，并用无菌纱布包

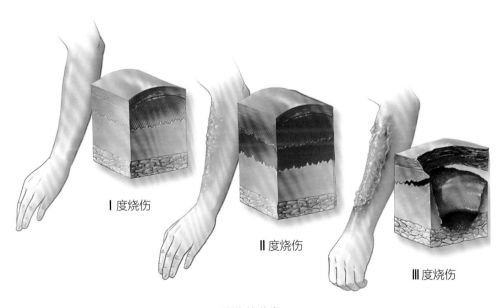

I 度烧伤　　II 度烧伤　　III 度烧伤

烧伤的分类

扎，通过隔离空气来减轻不适感和降低被感染的风险。请勿使用蓬松的棉花或其他可能使棉绒进入伤口的材料。纱布应松一些包扎，以避免给烧伤的皮肤施加压力。

- 根据需要服用止痛药。如果灼伤引起不适，请考虑给孩子服用对乙酰氨基酚或布洛芬。避免给儿童服用阿司匹林，因为有发生并发症的风险。
- 虽然传统的家庭疗法建议用黄油或蜂蜜等产品治疗烧伤，但本书不建议使用，因为它们可能增加感染的风险。

轻微烧伤通常可以治愈，无须进一步治疗。但是，您需要密切注意孩子烧伤后的体征和症状，以防发生感染，例如疼痛、发红、发热、肿胀或渗血。如果发生感染，请及时寻求医疗帮助。

严重烧伤　请致电120或当地的紧急服务部门。不要将烧伤部位浸入冷水中，因为这会导致体温下降（体温过低），从而使血压下降和血液循环不良（休克）。在救援到达之前，请执行以下步骤。

- 检查呼吸、咳嗽或活动的情况。如果孩子没有呼吸并且没有意识，请开始实施心肺复苏。
- 取下所有珠宝、皮带或其他物品。烧伤部位可能迅速肿胀，这些物品会束缚伤处。

- 用凉爽、湿润、无菌的绷带，干净的湿布或湿毛巾遮盖烧伤部位。
- 抬高被烧伤的部位。如果可能，将其抬至高于心脏的高度。
- 关注休克的体征和症状，包括昏厥、皮肤苍白和呼吸无力。

最大限度地减少瘢痕　烧伤后是否会留下瘢痕取决于烧伤的严重程度。通常，深层烧伤和起疱的烧伤更容易留下瘢痕。您可以遮盖烧伤部位，直到其长出新的皮肤，并且不再渗出液体，以最大程度地降低孩子留下瘢痕的风险。烧伤愈合后一年内，孩子在户外时请确保在该区域涂抹防晒霜或用衣物遮盖瘢痕。

噎塞

大多数的儿童噎塞事件发生在婴幼儿时期，那时孩子的牙齿还没有足够的咀嚼能力，因此，当孩子试图吞咽对他们的气道而言太大的东西时，就会发生噎塞。在大一点的孩子中，大多是由于吞食橡皮或玩具等小物件而发生噎塞。进行其他的活动时，例如进食时笑或跑，也可能导致噎塞。

情况有多严重　如果异物嵌入气管并卡住，噎塞可能会危及生命。孩子缺氧的时间越长，永久性脑损伤或死亡的概率就越大。如果您无法清理呼吸道，请致电120或向附近的人寻求帮助。

您可以做什么　如果孩子能够用力咳嗽、哭泣或发出声音，请让他（她）这样做直到气道通畅为止。密切注意孩子的情况，并随时准备帮助。

如果孩子无法发出声音、停止呼吸或皮肤变得紫绀，请立即采取行动。检查孩子的口腔，如果看到异物，请用手指小心地将其清除，但注意不要将异物推入喉咙。如果看不到异物，请勿将手指放入孩子的喉咙中。

美国红十字会建议采用"五五"法治疗噎塞（不适用于婴儿）。

• *进行五次后背击打。* 站立或跪在孩子后面；将一只手臂放在孩子的胸部以支撑其身体；弯曲孩子的腰部，使其上身与地面平行；用您的另一只手掌根部在孩子的肩胛骨之间进行五次击打。

• *进行五次腹部冲击。* 腹部冲击也称海姆立克法。用一只手握成拳头，将其放在孩子的肚脐上方；另一只手握紧拳头，快速向上用力将其按入孩子的腹部，就好像试图将孩子抬起一样。

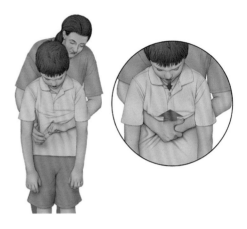

• *让五次背部击打和五次腹部冲击交替进行，直到阻塞物被清除。*

如果孩子失去知觉，请开始实施心肺复苏或致电120。如果您是独自一人，请先尝试为孩子心肺复苏2分钟，然后再致电120。如果有人与您在一起，请让该人在您做心肺复苏的同时寻求帮助。请持续进行心肺复苏，直到孩子开始咳嗽、哭泣或说话。如果孩子在一两分钟内恢复呼吸，则他（她）很可能不会受到长期影响。

在孩子恢复呼吸后，如果还发生持续的咳嗽或窒息，这可能意味着仍有某些异物阻止孩子正常呼吸。此时请立即致电120或当地紧急服务部门。

牙齿受伤

牙齿受伤在儿童中很常见。如果孩子在牙齿受伤后没有接受适当的治疗，可能导致将来恒牙脱落，影响孩子的外表、自信和咀嚼能力。跌倒以及与运动有关的伤害是儿童牙齿受伤最常见的原因。

情况有多严重 大多数的牙齿受伤较轻微，例如牙齿的裂痕一般只影响牙齿美观。但严重时，牙齿断裂可能损坏将牙齿固定到骨骼上的结构和软组织。牙齿受伤可能引起轻微疼痛甚至没有疼痛，或者产生对触碰或温度的高度敏感。受伤程度越严重，感染的风险越可能增加。牙齿受伤也可能与其他伤害一起发生，例如脑部伤害、脊柱或颌骨骨折。通常，严重的牙齿受伤包括以下几种。

- 牙齿折断、松动或缺失。
- 自发性牙痛。
- 触碰或进食时有压痛感。
- 对高温或低温敏感。
- 咬合或牙齿合拢的方式改变。
- 施加压力10分钟后出血不止。
- 张口或闭口时颌部疼痛。
- 呼吸或吞咽困难。

您可以做什么 首先确定是乳牙还是恒牙受伤。乳牙缺失通常不如恒牙缺失严重。5岁及5岁以下的儿童大多数牙齿都是乳牙。6～12岁的儿童一般乳牙和恒牙皆有。可以通过牙齿的外观来判断：乳牙比恒牙小，且恒牙的边缘更光滑。

如果孩子的一颗乳牙掉了，不建议将其放回去，因为这样牙龈下的恒牙有受伤的危险。对于大多数孩子来说，掉一颗乳牙不会对他们的说话方式或恒牙的发育产生负面影响。松动的牙齿可以留在原位，但如果有误吞的风险或干扰咬合，则可以拔除。

如果孩子的乳牙折断了，应让牙医检查牙齿中的神经或血管是否受损，并让牙医把孩子的牙齿打磨光滑或用树脂材料修复，当然也可以留在原位或拔除。

如果碰掉了一颗恒牙，则是紧急情况。恒牙需要迅速被放回原位，以增加其生存的机会。在15分钟内放回牙齿是理想的情况，但最长应不超过1小时。由于时间有限，建议您先试着自己帮孩子暂时放置好牙齿，直到牙医接手为止。

在植入恒牙时，请确保从牙齿顶部（牙冠）处理。用盐水或自来水快速冲洗牙齿，以清除所有食物残渣或碎屑。请勿使用其他清洁方法。将牙齿放回空出的位置（牙槽），然后在孩子的嘴中放一块干净的布或毛巾。让孩子用舌头压住牙齿，以防止牙齿移位。随即，紧急致电孩子的牙医进行预约。牙医可能把孩子的牙齿导回原来的位置，并需要用牙套或夹板来确保牙齿保持在正确位置。

如果您无法立即预约牙科急诊，请将孩子的牙齿存放在冷牛奶中以延长保存的时间。如果没有牛奶，请将牙齿放在有孩子唾液的小容器中。不要将牙齿存放在水中，因为水会损坏牙齿根部的细胞，增加牙齿失活的风险。

如果孩子断掉了一颗恒牙，并且对冷热温度敏感，那么这也是牙科急症的一种。与碰掉整颗牙齿不同，您可以将孩子断掉的牙齿存储在自来水中，直到牙医确定可以重新粘结为止。否则，可使用树脂填充牙齿的缺失部分。

如果孩子感到疼痛或不适，请提供冰块、非处方镇痛药品（如布洛芬或对乙酰氨基酚）或进行冰冻治疗以缓解疼痛。在牙齿受伤后，孩子可能还需要调整饮食，多吃些软的食物，避免吃咸、易碎或耐嚼的食物。在此期间，让孩子用软毛牙刷刷牙。

如果找不到牙齿或牙齿碎片，则有可能是被孩子吸入了气道。请让牙医进行评估。如果未能检测出来，吸入气道的牙齿可能导致孩子的呼吸道部分或完全阻塞，还可能提高孩子患肺损伤、肺炎和哮喘的风险。

溺水

在不到2英寸（约5厘米）深的水中孩子也可能发生溺水，因此孩子在水里游泳或玩耍的任何时候，对孩子进行密切的监督都至关重要。这包括浴缸、游泳池、池塘、河流、湖泊、海洋和其他水源。

即使孩子游泳技术非常好，也要注意潜在的溺水迹象，例如不标准的游泳姿势、在水中起伏、踩水或脸朝下漂浮。

情况有多严重 当孩子的面部浸在水中时，很快就会耗尽空气，因此必须施行紧急救援。所有溺水人员都需要前往急诊室，在那里，医护人员将监控其生命体征，并进行全面的伤害评估和必要的影像学检查。如果孩子溺水，并出现窒息、咳嗽、恶心或呕吐等症状，请带他（她）去急诊室检查是否引发肺部并发症。在某些情况下，肺损伤可能会在数小时后出现，这就是孩子在事故发生后的4~6小时内需要接受观察的原因。

您可以做什么 如果您认为孩子快要溺水了，请立即拨打紧急服务电话或120。如果您不善于游泳，请不要尝试营救，因为这会使自己的生命也处于危险之中，而且无济于事。因此请尝试其他方法，例如伸出一根长杆或树枝让孩子抓住，或向孩子投掷救生背心或救生圈。

一旦孩子脱离水面并且处于稳定的地面上，首先请检查其呼吸和脉搏。如果孩子没有呼吸，请开始实施心肺复苏，但要先进行急救呼吸。此时，通气是最重要的。如果2次人工呼吸后孩子的胸部仍未升高，请开始胸部按压并进行心肺复苏，直到获得支援为止。

不应对从水中救出的人使用窒息急救，除非极少数的病例的确有气道阻塞，且所有其他呼吸急救措施尝试均失败时才采用。窒息的急救措施可能提高人无意识的呕吐和误吸呕吐物而窒息的危险。

如果孩子穿着凉的湿衣服，请帮他脱下衣服并用温暖的物品盖住孩子，以防其体温过低。

触电

触电可能造成的危害取决于多种因素，例如引起电击的电源、电流的电压高低以及孩子接触电流的时间长短。

大多数触电是轻微的。接触点可能只有轻微的"震颤"或烧伤。但是，触电有时会导致儿童呼吸停止，心脏停止跳动（心脏骤停）。在某些触电情况下，还可能发生内脏器官的损坏。

情况有多严重　通过电压高低和儿童接触电流的时间长短，可以预测伤害的严重程度。通常，较小的触电（如触摸插座）不会产生严重的危害。

您可以做什么　轻微的电灼伤，例如被电源插座烧伤，可以采取类似轻度烧伤的处理方式。

如果孩子触电，请避免触摸孩子，因为这可能将电流转移给您。首先，尝试断开电源。如果无法做到，请使用不导电的材料（例如塑料或橡胶）制成的物体拨开电源，使电源与孩子分离。切勿裸手接触带电的电线。

孩子如果出现以下症状和体征，请致电120或紧急服务部门。

- 严重电灼伤。
- 混乱或异常行为。
- 呼吸困难。
- 心律失常。
- 反应迟钝。
- 心脏停止跳动。
- 肌肉疼痛和收缩。
- 惊厥发作。

如果孩子没有了心跳或呼吸，请在等待紧急救援的同时开始实施心肺复苏。请避免孩子受凉，并在可能的情况下用无菌纱布或干净的衣物覆盖烧伤部位。不要使用毯子或毛巾，因为其纤维松散，容易粘在伤口上。

接触有毒物质

许多常见的家用产品和药品都可能对儿童造成伤害。吞咽、吸入、触摸或注射有毒物质会导致中毒。不同有毒物质的毒性有很大不同，如何处理中毒事故取决于孩子的症状、毒物类型和中毒剂量。

如果您发现某些迹象则可以预判孩子是否发生中毒，例如空的药瓶或药品包装袋、散落的药丸、燃烧物、污迹、孩子或附近物体上的异常气味等。此外，还要注意诸如药贴、清洁剂盒和纽扣电池之类的物品是否有损坏或异常。

情况有多严重　关于引起中毒所需的毒物剂量及其影响的严重性，不同物质的差异很大。但请记住，儿童中毒所需的毒物或药品量要比成年人少得多。

接触有毒物质的时间长短也很重要。缓释药品中的有效成分会随着时间的推移而缓慢释放，因此孩子可能要很久以后才会显示出中毒的迹象或症状。

您可以做什么　如果孩子看起来状态稳定并且没有出现异常症状，在美国请致电中毒帮助热线。接线员可以帮助

您评估情况的严重性，以及判断孩子是否需要紧急护理。您应尽可能多地准备好相关信息，例如接线员可能要求您阅读有毒物质的标签，并描述孩子摄入的物质，包括孩子接触该物质的方式和时间等。如果孩子使用了药贴，请及时将其取下。

如果您怀疑孩子吞下了纽扣电池，请立即将他（她）带到最近的急诊室进行检查与急救，将卡在儿童食管中的电池取出，以免造成严重的组织损伤。您也可以拨打美国电池摄取热线寻求帮助。

在紧急情况下 如果孩子有以下中毒迹象和症状，请致电120或当地的紧急服务部门。

- 口腔灼伤或发红。
- 流口水。

- 呼出气体有化学物质气味。
- 呕吐。
- 呼吸困难。
- 困倦。
- 思维混乱。
- 激动。
- 惊厥发作。
- 出汗。
- 腹泻。
- 瞳孔变化。

在等待紧急救援的同时，请采取以下急救措施。

- *如果摄入有毒物质。* 请小心地尝试清除孩子口中残留的所有外来物。如果您未发现可疑物质，请不要将手指伸入他（她）的嘴里。不要给孩子吃或喝东西，因为这可能引起呕吐并增加检查的难度。
- *如果皮肤接触有毒物质。* 请戴手套后脱去孩子被污染的衣物，并在水槽或淋浴房，用软管冲洗孩子的皮肤15～20分钟。

- *如果眼睛接触有毒物质。*请用冷水或温水轻轻冲洗孩子的眼睛。
- *如果吸入有毒物质。*尽快让孩子呼吸新鲜空气。
- *如果孩子正在呕吐。*如果孩子躺着，请将孩子的头转向一侧以防止窒息。如果是站立的，则将孩子的头转向侧面或向前。
- *如果孩子没有脉搏或没有呼吸。*立即开始实施心肺复苏（CPR）。

冻伤/冻疮

当皮肤和皮下组织暴露于非常冷的环境并被冻结时，就会发生冻伤。如果孩子衣着不当，在寒冷的户外玩了很长时间，就可能被冻伤。最可能被冻伤的区域是手指、脚趾、耳朵、脸颊和下巴。

情况有多严重 冻伤会导致皮肤受伤，类似于烧伤。根据皮肤暴露在寒冷温度下的时间长短，其范围划分为轻度到重度，或者1度到3度。

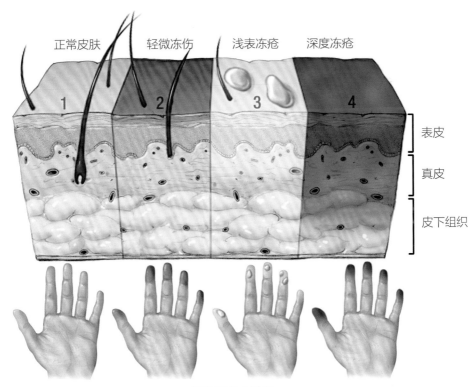

正常皮肤　轻微冻伤　浅表冻疮　深度冻疮

1　2　3　4

表皮

真皮

皮下组织

冻伤的各个阶段

- 轻微冻伤，皮肤受到冷刺激引起发红、刺疼和发冷的感觉，然后产生麻木感。轻微冻伤不会永久性伤害皮肤，可以通过急救措施进行治疗。
- 浅表冻疮，皮肤感觉发热，并有严重的皮肤受损的迹象。在皮肤恢复温度后的24小时内，可能会长出充满液体的水疱。
- 深度冻疮，皮肤可能出现麻木，关节或肌肉可能无法活动。皮肤恢复温度的1～2天后会出现大水疱。之后，随着组织死亡，该区域将变黑并变硬。

您可以做什么　轻微冻伤可以在家中治疗，其他的冻伤都需要立即就医。当孩子出现轻微冻伤，您可采取以下措施。

- *尽快离开寒冷区域。*应快速进入室内。
- *检查体温是否过低。*如果怀疑孩子体温过低，请寻求紧急医疗帮助。体温过低的体征和症状包括剧烈发抖、嗜睡、肌肉无力、头晕和恶心。
- *保护皮肤免受进一步伤害。*如果受伤的皮肤可能再次发生冻结，请先不要将其融化。如果损伤部位已经解冻，则将它们包裹起来，避免重新冻结。用戴着手套的干燥的手掌覆盖冻伤区域，以此方式保护孩子的脸、鼻子或耳朵。
- *不要摩擦患处。*否则会损伤冷冻的组织。不要在冰冻的皮肤上用雪摩擦。如有可能，请勿让孩子使用冻伤的脚行走。
- *温暖身体。*如果孩子在室外，请将孩子冻伤的手塞进腋窝，使其温暖。进入室内后，脱下孩子的湿衣服晾干，并用温暖的毯子将孩子包裹起来。注意不要弄破水疱。
- *轻缓地温暖冻伤区域。*将冻伤的皮肤浸入37.2～40℃的温水中。如果没有温度计，可以用未受伤的手或肘浸入水中以测试水温。此时皮肤应该感到非常温暖而不热。恢复温度的过程应逐步进行，大约需要30分钟。当皮肤恢复正常色泽或感到麻木时，请停止浸泡。不要用热炉温暖冻伤区域，例如火炉、加热灯、壁炉或加热垫，因为这会引起灼伤。
- *喝热的液体。*为孩子提供热的可可、茶或汤，以帮助他们从身体内部恢复温度。
- *考虑服用止痛药。*如果孩子感到疼痛，请考虑使用非处方止痛药，例如对乙酰氨基酚或布洛芬。
- *了解皮肤解冻时会发生什么。*如果孩子感到皮肤变红与发热，并有刺痛和灼痛，则意味着正常的血液回流。如果孩子感到皮肤麻木、持续疼痛或出现水疱，请寻求紧急帮助。

头部受伤

跌落、运动不当或车祸都可能导致头部受伤。如果您不确定孩子的头部受到撞击后是否需要看医生，请立即致电，孩子的医生以决定是去诊室还是急诊治疗。

情况有多严重 大多数情况下的头部受伤不会太严重。但根据受伤情况以及孩子的体征和症状，也可能发生脑震荡或其他头部外伤等并发症。

对于头部的轻微碰撞，AAP建议致电孩子的医生。如果孩子的行为正常并且可以回答您的问题，则头部受伤可能是轻度的，医生可能不需要做进一步的测试。此外，由于孩子可能受到了惊吓，或者碰撞造成了一些疼痛，因此孩子哭泣是很普遍的现象。

您可以做什么 您需要监控孩子头部受伤的情况。在接下来的24小时内，请密切注意孩子，寻找其是否有任何异常变化，这些变化可能是大脑内部组织受损并需要紧急治疗的信号。请注意以下状况。

- 不能正常行走。
- 持续头痛，甚至恶化。
- 耳朵或鼻子流水或流血。
- 持续呕吐。
- 言语不清或思维混乱。
- 持续头晕。
- 易怒。
- 视力出现问题。
- 瞳孔大小发生变化。
- 肤色苍白。
- 耳鸣。
- 手臂或腿部无力。
- 记忆出现问题。

如果孩子出现过于困倦、昏昏欲睡、惊厥发作或失去知觉等情况，请立即致电120或紧急服务部门。如果孩子呼吸停止或没有心跳，请立即开始实施心肺复苏（CPR）。

如果孩子的医生建议您在家中对孩子进行监护，则可以让孩子入睡。暂时不要让孩子使用电子设备，并暂缓做家庭作业和从事其他日常活动，直到孩子恢复正常。

如果孩子的病情似乎恶化或出现新的症状，请立即致电孩子的医生或紧急服务部门。

惊厥

对于父母和医疗专业人员来说，孩子惊厥发作是令人恐惧的。当大脑中的脑电波活动突然失控，就会发生惊厥。这可能是人体对高热（见本书第336页的"高热惊厥"）、服药或头部受伤的反应。反复发作、不可预测的惊厥可能是惊厥紊乱的征象，如癫痫。

惊厥发作期间，孩子会失去知觉、身体僵硬、肢体动作不稳，并咬自己的舌头。孩子的手臂可能摇摆，或者似乎在凝视着远方的同时做咀嚼的动作或用力咂嘴唇。

惊厥发作通常持续不超过几分钟，孩子可能无法回忆起此事件。他（她）可能很疲倦、不适、头痛或抱怨手臂或腿感到虚弱。语言或视力问题通常在惊厥发作结束后的几分钟内恢复。

情况有多严重　虽然惊厥发作令人害怕，但它通常不会造成永久性损害或影响孩子的发育。但如果这是孩子首次惊厥发作，请拨打120或带孩子去看急诊，以便尽快进行病情评估。

通常，因为发热、服药或头部受伤引起的惊厥不会复发，也无需继续关注。

如果孩子的惊厥发作不止一次，并且两次发作的时间间隔超过24小时，则孩子的医生会进行癫痫评估，通常包括检查孩子的病史、身体状况以及测量孩子的脑电波活动（脑电图或EEG），有时也可能需要其他测试。

您可以做什么　如果孩子出现惊厥，请重点防止孩子在惊厥发作期间意外伤害自己。不要试图握住孩子的舌头或使孩子停止惊厥。相反，应该调整孩子的体位，使他（她）左侧躺，即胃部所在的一侧，并帮助孩子清理咽部，使唾液或呕吐物流出。清理家具和其他存在潜在危险物品的区域。不要让孩子一人独处。注意惊厥持续的时间，如果超过5分钟，请致电120。如果可能，在陪伴孩子的同时，向其他人寻求帮助。当发生以下情况，请寻求急救。

• 孩子在惊厥发作时受伤。
• 孩子呼吸困难。
• 第一次发作后很快就发作第二次。
• 惊厥发作后孩子无法醒来。

如果孩子被诊断出患有癫痫，则可以使用抗惊厥药品预防或减少将来的惊厥发作。有些处方会给孩子开出惊厥发作时的"急救"药品。请遵循孩子的医生给出的药品使用说明。医生还可以在学校或其他活动中提供相关疾病管理的指导。

第三部分
健身和营养

第12章
生命在于运动

对您的孩子来讲，在课间休息时荡秋千，和邻居小朋友一起玩捉迷藏，在体操课上学习新的翻滚传球法等，都是有趣的活动和难忘的记忆。孩子能通过这些有益的体育运动得到锻炼。

和成年人一样，孩子也需要进行规律的体育运动来保持健康。成年人的一些健康问题（例如心脏病），可能是在儿童时期埋下的隐患。因此，从孩童时期就养成良好的运动习惯，将有助于减少在成人期发生这些健康问题。

卫生与公众服务部建议儿童每天至少进行1小时的体育运动，其中大部分应该是中等强度到剧烈的有氧运动，并且每周应至少锻炼3次，以促进孩子的肌肉和骨骼发育。

乍一看，这似乎很难做到。但别担心，这并不那么吓人。孩子的体育运动不像成年人在健身房的结构化锻炼。相反，孩子进行规律的日常活动就有助于

他（她）达到运动的目标。例如，捉迷藏游戏可以算作剧烈的有氧运动，体操可以促进骨骼和肌肉的发育。

而且，这些体育活动不必在1小时之内就完成。对孩子来讲，以增量的方式分解运动通常更加可行。例如先在操场上运动30分钟，再骑自行车30分钟。

基本上，孩子可以通过做有趣的、喜爱的事情来达到所建议的日常运动量。

核心内容

体育运动指南聚焦于三种主要的运动形式：有氧运动、肌肉强化和骨骼强化。

• 有氧运动指有节奏地移动身体的大肌肉群。这迫使心脏更加努力地工作以泵出更多的含氧血液到达肌肉，并使肺部呼吸更多的空气。有规律的有氧

运动将使心脏、肺和循环系统变得更加强大且更有效率。跑步、散步、游泳、跳舞和骑自行车都是很好的有氧运动。

- 肌肉强化会迫使肌肉比平时更努力地工作，随着时间的推移，肌肉会变得更强壮。爬树、攀岩和挖沙子或泥土都是能使肌肉强壮的活动。
- 骨骼强化依赖于对抗重力的运动。这可以对骨骼施加力量并促进骨骼生长。任何能产生地面冲击力的活动都有助于强化骨骼，包括跑步、跳跃、玩跳房子、踢足球和打篮球。

尽管指南中提出了关于活动频率和强度等具体参数的建议，但研究结果表明，一个人进行体育运动的总时间是改善健康状况最重要的因素。

怎样运动

您可能听说过成年人有规律地锻炼的益处，其实，孩子通过锻炼也能得到类似的益处。体育锻炼的效果如下。

- 促使心脏高效地工作。
- 有助于降低患心脏病、2型糖尿病、高血压和过度肥胖的风险。
- 帮助强化肌肉，为身体构筑一个强壮的框架。
- 促进骨骼健康，降低骨质疏松的风险。
- 有助于控制体重并调节身体成分。

- 提高智力、认知能力和学习能力。
- 减轻压力、焦虑和抑郁。
- 改善睡眠。
- 有助于降低患某些类型的癌症的风险。
- 缓解无聊。

然而，尽管好处很多，但只有约1/3的儿童每天进行体育运动。作为父母，您可以做很多事情来鼓励孩子进行健康锻炼。

这件事的关键是帮助孩子找到喜欢的运动。和成年人一样，如果孩子喜欢做某项活动，他们就更有可能坚持下去。如果孩子最近没有那么活跃，可鼓励他逐渐增加运动量以降低受伤的风险。

另外，要使孩子的年龄与运动的强度相符。如果孩子年龄比较小，他（她）运动的时间会短一些，这没关系。大一点的孩子可以持续运动更长时间，或者参加更有组织的活动。为了让孩子运动起来，您可以采取以下措施。

让运动融入家庭 通过安排晚饭后散步、整理院子、吸尘、种花或做其他家务来让全家共同活动。同时，这也是维系家庭感情的好方法。

以身作则 当儿童看到成年人进行体育运动并乐享其中时，就更有可能自己主动开展体育运动。选择一个您喜欢

活动水平有哪些种类?

活动水平	活动种类
中等强度的有氧运动	滑板、滚轴溜冰、自行车、远足、快步走、扫树叶、棒球、垒球、篮球
高强度的有氧运动	跑步、跳绳、骑快车或爬山、劲舞、武术、足球、冰球或曲棍球、篮球、网球、游泳、啦啦队、体操
肌肉强化运动	攀爬绳索、树或墙;在游乐场设备上荡秋千;做改良的俯卧撑(膝盖着地);使用阻力带、自由重量器械或举重器械锻炼;做仰卧起坐;做体操
骨骼强化运动	单脚跳、跳绳、跳跃、跑步、排球、篮球、网球、体操

来源: 美国疾病控制与预防中心

注意: 一些活动同时出现在中等强度和高强度的有氧运动的清单上;强度取决于投入的努力

举重会不会太早?

大多数孩子到了7岁或8岁时，都已经学会如何遵循指示。在适当的指导和监督下，对力量训练感兴趣的儿童通常可以参加更正式的力量训练，并很少会出现问题。力量训练包括使用轻阻力带、举起轻自由重量器械、在器械上进行力量锻炼和做改良俯卧撑（即膝盖着地的俯卧撑）。

这类训练不应该与诸如健美或举重这样的运动混淆，因为那些运动的重点在于使肌肉膨大或举起更大的重量。但是孩子在进入青春期并经历荷尔蒙变化之前，很难练成明显粗大的肌肉。这个年龄段的力量训练侧重于提高肌肉的协调性和耐力，而不是让肌肉膨大。

如果孩子有兴趣参加力量训练，请让孩子的教练或有青少年训练经验的私人教练提供适当的指导，并根据孩子的个人能力制订一个安全、有效的训练计划。该计划不仅应包括力量训练，还应包括适当的热身，如在原地步行或慢跑5~10分钟，以及放松，如温和的伸展运动。

如果孩子有其他健康问题，在开始力量训练之前，请先咨询孩子的医生。

的活动并和孩子分享您的热情。

消除干扰　美国儿科学会建议5岁以上的儿童每天花在手机、电脑、电视或电子游戏上的时间不超过2小时。如果可能，鼓励孩子与朋友们一起玩耍，而不是与他们打电话、发电子邮件或发手机短信。

选择交通工具　如果孩子年龄足够大并且与您住在一个安全的地方，请鼓励孩子骑自行车或步行上学。如果可能存在安全问题，可以考虑和邻居家的孩子组成一个"步行上学"小组。还可以考虑让孩子步行或骑自行车前往附近有趣的目的地，例如公园或图书馆。

发挥创造力　最好的活动是那些孩子甚至没有意识到自己正在朝着体育锻炼的目标努力的活动。能让孩子动起来的方式如下。

• 生日和节假日是购买锻炼的物品的最佳时机。骑自行车、放风筝、跳绳和滑板都是很有趣的运动方式。如果孩子喜欢玩电子游戏，可以买一些鼓励运动的游戏，例如以跳舞或模仿运动为核心的游戏、网球或保龄球。
• 考虑为孩子举办一场以运动为基础的生日庆祝活动。无论是在当地体育馆举行足球、篮球或体操派对，还是简单地将比赛、娱乐和锻炼结合在一起的派对，都必然会产生很好的效果。
• 计划一次积极而有活力的旅行。考虑去一个有很多运动机会的地方度假，例如徒步旅行、游泳、滑雪或冲浪。参观动物园也有助于进行步行锻炼。
• 在家附近找到快乐。查看当地报纸上的日历表或社交媒体上当地育儿群中的活动，了解大多数人可能喜欢的活动。

避免运动过度　有时家长会面临一种诱惑，那就是让孩子参加他们感兴趣的每一项活动，但别忘了孩子也需要休息。

鼓励孩子在活动中感到疼痛时及时告诉您。运动不应该伴随伤害。疼痛可以作为一个标志，从而可以把运动水平降低一个等级。

其他过度运动的迹象还包括扭伤或肌肉拉伤。如果发生这些情况，请让受伤部位得到休息，并带孩子去看医生。按照医生的指示，在损伤愈合后再逐渐恢复活动。

适合儿童的运动

能让孩子动起来的有效而便捷的方式是体育锻炼，无论是通过学校还是当地的娱乐社团。

除了前面列出的好处，参加体育运动的其他积极作用如下。

- 提高运动技能。
- 摄取健康食品的可能性更大。
- 增强自尊。
- 减少不健康行为，如吸烟或服用非法药物。
- 提高社交技能，交友更广泛。
- 在校表现更好，毕业率更高。
- 成年后保持体育运动的可能性更大。
- 身体恢复能力更强。

从正确的年龄开始 在什么年龄给孩子报名参加体育项目，取决于您是否认为自己的孩子能够完成运动项目。孩子在发育成熟的时候就可以开始接触运动。

随着孩子年龄的增长，体育运动的关注点也在变化。最初，重点是玩得开心、享受游戏和获得基本的运动。随后，计分游戏和运动等其他的方面也将会纳入其中。

父母们经常感到压力（有时是自我施加的压力），想让孩子在某项运动中提前获得优势。

对于大多数体育运动来讲，很少有证据表明，从幼时开始对孩子进行训练，在长大后会使他们获得某种额外的技能或优势。实际上，如果孩子在某项运动中挣扎太久，可能会变得焦虑、沮丧或对它失去梦想。

在一年级之前，运动的重点应该放在简单的活动上，如跑步、翻跟头、接球、投掷或游泳。即使人到老年，自由玩耍仍然是身心健康发展的重要组成部分。因此，您应努力帮助孩子在选择简单的活动和自由玩耍之间取得平衡。

选择合适的体育运动 如果孩子对团队运动不是特别感兴趣，那就考虑尝试个人运动，比如网球或保龄球。有些孩子不喜欢运动的原因是不喜欢竞争，这也没关系。非竞争性的活动，如休闲独木舟、徒步旅行或骑自行车，也是很好的选择，这仍然可以让孩子活动起来，而且没有竞争的压力。

有时，孩子会在一段时间后对某种运动失去兴趣。如果孩子不想再报名，或者对某项运动不再满意，您最好不要强迫孩子，但是要继续让孩子保持积极运动的目标，例如尝试一项新的运动或其他非结构化的活动。

运动安全

参加体育运动并非没有受伤的风险，可能造成扭伤、骨折和脑震荡。同时，孩子比成年人更容易发生某些类型的损伤，因为孩子的身体仍在发育中。在身体发育期，孩子的身体情况如下。

- *身体正在发育*。自然的成长过程和快速成长期会改变儿童的运动模式、灵活性、协调性和平衡性。因此，这些都会在某种程度上增加孩子受伤的风险。
- *脆弱的骨骼软骨区*。生长板位于身体长骨的末端，例如大腿的股骨和前臂的桡骨和尺骨等区域。这些区域直到青春期后期才能完全发育成熟，因此很容易骨折。通常，生长板骨折是由于单一的事件导致的，例如一次摔倒撞到了生长板；但也可能是由于重复的压力和劳损，比如过度训练。

专家们一致认为，参加体育运动和进行体力训练的好处通常多于大多数风险。如果您和孩子牢记并采取基本的运动伤害预防措施，就没有必要阻止孩子参加运动。

体育专业化发展 如果孩子在某项运动中展现出天赋或有前途的迹象，那就很容易使您与孩子想在其中投入更多的时间和精力。但在小学阶段，太早专攻一项运动可能并不是一件好事。

体育专业化发展是指对某一项运动进行排他性的全年强化训练。一年四季的训练和比赛可能难以保证孩子足够的休息时间让孩子休养身体，并可能提高受伤的风险。

在体操和花样滑冰等运动项目中，让年轻而正在成长的运动员进行更严格的训练和比赛是很常见的。关于这对孩子的长期影响的研究结果好坏参半。一些研究结果显示没有影响，而另一些研究结果则将孩子在儿童和青少年时期的高强度训练与过劳引起的伤害等问题联系起来。

过度的训练对于女孩（特别是参加强调体重或美学的运动的女孩，如芭蕾舞或体操）有时是有害的。高强度的训练，以及能量摄入的不足，可能导致激素水平发生变化。这种变化可能影响她们的生长和发育，并增加受到某些伤害和发生异常情况的风险。

并非所有的运动损伤都是身体上的。对于专注于某项运动的孩子来讲，缺乏休息会导致精疲力竭和倍感压力。这可能是许多孩子到了高中就停止此项运动的原因之一。

避免运动损伤 多种的活动类型、频率和强度可以让孩子保持健康。为防止孩子过劳引起运动损伤您可以参照以下建议。

- 鼓励孩子参加多种运动。
- 避免在孩子骨骼发育成熟之前专注于一项运动（骨骼成熟通常在青春期后期或接近青春期结束时）。
- 每年从一项单一运动中脱离3~4个月。
- 每周从一项单一运动中脱离1~2天。
- 每周进行一项单一运动的总时间不超

体育与残疾

体育运动有益于所有儿童，包括残疾儿童。如果孩子有身体或智力残疾，请与孩子的主治医生、物理治疗师或治疗师助手讨论如何帮助孩子以健康和安全的方式进行运动。

例如，负重项目可以帮助脑瘫儿童增加肌肉力量和提高耐力。参加专门的有氧运动班可以帮助唐氏综合征儿童提高耐力和完成日常生活任务的能力。孤独症儿童通过锻炼有助于改善行为、减少疲劳和重复运动。

您可以在当地的娱乐中心查询课程。许多社区都有适合残疾儿童的运动班和营地。"特殊奥林匹克"是一个为智障运动员提供训练和组织活动的世界性组织，在美国的每一个州和世界各地都设有分支机构。您可以在特奥会的网站上搜索附近的分支机构。

残疾儿童定期参加体育运动有如下益处。

- 改善因行动能力受损而造成的肌肉张力异常和条件反射；
- 优化身体功能；
- 提高社交技能；
- 提高自信和独立性；
- 增强个人创造力；
- 增进心理健康和提升整体幸福感。

在得到孩子的医疗团队批准后，您应鼓励孩子参加他（她）喜欢的运动。有些运动可能需要父母事先做一些准备，例如患有哮喘的儿童在足球比赛前应使用吸入器，或者学习怎样识别儿童脊髓损伤的早期症状。要尽可能地让孩子保持一种积极进取的态度。在父母、医疗团队和教练的正确指导下，残疾运动员并不会比健全的运动员更容易受伤。

过16小时。

　　一个简易的经验法则是：在一项运动中，每周运动的小时数不能超过孩子的年龄数。例如，一个10岁的棒球运动员每周打棒球的时间不应超过10小时。

　　此外，孩子还可以通过以下措施预防运动相关的损伤。

· 佩戴合适的保护装备，如垫子、口罩和头盔等。

· 做好力量和灵活性训练。

· 当需要时，在运动间隙适当休息。

· 遵守运动规则且不做危险的行为，例如在足球比赛中不争抢头球。

· 如果受伤就退出比赛，在旁边休整。

· 在赛前、赛中和赛后保持充足的水分。

　　如果您担心孩子因为没有接受某项运动的专门训练，从而可能无法具备专业比赛的必要技能，请记住以下的研究结果：许多世界级运动员都有一些共同的特点，即他们年轻时都参加过多种运动，而通常在长大后才开始在特定运动中进行高强度的训练和比赛。

　　此外，要定期拜访孩子的医疗机构。这将有助于缓解您对孩子从事体育训练的担忧。由于运动训练强度的增加，孩子在中学和高中阶段的年度体检通常变得更加重要，因为这将显示孩子是否健康，并且是否可准备好参加比赛。

孩子选择多种体育运动的4个原因

1. 顶级运动员往往如此

88%

的美国大学体育协会（NCAA）Ⅰ级运动员都在儿童时期选择了多种体育运动。

2. 减少严重的损伤

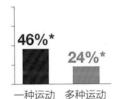

*高中运动员报告中因受伤而减少比赛时间的案例数。

3. 减少遗憾和后悔

43%

的NCAA运动员希望自己当年能花更多的时间在其他运动项目上。

4. 减少厌倦

　　研究结果发现运动员在年轻时从事单一高度专业化训练会带来更大的风险。

· 压力和焦虑。

· 社会隔离。

· 厌倦，最终提早退出此项体育运动。

来源：Mayo Clinic新闻网

建立健康的"家长-教练"关系

谈到体育运动，成年人通常把获胜当作最终目标，但孩子的看法往往有些不同。对儿童的调查结果显示，孩子认为体育运动的最终目标是获得快乐。积极的家长-教练关系可以帮助孩子兼顾这两个目标：一是提高在运动中获得优异成绩的技能，二是享受运动的乐趣。

家长和教练之间的健康关系取决于双方互通，以及一方对另一方的期望。以下是教练和家长分别对对方的一些典型期望。记住这些可以帮助您和教练建立一种和谐而健康的关系。如果您和教练有过赛前的会面，其中一些期望可能听起来很熟悉。

家长对教练的期望

- 清晰地交流关于孩子训练和比赛的日程安排，例如如何在家练习、需要什么样的设备。
- 能为孩子做出提高技能的训练的规划。
- 注重孩子的安全。
- 公平一致地对待孩子。
- 能对孩子提出围绕提高技能的建设性批评。
- 鼓励孩子做到最好，而不是获胜。
- 最终目标是帮助孩子在运动中成长和提高。

教练对家长的期望

- 与孩子一起在家中进行训练，提高孩子的技能。
- 准时参加训练和比赛。
- 对孩子和他（她）的团队给予积极的评价。
- 让孩子知道获得快乐、交朋友和提高技能的重要性。
- 主动帮助教练开展训练，例如在练习过程中安装训练设备，给孩子递水以补充水分，或者当孩子在场边或板凳上时保护孩子的安全。
- 尊重教练在训练和比赛时对孩子的指导，不要在场边大声向孩子发出指令，避免让孩子和其他队员混淆指令。
- 为了在练习和游戏期间保证孩子的安全，向教练提供关于孩子可能发生的所有健康或行为问题的最新信息。

有时，孩子在练习或游戏期间会出现问题，您可能试图和教练进行对话。也许您觉得孩子上场时间太短，或者受到了不公平的对待。建议您考虑第二天再联系教练讨论这些问题，因为这样可以让您的情绪有时间稳定下来，并确保您能够不间断地与教练谈论，而不会让孩子或其他运动员及其父母听到。

此外，请避免在孩子面前消极地谈论教练或团队，这会降低孩子的士气和热情。您应把目光放长远，一个赛季在总体的比赛计划中只是较短的一段时间。您应让孩子养成成熟的行为模式。

第13章
生长期儿童的营养

与大多数父母一样，您可能会担忧孩子的饮食习惯是否健康，以及自己是否做得对：孩子足够健康吗？孩子吃得太多了还是太少了？一次只吃快餐的自驾旅行会使您成为糟糕的家长吗？

安排好能保证孩子生长发育所需的健康、均衡的膳食并非一件容易的事，更不用说还要劝说孩子吃饭了。如果您已经放弃了寻求食物中碳水化合物和蛋白质的完美平衡，而是只做最健康的饭菜，或者只为孩子提供水果和蔬菜作为零食，欢迎加入我们的讨论。您并非独自一人遇到了类似问题。坦白地说，孩子的餐盘可能永远不会像图片上那样完美，也不可能做到真正的完美。

给孩子喂食不仅是为了确保孩子吃对食物，还涉及帮孩子建立起长期而健康的饮食模式，保持孩子膳食平衡，并帮助孩子学习给自己的身体摄入营养。这需要花费一些时间，您可以在吃饭时间与孩子一起观察家庭的饮食习惯和传统。

您应该尽可能多地提供健康的食物选择，让孩子参与到膳食准备的过程中，培养他（她）促进身心健康的饮食习惯。在此过程中，您可以确保孩子摄入所有的必需营养素，并与食物建立健康的关系，这种关系将持续到成年期。

健康饮食指南

让孩子吃得好，或者甚至只是吃得饱，可能是父母面临的最大挑战。您可能会回忆起无数次坐在餐桌旁哄学龄前儿童吃几口饭，或哄着大孩子吃蔬菜的场景。

解决孩子的吃饭问题常常是父母压力最大的一件事。如果没有做到这一点，他们会感到内疚。

但这件事可能也并不像您想的那么困难。以下是一份简单的指南，可以帮助您使孩子养成健康的饮食习惯。

提供健康的食物选择 从所有的食物组合中提供多种健康的选择，以促使孩子吃得更好。

记住，最终是您决定家里存储哪些食品和零食。虽然完全不让孩子吃垃圾食品并不现实，但仍然要想方设法地在日常食谱中加入有营养的食物，比如水果、蔬菜和低脂奶制品等。

把那些健康的食物放在随手拿得到的地方。例如，把一碗小柑橘或一些香蕉放在厨房的柜台上；把低脂酸奶放在冰箱里儿童可取到的位置。

定时用餐 每天为孩子提供3顿营养餐和1~2次健康的零食。

尽可能使全家人坐在一起吃饭。分享家庭餐可以让父母为孩子在选择健康的食物和适当的分量上树立榜样。消除电视和电话等干扰因素，同时鼓励大家在用餐时讨论社会话题。更多关于用餐时间和零食的内容请阅读本章后面的章节。

给孩子选择的空间 作为家长，您可能希望孩子把所提供的每种食物都吃上一点。虽然您可以鼓励孩子这样做，但是要避免强迫孩子去吃。

让孩子从您提供的各种健康食物中做出选择不仅能鼓励孩子享受用餐，还有助于培养孩子的决策能力。

让孩子自己决定吃多少 不要让孩子成为"光盘俱乐部"的一员。相反，您应帮助孩子辨别自己饥饿和吃饱的信号。如果孩子没有吃饱，可以给孩子提供小份的食物或让孩子多吃一会儿。

有时，孩子会说自己吃饱了，但却

平衡保持健康与享受饮食

孩子现阶段所养成的饮食习惯是未来饮食模式的基础。因此，当您喂孩子的时候，应鼓励孩子在保持健康和享受饮食之间保持平衡。如果您对孩子喜欢吃的东西加以限制，强迫他们吃某些食物，或将食物用于补充营养以外的目的（例如为了安慰、奖励或担心孩子体重增加过多等），都可能造成意想不到的后果。这种做法会建立孩子与食物间的不健康关系，并扭曲孩子对身体形象的看法。而且，这反过来也会导致一些问题，例如焦虑、抑郁、体重增加或反复节食后的进食障碍等。请您参阅下一章《预防肥胖症和进食障碍》以获得更深入的了解。

在饭后马上索要一份最喜欢的零食。这时，您一定要坚持事先安排好的饮食计划，并阻止这种行为。

提倡灵活饮食　鼓励灵活的饮食态度。灵活的饮食意味着没有食物被认为是"坏的"或被限制食用。相反，其重点是饮食适度和多样化。它强调食用健康、营养丰富的饭菜，但适当时也允许食用糖果和点心。在比例适当时，所有食物都可以成为健康饮食的一部分。

各年龄段孩子的能量推荐摄入值

下表是根据年龄和性别，对一个中等活动量的孩子每天应该吃多少种食物的推荐安排。

	性别	每日能量 摄入（kcal）	蔬菜*	水果*	谷物*	蛋白质*	牛奶*
3~5岁	女	1200~1400	1.5杯	1~1.5杯	4~5盎司	3~4盎司	2.5杯
	男	1400	1.5杯	1.5杯	5盎司	4盎司	2.5杯
6~8岁	女	1400~1600	1.5~2杯	1.5杯	5盎司	4~5盎司	2.5~3杯
	男	1600	2杯	1.5杯	5盎司	5盎司	3杯
9~12岁	女	1600~2000	2~2.5杯	1.5~2杯	5~6盎司	5~5.5盎司	3杯
	男	1800~2200	2.5~3杯	1.5~2杯	6~7盎司	5~6盎司	3杯

来源：美国农业部

*杯和盎司在这里指与杯或盎司等量。举例：

1杯等量的水果=1个小苹果或者1个大香蕉

1杯等量的蔬菜=1杯生或熟的蔬菜或者2杯生的绿叶菜

1盎司等量的谷物=1片面包、5个全麦饼干或1个小松饼

1杯等量的牛奶= 1.5盎司车打奶酪或8盎司脱脂酸奶

1盎司等量的蛋白质=1个大鸡蛋、1茶匙花生酱或者0.25杯黑豆

查询更多不同种类的与杯和盎司等量的食物请访问 www.choosemyplate.gov

吃什么

没有哪种食物或食物组合能提供孩子成长所需的全部营养。为了注重食物的多样性，您可以每天或每周从下列每组食物类别中各选择一种进行搭配。

蔬菜 蔬菜是膳食纤维的重要来源，还提供丰富的维生素（如维生素A、维生素C、维生素K、维生素E和维生素B_6）和矿物质（如钾、铜、镁和铁），以及叶酸等其他生长和发育必需的元素。每周都必须食用包括深绿色、红色和橙色的蔬菜（如菠菜、西蓝花、甜椒和胡萝卜）和豆类。速冻蔬菜或罐装蔬菜在时间紧迫时更容易烹饪。需要注意的是，您应选择钠含量较低的罐装或包装蔬菜。

水果 水果能为孩子提供大量的营养，包括膳食纤维、钾和维生素C。鼓励孩子吃完整的水果，无论是新鲜的、罐装的、冷冻的或干的，因为整个的水果比果汁含有更多的膳食纤维。罐装的水果内应包含果汁而不是糖浆。如果您想提供果汁，那就选择100%的纯果汁。此外，要特别注意罐装或包装食品中糖的添加。请检查食品包装上标签中的成分，如高果糖玉米糖浆、玉米甜味剂、玉米糖浆和糖，特别是当它们接近成分列表中最高的几项时要尤其注意，因为某种配料在列表上的含量越高，食物中的含量也就越高。

全谷物 全谷物食物能提供多种营养，如膳食纤维、维生素A和维生素B_6，以及大量矿物质。精制或浓缩的谷物通常含有更多的铁和B族维生素。您的孩子可能更喜欢吃白面包、面食和米饭，但也要尽量让孩子每天摄取的谷物中至少有一半是全谷物品种，如全麦面包、面食、燕麦片、爆米花、藜麦、野生稻或糙米。

蛋白质 膳食蛋白质是孩子生长所必需的物质，它为人体所有细胞的结构提供了基本的组成部分（氨基酸）。富含蛋白质的食物还提供多种维生素和矿物质。蛋白质存在于海鲜、瘦肉、家禽、鸡蛋、豆腐、豆类（包括豌豆）、原味坚果、花生酱和坚果酱中。您应选择瘦肉或低脂肪和低钠的肉类，限制孩子食用加工肉类（如熟食制品或午餐肉）。

奶制品 奶制品中含有丰富的钙。钙是强健骨骼重要的营养素。低脂和脱脂奶制品可以提供与普通奶制品相同的营养，但能量更少。您应鼓励孩子多食用各种奶制品，如低脂或脱脂牛奶、酸奶、奶酪或豆类饮料。如果孩子在吃饭时不喝牛奶，可以让孩子在饭后吃一些健康的奶制品零食，比如低脂奶酪条或酸奶。

脂肪 脂肪是人类大脑和神经系统发育所必需的物质，也是能量的良好来源。

水果

全谷物

奶制品

蔬菜

蛋白质

植物油、坚果油和坚果酱可以提供必需脂肪酸和维生素E。健康脂肪也存在于诸如牛油果、橄榄和海鲜等食物中。但饼干和薯条等包装食品中添加的脂肪（例如氢化植物油），以及棕榈油等热带油脂，几乎没有营养价值。另外，要限制孩子的饱和脂肪酸摄入量（主要是动物油脂，如黄油和肉类），多选择植物油和无皮的瘦肉型家禽。

　　健康的饮食理念可以用多种方式来宣传。美国农业部使用一个9英寸（约23厘米）的称为"MyPlate（我的餐盘）"的小餐盘来宣传这样的饮食理念：您每天摄取的大部分食物应该是水果和蔬菜，并辅以全谷物和蛋白质。孩子尤其需要食用各种各样的食物来获取他们所需要的营养，如蛋白质、维生素、矿物质和膳食纤维。

父母作为榜样 孩子会将您的表现作为自己了解和学习食物的榜样。如果您喜欢吃健康的食物，孩子可能也会这样做。如果您说："哇，这些草莓太甜了"或者"我喜欢这些脆脆的胡萝卜"，孩子可能也会喜欢上同样的食物。

如果您在一些特殊场合提供甜点等食物，而不是把这些食物作为奖品或安慰品，孩子就会按照自己的意愿适量地享受这些食物。

当孩子看到您的饮食模式，看到您为了保持身体健康和提升自我形象做出明智的选择和积极的交谈，并进行体育锻炼时，他会愿意采取与您相同的行为模式。

用餐时间

用餐时间为一家人提供了一个聚在一起分享食物与相互陪伴的独特机会。研究结果表明，家庭共同用餐对儿童健康有促进作用。

如果家里的孩子经常在一起吃有营养的食物，则不太可能造成肥胖或进食障碍，孩子也更可能拥有更好的行为、更大的词汇量和更高的学术成就。

随着孩子长大，他们开始参加有组织的课外活动，日程安排往往变得很满。但您只需要做一点准备，就可以让家庭聚餐成为家庭日程中的一个固定部分。

孩子的饭量有多大？

如果用杯和盎司来描述饭量，听起来有点难以理解。并不只有您有这种感觉，它的确很容易令人混淆。

这里有一个简单的替代方法，是用孩子的拳头大小来粗略估计他（她）适合的饭量。例如，对大多数学龄前儿童来讲，拳头的大小相当于半杯或1盎司。对于9岁以上的孩子来讲，拳头则更接近1杯的容量。通常可以用孩子的手掌大小来测量一份蛋白质的量（该方法同样也适用于成年人）。例如，1汤匙相当于一个女性拇指的大小，这样就可以非常方便地估计所需果仁奶油的分量。

在每一顿饭中，一份孩子拳头大小的蔬菜、水果、全谷物和蛋白质可以为每一个食物组提供每日1/4～1/3的食物量。

当然，这并不是一条硬性规定，但您可以利用这些视觉上的估计方法粗略估计孩子的饭量。

吃快餐好不好？

快餐是美国饮食文化的重要组成部分，许多人喜欢它的味道和快捷方便。但一般来讲，快餐比家里烹饪的食物含有更多的能量和钠，有益营养成分却更少。大多数快餐均是如此。

经常吃快餐会导致能量过剩而营养不足，但是完全禁止孩子吃快餐可能会适得其反。因为当某些东西的获取受到限制时，孩子往往更想得到它。

和大多数事情一样，适量是关键。偶尔带孩子出去吃快餐是可以的，但不要让汉堡和薯条代替家里的正餐。一些证据表明，食用过多的快餐可能导致人们对高加工食品或高盐食品形成后天的口味偏好。

在选择快餐时，您应鼓励孩子做出健康的选择。例如用低脂牛奶代替苏打水，用酸奶或苹果代替薯条。在任何时候都可以做到饮食平衡，即使是对于快餐。无论是家庭烹饪，还是菜单点餐，您都可以帮助孩子学会选择营养丰富的饭菜。

请您记住，从长远来看，孩子的总体饮食模式比某一天吃什么食物更为重要。

做好计划 制订在家做饭的餐饮计划更有利于做到健康饮食。可以从计划一周内的3～4顿饭菜开始，留1个或2个晚上吃剩菜，并留1个自由饮食的夜晚。

在食谱中加入每位家庭成员最爱的食物并依次轮换。请参阅第462～469页的每周食谱举例和提高烹饪效率的方法。

请安排至少一种孩子喜欢吃的食物，以增加他们吃晚餐的可能性。

提前规划好饮食安排将有助于节省时间和金钱。您可以在购物时寻找最优惠的商品，并且不必再浪费时间去商店买意外缺少的配料。

消除干扰因素 把桌子上的电子屏幕关掉有助于让一家人专注于吃饭和交谈。研究结果表明，吃饭时看电视或使用电子设备会导致暴饮暴食与儿童肥胖，还会让年轻人或挑食的孩子在吃饭时分心。

让用餐变得更加愉快 可以试着让烹饪家庭美食的时间成为令人愉快的时光。在做饭时您可以与孩子谈谈一天的情况，分享有趣的故事并一起规划未来美好的安排等。

不必担心孩子会吃得乱七八糟。尝试着忽略洒下的牛奶或掉落的食物，避免对孩子的餐桌礼仪过于严格。孩子最终会掌握如何摆放胳膊和使用餐具，因为当他们看到您的用餐方式后，他们就会知道自己应该怎么做。

让做饭变得简单　在家吃饭并不意味着要烹饪复杂的饭菜或会耗费很长时间准备。使用健康的快捷方式可以节省时间，例如购买切洗好的新鲜或冷冻蔬菜、袋装沙拉、烤鸡或金枪鱼罐头等。为了充分节约做饭的时间，在前一天晚上多准备一些食材，会让第二天的做饭过程更加顺利。

健康地安排零食

零食是孩子的最爱，并且也可以成为孩子健康饮食的重要组成部分。因为儿童的胃比成年人小，所以在两餐之间吃点健康的零食有助于满足孩子对能量和营养的需求。

有计划地吃零食有助于构建健康的家庭饮食模式和防止孩子乱吃零食。您如果能提前规划好零食的安排，就有更多的时间制订更好的策略和做出更健康的选择。

为了把零食融入孩子的健康饮食安排，您应该计划好如何安排零食和用餐时间，以及食物种类和数量。一般来讲，孩子可以每隔3～4小时吃一顿健康的饭菜或零食。以下是一些安排零食的小贴士。

跟孩子一起规划　您可以邀请孩子共同计划零食安排和准备零食。与孩子一起做一份零食清单，并把它张贴在冰箱或橱柜上。如果孩子还不识字，可以剪下健康零食的图片制作一张图片零食计划的小海报。

让零食更容易拿到　请把健康的零食放在容易拿取或看到的地方。提前准备好新鲜的水果和蔬菜，比如把甜瓜或芹菜提前切成条，以便它们更容易被抓取。把袋装的干果或什锦杂果放在饼干罐里，并在橱柜和冰箱里留出一片特别的地方专门存放健康零食，这同样容易被孩子找到。

规定零食时间　在规定的时间内为孩子提供零食，而不是一天中的任何时间都提供。孩子可以在下一餐前的1～2小时吃零食，但不要在饭后直接吃零食。可以让孩子感到饥饿，因为略微的饥饿会让孩子期待下一顿正餐。

准备适合孩子的分量的零食　大份的零食会让孩子在下一餐食欲减退。请查询零食的推荐摄入量，并记住对于学龄前儿童来讲，预先包装好的食物的分量可能太大。您应在零食碗或零食袋中装好儿童分量的动物饼干或干麦片，而不是让孩子拿着整包的零食吃。

把不同的食物混合在一起 尽量准备完整的水果或蔬菜作为零食的一部分，同时提供一些碳水化合物或蛋白质做补充。不过，一份玉米卷、一片披萨或一半花生酱和一半果酱的三明治在孩子下午去参加活动的路途中也可以成为营养丰富的零食。而且，只要孩子的饮食均衡，偶尔吃一点高糖或高脂肪的零食并没关系。

自己动手做零食 零食的食材包括全麦麦片、葡萄干、爆米花或者您最喜欢的香料烤鹰嘴豆罐头。自己做的零食通常更有营养，对孩子也更有吸引力。

如果让孩子自己决定混合哪些零食，这些自制的混合零食通常会让他们更加高兴。

让孩子一起参与

随着孩子逐渐长大，他们会期望在家庭决策中拥有发言权。让孩子参与家庭饮食计划的制定，或让他（她）接触一些营养学课程，以让孩子对家庭饭菜当家做主。

您可以先与孩子一起去杂货店买菜，或者让孩子在家里帮忙准备饭菜。这是一种教孩子关于营养的知识的有趣

有哪些健康的零食

健康的零食如下所示。
- 苹果片或芹菜条配花生酱。
- 皮塔饼或薯条配鹰嘴豆泥。
- 不加糖的苹果酱。
- 黄瓜或胡萝卜蘸酸奶。
- 椒盐卷饼加葡萄。
- 爆米花。
- 小份饼干加奶酪。
- 蒸豆子（毛豆）。
- 冷冻酸奶或酸奶冰棍。
- 水果杯或自带果汁的水果罐头。
- 低脂布丁。

方式，同时是一个很好的交流机会。让孩子参与购物和烹饪的过程，还可以增加他们尝试新食物的意愿。

一起去杂货店购物　如果孩子正在学习有关营养的知识，您可以在杂货店里扮演讲解者的角色，例如给孩子解释为什么您选择了某种特殊的食物，或者请孩子帮忙在货架上寻找某些食材。您甚至可以把它变成一个有趣的侦探游戏。

带孩子去杂货店购物不仅是一个向他（她）介绍不同食物的好方法，还可以通过更多的对话促进孩子的大脑发育和增加词汇量。

让孩子准备购物清单　如果孩子已经可以阅读或者能认出一些字词，那么您可以和孩子一起准备购物清单，例如让他们写下或画出配料来补充购物清单。

在杂货店时，可以让孩子保管购物清单并准备一支铅笔。当您把东西放进购物车时，让孩子把它从清单上划掉。这样会让购物更有条理，同时让孩子参与购物过程。

如果孩子只认识几个食物的词语，也不必担心。可以将购物清单看作一本彩色的书籍，即使孩子只能从中进行少量的学习也是有益的。

征询孩子的意见　如果饭菜的食材有多种选择，比如不同的蔬菜、水果或配菜，那么您可以征询孩子的意见。

给孩子提供一些选择会提高饭菜的多样性并增加孩子对这顿饭的投入，使他（她）更加享受这顿饭。

共同计划菜单　与孩子一起计划家庭的每周菜单。即使孩子只计划了一顿饭，这也是一个让他们参与菜单准备的有趣过程。如果孩子坚持要吃热狗，那就用全麦面包和蔬菜来制作这个食物。

计划一道孩子可以做的菜　可以用沙拉或洗干净的水果作为甜点，并事先列出配料。如果您有一个以上的孩子，可以让孩子互相帮助。为家庭聚餐做一道菜会让孩子获得成就感和自豪感，并学会有用的烹饪技巧。

给孩子分配一个任务　年长的孩子可以学习准备食物的技巧，比如按照简单的食谱准备蔬菜。年幼的孩子可以从小任务开始，比如取食材，将预先称量过的食材倒入碗中，或者在碗里搅拌食材。

正确面对挑食

您的孩子是会把菜花拨到盘子的一

边，还是根本不让菜花放在盘子里？他对您精心烹饪的饭菜不屑一顾吗？他除了鸡块、通心粉和奶酪，其余的什么都不吃吗？

小孩子通常对食物的外观和味道很敏感。如果孩子拒绝某类的全部食物，您可能觉得这种挑食的现象会给他（她）的饮食习惯带来负面影响。

不用担心。挑食在幼儿和学龄前儿童中最为常见，但是随着孩子年龄的增长，它往往会逐渐缓解。您应该知道，您没有权利让孩子喜欢某种食物。研究结果表明，经历是接受和喜欢唯一的影响因素。您能做的是给孩子提供更多接触食物的机会，无论是在查阅、购买、准备或品尝食物时。

这里有一些小技巧能帮助您解决孩子挑食的问题。

避免因食物而吵架　避免与孩子做接受或远离某种食物的交易。坚决不要用甜点当诱惑，也不要强迫孩子吃他（她）不喜欢的食物。如果孩子不饿，尽量不要强迫他吃饭。否则以上行为会造成您与孩子的权力斗争，导致吃饭时间充满压力和焦虑。

从少量开始　开始吃某种食物的时候先少一些，同时给孩子添加食物的权力，因为吃太多会让孩子感到不舒服。如果孩子拒绝吃任何东西，请让他（她）在家庭用餐时留在餐桌边。不要给孩子单独做饭，因为这样反而会强化挑食的习惯。

坚持不懈　如果您经常让孩子接触某种食物，他们就会更容易喜欢这种食物。即使孩子第一次吃时不喜欢这种食物，也要继续提供。研究结果表明，在一般情况下，孩子在接受某种食物（如蔬菜）之前，需要8～10次尝试。如果在孩子熟悉和喜欢的食物中准备一点新的食物，他们通常会更愿意尝试新的食物。

要有创意　有时，孩子不一定是反感食物本身，而是食物的呈现方式。例如，孩子可能不喜欢把食物混合在一起，或者不喜欢让盘中不同的食物挨在一起。如果是这种情况，请试着改变装盘的方式。

例如，将一组小碗或蛋糕杯摆放成自助餐的样子，并在里面放一些贝壳形通心粉、火腿丁、豆腐或小西蓝花等。这种简单的方法可以让孩子从健康的食物范围中挑选食物。

要有耐心　不要太担心孩子的饮食品种不足或饮食安排不规律。这在小孩子身上很常见。

您应专注于为孩子提供健康的选择。如果孩子每天中午都想吃花生酱三明治，这没关系。偶尔试着把它和一些不同的食物放在一起，看看孩子的反应如何。

记住，大多数孩子都能够在一周时间里使饮食营养达到良好的平衡，所以避免因为一顿饭给自己或孩子带来太大压力。孩子挑食不可能在一夜之间改变，所以您可以采取一些小的措施，并保留有效的部分。

如果您已经试过这些方法但没有效果，或者如果您担心孩子挑食会损害他（她）的健康，请联系孩子的医生或营养师。他们可以帮助您为孩子制订饮食计划，确保孩子获得健康成长所需的营养。

特殊饮食者

可能因为某种规则、偏好或医疗需要，某种特殊的饮食结构会更适合您的家庭。与其他饮食模式一样，您要努力找到适合孩子的年龄、性别和活动水平的营养平衡。

素食者和素食家庭　很多的家庭选择素食，并养育孩子。植物性饮食有很多好处，例如，改善心脏健康、降低糖尿病和儿童肥胖症的风险。

只需稍加计划，素食就可以满足所

有年龄段人群的需要。但重要的是，孩子应摄入能满足他（她）生长发育所需的所有维生素、矿物质等营养素。与其他饮食一样，素食的关键也是包括各种各样的食物。

记住，孩子的饮食范围越有限，获得他们所需的所有营养素就越具有挑战性。例如，纯素饮食排除了维生素B$_{12}$的天然食物来源，包括含钙的奶制品。

为了维持孩子的饮食平衡，要特别关注以下营养素。

钙和维生素D 钙有助于构建和保持牙齿和骨骼的坚固。牛奶和奶制品的钙含量最高，但如果孩子不吃奶制品，还有其他方法来摄入足够的钙。深绿色的蔬菜，如绿叶甘蓝和西蓝花，大量食用时是钙的良好来源。富含钙和钙强化食品（包括果汁、谷类食品、黄豆奶和豆腐），以及许多植物奶（如黄豆、坚果等牛奶替代品）也可选择。

维生素D对骨骼健康具有重要作用。牛奶、一些品牌的植物奶替代品、一些谷类食品和人造黄油中都添加有维生素D，因此您在购买时一定要检查食品标签。如果孩子没有食用足够的钙强化食品，请咨询医生，让他为孩子提供从植物中提取的维生素D补充剂。

维生素B$_{12}$ 维生素B$_{12}$是生成红细胞和预防贫血所必需的有机化合物。这种维生素几乎只存在于动物制品中，因此在纯素饮食中很难获得足够的维生素B$_{12}$。

维生素B$_{12}$缺乏症很难在素食者身上被发现，这是因为素食者的饮食中富含一种叫作叶酸的维生素。叶酸可以掩盖维生素B$_{12}$的缺乏，直到出现严重的营养不良。因此，素食者必须考虑食用维生素补充剂、富含维生素的谷类食品和维生素强化豆制品。

蛋白质 蛋白质对孩子的生长很重要，它有助于保持皮肤、骨骼、肌肉和器官的健康。鸡蛋和奶制品是蛋白质的良好来源。孩子不需要吃大量的食物就能满足他（她）蛋白质的需求。

如果孩子只吃各种各样的植物性食物，他们也能从中获得足够的蛋白质。植物中的蛋白质来源于坚果、坚果酱、豆类和全谷物食物。

ω-3脂肪酸 ω-3脂肪酸对心脏的健康与眼睛和大脑的发育很重要。缺少鱼类和蛋类的饮食的孩子通常活性ω-3脂肪酸偏低。

菜籽油、大豆油、核桃、亚麻籽和大豆是ω-3脂肪酸的良好来源。然而，由于植物性ω-3脂肪酸的转化效率低于

素食儿童的每日营养建议

下表提供了对素食儿童的每日营养建议，可以确保孩子获得健康成长所需的足够的维生素、矿物质等营养素。

热量水平（kcal）	1000	1200	1400	1600	1800	2000
食物组			每日量*			
蔬菜（深绿、红色和橙色品种）	1杯	1.5杯	1.5杯	2杯	2.5杯	2.5杯
水果	1杯	1杯	1.5杯	1.5杯	1.5杯	2杯
谷物（每日谷物的一半=全谷物）	3盎司	4盎司	5盎司	5.5盎司	6.5盎司	6.5盎司
奶制品	2杯	2.5杯	2.5杯	3杯	3杯	3杯
蛋白质（鸡蛋、豆类、坚果）	2盎司	3盎司	3盎司	3盎司	3盎司	3盎司
油类	15克	17克	17克	22克	24克	27克

来源：美国农业部

*杯和盎司在这里指与杯或盎司等量。举例：

1杯等量的水果=1个小苹果或者大香蕉

1杯等量的蔬菜=1杯生或熟的蔬菜或者2杯生的绿叶菜

1盎司等量谷物=1片面包、5个全麦饼干或1个小松饼

1杯等量牛奶=1.5盎司车打奶酪或8盎司脱脂酸奶

1盎司等量蛋白质=1个大鸡蛋、1茶匙花生酱或者1/4杯黑豆

更多不同种类的杯和盎司等量食物请访问 www.choosemyplate.gov

鱼类的，因此您可从强化产品或补充剂中寻找ω-3脂肪酸的其他来源。

铁和锌 铁是红细胞的重要组成部分。干制豆类、豌豆、扁豆、强化谷物食品、全麦产品、深绿色叶蔬菜和果脯是铁的良好来源。

由于植物性铁不容易被吸收，素食者的铁的推荐摄入量几乎是非素食者的两倍。为了帮助孩子的身体吸收铁，请在提供含铁食物的同时，提供富含维生素C的食物（如草莓、柑橘类水果、西红柿、卷心菜和西蓝花）。例如为孩子准备一碗麦片加草莓。

和铁一样，同动物制品相比，植物中的锌也不容易被吸收。如果您的孩子吃奶制品，奶酪会是个不错的选择。锌的植物来源包括全谷物食物、豆制品、坚果和小麦胚芽。锌是许多酶的重要组成部分，在细胞分裂和蛋白质形成中起促进作用。

碘　碘是甲状腺激素中的一种成分，有助于调节重要器官的代谢、生长和功能。纯素食者可能有缺碘的危险。每天1/4茶匙的含碘盐即可提供足够的碘。

医学原因的饮食限制　有时出于医学方面的原因，孩子的饮食需要被限制，比如患有食物过敏或乳糜泻等疾病。在乳糜泻这类疾病中，免疫系统会对一种叫作麦麸的普通谷物蛋白反应过度。

当孩子被诊断出患有食物过敏、食物不耐受或乳糜泻等疾病时，治疗方式包括远离所有含过敏成分的食物。这对于缓解病症和预防并发症非常有效。

进行医学原因的饮食限制对孩子和整个家庭来讲都是一个挑战。不过，只要有耐心和毅力，这是可以做到的。

在家里时　当孩子需要适应远离某种特定食物的生活时，您提供支持的一种方法就是在家里建立一个安全而积极的环境。以下是您可以采取的方法。

- *教育您的孩子*　您能给孩子的最好的礼物就是让他（她）对自己的身体状况有全面的了解，以及为什么要遵循规定的饮食。对自己的身体状况和饮食限制背后的原因充分了解的孩子，更有可能坚持饮食限制。但如果他们不能正确理解或不完全理解摄入有害成分为什么会影响健康，则难以很好地坚持。

- *改造您的厨房*　现在，厨房需要大的改造。例如，因为很多食品中都含有麦麸，所以应该有单独的空间来存放含有麦麸的食品。这可能需要设置单独的烤箱、单独的准备区域或封闭的麦麸成分容器。改造好厨房会让家庭生活更方便，也会让孩子更容易快速取到合适的零食。

- *掌握食品标签*　了解哪些成分需要特别注意，并在孩子能够阅读时教给他，以让他（她）主动远离这些成分。

- *让孩子一起参与*　带着孩子去杂货店购物，让他（她）帮您选择食物。表扬他正确的选择，并解释为什么其他食物不安全。在家里，让孩子参与食物的准备。教给他（她）准备零食和饭菜所需的技能，并让孩子帮忙打包学校午餐。

在学校和其他地方时　医学原因的

食物过敏

食物过敏在儿童中相当普遍。几乎所有食物都可能引起过敏反应，但大多数过敏反应是由少数食物引起的，例如牛奶、鸡蛋、干果（花生和树坚果）、鱼类、贝类、小麦和大豆。孩子们通常对牛奶、鸡蛋、大豆和小麦过敏，但对干果、鱼类和贝类的过敏可能更持久。

大多数食物过敏会马上出现反应，症状包括皮肤痒、荨麻疹、水肿、腹泻、呕吐和呼吸困难等。

在少数情况下，食物过敏会以过敏性休克的形式导致生命危险。严重过敏反应需要紧急治疗，包括立即注射肾上腺素。

如果孩子有食物过敏的迹象，请咨询孩子的医疗机构。您可以带孩子求诊过敏专家，并进行特殊的测试，以确定潜在的过敏原。食物过敏通常需要严格限制引起问题的食物。如果孩子对食物过敏，请提前准备好肾上腺素自动注射器以备紧急情况下使用。

口腔过敏综合征　有季节性过敏史的儿童可能在食用某些生水果或蔬菜后会出现口痒或喉咙痒的症状（即口腔过敏综合征）。当空气中的花粉与生水果和蔬菜中的蛋白质发生交叉反应时就会出现这种情况。例如，对豚草敏感的人可能在同时接触香蕉或西瓜等水果时有过敏反应。

食物不耐受　并非所有对食物的反应都与免疫系统有关。食物过敏有时会与对某些食物敏感或不耐受相混淆。对某种食物的不耐受通常会引起消化系统不良反应，如胃痛、胀气或腹泻，但与免疫系统无关。例如，一些儿童没有足够的酶来消化乳糖，这使得他们对乳糖不耐受。

饮食限制可能在社交场合给孩子带来困难，比如在学校无法吃食堂，或者不能在生日聚会上吃蛋糕。

与其把注意力集中在孩子不能拥有的东西上，不如帮助孩子把握能够拥有的东西。试着提前设想可能遇到的困难，以便您与孩子能一起做好准备。以下内容能帮助孩子处理社交困难。

- *角色扮演*　给孩子练习解释的机会。假装您是朋友、家人或其他成年人，并设想一系列的情境以帮助孩子想出合适的语言来解释为什么他（她）不

能吃某种东西。

- *提前打电话说明情况*　无论是朋友家的生日派对，还是餐馆的餐后活动，您都要提前与负责人联系，解释孩子对某种食物过敏，并询问会提供什么食物。准备好一种简单的方式解释孩子的病情，并强调这是医学上的要求，而不是偏好或挑食。如有需要，让对方知道孩子会自备另一种食物来吃。当孩子长大以后，鼓励他（她）也这样做。

- *提供安全的替代食品*　如果派对上会有限制性的食物，一定要为孩子准备一个最喜欢的替代品。如果有类似或更理想的选择，孩子一般不会感到被剥夺了享受快乐的权利。

- *教会孩子说"不，谢谢"*　某些善意的孩子或成年人可能不完全理解您的孩子远离某种食物的必要。当孩子收到不安全的食物时，他应知道如何有礼貌但坚决地拒绝。

- *建立食品交易制度*　当孩子不能吃某些食物时，他可能很难尽情享受类似万圣节的节日活动。如果孩子带着不能吃的食物回家，您应准备一篮子安全的替代食物。这样，孩子就可以用不安全的食物来换取理想的安全食物。

- *准备好赛后的小吃*　许多儿童运动队在训练或比赛后会分享点心或举办庆祝餐。一定要把孩子的情况告诉教练。如果其他父母轮流带零食，您也可以通知他们。为了安全起见，一定要让孩子一直带着最喜欢的零食，以备别人带来他（她）不能吃的东西。如果孩子要出去吃饭，您也要提前做好计划。

• *提前做好营地规划* 提前给孩子的营地打电话，以了解工作人员是否能满足孩子的饮食需求。如果您担心营地不能一直提供合适的食物和零食，请自己准备食物。建议您用一个大的冷藏箱或一个行李箱装满孩子在营地过夜所需的所有食物。询问自助餐厅的工作人员是否可以为您的孩子准备这种食物。或者，如果孩子有能力也愿意的话，可以让他（她）帮忙准备饭菜。

• *不要过于限制您的孩子* 鼓励孩子参加其他孩子都会参加的所有活动。这有利于他们的情感发展和社交技能进步。只需遵循上述的预防措施即可。

特别注意 如果您的孩子不患乳糜泻或者没有被健康专家诊断为麸质不耐受，最好不要让孩子成为无麸质食物者（即应该适当食用含麸质的食物）。

这是因为含有麸质的食物（如全麦面包、面食和饼干）通常也含有有助于儿童生长发育的营养物质，如膳食纤维、维生素和矿物质。

不咨询医疗机构就从孩子的饮食中去除某些成分，可能会导致孩子营养不良，以及不必要的社交困难。

维生素和矿物质补充剂

您可能在超市看到过可爱的维生素软糖，孩子也可能想让您购买过。"妈妈，它们是维生素，对您有好处!"但对于孩子用来补充维生素和矿物质的补充剂来说，少即是多。多数孩子可以从每天吃的食物中获得适量的营养素。

尽管一些复合维生素孩子可以食用，但很多还没有进行安全性研究或测试，也没有检验过效果。大剂量的维生素和矿物质对孩子是有毒的，并且可能与孩子服用的药物产生相互作用。

与其让孩子处于危险之中，不如试着从健康的饮食中获取孩子所需要的所有营养素。补充剂不能复制食物所有的营养素和益处，比如食物可提供的复杂的微量营养素、膳食纤维和抗氧化剂。

如果您的孩子有不良健康状况或需要特殊饮食，医生会推荐多种维生素或补充剂，以提供孩子饮食中缺少的营养素。如果孩子确实需要复合维生素或补充剂，请遵循以下提示。

• 一定要选择适合其年龄的复合维生素，不要超过每日维生素和矿物质推荐摄入量的一倍。

• 多种维生素应存放在孩子拿不到的

地方。

- 给孩子强调维生素不是糖果，虽然看起来有些像。

维生素D 有些孩子很难摄入足量的维生素D。健康的孩子每天需要补充600IUs（国际单位）的维生素D。

维生素D主要在皮肤暴露于阳光下时产生，有助于骨骼强健地发展。据估计，人体每天只需要几分钟的阳光照射就能产生足够的维生素D。

如果您住的地方或一年中的天气状况使孩子无法从阳光下获取足够的维生素D，医生可能会建议额外补充。

强化食品（如牛奶、一些品牌的橙汁或酸奶，以及早餐麦片）是美国饮食中维生素D的重要来源。三文鱼、金枪鱼和剑鱼也是维生素D的优质来源。如果您担心孩子不能在膳食中获取足够的维生素D，请咨询医生。

铁 铁是儿童的一种必需营养素，含铁的血红蛋白负责将氧气输送到全身。健康的孩子每天需要7～10毫克的铁。铁元素存在于强化谷物、瘦肉、豆腐、豆类和全谷物食品中。

牛奶会抑制人体对铁的吸收，因此每天喝超过24盎司牛奶的儿童会增加缺铁性贫血的风险。为了确保孩子摄入足够的铁，可以食用富含铁的食物，并限制牛奶的饮用量。

终生营养

孩子的营养问题让父母压力很大。有时候，似乎这一切都与营养数值和饮食规则有关，如果您不能正确地理解它，作为父母就会失败。但孩子的营养问题远不只是他（她）每餐所吃食物的比例问题。请您把眼光放远，帮助孩子养成健康的饮食习惯会使孩子受益一生。为孩子提供各种各样的健康食品，合理安排家庭用餐和零食，自己也养成良好的饮食习惯，以身作则。最重要的是，享受和家人一起吃饭的时光。祝您身体健康！

第 14 章
预防肥胖症和进食障碍

对于一些孩子来讲，因为节食、保持身体形象以及塑造"完美"身材等想法，饮食会变得复杂。这些观念可能来自希望孩子保持健康体重的善意的父母，也可能来自朋友、社交媒体、名人新闻或医生。美国文化倾向于认为瘦长和健美是完美的，这一点在大众传媒和大众娱乐中得到了突出体现。作为孩子，很难区分什么是健康的，什么是不健康的。如果没有正确的引导，孩子可能陷入不健康的饮食模式，从而产生长久的影响。

作为家长，您应保护自己的孩子免受这些影响，将自己的注意力集中在孩子的整体健康上。这意味着您不必在意孩子体重是否正好"合适"，也不必强调诸如能量或"好"和"坏"食物之类的概念。那样做有可能导致孩子对进食和体重控制产生焦虑，如对自己的体形不满意，并且易受不健康饮食习惯的影响。

相反，您可以积极倡导一种平衡和容易被接受的食物和营养观念，这将有助于孩子形成终生健康的观念和合适的饮食习惯。

预防为重

目前，有一项大型并持续进行的研究致力于寻找防止儿童肥胖症和进食障碍的方法。对肥胖率上升的担忧导致人们越来越重视健康饮食和保持健康体重。一般来讲，这些信息是重要而有益的，但有时也会被误解。为了减少热量摄入和"变得更健康"，一些孩子和成年人采取了不健康的饮食行为，例如不吃饭，从饮食中剔除某类食物，甚至通过呕吐或服用泻药来减轻体重。

为了确保正确信息的传播，医学专家提出了一些建议，以帮助父母和孩子形成有关健康营养和体形的健康观念。

避免让孩子"节食" 孩子不应该为了减肥而"节食"。大多数形式的节食都因为限制太多而很难持续，而且可能有害于儿童的成长和发展。（此外，大多数典型的节食方式对成年人也没有那么好的效果。）

研究结果表明，节食可能会适得其反，最终导致体重增加而非减轻。这是因为大多数节食通常是时断时续的。因为在被剥夺了一周的饮食后，大多数人自然想放纵自己。

此外，身体的自我适应机制使得体重在减轻时，反倒促进了新陈代谢向体重增加的模式转变。如果节食的结果是体重比以前更重，这会导致孩子的失望和羞耻感，并开始另一轮节食的循环。女孩和男孩都是这样。并且，节食的习惯会剥夺孩子必要的营养，提高孩子患进食障碍的风险。

所以，拒绝节食，代之以鼓励孩子养成良好的生活习惯，包括均衡的饮食和规律的体育锻炼。通过强调能吃什么，能做什么，以及把注意力从限制食物和减肥中移开，您将帮助孩子养成积极、可持续的好习惯。

定期家庭聚餐 经常进行愉快的家庭聚餐能够降低儿童（特别是女孩）患进食障碍的风险。一家人坐在一起吃饭的次数越多，孩子食用水果、蔬菜、钙和膳食纤维的可能性就越大，喝含糖饮料的可能性就越小。从长远来看，这些习惯有助于孩子在成年后保持健康的体重。

家庭共同进餐给孩子提供了比他们自己能想到的更健康的饮食选择。在家庭聚餐中，孩子还可以与父母互动，观察父母做出的健康选择。从父母的角度来看，一起吃饭可以更好地了解孩子的饮食习惯，并有更多的机会尽早解决问题。

避免谈论体重 当您注意到孩子的体重时，您很难不谈论它。但研究结果表明，谈论体形、节食或减肥可能是有害的。对进食障碍康复者的调查结果显示，在家里谈论体重会对孩子的身体形象塑造和体重控制产生深远的负面影响。

在家里谈论体重不仅包括谈论孩子的体形，也包括您自己和其他人的体形，甚至包括那些被认为是积极的体重的相关话题。比如，"您真瘦！我好羡慕"，会暗示孩子，您认为苗条是一种好的品质。言下之意，如果他（她）的体重增加，您就会表示否定。

在描述自己或他人时，避免使用"糟糕"或"恶心"等字眼。帮助孩子保持健康的方法有很多种，在不同的人身上健康的体重会有所不同。鼓励您的家人使用适当的语言评价他人的外表，并且不要在谈论超重或肥胖的人时使用外号。

不要谈论减肥或增重，多做些事情来帮助孩子养成积极的习惯。创造良好的家庭氛围，使孩子愿意吃健康食品和多参加体育运动。

不要取笑他人 取笑与减肥行为密切相关。取笑是带有感染力的，但它的影响通常是负面的。在家庭中调侃体重往往导致孩子向超重的方向发展，以及女孩的暴饮暴食或厌食。与体重有关的外号或描述（如"肥×"或"胖×"）往往会持续到青春期或成年，这些评论所造成的伤害也会一直存在。

在日常生活中有很多幽默的笑话使人发笑，但孩子的体重（或其他人的体重）不应在其中。

塑造健康的身体形象 研究结果表明，对自己外表的不满意与进食障碍风险的增加有明显的关系。对自己的体形不满意的女孩和男孩，特别是在青春期时，不太可能进行体育运动，反而更可能采取不健康的饮食行为。

当您的孩子问他（她）看起来是否正常时，请真诚且正面地评价他（她），让您的话语中充满爱。鼓励孩子把自己的身体看作一份神奇的礼物，并用健康、积极的行为来照顾和养育它。

起初，您可以大声地表扬孩子积极的、外表以外的特质，比如您的儿子富于同情心，或您的女儿具有果断的判断力。

同时，表达您对自己身体健康的评价。避免自我批评，并提醒自己，杂志和社交媒体上展示的有超级身材的模特或名人通常并不代表健康、真实的身体。这些形象通常是通过电子手段修图塑造的。相反，您应该更关注自己的健康习惯，发扬外表以外的优点。

儿童与饮食行为

典型的进食障碍通常在青少年时期和年轻人时期才会出现，但这并不意味着危险的症状不会更早出现。5岁或6岁的女孩已经开始表现出对苗条的渴望和节食的意识。

美国儿科学会（AAP）称，越来越多的12岁以下儿童患上进食障碍，而且不仅只发生在白人女孩身上，男孩和少数种裔的患病率也在上升，并发生在不同的社会经济阶层。

饮食失调 在早期，孩子可能陷入不健康的饮食模式。饮食失调是广泛用于不健康饮食行为的术语，虽然不一定属于进食障碍的范畴（如神经性厌食症

鼓励塑造健康的身体形象

由于同龄人和媒体的强大影响，您可能注意到孩子开始对自己形成负面或不健康的看法。作为家长，尽早处理这些负面信息是很重要的。为了帮助孩子塑造健康的身体形象，您可以尝试以下方式。

解读媒体信息 如今的孩子会接触大量的电视和数字媒体，这意味着孩子很可能从电视、电影、音乐和他最喜欢的媒体视频中获得对于自己身体的看法。

了解孩子在读什么和看什么，并将这些观点作为讨论的切入点，讨论社会如何理解魅力。谈论是什么让人们在现实生活中变得有吸引力，比如同理心或积极的人生观。

限制使用社交媒体 孩子在很小的时候就能接触信息技术，包括登录社交网站。他（她）可能会分享图片或发布视频，并接收同龄人的反馈。您并不总能了解孩子的同龄人在说什么，或孩子正在接收什么类型的信息。

与孩子建立开放、诚实的关系能让您知道孩子的网上行为。对于年幼的孩子，您可以晚几年再允许他建立个人社交媒体账户，或者让社交媒体账户透明化，只有与您共享密码时，孩子才能访问账户。

赞同身体的多样性 您的孩子可能会拿自己和其他人比较，并相信某种体形是最好的。告诉孩子，每人的身体各不相同，没有哪一种比另一种更好。随着时间的推移，每一时期的文化对审美的看法是不同的。

树立积极的榜样 完全屏蔽媒体几乎不可能，但您可以推荐孩子关注那些凭借成就而不是外表出名的人。当您谈论新闻中的名人或人物时，要避免批评他们的体形（大或者小）或外貌。

赞美您所珍视的品质 表扬和肯定孩子与内在美有关的品质，如慷慨、善良和勇敢。同时，也要赞美其他人的这些品质。这样做有助于孩子了解您最看重的是什么。

鼓励健康的友谊 在童年和青春期，对孩子来讲没有比朋友更重要的事情。但是，朋友的影响可能是积极的，也可能是消极的。所以，试着了解孩子的朋友、朋友的父母以及孩子在与朋友相处时喜欢的活动。

或暴食症），但它仍然是有害的。饮食失调的迹象如下所示。

- 将食物分为"好"和"坏"两类。
- 持续担心发胖或谈论减肥。
- 饮食习惯突然改变，如不吃饭或过分注重吃"健康"食物。
- 突然遵循饮食限制，例如低碳水化合物或无麸质饮食，但不是因为医学原因。
- 远离朋友和喜爱的活动。
- 对某些饮食和运动方案的过度执行，例如不参加披萨派对而去锻炼或不吃"坏"食物。
- 慢性节食。

通常，饮食失调的孩子不明白他的选择对其健康有多大的影响。

饮食失调的后果包括肥胖症、进食障碍、骨质流失、消化问题、水和电解质失衡、心脏和血压不规则、焦虑、抑郁和增加被孤立的风险。

饮食失调的孩子承受着相当大的身体、情绪和精神压力。

如果您的孩子开始表现出这些行为，请温柔但坚定地引导他（她）回到健康饮食的原则，即食物本身并不分"好坏"，适度是关键（见第13章）。

进食障碍　一些饮食失调的孩子会发展成进食障碍。进食障碍是种严重、复杂的疾病，会导致身体无法获得所需的营养。

进食障碍会损害心脏、消化系统、骨骼、牙齿和口腔，阻碍生长发育，并导致其他疾病，甚至可能危及生命。

进食障碍分为几种不同的类型。最常见的是神经性厌食症、贪食症和暴食症。这些病症通常与饮食相关的根深蒂固的罪恶感和羞耻感，以及扭曲的身体形象观念有关。患者通过极端的措施（如禁食、过度运动、呕吐或饭后使用泻药）以消耗能量。

回避/限制性食物摄入障碍（ARFID）是一种少为人知的进食障碍，但也会产生破坏性的影响。它更可能发生在较年幼的孩子身上，使孩子在饮食上的极端挑剔，以至于体重显著下降或无法增加。不吃食物是因为缺乏兴趣，厌恶食物的颜色、质地、气味或味道，或者害怕窒息等危险，担忧体重增加反而通常不是影响因素。

从进食障碍中完全康复是有可能的，尤其是早期识别并且早期治疗。进行热量摄入大幅减少相关的进食障碍的治疗，可以让孩子的体重和身体系统功能恢复正常水平。这通常包括制订并执行一个为孩子提供适当热量的膳食和零食的时间表。

如果孩子出现回避/限制性食物摄入障碍的症状，并且体重减轻，请向医生或进食障碍治疗师寻求帮助。专家建议鼓励孩子多吃喜欢的食物。一旦孩子的体重增加到正常的水平，父母就可以提供更多种类的食物。记得保持用餐时的良好氛围，提供始终如一的健康选择，并避免在食物选择问题上争吵。

心理治疗是治疗进食障碍的重要组成部分，会涉及整个家庭，特别是对于像暴食症这样的情况。孩子的医疗团队包括医生、营养师、心理医师和受过进食障碍管理培训的治疗师。父母必须密切参与儿童进食障碍的治疗，因为当潜在的后果十分严重时，孩子（甚至青少年）不适合自己做出有关其身体健康的决定。

预防进食障碍比治疗更容易。如果您能帮助孩子在幼年时就建立食物和健康的身体形象间的平衡关系，很多问题都是可以预防的。

父母引导

保持个人形象是社会生活中的大事。作为父母，帮助孩子形成健康的有关身体形象的观念是很重要的。作为家庭成员，可以通过关注健康的饮食和体育运动，避免节食，不取笑或谈论体形，以培养对人体体形的健康观念。相比跟孩子讲道理，更重要的是您自己在生活中真正遵照这些准则。您的孩子值得这样做，您也值得。

第15章
儿童肥胖症

是什么导致孩子超重？只因为吃得太多或锻炼不够吗？许多因素有导致儿童肥胖的危险，包括遗传、个体的生物组成和新陈代谢。饮食过多和不运动是众多因素中的首要因素。但科学家也发现，超重比单纯消耗能量要复杂得多。有些人，包括儿童，似乎比其他人更容易发胖。

超重会导致很多问题，即使是对孩子来讲。幼时超重常常会使孩子在成长道路上遇到很多健康问题，而这些问题大多被认为是成年人的问题，如糖尿病、高血压、高胆固醇血症、骨关节问题、睡眠问题和肝病。

在子女的超重问题上，由于社会文化对超重的偏见，以及由此带来的社会和情感的影响，再加上对其健康的担忧，父母的脑海中会不断响起警钟。

那么您能做些什么呢？事实上，您不能对孩子的DNA或其内部代谢功能做太多的事情。重要的是，孩子的理想体重是随着其成长不断变化的。

对于超重或肥胖的孩子，最重要的目标通常不是减肥，而是养成健康的生活习惯——吃更有营养的食物，花更多的时间锻炼身体。在现阶段养成这些习惯，将有助于孩子进入青春期和成年期后仍然能保持这些习惯。

家庭可以促进孩子健康生活习惯的养成。也就是说，这些习惯将逐渐深入孩子的脑海和潜意识并自动发生，例如孩子会伸手去拿一个苹果，而不是一块饼干，甚至对饼干想都没想。人们的注意力会集中在孩子积极的改变上，而不仅是体重的数字。

如何确定肥胖

您如何测定孩子的体重异常？评估儿童和成人超重和肥胖的常用筛查工具是体重指数（Body Mass Index，BMI）。

BMI评估孩子的体重与身高的关系，通常在医疗机构对孩子进行年度体检时进行。除此之外，还有各种各样的在线工具和计算器，帮助您自己计算孩子的体重指数。比如，美国国家心肺和血液研究所就提供这种计算工具。

在儿童和年轻人中，BMI是根据年龄和性别以百分位（也称为"年龄的BMI"）表示的。百分位比标准的BMI测量更灵活，因为它考虑到了儿童年龄的增长和身体脂肪含量的不同。

健康的体重通常在第5到第84百分位之间。根据年龄和性别，体重在第85到第95百分位之间的儿童可能被视为超重，但也取决于其他因素，如肌肉质量和体格。肥胖通常被定义为体重指数大于等于第95百分位。

请记住，并非所有BMI超重的儿童都被认为是不健康的，因为有些孩子的体格更大或肌肉质量更高。

在您对孩子的体重感到压力或担心时，请和医生谈谈。他（她）可以研究孩子的成长模式，并与您谈论孩子的饮食习惯和运动水平。

儿童肥胖症更加普遍

儿童肥胖症常被称为现代流行病，是重要的公共卫生问题。在美国，按照BMI的定义，大约1/3的儿童和青少年被认为超重或肥胖。事实上，现在的孩子比几十年前的孩子更重了。1976年至2014年间收集的美国国家卫生数据表明，学龄儿童的肥胖率从大约6.5%增加到了20%。

有迹象表明，这一趋势正在逆转。学龄前儿童肥胖率在2004年达到高峰，然后在2014年下降到9%左右。即使是学龄儿童，肥胖率也在2008年左右趋于平稳，到2014年继续保持稳定。然而，儿童和青少年严重肥胖症的患病率却持续上升。儿童肥胖越严重，就越有可能持续到成年。

造成这种趋势的原因正在研究中。经常被提及的导致儿童肥胖症的因素包括能量摄入过多——食用分量更大的食物和丰富的高能量零食和饮料，以及不运动的生活方式，例如经常久坐玩电子游戏。

遗传和个体代谢也起着很大的作用，但人们对其了解较少，它也不像生活方式那么容易改变。此外，肥胖率的迅速上升表明并不是只有遗传因素起作用，很可能是遗传因素和环境因素相互作用的结果。

家庭环境和生活方式也是重要的因素。父母中有一位肥胖，会使孩子肥胖的风险增加2~3倍；如果双亲都肥胖，风险会增加15倍。

由于儿童肥胖症存在潜在并发症，医学界正迫切地研究治疗方法。虽然肥胖症有共性因素的存在，但也要记住，每个孩子的基因构成和所处环境都是独一无二的。这就是为什么治疗的重点不是短期的减肥，而是帮助孩子和他们的家庭养成长期的健康习惯，使他们受益终生。

在一些情况下，某种基础疾病可能会影响孩子的体重。此外，一些药物（如激素、抗精神病药和抗癫痫药）也会导致体重增加。医生也应检查是否有超重或肥胖导致的相关疾病，如睡眠呼吸暂停综合征或抑郁症。医生可能要求进行实验室检查，以检查孩子的胆固醇、葡萄糖和肝酶水平。

如果因为某种基础疾病导致孩子的体重增加，医生可以帮助您找到管理孩子体重的方法。

的食物，这会让他（她）感到不舒服或尴尬。

与其只关注您的孩子——他（她）每天吃什么、消耗多少能量，或者每周减掉了多少斤——不如让培养健康习惯成为家庭大事。

准备全家都喜欢的健康食品，并严格遵循第13章中规定的健康饮食原则。此外，制订孩子每天的运动计划，试着安排他（她）喜欢做的事情。

毫无疑问，这说起来容易做起来难。以下有一些方法能帮助您的家庭采取更健康的生活方式，同时使孩子获得健康体重。

常在家吃饭　如果您的家人经常在外面吃饭，或者吃饭的时间非常紧张，可以从计划更多的家庭烹饪开始。

在经常外出就餐的家庭中儿童肥胖更为常见，这主要是由于餐馆食物中的脂肪和糖含量过多以及提供软饮料。此外，在过去几十年里，无论是儿童餐还是成人餐，分量都有所增加。这会影响孩子对饭量的感知，从而导致吃得过多。

家里准备的饭菜通常更健康，分量也更小，而且比起软饮料，孩子更有可能喝牛奶或水。

一起吃饭更好

医学专家一致认为，解决儿童肥胖症的最佳方法是所有家庭成员共同改变饮食方式。如果孩子被单独禁止吃某些食物，或者被给予与其他家庭成员不同

储备健康食品　在食品室和冰箱中

孩子不适合节食

有时父母会让孩子参与他们认为健康的饮食计划，或者他们会认为某种特殊的饮食可以帮助超重或正在与肥胖作斗争的孩子。虽然达到健康的体重对孩子而言是可能的，但重要的是要避免那些只适合成年人的饮食，包括时尚饮食或削减特定食物的饮食，如低碳水化合物、古法或阿特金斯饮食法。

对孩子来讲，节食是危险的，因为节食会剥夺他们生长发育所需的营养。在整个儿童时期，孩子在他（她）食用的食物中保持适当的维生素、矿物质等营养素的平衡是至关重要的。虽然限制性饮食可能对一些成年人有益，但不适合儿童。

让孩子节食（即限制某些食物或食物组，或大幅度减少每日热量的摄入）不是可持续的解决方案，最终可能弊大于利。节食本身就可能导致在某个时候"停止"节食，这通常会导致体重增加。限制性饮食方案会助长恶性循环：正常进食被禁止，渴望限制性饮食，因此暴饮暴食造成体重增加，从而促使新一轮节食。随着时间的推移，这可能导致不健康的饮食模式和进食障碍，如神经性厌食症和暴食症（见第14章）。

如果孩子超重后，您想帮助他（她）恢复健康的体重，应当养成健康的饮食习惯，而不是节食或过度注重外表。

快速清点家人正在食用的食物。您最常吃什么食物？一般什么时候吃？这些食物是否健康？一旦您意识到自己吃什么，就能想办法使膳食（特别是零食）更健康，并增加家庭饮食的多样性。

限制家里的加工食品和高热量零食的数量，比如薯条、糖果条和饼干。您并非永远不能吃这些，而是应把注意力集中于营养丰富但热量相对较低的食物上。这些食物营养丰富，包括水果、蔬菜、全谷物食品、瘦肉蛋白和低脂奶制品。您与家人可以多吃这类食物，它们热量更低，会让您更有成就感。

不喝含糖饮料 苏打水和加糖的果汁中含有额外的糖，营养成分却很少。从本质上讲，它们是"空热量"。在家时不喝这种饮料很容易。如果全天都能选择低脂或脱脂的牛奶和水，那就更好了。即使是越来越受欢迎的运动饮料，

"5-2-1-0" 健康生活法

关于摄入营养和健康生活的信息非常多，有时会让人不知所措。这里有一个叫作"5-2-1-0"的简单方法，它几乎可以提供您需要了解的关于健康饮食和锻炼的所有信息，并且很容易与孩子分享：

每天食用5份水果和蔬菜

准备新鲜或冷冻的水果和蔬菜，以便孩子在用餐或空闲时享用。让孩子按照计划购买食材，并请他（她）帮助准备食物，这会有助于他（她）养成健康的生活习惯。

每天限制2小时或更少的屏幕使用时间

科技无处不在，但这并不意味着您必须让孩子24小时使用电子设备。将每天的屏幕使用时间限制在2小时以内，3~5岁的儿童限制在1小时以内。把电子娱乐换成其他活动，比如在室外玩或帮忙准备饭菜。

每天进行1小时或以上的激烈体育锻炼

孩子需要消耗掉能量来平衡营养。想办法鼓励孩子站起来活动。孩子需要获得从沙发上站起来后的乐趣。

每天喝0杯含糖饮料

使其简单的方法，坚持喝低脂或脱脂的牛奶和水。如果要提供果汁，只提供100%果汁和小分量的果汁。

也通常含有大量的糖和热量。水是儿童和青少年的推荐补水来源。

鼓励注意饮食 与肥胖斗争的儿童可能比同龄人吃得更快，咀嚼得更少。解决这个问题的方法之一是在餐桌上教孩子专心。首先，在晚餐时关掉电视、平板电脑和手机等分散注意力的东西，这样每个人都可以专注于吃饭和享受彼此的陪伴。接下来，鼓励家人们慢慢用餐，享受每一口咀嚼。教孩子要专注于食物的气味和质地，去仔细地品尝它。当孩子学会慢下来时，他就能享受这顿饭，并关注身体饥饿和吃饱的信号。

注意您自己的饮食行为　回忆您用餐和谈论食物的方式。如果您在压力大的时候吃东西或频繁吃零食，您的孩子也可能这样做。

如果您或您的伴侣也在与体重问题作斗争，自己养成健康的饮食习惯将为孩子树立一个积极的榜样。当孩子注意到您对健康饮食的执行时，他（她）也会开始接受。

让每个人都行动起来

保持健康重在进行积极的体育运动。体育运动可以消耗能量，增强骨骼和肌肉，帮助孩子在晚上睡得好，在白天保持敏捷。一些最有力的证据显示，减少儿童肥胖在于增加体育运动。

美国国家健康指南建议所有的儿童每天大约要有1小时的中等强度的体育运动（见第12章）。当然，时间越长越好！短暂的运动也很重要，即使一天只运动10～15分钟。以下措施有利于鼓励孩子进行体育锻炼。

限制屏幕使用时间　由于我们对科技的需求性越来越高，10岁的孩子就会经常"陷入"电子屏幕中，例如看电视节目、玩视频游戏或使用平板电脑。当孩子这样做的时候，他们是不活跃的。事实上，一些研究结果表明，看电视节目是与儿童肥胖最密切相关的因素。

您可以想办法让孩子出去玩，让他不能舒服地坐着，因此站起来活动。可以把电视和其他电子屏幕从孩子的卧室移走，或把电子游戏设备放在家的中心位置，以此监视他们的使用。设置并实施屏幕使用时间限制，3～5岁的儿童每天不超过1小时，5岁以上的儿童不超过2小时。

鼓励户外活动　经常给孩子创造户外活动的机会，让他们在后院玩耍或在附近骑自行车。可以在操场或城市公园安排游玩活动时间，并教孩子一些运动，比如跳绳、跳房子或者您小时候最喜欢的游戏。

让运动充满快乐　找到孩子喜欢的活动非常重要。例如，如果您的孩子喜欢水，就可以定期去游泳池或水上公园。如果您的孩子喜欢爬山，可以去附近的丛林健身或攀岩。如果您的孩子喜欢读书，可以步行或骑自行车去附近的图书馆借一些新书。

以身作则　在日常生活中，孩子会看到您是如何进行体育运动和锻炼的。虽然几乎每个家长都有想坐下来休息一会儿的时候，但请试着抽出时间和孩子一起活动。

如果您认为体育运动或锻炼是一件麻烦的事,孩子很可能也会这样想。但如果您把它当作一件能振奋精神的好事来对待,孩子也会这样做。

一起玩捉迷藏、骑自行车、远足或做任何你们都喜欢的事情。永远不要觉得不值得。做运动总比什么都不做要好!

正确面对抗拒

有时候,让孩子和家人改变成更健康的生活方式,就像是一场艰难的战斗。抗拒是正常的。记住,改变需要时间。实现远大的目标几乎都不能一蹴而就。不要过于紧张,也不要完全放弃父母的权威,您可以尝试以下做法。

不要过分管制 当您为了让孩子保持健康的体重而过分管制他(她),这很容易让您徒劳无功。您应该观察孩子在吃零食时的表现,或者查看孩子是否在外面玩耍。虽然关心孩子是可以理解的,但不要对孩子的一举一动进行监视。要鼓励,但要避免评判或批评。

密切监视孩子会让他(她)感到被孤立或被批评,这种做法可能适得其反,导致他(她)不健康的饮食行为,如偷吃、暴饮暴食或干脆放弃尝试改变。

给孩子选择 不要问孩子是否想锻炼,而是给他(她)提供选择,例如一起散步、捉迷藏或举行即兴舞会。

对于年长的孩子来讲,团队运动是一个很好的进行经常性体育运动的方式。考虑在一个赛季给他选择一项比赛。如果您的孩子不喜欢竞技运动,可以考虑其他的选择,例如加入一个舞蹈团或者在社区娱乐中心游泳。即使是加入一个当地的剧团,让孩子在舞台上走动,也比坐在家里的沙发上要好。

提供选择将有助于提升孩子的决策能力,同时让孩子对自己的环境有更强的控制感。另外,当有选择的时候,孩子更有可能选择他(她)喜欢的东西。当生活方式的改变遇到瓶颈时,这一点非常重要。

制定具体的目标 对于儿童和成年人来讲,含糊不清的陈述,如"我要吃得更好"或"我要锻炼得更多"通常是无效的。与其一概而论,不如设定具体的目标去争取实现。

例如,在冰箱上贴一个带有选择框的图表,让孩子每次在外面玩耍后在上面做标记。如果每周骑了4次20分钟的自行车或在体育课上跑了规定的圈数,就可以获得奖励,比如看电影。

这个年龄段的孩子喜欢多花时间和父母在一起,所以要好好珍惜。设定目标能让您和孩子一起做一些有趣的事情。

表扬进步 您的孩子会经历各种挑战。与其斥责或批评，不如赞美他（她）的进步，即使进步很小。通过表扬孩子的努力，来促进孩子的个人进步，增强孩子的自信。如果孩子对自己的成就有归属感和自豪感，这将激励他（她）继续做出积极的选择。

不容忽视

如果您的孩子仍然很胖，并且您在家里的努力似乎没有成效，不要放弃，您可能需要一些支援。和医生谈谈，他（她）可能建议孩子参加儿科体重管理计划。这些类型的项目通常可以在儿童医院或诊所被找到，并且会与各种有治疗儿童肥胖症经验的专业人员合作。

体重管理课程通常包括结构化的饮食和体育运动，目的是帮助您和孩子养成健康的习惯，这可以受益终身。此课程还可以帮助孩子和整个家庭建立必要的信心，从而做出成功的改变。

第四部分

情感和行为

第 16 章

培养孩子的良好行为习惯

当听到"纪律"这个词时，您可能想到这是对坏行为的一种约束，或者和很多家长一样，把"纪律"等同于"惩罚"。但实际上，这个词的概念很广。

儿童专家大多认为，纪律训练是促进积极行为和决策技能的一种手段。重点是如何鼓励期望的行为，同时最小化不可接受的行为。

当您开始这样想的时候，纪律就变成了一种帮助孩子达到情感和行为成熟的方式。

使孩子始终保持积极的行为，需要大量的耐心和精力，但这些都是权宜之计!事实上，积极的行为是通过与孩子进行无数次的交流而形成的。这些日常交流教会他（她）即使您不在身边，他（她）如何控制自我情绪，如何做出正确的选择，以及如何举止得体。

虽然行为指导的内容很多，但其基本概念相对简单。一旦掌握了它们，您就能提高孩子茁壮成长的可能性。在孩子出生后的前几年，当您对他的行为制定规则，给出方向，并引领他按照规则和方向行动时，您也教会了孩子在未来岁月中如何促进自己行为的发展。

为什么孩子会有这样的行为

大多数父母希望孩子谦逊有礼，尊重他人，待人宽厚，有顽强的精神。一旦孩子不这样做，就会令父母不安。

但好的行为不会凭空出现，孩子也不可能生来就知道这些规则。相反，他们通过触碰周围的限制，并不断进行尝试和犯错，边走边学，才能逐渐变得更加独立。在这个成长过程中，需要成年人规范和引导孩子的行为。

要想为孩子设置适当的限制，您首先要了解行为是如何起作用的。在学术术语中，它被称为功能行为分析，通常被描述为ABC行为。

- *A是前期预兆行为*。这是在异常行为之前出现的其他行为方式。它可能包括孩子过去的学习模式，某个行为触发因素或一系列能够预测异常行为的环境因素。人们通常认为异常行为是孤立发生的，或者是突然发生的。但在大多数情况下，只要仔细检查，就能在早期发现这种异常行为的前期预兆。
- *B是行为*。由前期预兆行为顺延下来的异常行为。这种行为可能是好的，也可能是坏的。前期预兆行为通常会对异常行为产生很大的影响。
- *C是行为结果*。一般来说，旁人的行为，尤其是父母或看护者的行为会对孩子的行为产生影响。这些影响可能是消极的，也可能是积极的。值得注意的是，看护者的任何行为都有可能对孩子的异常行为产生强化作用。

这三个方面的行为分析可以让您更好地培养孩子的积极行为习惯。为了使孩子成功，您需要制订计划，明确成功的期望，并为实现目标而积极努力。

您可能是按部就班地实施一个计划，也可能是几个计划同时进行。无论怎样，最重要的是把精力和注意力放在积极完成计划上，而不是消极怠工。

为成功做好准备

行为是随着时间而发展的。事实上，培养一个行为良好的孩子需要做很多基础性工作，这些工作短时间内可能看不到显著效果，但只要长期坚持，最终会获得巨大的成效——孩子拥有了良好的人际关系和与人愉快相处的能力。这种效果是持久的和有意义的。培养良好行为习惯的基础性工作包括以下几方面。

多花时间与孩子在一起 孩子的良好行为根植于温暖、安全的亲子关系。父母应倾听孩子的心声，多与孩子交流和玩耍，多关注孩子的言行，以便更好地了解他们。更要观察什么能增强孩子的自信心，什么会引起孩子的挫败感。在日常互动中，父母要积极参与并给予孩子关注。通过日常接触，父母才有机会播下良好行为的种子。

另外，所有的孩子都需要和父母独处。但家长平时的工作很多，很难抽出时间陪孩子。如果孩子不能完全理解这一点，他们就会做出一些错误的行为，以引起父母的注意。对于孩子而言，即使是父母训斥或批评他们，也好于不关注、不注意他们。父母和孩子建立良好的关系尤为重要，因为这表示您很关注孩子，也有助于促进孩子形成积极、良好行为。为了尽可能多地和孩子相处，您可以遵循以下建议。

安排好日常时间 时间是宝贵的。当今父母经常把时间花在工作、学习、志愿服务或者休闲娱乐上。但在制订您的时间分配上，一定记得优先规划出和孩子共处的时间。使用日历或其他工具来安排你们共处的时间，这很重要，不是在浪费时间。

使相处更加有趣 当您和孩子共处时，尽量使他（她）感到愉快。排除外部干扰，如接电话、发电子邮件以及使用其他社交媒体。多花时间思考如何给孩子带来惊喜。让孩子主动参与，而不是被动执行父母的指令，或一直被修正错误行为。相反，父母应该表扬孩子的好想法、善解人意的表现和出色的行为。

在很多时候，您和孩子的互动可能会不那么愉快。解决这个问题的重点是珍惜相处时的美好时光，保持你们良好的关系。一般来说，您与孩子都会希望大部分互动是积极的。

随时找时间和孩子相处 大多数家庭都有非常紧凑的日程安排，父母并不是经常有空闲时间和孩子共处，但这并不意味着您没有和孩子单独相处的机会。例如，开车去学校、运动训练或看医生的过程中，您都可以和孩子单独相处。利用这段时间，您可以给孩子讲述有趣的故事，一起做游戏，分享您最喜欢的歌，或者只是安静地一起共处。处于压力下的孩子会发现，如果周围没有其他人，他们更容易敞开心扉，谈论困扰自己的事情。

营造稳定的家庭环境 维系亲子之间的安全关系，需要稳定的家庭环境。有规律的、有计划的日常活动可以使家

促进孩子形成良好行为的5个措施

1. 和孩子共处时不要因别的事情分心。
2. 表扬孩子的良好行为。
3. 寻找机会奖励孩子。
4. 给孩子明确、积极的指导。
5. 坚持到底。

怎样指导孩子的行为

孩子需要知道您对他们的期望。您应该用一种孩子能够理解的方式提出适合他（她）年龄和发展的期望，以让孩子更容易接受。您可以遵循以下几方面的建议。

使用积极的身体语言 尽可能面对面和孩子进行正常的交谈（而不是在另一个房间里大声喊叫）。如果需要的话，可以弯下腰或跪下和孩子平视。用善意的眼神，愉快的表情，身体放松地和孩子交流。

集中孩子的注意力 确保孩子在专心倾听。关掉手机、电视和任何电子设备。使用孩子的名字或喜爱的词语与他交流，还可以把手放在孩子的肩膀上，或通过类似的身体接触让孩子熟悉您，亲近您。

给出简单、积极的指导方向 要有礼貌，说话声音要大到能被人听见。如果您感到沮丧，不要表现出来。用积极的语言告诉孩子该做什么。一般来说，孩子越小，语言就应该越柔和。例如，说"凯拉，好好对待妹妹"，而不是说 "凯拉，别对妹妹那么粗暴"，因为这种表述是模糊的，并没有真正告诉孩子该做什么。如果需要的话，让孩子重复这些指令以避免混淆。当孩子重复您的话后，您可以跟孩子说"谢谢你，

你这么关心妹妹，她很喜欢你为她所做的一切"。

不要刻意强调结果 第一次给孩子指令时，不要强调结果。要在孩子做出您期望的、积极行为时鼓励他（她），例如"罗科，请打扫一下你的房间"。如果您想要给孩子指令，并带有指令执行后的其他结果，您可以说"罗科，你如果想要出去玩，在出去之前，需要先打扫一下你的房间"，而不是说"罗科，你必须要打扫房间，否则就不能出去玩"。

不要争论或解释 如果您一遍又一遍地重复自己的指令，或与孩子争论为什么他应该听您的话，孩子将不太可能配合。首先应该解释您为什么要给他这个指令，然后再告诉他指令是什么。如果您认为指令是合理的，孩子应该遵从，那么就不要给孩子说"不"的机会。例如，如果您想让孩子坐到汽车座椅上，当您说："莉莉，你能坐到汽车座椅上去吗？"如果孩子说不愿意，您就不得不反复劝说孩子去坐。这样无论是您还是孩子，都会有挫败感，感到不愉快。而如果您说："莉莉，

你是想自己爬到汽车座椅上，还是我来帮你坐到汽车座椅上？"那么您的目的就很容易能够达到了。

告诉孩子如何完成任务　孩子每天都会学到很多知识。有时他们能记住上周所学的内容，有时却记不住。当您想让孩子做一件事情时，比如用洗碗机洗碗，您应该告诉孩子该如何去做。

立即给予反馈　对孩子发出指令后，要及时观察孩子的表现。如果任务顺利完成，马上露出微笑并给予表扬。您可以微笑地对孩子说"你很棒"，或者说"我很高兴看到你这么快就打扫完房间了"。如果孩子不配合，可以取消指令，不要过于强迫他。

庭保持稳定，并为孩子提供保障。这样做还可以尽可能减少导致疲劳、饥饿和压力等不良情况的常见诱因的出现。

有些孩子可能比其他人需要更多精心的家庭安排，这种精心设计的家庭时间表将使父母和孩子都受益。在理想情况下，您的家庭生活应该是井然有序的。但也不要太死板，否则会让孩子感到过于压抑或被限制自由。

规律的每日作息时间表 重要的日常活动时间要相对固定，如起床时间、用餐时间和就寝时间。

制订每周计划 如果您的孩子负责某些家务，那就制订一个周计划。这样可以更清楚地安排家务的类型和时间。例如，让孩子在周二晚上帮忙倒垃圾，在每周六打扫自己的房间。

多样的家庭活动 并不是所有的家庭活动都应该有实用性。可以把愉快的活动融入家庭生活中，例如每晚绕着街区散步，每周看一次电影，或者每个周末去游乐场。还可以计划一年一次的家庭活动，比如秋天摘苹果或者夏天去湖边。

当计划改变时 如果要改变既定的活动计划，应提前告诉孩子，以便孩子有时间调整心理状态。

注意自己的关注方式　无论父母的关注是好是坏，孩子都会对其做出反应。研究结果表明，强调某种特定的行为会使这种行为被过度强化。通常，当孩子出现不良行为时，如果您过分强调这种行为，反而会加剧孩子的不良行为。

另一方面，孩子们也可以表现得很好，尤其是当他们知道父母的期望是什么，并且他们觉得自己有能力达到这些期望时。然而，当孩子的行为有进步时，父母通常会把注意力转移到其他地方。因此，您需要积极地强化这种行为，才能让孩子养成良好的行为习惯。

当您发现孩子表现得令人钦佩时，要有意识地去关注，并且一定让孩子知道您注意到了他的良好行为。要时刻关注孩子值得表扬的行为，并给予鼓励。

家庭规则

您必须清楚地表达出对孩子的期望，以避免孩子混淆或引起不必要的误会。家庭规则允许您设置限制和表达期望。为了让孩子更好地理解和达到您的期望，可以制订一些家庭规则，来适当限制他的言行。

规则会告诉孩子什么是可以做的，什么是不可做的。规则可以教导孩子树立正确的价值观，还可以为您成为一个合格的家长提供指导。家庭规则要适合孩子的年龄，一旦制订，要坚决贯彻执行。注意对孩子的照顾和爱护，以帮助孩子适应家庭内外的生活。不同的家庭适合不同的规则，但应明确一些基本概念。

从简单规则开始　如果孩子是学龄前儿童，不要制订太复杂、太繁多的家庭规则，制订2~4个主要的规则即可。这样可以使孩子更容易理解您的期望，能配合执行。

您可以制订具有家庭特色的规则。比如家庭成员间应该互相尊重，保证安全。还可以制订一些常见的家庭规则，比如不许打人或骂人，不许在家具上跳来跳去。当孩子渐渐长大，习惯了这些规则后，您可以再添加一些额外的、与其年龄相适应的家庭规则。

清晰的交流　您跟孩子清楚地解释和说明白家庭规则，他们才能很好地遵守。规则通常要分步实施，例如就寝时间规则可能包括刷牙、换上睡衣、准时上床睡觉等几个步骤。因此，如果孩子在睡觉前做了其他额外的事，您可以引导他按规则继续去做那些该做的事情，而不是冲他发脾气并强迫他做事。规则可以帮助您告诉孩子该做什么，让他做出正确的反应，而不是粗暴地制止孩子的错误行为。

定期重复强调这些规则可以帮助孩子记住它们并付诸行动。对某些家庭来说，将这些规则张贴在每个人都能看到的地方可以促进孩子对其遵照实施。您甚至可以让孩子画出图片或制作表格来装饰规则，便于他们更好地记忆和执行。

解释家庭规则的奖惩情况 向孩子解释清楚家庭规则，并说明遵守和违反家庭规则的结果。遵守规则会让他得到特殊奖励，而违反家庭规则就没有奖励。

例如，如果孩子愉快而及时地完成了家务，可以奖励他看半小时电视。如果没有做完家务，就不能看电视。建立奖励规则有助于激发孩子对良好行为的热情，并使您知道在孩子违反规则时该如何应对。

遵守家庭规则 当家庭规则对家庭所有成员都有所限制时，这个规则最为有效。如果您规定不许大声喧哗或限制了看电视的时间，您也必须以身作则，为孩子树立优秀榜样。孩子可以在观察父母的言行和周围环境的变化的过程中，学到很多知识。

始终如一地执行规则 所有的孩子都会时不时地打破规则来逃离它的限制。然而，有时他们是真的忘记了或没有完全理解父母的期望。在这种情况下，父母需要明确地重申家庭规则。无论怎样，重要的是每次以同样的方式来处理违反规则的行为。当然，没有哪个父母能够完全始终如一地执行家庭规则，但是您在执行过程中越始终如一，规则的效应就越能显现，孩子就会越快学会新的良好行为。

关注良好的行为

奖励良好的行为通常是比惩罚不良行为更有效的教学方式。为了改善孩子的行为，您应该把大部分时间花在奖励孩子的良好行为上。否则，孩子养成的都会是不良行为习惯。奖励孩子的良好行为通常有两种方式：社会和家庭奖励与结构化系统奖励。这两者都能很好地促进良好行为的形成。一般来说，良好行为和不良行为的比例是4：1。

社会和家庭奖励 它通常指父母花费的时间和对孩子的关注度，包括以下几方面。

拥抱和亲吻 父母通过拥抱、亲吻和拍拍背来表达对孩子的爱，是告诉孩

贴纸图表

- 和孩子约定2~3个值得奖励的行为。
- 一起做一个预期图表，使用文字或图片来解释预期的目标。
- 孩子表现好就可以获得一颗★作为奖励。
- 在一天结束时，用积极的表达方式指出孩子的进步。例如父母说："茱莉娅，你今天做的一切都很棒，自己叠被子，自己穿衣服，还把餐桌擦干净了。你今天可以得三颗★。我想给你一个大大的拥抱。"
- 与孩子设定一个目标，比如累积获得10颗★时，如何做出奖励。
- 确保有短期目标和长期目标，这样就可以鼓励孩子每天获得奖励，同时累积起来进一步获得更大的奖励。

子您对他的行为很赞赏的好办法。孩子很容易理解和接受这种表达方式，尤其是小孩子，他们对充满感情的手势会有积极的反应。年龄稍大的孩子可能羞于公开表达对父母的爱，但很愿意通过对你们微笑、撞拳或击掌等方式表达他们的爱。

表扬　语言上的表扬和鼓励是非常有效的奖励方式，有助于增强孩子的自信和自尊。关注孩子值得表扬的良好行为，任何真诚的表扬都会得到积极反馈。

例如，爸爸对儿子说："杰克，谢谢你在我做饭的时候收拾好了桌子，这样大家都能很快坐下吃饭了。"这句话表扬了杰克的3个行为：注意到了父母做饭时的需求，采取了行动，并满足了需求。另外，当爸爸解释杰克收拾桌子是如何起到帮助的作用时，也告诉了杰克帮助别人的价值。

花额外的时间与孩子在一起　当父母发现孩子的良好行为时，可以与孩子多共处一会儿。这会让孩子继续做出积极的反应。如果您发现孩子做了好事，作为对他（她）良好行为的奖励，您应该主动花点时间与他（她）在一起，比如去公园郊游或一起吃午饭。这段时间应该是您和孩子常规共处时间之外的奖励。同时，记得要安排家里的其他孩子一起参加。

结构化系统奖励　这是一种使用点

数、贴纸图表或代币来奖励良好行为的方式。当孩子获得足够的积分或代币时，他可以用这些积分或代币换取活动、特权、款待或奖品。对于学龄前儿童和学前班的孩子来说，贴纸图表是一个非常合适的工具。4～8岁的孩子通常更喜欢扑克牌筹码。再大一点的孩子可能更倾向于积分系统。

奖励机制最大化 可以通过以下方式最大化地发挥奖励机制的作用。

和孩子一起讨论奖励办法 选择孩子喜欢的奖励。这样可以增加孩子努力的动力，并在他年龄增长和兴趣变化的过程中反复应用。

合理分配奖励 大的奖励可能需要较长时间才能获得，但太长时间得不到奖励，孩子通常会失去动力。因此父母要多给孩子一些表扬和小奖励以增加孩子的动力。

及时给予奖励和表扬 在孩子有了良好行为后，您应该尽快给予奖励。这样做有助于在孩子的大脑里建立良好行为与奖励的联系。如果奖励给晚了，也要在给予奖励的时候提醒孩子，奖励是因为之前的良好行为而获得的。

奖励要适当而有意义 奖励的方式有很多种。为每个孩子选择合适的、最好的奖励方法，并随时调整以保持其有效性。您可以考虑在一段时间内限制孩子接触某些玩具或进行某些活动，以增加孩子重新获得这些玩具或进行这些活动的动力。例如，您如果用让孩子看电视作为奖励，就先不要让孩子随意看电视。这种方式可以加强良好行为和奖励之间的联系。

留有一定的容忍空间

随着时间的推移，这种对良好行为给予奖励的方式通常会减少孩子不良行为的发生。尽管如此，不良行为还是会发生。这是孩子挑战自己的极限时的自然反应。但当孩子行为不端时，他也需要承担一定的后果。

制订奖励计划时还应注意，对孩子好的行为给予奖励，对不良行为也要给予一定惩罚。但惩罚不能羞辱孩子，也不能体罚。比如有的家长经常把打孩子屁股作为惩罚，这是不可取的。

为了有效地执行制订的规则，您和孩子之间的关系必须首先充满温暖和爱。有了积极的亲子氛围，才能帮助孩子识别良好的行为，明确规则，并且配合执行规则。孩子将会学到什么是个人责任的价值和良好行为的好处。这些好

扑克牌筹码或点数奖励方式

　　这两种奖励方式基本相同。以筹码数为例简要说明如下。

- 使用一套扑克牌作为筹码，每个筹码的价值相等。如果您有多个孩子，则每个孩子使用不同的颜色。

- 奖励计划开始前，先向孩子说明奖励的目的。由于此前他做得不够好，因此没有得到奖励。为了让他把事情做得更好，您和他要一起设计一个奖励方法。如果他表现得好，就可以得到相应的奖励。

- 找一个地方存放这些筹码。您可以和孩子一起装饰一个盒子或塑料瓶存放这些筹码。

- 与孩子一起列出能够获得筹码的行为。行为可以是参加一些户外活动或者买一个玩具，也可以是一些常见的活动，如看电视节目、打电话、玩电脑、去朋友家或骑自行车。列出至少5~10个行为，并确定完成每个行为可以得到多少筹码。

- 再列出3~4种您最希望看到孩子经常做的良好行为，包括孩子做起来有些困难的事情。这个列表是因人而异的。

- 让孩子清楚地知道，只有在没有指导的情况下或在第一次提出要求后完成任务，才会得到筹码。筹码不会因为不良行为而失效。

- 确定每个行为或家务劳动值多少筹码，并记录在清单上。大多数行为每完成一项可得到1~3个筹码。完成难度较大的任务可得到5个筹码。

- 计算孩子一天能挣到的筹码总数，比如每日最多可获得10个或15个筹码。合理分配筹码数量，让大多数孩子不能每天都挣到所有的筹码。

- 让孩子每天能比较轻松地得到全天总筹码的2/3。比如每天只要有节制地看电视就能得到2/3的筹码，但要得到剩下1/3的筹码，需要更加努力才行。

- 如果孩子特别迅速或愉快地完成了任务或家务，要给予额外的筹码。

- 为了激励孩子，在开始的第一周，要为他（她）任何小的、适当的行为奖励筹码。没有列在清单上的良好行为也要给予奖励。这样可以增加孩子的兴趣。

处包括减轻家庭和学校的压力，和家长及同学建立更好的情谊。当孩子做出不适当的行为时，您可以参考以下几种方法。

适当忽略一些不良行为 有时孩子调皮捣蛋只是为了引起父母的注意。这包括抱怨、发怪声或反复跟父母提要求。最好忽略这种类型的不良行为——把您的注意力放在积极的行为上。

如果孩子的哭闹或其他行为对他人没有危险性或破坏性，您可以给孩子简单的提示，引导他做出积极的选择。如果这种行为持续存在，您就忽略它。不看孩子，不和他说话，埋头看书，或者离开房间。当孩子在公共场所捣乱的时候，您如果不想忽视他，那么最好的办法就是带他离开。

当您选择忽视这种不良行为时，表面上看，您没有用具体行动来阻止这种不良行为。但实际上，您是拒绝用注意力来奖励这种行为。因为如果给予过多关注，只会强化这种不良行为。

当您试图消除孩子的不良行为（比如抱怨）时，孩子会很自然地增加这种不良行为的强度，以测试您的容忍极限。所以，您要准备好迎接这种"极端的爆发"，比如更强烈的哭喊，更激烈的吵闹。在遇到这种情况时，不要放弃，继续忽视孩子的这种不良行为，同时寻找机会表扬他的良好行为。当孩子意识到他的努力是徒劳的，并且有更好的选择来吸引您的注意力时，他就有可能放弃这种不良行为。即使这种不良行为可能偶尔会再次出现，您也一定要忽略它。

让不良行为承担相应的后果 一旦孩子出现不良行为，适时地让他承担一定的后果。这样孩子将来进入学校，就会具备接受错误行为所导致的不良后果的能力。承担后果的方式包括如下。

- *经历自然的结果* 如果孩子冬天拒绝穿夹克，在确保不被冻伤的情况下，您不必阻止，让他顺其自然地经历寒冷的自然结果。大自然有时是最好的老师。

- *失去特权* 当孩子行为不良时，就不再享有一些特权，不再能进行喜欢的活动或拥有喜欢的东西。例如，当孩子不清理玩具时，您就把玩具收起来，直到孩子通过良好的表现把玩具争取回来为止。

- *弥补错误* 给孩子纠正错误行为的机会。例如，如果孩子说了伤害兄弟姐妹的话，那么让他当天给予兄弟姐妹5次真诚的赞美或者帮他们做一件家务，以弥补过失。这种做法既纠正了错误的行为，又能改善兄弟姐妹之间的关系。

学习和承担后果

父母都有一种想要把孩子从负面的后果中解救出来的自然倾向。但是让孩子体验到错误行为导致的后果，才是他们学习的最好的过程。父母的任务是清楚地告诉孩子您对他（她）的期望，教给孩子如何培养满足这些期望所必需的技能；向孩子说明达到或没有达到这些期望时会出现的结果。父母最难实现的行为就是对孩子放手，让他亲自体验良好行为和不良行为所带来的结果。

如果父母不断改变对孩子的期望，或在孩子出现错误行为时不加以指导，会使孩子感到困惑，最终耽误孩子的学习进度。而如果父母经常强调某些规矩，孩子就会觉得父母像老虎一样，从而产生逆反心理，不断尝试挑战父母容忍的极限。这样一来，原定的规则最终会被打破。

让孩子承担不良行为的后果，不仅能让孩子体会到良好行为的价值，也可以给孩子传递一种如果恰当地控制自己的行为，就可以让事情变得更好的思想。此外，让孩子承担不良行为的结果时，要使他意识到自己仍然是好样的，这一点也很重要，因为这样可以增加孩子抗压的能力。

在考虑如何改善孩子的行为时，首先您要确认自己作为家长是否已经准备好了，还要懂得帮助孩子的最佳时机。避免直接去帮助他，而是让他自己调整行为，这对孩子的成长会更有帮助。

当您决定对某种行为进行处理时，请告诉孩子。如果不当行为屡屡发生，也请提前告诉孩子后果是什么。

如果孩子继续胡闹，您必须冷静地让他承担后果。如果孩子抱怨，您不要解释或与他（她）争论，更不要取消惩罚。如果孩子拒绝接受错误行为导致的后果，则要及时制止。

及时制止 对于年龄小于12岁的孩子来说，这个方法通常很有效。

父母可以带孩子离开触发不良行为的环境，减少了孩子强化不良行为的机会，也给了孩子和父母冷静下来的时间。

需要及时制止的行为包括危险的行为或者违反安全规则的行为。当孩子无视父母的指令时，应及时制止。以下几点建议可以帮助您有效制止孩子的错误行为。

给予警告　在孩子犯错后警告他，并给他一个改正的机会。在这之前可以给孩子5 ~ 10秒的反应时间。但有些行为，如打兄弟姐妹或故意打破东西，则需要立刻制止。

直接制止错误行为　如果孩子不理会警告，您可以平静地说"因为你做了（错误的行为），你必须停下来，不要再做了"。一定不要多次重复命令或做进一步解释。即使孩子大喊大叫或哭闹，或者承诺将来一定纠正错误不会再犯，您也要坚持最初的决定，及时制止错误行为。

不要慌乱　如果孩子拒绝停止错误行为，您不要大惊小怪，而要平静地牵住他（她）的手。千万不要表现出任何沮丧或愤怒的情绪。记住，你的暴躁、不冷静行为，往往会强化孩子的错误行为，甚至会因此和你发生争执。

让孩子冷静下来　给孩子找一个安全的地方坐下，比如台阶上。让他先冷静一下，不要注意周围的人和事物。孩子坐好后，您可以转过身去，暂时什么也不说。如果是在公共场所，您可以回家后再终止孩子的错误行为，但是到家后别忘了处理这件事情。

给孩子预留反应的时间　根据孩子的年龄大小，每小一岁多预留一分钟。如果孩子在这期间哭泣、大喊大叫或做出其他行为，则不用再等，及时制止错误行为。等孩子安静至少20秒后，再重新开始计时。如果这不起作用，那就用上面提到的几点建议作为备用计划。

终止错误行为之后，如果孩子出于某种原因还留在原地不动，那就随他去吧。他可能正在思考自己的行为，很快就会反思过来。

制订规则　在终止错误行为之后，必须让孩子意识到自己没有遵从早前家长给他的指令。正是因为没有遵从这些指令，才导致他的错误行为被制止。而当错误行为被制止，他还需要及时纠正。例如，如果玩具没有被捡起来，他就需要捡起玩具。如果孩子拒绝捡起玩具，家长就需要再次制止他的错误行为。

认可但不表扬　当孩子配合改正了错误行为，您要认可他的做法，但不要表扬。例如，您可以说"我很高兴你做了我让你做的事"。

想好备用方案　在制止孩子的错误行为之前，您要告诉孩子，如果不停止错误行为，他将被送到一个地方冷静一下。这个地方应该让孩子感到安全却又很无聊。当他在这个地方安静下来30秒后，就可以不用制止他了。

寻求帮助 如果孩子不愿意停止错误行为，您可以预约心理辅导老师，让他另寻机会尝试解决这个问题。

不要放弃

有时，孩子似乎永远也学不会如何举止得体，也不会听从指令，但是不要放弃。培养一个全面发展、行为良好的孩子需要时间、耐心和极大的毅力。这是一份重要且有挑战性的工作。孩子在早期学到的经验，将会对他的未来发展有很多益处。

第17章
培养孩子坚毅的品格

大多数父母在想到自己的孩子可能面临失败或困境时，都会本能地退缩。

父母通常认为保护孩子免受生活中的风吹雨打是他们的责任。但这一想法对孩子未来的发展并无好处。

试问自己：您想培养一个善良而富有同情心的孩子吗？您想培养一个能面对生活中的挫折，有本领，能在逆境中保持自信和独立的年轻人吗？

研究结果表明，所有的能力都是通过战胜艰难的坎坷获得的。奋斗可以帮助孩子享受生活中最美好的时光，并让他在克服困难和获得成功的过程中获得满足感。

您可以培养孩子直面挑战的能力，让他们在很小的时候就学会如何战胜困难。本章将会给您提供一些策略支持，让您知道如何帮助孩子学会在失败中坚持下去。

韧性是什么

如果您查过字典，您会看到"韧性"这个词被解释为在被压缩、拉伸或弯曲后能够弹回原状。例如，树木的韧性使它能抵御风暴。

韧性也是人类的一种优秀品格。一个有韧性、适应力强的人，是指在经历了短期或长期的困难之后能够恢复自己的体力和精力，并在逆境中取得胜利的人。

弗雷德里克·道格拉斯（Frederick Douglass）从奴隶制中脱颖而出，成为了一位伟大的演说家和知识分子。埃莉诺·罗斯福（Eleanor Roosevelt）经历了父母早逝，但后来成为了一位著名的政治活动家。弗里达·卡罗（Frida Kahlo）在一次几乎致命的事故中幸存下来，但那场事故也打破了她成为一名医生的梦想，因此她转向绘画，如今她

的绘画作品仍然闻名于世。

坚韧的品格不仅存在于名人身上，也是每个人都应该具备的重要品格。生活中经常会遇到不可预知的挑战，没有人能够避免。

您可以通过观察孩子应对短期和长期压力的能力，来评估他目前的适应力水平。从关注孩子的个人性格和他面对压力的反应开始，您就可以逐渐观察他是否有坚韧的品格。例如，当您要求孩子系上安全带时，他的反应是什么？如果您9岁的孩子被要求完成一个大型的科学展览项目，他会有什么反应？

孩子对压力的个体生理反应在他的韧性能力中起重要作用。有些孩子对压力非常敏感，而有些孩子则可以自然承受压力。然而，坚韧并不是与生俱来的。孩子在面对挑战时，适应和成长的能力也会受到经验和人际关系的影响。

研究人员有时把孩子的坚韧能力比作跷跷板。一方面，有压力的经历，比如失去父母或患有慢性疾病，会在跷跷板的一边堆积，让它向下倾斜，产生消极的结果。然而，另一方面是积极的心态和来自各方面的支持。这些帮助孩子忍受压力，使跷跷板向另一个方向——积极的结果倾斜。压力不会消失，但孩子积极的心态和各方支持来达到两端的平衡。

作为父母，您可以帮助孩子获得应对生活挑战的技能。坚韧的品格可以随着时间的推移而培养和发展。下面是培养孩子坚韧品格的方式。

人际关系的重要性

沉稳、有责任感的成年人的支持（无论是父母、照顾者还是老师），是帮助孩子相信他有克服逆境的能力的最重要因素。这种值得信任的成人与儿童之间的关系为年幼的孩子提供了缓冲，使他们免受外部生活的直接压力，也创造了一个安全成长和学习的空间。

一个体贴的成年人的监督和日常有序的安排，可以在孩子培养抗压技能时提供支持。这些技能包括集中注意力、提前规划、解决问题、自我控制和适应变化。当孩子在掌握这些技能后变得越来越有能力和自信时，成人给予的支持可逐渐弱化，直到孩子能够独立。

孩子拥有的这种稳定的关系越多，他的抗压能力就越强。虽然父母和孩子之间的关系最重要，但是孩子在生活中还应拥有其他值得信任的人际关系。这些人际关系可以来自于祖父母、阿姨、叔叔、教练、钢琴老师或家庭朋友。您应考虑如何强化这些关系，或者创造更多有益于孩子的其他人际关系。

核心理念

坚韧的品格就像是一种情感肌肉。您锻炼得越多，它就越强大。为了帮助孩子增强这种情感肌肉，您应鼓励他树立一些重要理念。

决定了就要有结果　让孩子亲自体验他自己做决定所带来的结果。如果父母替孩子做了所有的决定，孩子就会觉得自己怎么做或做事情的感受不重要，他（她）觉得父母怀疑他们做决定的能力。

在适当的时候，让孩子自己做决定，并独自承担后果。例如，如果女儿坚持要穿漂亮的时装鞋去操场，那就让她穿吧。很快，她自己就会去找合适的鞋子来避免脚太热和起水疱。如果儿子认为自己为明天的考试已经做足了准备，那么就让考试结果来验证他的感觉是对还是错吧。通过这种方式，孩子会学到，任何决定都是有后果的，这是人生重要的一课。经历了这些后，当孩子再做决定时，就会更有经验，更聪明，更自信，也更有能力预见他的决定会造成怎样的结果。

失败是生活的一部分　重要的是让孩子知道失败并不是一件坏事。如果孩子把失败看作是一次学习的机会，而不是直接放弃，他就更有可能尝试接触新事物，并取得更好的成绩。

告诉孩子，有时候你可能赢，有时候你也可能输，你不会永远是第一。输掉比赛或面试失败不应该成为再试一次的障碍。向孩子强调，本领是可以学习和提高的。

为了促进孩子的努力和毅力，即使他（她）做的事情没有取得胜利或达到完美，您也要表扬他（她）所做的努力。例如，不管孩子在数学方面的天赋如何，都要关注他（她）学习和练习数学技能时努力的程度。不要评论孩子的天赋。否则会让孩子错误地认为如果他（她）天生就不擅长数学，那为什么还要费那么多功夫学数学呢？相反，您可以说"我真的很高兴看到你能用这么多种方法尝试解决这个数学难题"。即使孩子不能把每件事都做得很好，很完美，他（她）仍然会学到重要的技能，并在这个过程中成长起来。

如果孩子报名参加了一项运动或课程，但因为感到无聊或不够好而不想参加时，您也可以采取类似的方法。鼓励他（她）坚持下去，直到运动或课程结束。这样做可以培养孩子坚持把一项活动完成的精神，并强化孩子不要产生因为某件事具有挑战性或困难而过早放弃的想法。更重要的是，即使有正当的理由放弃，也要鼓励他（她）尽量坚持到最后。因为到最后时，孩子甚至可能喜欢上这个活动并在将来继续下去。

每个孩子都有长处　每个孩子都有独特的能力。对一些孩子来说，学习或体育等传统领域可能不是他们的强项，但他们可能在其他领域有优势，比如创造力或勇气。

例如，您可能注意到，孩子并不怎么关心学校的事情，但却热衷于把东西拆开，看看它们是如何工作的。您可以去跳蚤市场或二手商店买一个旧收音机或时钟，让孩子试着拆装。如果孩子在户外活动时是无所畏惧的，您可以找机会引导和培养孩子的冒险精神，例如参加童子军活动或攀岩班。

帮助孩子开发和发展他（她）的特长。要诚实地告诉孩子能做的事情——当大人不真诚的时候，孩子是知道的——并积极引导。鼓励孩子发展他（她）的长处，并及时加以利用。例如，让孩子利用一项技能来帮助他人，这可以成为增强孩子自信心的助推器。

成长的心态

生活很少有一连串的成功。大多数时候，它是由一连串的尝试组成的。

回忆孩子最初是如何学习走路的。他（她）曾经有过许多次尝试，均以失败告终，但这并没有阻止他（她）继续

孩子做家务

您可以通过给孩子分配适合其年龄的家务来帮助他（她）培养坚韧的品格——这一做法还能促进家庭日常工作的正常进行。做家务不仅能让孩子学习重要的生活技能，提高独立性和责任感，还能让他（她）学会如何在家庭安全的保护下坚持完成工作，有效地管理时间，并在工作上越做越好。

当您在列家务清单的时候，要列出哪些是必须完成的重要家务。还要结合孩子的智力发育水平，列出适合他（她）的家务清单，并设法让他（她）参与其中。每个家庭都有自己的家务，以下是一些建议。

3～5岁	6～8岁	9～11岁
• 整理玩具	• 收拾干净的盘子	• 洗碗
• 铺床	• 叠毛巾	• 擦桌子和柜台
• 把脏衣服放进洗衣篮里	• 收拾干净的袜子	• 清洁浴室
• 浇花	• 给蔬菜削皮或做沙拉	• 用吸尘器清理地板
• 整理桌面	• 自己准备上学的背包	• 做午餐

学习走路。很快，他（她）学会了走路，最后还学会了跑步。这就是成长的过程。试一试，失败了，再试一次。如此坚持下去，就可能成功。

当孩子长大后，您可以帮助他在身体、精神和情感方面进行更多而复杂的努力。毫无疑问，他会面临更多的挫折和失败。但作为父母，您要做的是帮助孩子重新站起来，继续尝试。有了这种坚韧不拔的品格，他无论上高中、大学还是将来参加工作，都能从容地迎接各种挑战。

让孩子知道，学习一项技能的过程

和掌握这项技能一样重要。失败不是可怕的或可以避免的事情。帮助孩子把失败看作是学习和尝试新事物的自然产物。

例如，当孩子输掉一场激烈的篮球赛时，直接告诉他（她）比赛结果，并让孩子知道对结果感到失望或沮丧是很正常的。当情绪稳定后，鼓励孩子思考如何面对失败和如何在比赛中做得更好。

您可以给孩子讲述自己失败的经历，以及您从这些经历中学到了什么。

如果您想做得更好，可以让孩子看到您努力去做不擅长的事情的精神。与孩子参加一些具有挑战性、甚至让您有点害怕的活动，比如5公里长跑或陶艺班。您和孩子都会从这些经历中学到东西，并增加一些有趣的回忆。

3个P理论　研究结果表明，有三个因素，即3P，会削弱一个人从挫折中恢复并获得情感成长的能力。

- **个性化（Personalization）**：因为个人的原因犯了错误。
- **无处不在（Pervasiveness）**：发生了会影响生活方方面面的事情。
- **永久性（Permanence）**：挫折造成了终身的影响。

为了帮助孩子克服这些心理障碍，这里提供一些指导。
- 不要让孩子过于情绪化。
- 不要让挫折感时刻控制孩子的生活。
- 让孩子明白任何挫折感和失败感终将会过去。

想象一下，您的女儿最近因为和朋友吵架而心烦意乱。她会情绪激动地说，她没有朋友，没有人喜欢她，她再也不会有朋友了。作为父母，首先您要承认她的感受并尝试感同身受。您可以这样说："啊，和朋友吵架后会有一种很孤独的感觉。你这样想很正常。"

当孩子平静下来能够说话和倾听时，您先鼓励她冷静，然后询问她为什么吵架。温柔地提醒她，朋友之间有时会争吵，但这并不意味着友谊就此结束。指出孩子还可以参与其他的活动，并询问她在这些活动中，她有没有和其他朋友一起玩？玩得开心吗？提醒她，她的社交圈还有很多朋友，并且她以后还会交到更多的朋友。

提醒孩子生活中还有其他积极的事情可做，比如参观即将到来的科学展览，举办生日聚会或者度过暑假。遇到一件糟糕的事并不意味着她的整个生活都很糟糕，也不意味着她再也不会快乐了。她可以忘记这件事，并继续前行。

"但是"的力量　失败可以成为孩子动力的来源，也可以促使他学习更加努力。您应告诉孩子选择不同，结果也会不一样。如果孩子遇到挫败后说"我做不到"，可以让他在句子的最后加上"但是"。鼓励他（她）通过加倍的努力，尝试几种新的解决办法，也许结果会比现在更好。

评估您的期望值　您的期望值在孩子的坚韧的品格培养中起重要作用。要结合孩子的能力，把期望值定到一定的高度，让孩子有足够的空间去成长和发展。也可以让孩子自己设定目标。您应该这样想：如果孩子设定的目标不高，

"直升机式"教育

您可能听说过"直升机父母",这个词是用来形容那些时刻盘旋在孩子身边、事无巨细地照顾他们的父母。"直升机式"教育的典型例子包括:父母总是跟着学龄前儿童在操场上转悠,以确保他永远不会摔倒;当孩子之间遇到了矛盾,父母就打电话给其他父母,让他们帮忙解决问题;帮孩子做作业。这类父母想保护孩子免受挫折,不想让孩子面对失败。

现阶段对孩子的过度保护好像是对的,但是还要考虑由此带来的后果。父母这样做会阻碍孩子学习一些非常重要的技能,包括自己重新站起来、自己做决定以及从错误中学习经验教训的能力。如果孩子最终想要自立,掌握这些技能是很重要的。试想一下,如果您替孩子做科学海报,他可能得到一个好成绩,但是当他在大学里需要自己准备一个演讲时,会发生什么呢?他有能力自己完成这项任务吗?如果他考试不及格,他知道如何应对吗?

不要给孩子留下这样的印象:您怀疑他的能力,觉得他太脆弱,无法从失败中站起来,或者您不信任他。相反,您要用言语和行动激发孩子的全部潜能。

他（她）总能轻易达到，那么他（她）就永远不知道什么是失败，也就没有机会了解自己真正的能力。因此，您应该设定一些孩子尽最大努力才能实现的目标，这样才能在每次努力的过程中提升孩子的能力。

让孩子学会学习

让孩子从一开始就适当经历失败，学会从失败中学习。和大多数父母一样，您可能很难在保护孩子和让孩子在失败中学习之间找到平衡。这种平衡会随着孩子年龄的增长不断变化。

如果孩子正面临安全威胁，您可以适当地干预。但如果孩子在学校违反了校规或没有按时完成作业，就让他（她）自己承担后果。这可以让孩子意识到，这些规则是适用于他（她）的，遵守这些规则可以让他（她）更合理地安排以后的学习和工作。

同时，也要给孩子留出发表自己意见的空间。如果孩子认为老师不公平，鼓励他（她）有礼貌地说出来。如果孩子在朋友交往中遇到挫折，不要干涉。相反，您要学会倾听，和孩子一起想出解决方案，或者一起讨论他（她）认为最好的解决方法，并在必要时给出您的建议。

您要支持孩子，同时也要让他（她）在生活中吸取教训。孩子在面对挑战并

积极解决问题的过程中学到的本领，也是他（她）未来需要具备的重要技能。

管控压力

管控压力能力的培养也是培养坚韧品格的一部分。有压力的感觉通常是不舒服的。儿童有压力表现为头痛、肌肉疼痛、胃痛、恶心或睡眠不安，还可能焦虑、不安、易怒或注意力不集中。医生可以在一定程度上帮助孩子消除压力带来的不适感，但您还是要思考孩子出现压力症状的原因。

虽然压力会让人痛苦，但也不一定是坏事。和失败一样，压力也是生活的一部分。如果孩子学会了忍受和缓解压力，他（她）的人生将会更充实，更富有弹性。

"战或逃" 压力通常会引发"迎接还是逃避挑战"的反应。在这个反应过程中，大脑触发了体内的应激系统，促使肾上腺释放出大量激素，包括肾上腺素和皮质醇。在这种情况下，大脑有两种选择：对抗压力或逃避压力。孩子有时候很难进行理性思考以想出解决问题的方法。这时的重点在于快速缓解压力，暂时不过多考虑远期的影响。

孩子可能通过大喊大叫、大发脾气、顶嘴或者没有理由的打架来释放压

如何放松呼吸

　　放松呼吸是一种技巧，孩子可以随时通过它缓解压力。它包括缓慢呼吸和加深呼吸，以使身心放松。您和孩子可以一起练习。以下是适合孩子放松呼吸的方法。

1. 找一个安静的地方坐下或躺下。
2. 放松肩膀。
3. 用鼻子慢慢地均匀地深吸气4秒。
4. 使腹部慢慢隆起的深吸气才能达到效果。可以躺下，放一张纸或一个小毛绒玩具在腹部。在深吸气时，如果观察到它向上移动，胸部的上半部分保持静止，动作就做到位了。
5. 用嘴慢慢地呼气4秒，就像吹大气球或吹灭蜡烛一样。
6. 腹部和身体其他部分放松几秒，然后重新开始上述步骤。反复几次，就可以使身心放松。

力，或者直接选择逃避压力，例如沉迷电子游戏或其他爱好，避开朋友，专心做作业或运动。此时孩子可能没有意识到发生了什么，您会难以跟他（她）沟通。

瞬时反应　孩子一旦遇到压力，作为家长，您的一种选择可能是帮他（她）消除压力。虽然这是爱的表现，但您不可能让孩子摆脱生活中的所有压力。即使您能消除眼前的压力，却会剥夺孩子学习如何应对压力的机会，还会给孩子一种错觉：应对压力最好的方法就是逃避压力。

另一种选择是帮助孩子整理一套方法来应对生活中的压力。事实上，让孩子接触一些积极的方法来管理和缓解压力是很重要的，这样他（她）在长大后遇到更大的风险和压力时，就知道如何应对了。

首先，帮助孩子感受压力。有时孩子只是说出"哇，我现在感到很焦虑"，就可以帮助他（她）降低焦虑的程度。然后，教导孩子，让他（她）说"我没有被击倒"。这样可以让他（她）尽快平静下来。在大多数情况下，导致孩子压力的原因并不是威胁到他（她）人身安全的问题。

您应提醒他（她），随着时间的推移，压力感会逐渐消退，一切都会好起来，以此帮助孩子正确对待压力。同时，

教给孩子处理压力的方法，比如告诉自己"我能做到"，或者做几次深呼吸。

帮助孩子实践　在生活中有很多机会可以学习如何以积极的方式管理压力。

压力来源可以是小到找不到一件干净衬衫这样的小事，也可以是大到被一群同龄人抛在后面这样的大事。随着时间的推移，品格坚韧的孩子能够应对不同程度的压力，并最终茁壮成长。

随着孩子的成长和成熟，他们的应对策略也会改变。压力大的时候，年幼的孩子可能抓着特殊的毯子或毛绒玩具，或者干脆睡着了。年长的孩子可能已经具备了解决问题的能力，但仍然需要提醒他们，压力是可控的。

别忘了孩子也在观察您如何应对压力。这是评估您的压力管理能力的好机会，您也许还能学到一些新的东西。如果您能选用积极应对压力的方法，全家都会受益。

记住，孩子如果因为压力导致了严重的创伤，可能需要专业医生的帮助才能恢复。

您可以通过以下步骤帮助孩子学习适应和管理压力。

寻找压力来源　帮助孩子找出困扰他（她）的问题，并把它分成更小、更容易处理的几部分。

有时压力是不太具体的问题，比如对一些感觉和想法有压力感。您可以让孩子描述这些感觉，并帮助他（她）识别它们什么时候会出现。

让孩子知道负面情绪虽然不舒服，但不一定有问题。这样做的目的是让他（她）认识并应对压力，而不是逃避压力。

制订计划 一旦确定了压力的来源和触发因素，孩子就可以更容易地制订行动计划。先倾听孩子的解决方法，如果有必要，再提供您的建议。

这个计划可能涉及重新看待问题，提前规划更多事情或者更努力地反复实践。当心理压力很强烈时，最好让孩子去一个安静的地方，以认真思考制订应对压力的计划。

自我排解压力 积极面对，健康饮食，充足睡眠，和家人朋友在一起可以帮助孩子减少压力和焦虑。还可以做一些减压技巧练习，比如深呼吸或正念练习。

学会放松 和孩子谈心，让他的大脑远离压力的冲击。可以让孩子通过想象自己处于一个放松的地方，或者做爱好的事、看书或听音乐来缓解压力。询问孩子做什么事可以让他（她）感到放松，即使这些事情可能跟您为放松心情所做的事情有所不同。

分享感动的事情 每天花一点时间和孩子分享令您感动的事情。可以在吃饭时分享；也可以把事情写在纸条上，放进感恩罐子里。这可以帮助孩子更专注于生活中美好的事情。

成为有正义感的人 孩子可以通过帮助别人来缓解压力。这不仅会分散他（她）的一部分注意力，还会让他（她）亲身感受到给予和帮助所带来的快乐。

放手去飞

培养孩子坚韧的品格需要父母或看护者在一定程度上放手。虽然有时会有点吓人，但是对孩子的信任是很重要的。因为您不想让孩子做不合适他（她）年龄的事情，所以您不必一下子完全放手。

当父母对孩子所能做的事情充满信心时，这种信心也会在孩子身上开花结果。如果您相信孩子拥有成长和学习的能力，他（她）就会拥有。如果您相信孩子能成功应对压力，他（她）也会有这种信心。

给孩子适当的机会去面对挑战，增强适应能力，即使这有可能犯一些错误也要坚持做下去，让孩子在失败中茁壮成长。通过这一过程，孩子学到了必要的技能，将来会成为一个独立的、积极向上的成年人。

第 18 章
增进友谊

每当回想童年，和好朋友的回忆就会涌上心头。会和朋友们在桌子底下一起咯咯地笑，课间疯狂地追逐玩耍的情景都在说明，友谊是孩童时期重要的组成部分。

孩子需要与同龄人建立联系，使他们产生归属感和支持感。同龄人之间交往也能拓宽孩子在家庭以外的视野，提高自我价值和自我认知。

在谈到友谊时，孩子们有不同的需求，但所有的孩子都能从友谊中受益。虽然社交技能不是每个孩子先天就有，但是您可以帮助孩子建立和维持深厚的友谊。

孩子如何交朋友

与他人建立联系是人类与生俱来的本性。在婴幼儿时期，孩子主要与家庭成员建立联系。随着孩子成长和社交技能的发展，孩子逐步与家庭之外的人员建立联系。一般来说，童年时期的友谊会因年龄而异。

- *3~5岁*。对学龄前儿童来说，朋友是玩伴。在搭积木的时候，朋友是有趣的伙伴；在操场上，朋友是可以一起做傻事的人。在这段时间里，孩子们能够更好地相互合作，这是形成友谊的基础。

- *6~8岁*。当孩子们上学时，他们逐步形成更复杂的朋友关系。孩子可能把住在附近、有很酷的玩具、喜欢做工艺品或玩卡车等类似活动的孩子当作朋友。在这个阶段，孩子们不太可能和那些不感兴趣或者难以交流的孩子成为朋友。

- *9~11岁*。这个年龄段的孩子开始需要同伴的支持，有可能发展出牢固的友谊。这个年龄段朋友之间是相互支持和以诚相待的朋友关系。他们之间除了有相似的兴趣爱好，还能相互理解，共同

成为朋友意味着什么？

一个孩子会有很多种人际关系，但真正的友谊有特殊的意义。真正的友谊不是强迫发生的，而是在两个孩子之间自然产生的。健康的友谊有如下特征。

- **两个孩子各有自己的个性。**两个孩子都喜欢对方，喜欢在一起玩。有时候，一个孩子渴望友情，但另一个孩子的感受可能不一样。
- **因感情联系在一起。**有些友谊是在交流中建立起来的。因为他们之间联系紧密，比如在同一个班级、运动队或有共同的爱好。共同的才能和兴趣使得他们之间建立友谊，维持友情。但友谊本身的基础是朝夕相处的情感，而非其他因素。
- **自愿。**两个孩子发自内心愿意成为朋友，而不是由父母、老师或其他人安排。

观察孩子的人际关系。如果上述特征的友谊正在开花结果，您要鼓励它。真正的朋友是人生的财富。

分享个人的想法和感受。

培养孩子积极向上的人际关系

您能为孩子健康、持久的友谊做些什么呢？您虽然不能替孩子交朋友，但是可以帮助孩子建立高质量的友谊。

您自己良好的人际关系会对孩子的人际关系产生很大的影响。当您和朋友及家人相互支持和交流时，孩子会观察您的言行，并从中学到积极的交往技能。

您和孩子之间的亲密关系也会向孩子展示出您是如何处理积极、稳定的人际关系的。这会使孩子更加信任友谊。如果孩子在家里感到爱和尊重，他（她）会更有安全感，在与朋友交往时也能做出正确的选择。

当孩子年幼时，您可以找机会让他（她）认识其他孩子，例如让孩子参加活动或课程，或者与其他孩子的父母沟通，让孩子们建立联系，从而打开友谊的大门。

多注意孩子经常谈论谁，观察孩子与何人互动交流。他（她）与哪个孩子在一起时比跟您在一起更快乐？您可以找个时间让他们约在一起玩。孩子们如果主动提出要一起玩，您尽量满足他们的要求。随着孩子年龄的增长，他们会经常自己约在一起玩耍，您要尽己所能支持他们。

与此同时，和孩子谈论友谊。讨论他（她）在交友中欣赏什么品格的朋友，为什么会喜欢交这样的朋友。还可以谈论朋友身上那些不能被容忍的性格。

对于孩子的社会发展，您可以给予以下帮助。

预留交友时间　当今的孩子每天要做很多事情，但要每周给孩子留出和朋友一起出去玩的时间。一般来说，一对一的朋友约会是孩子们发展友谊最好的方式。鼓励孩子在周末和朋友一起玩，而不是把时间花在浏览电子媒介或玩电子游戏上。

教给孩子互动技巧　和孩子一起投球或玩棋盘游戏。让他（她）通过轮流练习、遵守规则和体验输赢来学习社交技巧。同时，也要让孩子参加多人游戏活动，这样有助于培养他（她）与多人一起玩的兴趣。

帮助孩子理解交往规则和礼仪　如果孩子想要加入别人的游戏，鼓励他（她）寻找技能水平与自己相当的兴趣小组并加入。他（她）可以先通过在旁观察、眼神交流或表扬等方式增加自己的兴趣。在游戏暂停时，他（她）可以向孩子们询问是否可以一起玩。如果被拒绝，疏导孩子别往心里去。可以寻找另一能让孩子只专注于一个友谊吗?

有些孩子会把注意力集中在一个最好的朋友身上,因为这个朋友让他(她)感到合得来和安全。有时,父母会担心孩子对单个友谊投入太多,会封闭自己。其实,只要友谊是积极向上的,孩子不仅不会封闭自己,还会积极参加其他活动。家长不必过于担心。

但是,童年时期的朋友会经常变化。朋友会搬走或改变,彼此疏远,有时友谊会突然结束(然后又重新开始)。要为孩子建立多个朋友圈。除了学校里的朋友,在运动队、课外活动或宗教活动里都可以让孩子多交朋友。一旦某个朋友圈出问题,孩子还有其他的朋友可以交流,他(她)的人际关系不受影响。

组孩子玩,或另找一个有趣的活动参加。

孩子邀请朋友来家里玩的时候,教给孩子如何做一位好客的主人。提醒孩子要尊重朋友的愿望,避免批评,并一直在旁陪伴。

教导孩子要有良好的体育精神 引导孩子领悟游戏的精神,并从中获益。教导孩子不要专挑别人违规的行为,不批评别人,不取笑别人。相反,要多鼓励别人,多给别人掌声和赞美。

提醒孩子不要因为输了或累了就中途离开。如果游戏变得无聊了,鼓励孩子提出新的活动,而不是做出负面评论。

给孩子支持 交友过程中总会有一些小矛盾和磕磕绊绊。与成人之间的交往一样,孩子在他(她)的朋友圈中可以得到很多情感上的支持和积极的互动,但也会经历悲伤、愤怒和嫉妒。如果他(她)认为自己被朋友排除在外,他(她)也会感到很受伤。

在孩子情感波动的时候,您要站在他(她)的立场上给予爱和支持。鼓励他(她)坚持自己的价值观,尊重他人,舒缓压力。这一过程也是您教孩子学习如何处理社会负面人际关系的重要人生课程。

当您不赞成孩子的交往

有时孩子会和一些有负面情绪或负面行为倾向的孩子交朋友。虽然您很难控制住自己不发表意见,但在评价孩子的朋友或要求孩子与朋友断交时一定要三思,因为处理不当就会适得其反。孩子可能觉得您不信任他（她），并寻求朋友的保护。

要思考孩子在这个朋友身上看到了什么。有时，另一个孩子会弥补您孩子思想深处的缺陷。例如，一个循规蹈矩的孩子可能选择一个自由奔放的孩子作为朋友，因为这个朋友可以带他去探索更新奇、更冒险的事情。

您要提醒孩子家庭规则和采取不可接受的行为会带来的后果。用孩子可接受的思维方式来帮他（她）决定哪些朋友值得交往，哪些朋友可以深入交往。

与此同时，寻找孩子周围是否有积极向上的朋友，观察孩子与这些朋友交往的情况。如果他们之间很合得来，您就设法让他们深入交往。但是否深入交往，一定要遵从孩子的意愿。

帮助害羞和胆怯的孩子

有些孩子比较害羞，家长担心他们交朋友可能有困难，但又不知如何帮助孩子。害羞或内向不是缺点，它只是孩子的自然性格。

孩子对于朋友的需求和渴望不同，因此交友的速度也会有所不同。孩子对友谊的热情是随着时间逐步改变的。

您一般不需要担心这些变化。如果孩子对目前的社交生活感到满意，那么就没有必要强迫他（她）交朋友。但是，如果孩子被同学拒绝交往，或者总在担心没有朋友，那么您就需要帮助他（她）提高与朋友交往的技能。

害羞的孩子通常在有组织的环境中表现得很好，比如在教室里，因为他（她）知道与同学互动的规则和别人对他（她）的期望。但当他（她）在操场上或者在午餐食堂时，周围环境复杂多样，他（她）不了解周围人对他（她）的需求，孩子就可能遇到问题。因为没有规则可循，孩子会感到不知所措，不知道该做什么或说什么。

您可以通过以下步骤来帮助孩子更好地处理人际关系。

在家练习社交技能　在家练习可以帮助孩子提高他（她）的社交技能。您不要难过，这和在家练习阅读或语言能力没什么区别。您可以指导孩子在休息、学习等情况下如何交往，教导孩子和朋友交流时该怎样去说。

例如，当一个孩子停止玩耍向您的孩子打招呼时，您的孩子可以说"嗨，你玩的看起来挺有意思"。这就为另一个孩子创造了一个继续说话的机会。

如果您的孩子被邀请参加游戏，他（她）可以说一些简短、积极的语言，例如"当然"，然后加入游戏中。在孩子最初的交往中，您可以教给他（她）一些公式化的交往方式。随着时间的推移和多次实践，孩子的社交技能就会变

同龄人的压力

同龄人的压力在小学后期会成为一个问题。当孩子被迫做一些不想做或已经知道是错误的事情时，您告诉他（她）该怎么做很重要。对于这个年龄段的孩子来说，他（她）渴望与同伴融为一体，这可能导致他（她）做一些出人意料或可怕的事情，以此引人注意。

您可以帮助孩子应对同龄人的压力。经常和孩子谈论同伴之间的友情问题，讨论朋友的行为与家庭价值观之间的关系。对孩子表达出您的爱心，多多鼓励他（她），多花时间和他（她）在一起，这样您就会帮助他（她）建立强烈的自尊感和归属感。您无条件的支持可以帮助孩子面对同龄人的压力。

得更强、更灵活了。

加入一个有趣的俱乐部或团体 符合孩子兴趣的课外活动也可以提供半结构化的环境，让他们练习社交技能。

例如，参加一个戏剧俱乐部可以让孩子更灵活地交往，更好地互动。如果孩子对机器人或卡通动画俱乐部感兴趣，就让他（她）积极加入。在那里，一个主题就会是一个很好的平台，孩子们可以讨论和互动，促进彼此交流。

接受专业学习 如果孩子需要额外帮助，您可以和专业医生或学校老师交流，让孩子参加社交技能学习小组。这些小组由精神卫生专业的老师领导，旨在帮助儿童克服社会学习和适应能力方面的差距。在小组中，孩子们能够更好地学习和练习社交新技能。

如何应对欺凌

欺凌是故意伤害孩子身体或情感的反复发生的行为。它可以发生在学校、社区或网上。恃强凌弱不同于冲突，因为这种行为通常是为显示自己的权力或控制他人，所以欺负人的孩子即使知道自己的言行伤害了他人，也会继续恃强凌弱。

欺凌会产生长期的后果。被欺负的孩子会出现更高的抑郁、焦虑、学习问题和滥用药物等的风险。欺凌者在以后的生活中也有更高的滥用药物、出现学习问题和暴力的风险。无论是欺凌者还是被欺凌者，他们的生活都将受到巨大的负面影响。

欺凌的类型　在电影中，欺凌者通常是又高又壮，或者是卑鄙但受欢迎的形象。事实上，欺凌是一种行为。任何人都可能欺负或被欺负。有些欺凌者也会被欺负，有些被欺凌者也会欺负别人。欺凌可以有多种形式。

- *语言欺凌*。这是最常见的欺凌类型，它快速而直接。例如取笑、辱骂、奚落和做出不恰当的评论。
- *身体欺凌*。这包括打人、绊人、踢人，或强占他人的财产。这是最容易识别的，因为它是最明显的欺凌类型。
- *心理或社会欺凌*。这通常比口头或身体欺凌更微妙。这大多是以集体形式进行的，包括散布谣言，孤立被欺凌者，当面让被欺凌者难看，或者直接把被欺凌者排除在群体之外。很多被欺凌者觉得这些行为是自然而然产生的，所以很难将其认定为欺凌。
- *电子欺凌（网络欺凌）*。这包括使用电子媒介，如社交媒体、短信或视频来威胁或伤害被欺凌者。

如果孩子被欺凌了　如果您怀疑孩子被欺凌了，或者孩子告诉您他（她）被欺凌了，作为家长，您会感到不安和害怕。但即便是这样，您不要试图马上解决问题，也不要自己去找欺凌者，而是要更多地关注您的孩子。

了解孩子的感受　您要保持冷静，注意倾听，了解孩子的感受，同时表达您的理解和关心。避免对孩子的情绪或对事情的性质做出任何判断。告诉孩子，当他（她）受到伤害时，要立即告诉他（她）信赖的大人，这不是在打小报告。

不要推卸责任　记住，欺凌不是两个孩子之间的分歧。它是一个孩子或一群孩子故意伤害另一个孩子。试图调解分歧或找到中间立场不是正确的解决办法。您应提醒孩子欺凌是错误的，他（她）不会因为受到欺凌而受到家长的责备。相反，家长会全力支持孩子反对欺凌。

了解情况　让孩子说清楚欺凌是如何发生的，什么时候发生的，以及都有谁参与了欺凌。了解孩子为阻止被欺凌想做什么，哪些已经做了，哪些打算做。询问孩子您怎样做会使他（她）感到安全。

制订计划　和孩子一起制订解决欺凌问题的计划。询问他（她）希望看到什么结果，怎样才能阻止欺凌的发生。要解决这个问题，需要谁的帮助，别人能做什么？无论欺凌在哪里发生，都要先尽可能和朋友待在一起，并及时向老师、教练或其他成年人寻求帮助。

此外，一起思考孩子有哪些优势，

被欺凌的警告信号

如果孩子被欺凌，出于害怕、羞耻或尴尬等原因，他可能不会对任何人提及此事。您需要注意以下细微的被欺凌的警示信号。

- 衣物、电子媒介或其他个人物品遗失或毁坏。
- 突然失去朋友或逃避社交场合。
- 在学校表现不好或者不想上学。
- 头痛、胃痛或其他身体不适。
- 无法入眠。
- 改变饮食习惯。
- 经常没有合理的理由却要上网或玩手机。
- 无助感或自卑感。

当您的孩子是欺凌的旁观者

旁观者在欺凌行为中扮演重要的角色。他们可能参与欺凌或在旁边欢呼加油，使事情变得更严重；他们也可能阻止欺凌者或保护被欺凌者，而使事情得到缓解。旁观者也可以动员其他孩子站出来反对欺凌，或者向成年人报告欺凌行为。

孩子们通常比大人更早知道什么是欺凌。根据美国儿科学会的数据，超过55%的欺凌事件是在同伴的干预下结束的。

鼓励孩子站出来反对欺凌。作为旁观者，您的孩子要站在被欺凌者的一边。让孩子多陪伴被欺凌者，多倾听他（她）的倾诉，告诉他（她）欺凌是错误的，没有人应该被欺凌，不要助长欺凌行为。有朋友在身边，可以大大威慑欺凌者。鼓励孩子为那些没有很多朋友的被欺凌者说话。

教会他（她）利用这些优势抵制欺凌。提醒孩子，尽管情况看起来很糟糕，但仍然有很多人关心他（她），不想看到他（她）被欺凌。

注意孩子的网上活动　现在网上有很多的社交活动。您应该了解孩子是如何使用互联网、社交媒体或手机与他人互动的。

对于年龄小的孩子，考虑限制他（她）使用社交媒体。对于年龄稍大的孩子，您可以给他（她）规定，要在安全、相互尊重的情况下使用手机、平板电脑和玩游戏。这有助于减少欺凌的发生。这份规定还应该包括这样的协议：如果您有担忧，您保留查看孩子电子设备内容的权利，但您会在孩子在场的情况下这么做。这一条对于年龄较大的孩子尤为重要。制订好规定，把它贴在家里显眼的地方。

不能孤立孩子　如果您的孩子被欺凌，不要孤立他（她），不要让他（她）自此远离社交场合，也不要让他（她）远离电子设备。多数孩子可能不愿意承认被欺凌的事情，因为他们害怕自己的网络访问权被剥夺。因此您要向孩子保证，如果他（她）能主动和您谈及欺凌的事情，您不会剥夺他（她）的网络访问权。

采取行动　作为家长，您可以采取措施保护您的孩子，保存欺凌的证据，并及时与老师、教练和学校工作人员进行沟通。

- *记录细节。* 写下欺凌事件发生的日期、涉事人员，以及具体情况。保存相关截图、电子邮件和手机短信。尽可能客观地记录事实。
- *与学校工作人员保持联系。* 在学年开始的时候和孩子的老师或教练建立良好的关系是很有帮助的，这样您在询问除学习和体育情况以外的其他事情（如社交、欺凌）时，就会很自然。学校指导顾问或校长也可以帮助孩子处理欺凌行为。
- *用非正式的方式向学校老师说明欺凌问题。* 不要责备老师，尽量寻求老师的帮助。带上欺凌事件的相关记录作为参考。在与老师沟通时适当做些笔记，并与学校相关人员保持联系。如果欺凌还在继续，您就再去找学校相关人员，让他们协助解决。
- *查询学校关于欺凌的政策。* 了解学校解决欺凌问题的政策，以及学校工作人员在应对欺凌问题时应尽的义务。
- *必要时以其他方式报告欺凌事件。* 可以通过网络媒体报道欺凌事件。如果孩子受到了身体上的攻击或其他伤害，您要及时联系学校相关人员，并报警。报警可能对孩子的生活和思想产生影响，但孩子的安全更重要。

如果您的孩子是欺凌者 当您发现是孩子在欺凌别人时，您会感到惊讶和痛苦。别着急，在采取行动之前，先退一步，深呼吸。深思熟虑可能带来积极的结果。

欺凌的孩子经常是在学校遇到了困难、抑郁、暴力和其他问题。因此，对孩子的欺凌行为不能掉以轻心，要积极应对。

花点时间找出孩子欺凌别人的原因 他们可能认为这很酷，完全没有意识到这样对被欺凌者的影响，或者他们自己可能也被欺凌过。他们可能通过欺凌别人来发泄自己压抑的愤怒或沮丧的情绪。为了有效地解决欺凌问题，首先要找到导致欺凌行为发生的原因。

明确对孩子未来的期望 您要让孩子知道欺凌是不可接受的行为，会导致严重的后果。要让孩子知道您对他（她）未来的期望。鼓励孩子多做一些积极、正面的行为。（具体见第16章）

制订计划 您一旦了解了情况，可以和孩子制订计划，一起想办法改变他（她）的欺凌行为。必要时可以找别人帮助您实现计划目标。当孩子表现出积极的变化时，一定要及时表扬他（她）。

培养孩子的同情心和对他人的尊

欺凌者的特征

欺凌者有各种各样的特征。判断欺凌者的依据是他的行为而不是外表，因为欺凌是一种行为。区分不同孩子之间的行为很重要，不要把任何孩子定义为欺凌者，但是任何孩子都可能有欺凌行为。美国国家欺凌预防中心指出，以下特征常与欺凌行为相关。

- 不愿意为自己的行为承担责任。
- 对别人的感受缺乏理解或同情。
- 曾被别人欺负。
- 缺乏社交能力。
- 渴望掌控一切。
- 有焦虑或沮丧的情绪。
- 试图融入一个恃强凌弱的群体。

如果您在孩子身上发现了这些特征，争取尽早改变它们，这需要时间和耐心。您要告诉孩子如何尊重别人的感受，避免袒护孩子让其逃避欺凌行为带来的后果，帮助孩子学习适当的社交技巧，鼓励他（她）交往一些积极向上的朋友，阐明家庭价值观。如果有必要，可以找心理医生疏导孩子的心理问题。

重 帮助孩子理解每个人都有自己的感受，而这些感受是很重要的。您可以用同情的态度对待孩子和他人，为孩子做个榜样。帮助孩子学会从他人的角度思考，让他（她）获得同情心。您可以这样说："艾萨克，想想如果你处在塔德的处境，你会有什么感受？"此外，教导孩子尊重他人的身体和财产安全。在生活中，适当保持距离仍然很重要。

帮助孩子应对消极情绪 如果您的孩子正与负面情绪作斗争，那些经常欺凌他们的人也经常这样做。那就想办法帮助孩子克服消极情绪。您可以求助学校辅导员、老师或教会人员劝解孩子。儿童心理健康专家也可以引导孩子走出心理阴影。

不要因为欺凌是普遍现象，就理所应当地认为这是儿童时期可以接受的行为。无论何时发生欺凌，都要阻止它。很多人都可以帮助孩子阻止欺凌的发生。

第19章
应对困难时期

生活可能总是在您最意想不到的时候出现一些问题。不管是搬家、离婚、失业、生病还是亲人去世，任何人都可能经历困难时期。

看着孩子经历困难和挫折，您会感到难受。许多父母的热切愿望是永远不让孩子经历悲伤或焦虑，但这种想法是不现实的。

虽然您不能预防或消除困难，但您可以为孩子提供安慰和支持。您可以教给孩子精神和情感上的应对技能，让他（她）顺利渡过难关，并在以后的生活中变得更加强大。很多家庭都表示逆境让他们的家庭关系更亲密、更有意义。困难也可能带来积极的结果。

本章提供了一些关于当一个家庭面临生活中的困难和挑战时，家长如何帮助孩子应对的建议。

搬家

搬家对许多家庭来说都是一种常见的情况。虽然搬家令人兴奋，但它会给孩子带来烦恼和压力。如果您打算搬家，孩子可能关注他（她）将要失去的东西——亲密的朋友、熟悉的学校和课外活动。孩子可能担心找不到新朋友，还会担心新学校的环境，以及他（她）将如何适应新学校。这些是大多数孩子关心的问题。

帮孩子做好准备　在搬家过程中，很重要的一点是要理解孩子的感受，让他（她）保持乐观。您要和孩子谈论新家所在地的生活，告诉他（她）在那里可以认识很多有趣的新朋友，还可以接触很多新的思维方式，在结交新朋友的同时仍然可以和原来的朋友保持友谊。

如果孩子在以前的学校存在学习上

父母失业

　　失去工作对父母来说是毁灭性的,会给家庭带来经济压力。为了保护孩子不受这个问题的影响,一些父母本能地想要隐瞒这个坏消息。然而,孩子一般能很快地感觉到家庭出了问题。

　　如果失业影响了您的经济状况,您要告诉孩子基本的情况。不用说得太详细,可以说:"妈妈现在不上班,所以我们得暂时节约一下开支。"

　　当您不给他(她)买新衣服或者新玩具时,他(她)虽然不开心,但至少明白为什么现在不买这些东西。如果您不给予解释,孩子可能感到紧张,觉得是因为自己做错了事情,父母才不给买这些东西。

　　虽然告诉孩子失业很重要,但同样重要的是,您要和孩子双向交流,倾听他(她)对失业问题的感受,鼓励他(她)说出自己的恐惧或担忧。家长和孩子要共同面对失业的问题。

或交往上的问题，搬家正好可以让他（她）重新开始。鼓励他（她）积极向上，但期望值要适度。因为虽然换了新的居住环境，但孩子的性格没有改变。如果孩子达不到目标和过高的期望，会适得其反，导致更大的失望。

为了帮助孩子度过过渡期，您应该经常抽些时间陪孩子一起玩，一起做有趣的事，一起读关于搬家的书籍，或一起为他（她）的新房间挑选颜色。

如果可能，在您搬家之前，先带孩子去熟悉一下新家和新社区，这样可以增加孩子对搬家的兴趣。提前寻找你们想去的地方，并在搬家后尽早去探索这些地方。也可以让孩子参加喜欢或期待的活动。

与老朋友保持联系　安顿下来后，帮助孩子和老朋友保持联系。可能的话，时不时地拜访一下您的老邻居，或者在新家招待老朋友。

帮助孩子通过电话、视频聊天、手机短信和电子邮件联系朋友。当孩子在适应新变化时，一定要让他（她）感受到您的支持。

离婚

当父母决定离婚时，孩子会觉得自己的世界崩溃了。然而，每年都有成千上万的孩子经历父母离婚，但长大后仍然能够得到父母的爱和支持。

让孩子适应父母离婚的一个重要方法是，在离婚后仍经常在孩子面前互动交流。这意味着把孩子的感受放在父母的意愿之前。

宣布离婚的消息　找一个合适的机会和孩子坐在一起。坦白、简单地说，你们要离婚了。您可以不说细节，但要表明这是一件很令人难过的事情。鼓励孩子说出他（她）对父母离婚这件事情的感受和想法。

确保孩子明白离婚只是成年人之间的事。反复提醒孩子，离婚不是因为他（她）做错了事情。父母虽然离了婚，但还和以前一样爱着孩子。将离婚的事情告诉孩子的老师、学校辅导员和医生。他们可以帮忙观察孩子的变化，让您随时了解情况，并就孩子出现的问题给予帮助。

轻松度过离婚过渡期　当您在处理监护权和其他细节时，始终记住孩子需要父母双方。尽量避免长时间的监护权之争，这可能影响孩子的身体和心理健康。相反，当父母朝着共同抚养孩子的目标努力时，可以在孩子与父母之间建立起牢固的爱的关系。

在离婚过程中，孩子会担心一些迫

在眉睫的问题：我将住在哪里？我需要转学吗？谁带我去上游泳课？您应该尽可能减少离婚对孩子日常生活的影响。缓解孩子的担忧会让他们感到更安全。

随着离婚的进程推进，您可能需要解决孩子出现的各种状况。这取决于孩子的年龄：学龄前儿童可能需要额外的帮助才能理解他（她）不是导致离婚的原因，他（她）做任何事情都不能使父母复婚；学龄儿童可能更多表达愤怒，担心家庭将会发生什么，并把责任推给您，幻想父母能重新在一起。

为离婚后的生活铺平道路　您的孩子如何适应父母离婚后的生活，很大程度上取决于您和前配偶作为父母如何沟通与合作。您应尊重子女与前配偶的关系。
- 不要在孩子面前说前配偶的坏话。
- 不要让孩子在父母之间二选一。
- 不要在孩子面前讨论抚养费的问题。
- 不要对孩子封锁前配偶的信息。
- 不要把孩子当作伤害前配偶的棋子。
- 不要打断孩子和前配偶在一起的时间。

当孩子为父母离婚而悲伤时，可以适当放宽家庭规则，但这可能在不经意间给孩子带来更多的不安全感。孩子即使有自我忍耐力和承受力的极限，但在稳定的家庭规则和规律的生活习惯中也能茁壮成长。

如果孩子定期在两个家庭轮流居住，试着让两个家庭保持相似的规则和习惯。在理想情况下，学校课程、课外安排、日常琐事以及家庭和朋友的关系都应该尽可能保持不变。

如果孩子在面对父母离婚的问题上有困难，可以让心理医生帮助孩子解决心理问题。

重大疾病

当家里人患上重病或绝症时，孩子会产生深深的不确定感和不安全感。您和其他值得信任的人在这个特殊时期给孩子提供适合其年龄的信息，就是给孩子最重要的支持，这能确保孩子继续茁壮成长。

告诉孩子诊断结果　告诉孩子家人的病情可能是父母最难开口的事情。您想保护孩子免受伤害和痛苦，却不知道该从哪里开始。

一方面，在安静、不受打扰的环境下和孩子交谈。坦白地告诉孩子家人的病情，以及可能对他（她）带来的影响。

儿童，尤其是年幼的儿童，不像成年人那样理解疾病和死亡，所以他们通常不会像成年人那样震惊、焦虑或恐惧。

另一方面，他们可能认为自己是导致家人生病的原因。因此，您要确保孩子明白，他（她）的所作所为不是导致家人生病的原因，无论发生什么，孩子都将继续受到家人的爱护和照顾。

鼓励开放的沟通 鼓励孩子提出问题，说出他（她）的担心和恐惧。您可能发现孩子对疾病有误解，或者发现他（她）需要您的帮助来应对这些问题。您也应该鼓励孩子分享他（她）从别的渠道学到的关于这个疾病的知识，这样您可以帮助他（她）分辨知识的真伪。

认识死亡对父母和孩子来说都特别困难。它充满了不确定性，难以应对。询问孩子，如果家人因病而去世，他（她）是否特别担心以后的生活将发生变化。让孩子放心，不管结果如何，他（她）仍然会被爱护和照顾。

如果孩子想去医院看望生病的家人，应鼓励他（她）去。在出发之前，您可以预先告诉孩子探视时可能看到的情况，让他（她）有个心理准备，比如家人生病之后会是什么样子，是否会输液或者吸氧治疗。探视时让孩子想待多久就待多久。之后，一定要弄清楚孩子对这次探视是否存在疑问。

尽可能保持稳定 尽量维持孩子的正常生活。让孩子知道，他（她）还有您的支持和帮助，完全可以继续过正常的生活。

告诉孩子的老师、辅导员和教练发生的情况，请他们一起帮助孩子。尽可能地让孩子的生活保持稳定。如果父母感到不知所措，可以请其他亲戚帮助孩子，必要时也可以求助专业心理医生帮孩子解决问题。

理解预期性悲伤 亲人长期患病的孩子可能经历预期性悲伤。也就是说，他（她）长期生活在即将失去亲人的阴影下。这位亲人虽然活着，但身体上或心理上的情况异常糟糕。这种预期性悲伤可能持续数周、数月甚至数年。

预期性悲伤通常包括四个阶段：强烈的悲伤感、对临终者的极度关怀、对死亡的准备以及对濒临死亡的适应。但并不是每个孩子都会经历所有阶段，每个孩子也不是以相同的方式经历这些阶段。

为了帮助孩子度过这段时间，想办法帮助孩子认识和排解他（她）的感受。孩子可以从画画或讲述自己的故事中缓解心情。

读一本类似内容的书或故事可能对一些孩子有帮助。给孩子朗读这个故事，既创造了一个和孩子在一起的机会，又可以让孩子很自然地说出他（她）的内心感受。有许多适合不同年龄孩子的书籍可以参考。埃尔文·布鲁克斯·怀特的《夏洛的网》就是一个关于生命循环的故事。您可以向图书管理员查询相关书目，或者上网搜索推荐给孩子应对创伤的书单。

失去亲人的悲伤

失去家人、朋友，甚至是心爱的宠物，对于孩子来说都是人生中艰难的挑战。对于父母帮助孩子减轻痛苦非常重要，但要尊重孩子克服悲伤的方式，给他（她）足够的时间来度过悲痛。

以诚相告 避免使用"去世"之类的委婉词语。虽然这种词语似乎更容易说出口，但如果表达不清楚，会使孩子感到困惑。

相反，要以直接而亲切的方式告诉孩子关于死亡的消息。允许孩子说出他（她）的愤怒、震惊、无助或悲伤的感觉。不用在孩子面前掩饰您的悲伤，这样可以让孩子更容易向您倾诉他（她）的悲伤。

失去亲人 父母或兄弟姐妹的死亡尤其令人痛心。失去父母会使孩子的行为回到年幼时的状态，会使孩子感到焦虑、愤怒和抑郁。失去兄弟姐妹会让孩子对他们以往不愉快的相处经历感到歉疚。孩子可能常想，兄弟姐妹死去了，而他（她）还活着，并因此而感到内疚。孩子突然面对意外死亡的情况可能更难处理，因为孩子没有机会跟逝去的人说再见。

孩子如果在面对失去亲人的问题上有困难，例如过分恐惧或过度的悲伤，孩子可能需要心理健康专家的帮助。

父母会问孩子是否想去参加亲人的葬礼或追悼会。如果孩子想去，就带他（她）一起去，这样会弥补孩子心里的遗憾。如果孩子不想去，不要勉强，可以采用点蜡烛、祈祷或看照片等方式来纪念逝去的人。

应对悲伤 孩子对死亡的悲伤感受不同于成年人，他们对死亡的反应不是一个持续、渐进的过程。孩子对死亡的悲伤表现根据年龄、个性、心理发育成熟程度、死亡的环境和悲伤期间的家庭状况不同，也各不相同。

如果孩子这一刻表现出悲伤，下一刻又表现得很正常，不要担心，这是孩子很正常的悲伤表现。如果孩子不在乎，不明白发生了什么，或者完全逃避悲伤，或者悲伤起起伏伏，也是他（她）所处年龄和应对能力的正常表现。

巨大死亡悲剧和其他灾难

当发生大规模死亡悲剧时，如自然灾害、大规模枪击或恐怖袭击，孩子一旦开始关注，您就要帮助孩子理解当下发生了什么，让他（她）感到安全，还要采取以下步骤来缓解他（她）的情绪。而如果孩子并不知道这些事情，您也没必要告诉他（她）。

和孩子讨论发生的事情 当灾难发生时，即使是成年人也很难找到合适的词语来描述这件事。谈论它可以帮助孩子处理和应对这些不幸的消息。您可以先询问孩子已经知道了什么，有什么问题和顾虑。倾听他（她）的诉说，然后根据孩子的反应引出讨论。

您说话时要保持冷静，实话实说，告诉孩子他（她）这个年龄段能够接受的信息。说出您的看法，并告诉孩子，发生这些事情不是他（她）的错，无论发生什么，父母都在他（她）的身边。

有些孩子不想谈论创伤性事件，这没关系，不要强迫他们。让他们自己接受这件事，但要注意观察孩子可能出现的痛苦迹象。

如果孩子持续焦虑、悲伤，则需要找心理健康专家做心理疏导，帮助孩子缓解悲伤和压力。

做好安抚工作 孩子的年龄不同，他们处理悲剧事件的信息和压力的方式也不相同。

学龄前儿童可能变得黏人或模仿您的情绪。有些孩子可能还会尿床或吮吸拇指。您千万不要批评他（她）的这种行为，而应与他（她）面对面坐下来，平视他（她），和他（她）讨论这件事情。用孩子能听懂的语言和平静温和的语气跟他（她）讲话，解释发生了什么事，可能给他（她）带来什么样的影响。告诉孩子，您会想尽办法保护他（她）不受伤害。此外，还要给他（她）深深的拥抱。

学龄儿童可能害怕上学，在课堂上注意力不集中，变得好斗，做噩梦或出现其他睡眠问题。您可以让孩子开灯睡觉或者和您一起睡，多拥抱也会帮助他（她）缓解焦虑。和孩子谈话时，要帮助他（她）把虚拟与现实区分开，并保证他（她）是安全的。

帮助孩子前行 不管孩子多大，您都可以通过以下方法来帮助他（她）面对悲剧事件：

- 限制孩子接触相关事件的媒体报道。
- 维持孩子的日常生活。
- 鼓励孩子说出自己的感觉。
- 尽量减少悲剧对孩子造成的影响。

在集体悲剧发生后感到悲伤、害怕和困惑是正常的。然而，如果孩子持续悲伤超过2~4周，或者孩子之前经历过创伤，那么他（她）可能需要更深层的帮助。您需要和心理健康专家沟通交流，共同帮助孩子尽快恢复。

孩子如何表现悲伤

不同年龄的孩子，心理发育成熟度不一样，悲伤的表现形式也有所不同。

年龄	对死亡的理解	悲伤的表达方式
3~6岁	认为死亡只是暂时的。他们可能以为亲人只是睡着了，很快就会回来	• 发脾气 • 行为粗暴 • 产生罪恶感和耻辱感，认为自己过去的行为是导致亲人死亡的原因 • 失眠 • 食欲不振 • 尿便失禁
6~9岁	认为死亡是最后的结局。他们害怕死亡，并会担心父母或其他亲近的人也死去	• 害怕上学 • 出现攻击行为 • 害怕生病 • 害怕被抛弃
9岁以上	理解和接受死亡是无法改变的事实。最终，他们会明白死亡是生命中正常的一部分	• 害怕被拒绝 • 食欲或饮食习惯改变 • 无法入眠 • 对活动或爱好失去兴趣 • 冲动行为增加 • 常感到内疚

第 20 章
心理健康问题

父母会担心孩子出现烦恼或暴躁的情绪。心理和情绪健康问题在儿童早期和青少年时期就可能出现，但有时候很难知道原因。

有时，一些具体的生活事件会引发这些心理和情绪问题，比如搬家或失去亲人。有时，孩子可能在经受如慢性抑郁、焦虑或愤怒等情绪及行为的折磨。

如果孩子出现行为和情绪问题，并陷于其中不能自拔，或者仅是您怀疑孩子出现了这方面的问题，您都一定要尽早解决或者寻求帮助。了解孩子的情绪状态，知道何时寻求帮助是家长应做的事情。因为孩子的情绪问题寻求帮助，并不是做父母的失败。试想，如果孩子患有哮喘或糖尿病，您也会这样做的。帮助孩子解决情绪问题，也是一样的道理。

专业心理医生可以提供治疗，帮助儿童和青少年学习如何处理情绪和行为问题。此外，家庭治疗和辅助性的日常活动可以营造稳定的生活环境，促进孩子的情绪健康。在某些情况下，药物治疗也可以作为辅助治疗。

当孩子需要帮助的时候，及时的帮助可以让孩子在现在和以后的生活中变得更强大和更坚韧。不仅如此，还能让您的家庭生活越来越好。

焦虑症

每个孩子都有烦恼和恐惧。事实上，儿童的恐惧通常有固定的发展模式。学龄前期的孩子可能害怕很多事情，包括与父母分离、较大的噪声、怪物或黑暗等。随着孩子进入学龄期，恐惧往往变得很抽象，比如父母去世、外人进入家庭或长大成人。随着孩子年龄的增长，他们可能更不愿意与别人分享

这些恐惧的心理。在青春期，孩子通常存在与社交相关的恐惧，比如被同龄人拒绝或与异性交谈。在学校里失败和受伤也是常见的恐惧。

有一定程度的焦虑是正常的。每个孩子都会时不时地出现焦虑，这并不影响他（她）的健康成长。但当焦虑持续存在或已经干扰孩子的日常生活、学习和朋友交往时，这就会成为一个问题。这个问题对于其他孩子可能是没有威胁的，但对于您的孩子来说，它是一种恐惧反应，他们需要去学习如何管理这种情绪。这需要周围人的帮助。

焦虑症的症状 儿童的症状有不同的表现形式。如果孩子有广泛性焦虑表现，您可能注意到他（她）经常因为一些不太可能发生的事情而焦虑。孩子可能感到紧张，觉得好像有什么不好的事情将要发生，比如毫无理由地感觉家人要生病了，或者可能有人要闯进家里，等等。

有的孩子可能有社交焦虑，他们接触周围的人时会感到痛苦。对这些孩子来说，上学是一个挑战。有的孩子可能有分离焦虑，这也是儿童早期常见的社交焦虑问题。个别孩子可能有惊恐障碍或某种特殊的恐惧（恐惧症）。

患有焦虑症的儿童通常难以入睡。孩子可能说自己躺在床上很长时间都没有睡着，或者无法"关掉大脑"。没有父母在身边，这些孩子可能更难以入睡。

过度的恐惧、压力或担忧会导致孩子不愿参加喜爱的活动。此外，焦虑的孩子经常会说头痛或胃痛，这也可能是焦虑症的迹象。学校医生或老师可能会很早观察到这些迹象。

寻求帮助的时机　如果焦虑持续的时间比您认为的正常时间长，孩子感到很痛苦，或妨碍了日常生活，您需要找医生进行交流。医生会先排除身体疾病的原因。如果有潜在的疾病，积极治疗有助于缓解孩子的焦虑症状。

医生会询问父母和孩子，如孩子的症状，以及这些症状是如何影响孩子和家人的。并用问卷的形式对儿童焦虑程度进行评估。

必要的时候，医生会建议您找心理咨询师、心理学家或精神科专家帮忙。

治疗方案　研究结果表明，认知行为疗法（CBT）是治疗儿童焦虑症最有效的方法，尤其是CBT暴露疗法。CBT的治疗目标是通过引导孩子进行经验学习，让孩子不再发生恐惧，可以自己处理不舒服的感觉。对于一些儿童，还推荐抗焦虑药物治疗。

暴露疗法　在暴露疗法中，治疗师会引导孩子经历一个暴露于通常会引起焦虑的触发物的过程。随着时间的推移，帮助他（她）以更健康的方式做出反应。

例如，如果孩子害怕狗，治疗师会先给孩子看一张狗的图片。经过反复接触、熟悉，然后再练习抚摸活狗，继而不再怕狗。如果孩子有社交恐惧症，他（她）可以先跟熟人交谈，然后逐渐过渡到与陌生人交流。

暴露疗法的目的不仅是减少过度的焦虑感，还是帮助孩子学会忍受焦虑或不适。暴露疗法在单人或集体环境中都可以进行。

药物治疗　暴露疗法被认为是治疗儿童焦虑症最有效的方法。但如果这还不够，抗焦虑药物，如5-羟色胺重摄取抑制剂（SSRI），可能有助于缓解症状。但SSRI比CBT的副作用大。

帮助孩子控制焦虑　上述方案可以有效地治疗孩子的焦虑。您也可以在家里帮助孩子。

让孩子自己解决问题　在可能的情况下，家长可以提供信息和支持以缓解孩子的焦虑，比如搬到新学校，帮着解决朋友矛盾，或对日常问题提供帮助，但不要解决所有引起焦虑的事

什么是认知行为疗法？

　　认知行为疗法（CBT）是一种特殊类型的心理疗法，用于治疗焦虑症、抑郁症等多种心理疾病，适用于成人、青少年和儿童。7岁以下的儿童还不具备成熟的思维和推理能力，不适用于CBT。尽管如此，CBT略作改动也可以使孩子在父母的帮助下完成治疗。

　　CBT治疗原理是自己的思想、感觉和行为会对别人产生强大的影响，特别是消极的想法或自言自语的行为会增加恐惧、绝望和无助的感觉。这些感觉反过来又会使自己的行为强化消极的想法和感觉，形成恶性循环。

　　例如，孩子可能在学校的午餐时间感到焦虑。当他（她）走进餐厅时，他（她）可能觉得没有人想和他（她）说话，也没有人会喜欢他（她）。于是，他（她）自己独坐一旁，而其他人则误以为他（她）只想一个人呆着，因此不接近他（她）。如此循环造成孩子更加焦虑。

　　一些孩子被困在这些痛苦的循环中，无法摆脱，因此他们变得长期焦虑或抑郁。CBT可以帮助孩子学习如何积极应对恐惧，从而打破这种恶性循环。CBT有以下疗效。

- 找到导致痛苦的因素。
- 及时识别消极的想法。
- 积极改变自己的行为，以提升信心并找到更好的感觉。
- 使用新获得的知识和经验来挑战和取代消极的想法。

　　对于某些情况，如焦虑症或强迫症，CBT还提供暴露疗法。暴露疗法指的是，使孩子逐渐接近产生焦虑的触发点，如昆虫或一大群人。通过反复暴露和重新调整消极的思维，让孩子对自己处理突发事件的能力越来越有信心。

情。因为这样做将剥夺孩子独自面对和处理焦虑的机会。孩子遇到的这些事情，随着时间的推移，都会变得好起来。

进行假设测试　鼓励孩子寻找恐惧背后的原因。例如，试问孩子，如果在餐馆里，由他自己点餐而不是让父母来，最坏的结果会是什么？也可以和孩子一起在学校食堂买午餐。增加孩子处理焦虑的信心，而不是回避它。

给予温暖和支持　当孩子试图面对恐惧时，您要给予足够的温暖和支持。先让孩子表达他（她）的感受，不评价，不批评。帮助孩子想办法解决他（她）的烦恼，比如把一个任务分解成更小、更容易处理的几部分。帮助孩子认识到，大多数的问题虽然看起来很严重，但都是暂时的，是可以解决的。

保持最基本的稳定生活　稳定的日常生活可以减少孩子对未来的担忧，帮助孩子更好地感受周围的环境。要确保孩子有充足的睡眠，丰富的营养，足够的时间做作业、做家务和玩耍。如果孩子在家庭和学校都能得到稳定的支持，治疗将会更加有效。

强迫症

孩子会养成做事的特定习惯，形成自己的世界观和独特信念，这是儿童的正常发展。一旦某些行为或观念变得重复或具有侵入性，就是强迫症（OCD）的迹象。

强迫症是什么样子的　强迫症的最初症状是脑海里反复出现令人不安的想法或画面。它存在于担心细菌感染或导致不安想法的各种事情之中。患有强迫症的孩子可能感到羞愧，或者觉得自己出了什么问题。为了摆脱这些困扰，孩子可能做出以下行为。

- 因害怕感染细菌或疾病，反复洗手或洗澡。
- 害怕发生危险或家中进陌生人，重复检查锁或门。
- 为了追求完美，过度安排或组织工作。
- 计数或重复某些事情。
- 反复向父母或别人寻求安慰。

做这些事情让孩子有心理安慰，因此他会重复做。这种心理安慰是暂时的，但却使孩子忽略即使没有这些安慰也可以解决问题，由此导致恶性循环。

虽然强迫症和强迫行为通常是联系在一起的，但强迫行为会强迫孩子做出一些无意义的行为，比如敲键盘、摆东西或者刻意避免某些数字。而患强迫症的孩子通常会有一种强烈的冲动，想要强迫自己去做一件事，以防止坏事的发生，同时也是为了让自己感觉舒服。

如果您注意到孩子有这样的行为，或者怀疑孩子正在与强迫想法作斗争，一定要让医生进行评估。要明白，虽然这些强迫性想法让孩子感到不安，但并不意味着孩子是有问题的，或者这原本就是他自身的想法。相反，患有强迫症的孩子会通过强迫行为来试图摆脱这些强迫的想法。OCD的预后不错。

强迫症的诊断 有一半的强迫症患者是在童年时期确诊的。大多数OCD症状在10岁左右开始出现，也有更小年龄出现症状的儿童。男孩的诊断年龄多在7岁~12岁之间，女孩多出现在青春期。

首先您要预约医生，他们可能把孩子推荐给心理健康专家。强迫症的评估包括以下方式。

- 与父母和孩子谈话。
- 填写适合孩子年龄的调查问卷。
- 测试常见的心理疾病，如焦虑或抑郁。

两种或两种以上的精神疾病同时发生是很常见的，但是每一种都应该单独治疗。

强迫症的治疗 暴露疗法又叫暴露与反应预防（ERP）疗法，通常是治疗儿童强迫症的首选疗法。

暴露与反应预防疗法 ERP指的是治疗师引导孩子经历一个暴露于触发恐惧或强迫思想的情景的过程。研究结果表明，反复暴露于引发焦虑的情境中，久而久之，焦虑就会减少，因此类似的疗法也用于治疗焦虑症。

ERP的主要内容是尽力打破强迫症和强迫反应之间的联系。它包括引导孩子远离强迫情绪，例如，如果孩子担心细菌感染，治疗师可能让孩子逐渐靠近他认为有细菌的东西，如硬币或门把手，最终触摸到它。预防反应的部分包括事后不洗手或消毒。治疗师会和孩子一直站在门把手附近，直到他的强迫行为过去。随着不断地重复这个过程，孩子将会减少焦虑的情绪，更好地控制自己的行为。

药物治疗 大多数孩子经ERP治疗后能取得较好效果，但如果行为疗法不能缓解症状，药物治疗（如SSRI）可作为ERP的补充治疗。

帮助强迫症的孩子 应对儿童强迫症对家庭和孩子都是一个挑战。虽然这种情况会让您觉得非常痛苦，但您的孩子比其他孩子更需要帮助。您很小的支

什么是抽动

有些孩子会在无意中发出声音或做出动作，这些无意识的行为被称为抽动。这些表现可以单独发生，也可以同时存在，孩子很难自行控制。抽动有以下多种表现形式。

- 快速眨眼睛。
- 面部、手或腿不自主活动。
- 摇晃。
- 清嗓子。
- 跳。

抽动由许多因素引起，包括咖啡因摄入、癫痫和压力等。虽然抽动在社交场合会令人尴尬或不舒服，但大多数的抽动并不是有害的，而且会随着时间的推移而好转，多数在成年后完全消失。

Tourette综合征是一种特殊类型的抽动障碍，是一种慢性疾病，会导致儿童无法控制的运动和声音抽动。Tourette综合征由多种因素引起，包括遗传和环境因素。其典型症状通常在6~11岁出现。患病的男孩多于女孩。它经常与强迫症或注意缺陷多动障碍等其他疾病一起发生。

治疗　如果孩子存在持续的抽动，需尽早到医院就诊。医生可以帮助您了解孩子的病情并选择治疗方案。

如果抽动不频繁，孩子可能不需要任何治疗，但需要您给予他（她）支持和理解。如果他（她）存在学习困难或交友障碍，综合行为干预抽动治疗（CBIT）会有所帮助。出现抽动动作时，CBIT教导孩子做一些单独的、适当的动作，直到抽动的冲动消失。例如，清嗓子的抽动可以用缓慢而有节奏的呼吸来缓解。

某些药物可以减轻严重的抽动。如果抽动只发生在身体的某一个部位，注射肉毒杆菌毒素（Botox）可以镇静肌肉或阻断受影响肌肉的神经信号。

给予孩子支持　家长可以通过以下方式帮助孩子。
- 不要因为孩子的异常症状责备他（她）。
- 不要过度关注孩子的抽动行为。
- 让孩子按部就班地学习和生活。
- 与学校老师交流，一起制订个性化教育计划（IEP）。

心理健康专家

当您想找人帮助孩子解决情感行为问题时，找一个受过专门训练、有照顾孩子经验的心理健康专家最为合适。在大多数情况下，儿童抑郁症治疗的第一步是心理治疗，而不是药物治疗。心理健康专家一般包括：

心理学家 心理学家拥有心理学或心理咨询学的博士学位，并接受过心理治疗方面的培训。所有的州都有权颁发心理学家执照，这些执照也被美国职业心理学委员会所认证。心理学家使用测试等方法来诊断、评估和治疗有心理问题的人。他们可以进行各种形式的心理治疗，但在大多数州，心理学家并没有处方权。儿童心理学家专门帮助有心理健康问题的儿童和青少年。

精神病学家 精神病学家是指在获得医学博士（M.D.）学位后接受过至少4年专业训练的医生。精神科医生必须在其工作所在的州获得行医执照，而且大多数都已得到美国精神病学和神经病学委员会的认证。精神科医生有实施各种治疗的资格，包括有处方权。他们还可能在医院里领导治疗小组。儿童和青少年精神病学家在儿童和青少年心理健康和行为方面接受过额外的培训。

社会工作者 临床社会工作者必须具有社会工作硕士学位，并由其所在州颁发临床社会工作者（L.C.S.W.）或独立临床社会工作者（L.I.C.S.W.）的执照或进行认证。社会工作者通常会接受心理治疗方面的专业训练。临床社会工作者可以为患者提供治疗，但没有处方权。他们可以帮忙照顾孩子，并尽力为您和孩子提供力所能及的帮助。学校可能聘用社会工作者作为心理顾问。

高级医师处方员 高级医师处方员包括在医疗护理方面受过高级培训的护士和助理医师等。其中，精神科护士拥有护理学位，持有注册护士执照（R.N.），并有精神病学方面的额外经验。临床护理专家（C.N.S.）拥有护理学士学位与精神病学和精神卫生护理或相关领域的硕士学位，并持有注册护士执照。执业护士（N.P.）或医师助理（P.A.）也可以从事精神病学的相关工作。他们都接受过身体评估、生理学、药理学和物理诊断学的高级培训，可以开处方药。

持都会对孩子的精神和情感给予很大的帮助。

让生活更简单 OCD会消耗孩子大量的能量，治疗也很耗时。但一些家长发现让家庭生活更加简单对治疗有所帮助，例如暂停额外的活动或减少应酬。简化日常活动可以减少强迫症孩子的压力，但不要为了适应强迫症孩子而扰乱正常的家庭生活。

帮助孩子克服强迫症 与孩子的治疗保持一致很关键。如果孩子正在接受暴露疗法的治疗，以努力克服强迫症，您可以学习如何在家里进行暴露疗法，以强化治疗效果。

更健康的行为方式 当孩子努力寻找新的、更健康的解决强迫行为的方式时，您要以平静和关爱来回应他（她）。这有助于强化新的思维模式，甚至可能是一种新的强迫症的治疗方式。

抑郁症

您有时候会发现孩子几天以来一直特别难过或情绪不佳。对于每一个孩子来说，时不时地情绪低落是很正常的。每个孩子都有自己独特的性格，世界上没有所谓的"快乐孩子"。但如果孩子

抑郁症和自杀

随着孩子年龄的增长，抑郁症会成为自杀的危险因素。虽然您很难接受孩子有自杀的想法，但必须要正视它。和孩子进行真诚的对话可以帮助您了解他（她）的真实想法，也是帮助孩子重要的一步。

谈论自杀不会使孩子产生新的想法。如果您不知道怎样引出自杀的话题，可以简单地问孩子："你有没有想过要伤害自己?"或者"你有没有想过结束自己的生命?"

认真对待孩子的回应。如果他（她）有这方面的想法或感觉，请立即联系孩子的护理人员或相关专业人员，寻求他们的帮助。如果孩子正在考虑自杀，这是很危险的情况，要及时拨打110或紧急求助电话，或带孩子去医院。

的悲伤或孤僻行为持续几周以上，或已经影响了孩子的行为能力，那么孩子可能患上了抑郁症。

虽然抑郁症在儿童中的发生率不如成人和青少年高，但它仍然会对孩子产生很大的影响。患有抑郁症的儿童越来越难以在学校和家里正常生活，与人交流也越来越少。如果不及时治疗，抑郁症将会恶化，孩子可能出现学习困难、社交困难、滥用药物甚至自杀。

相反，患抑郁症的儿童如果得到及时的治疗和支持，病情就会好转。治疗方法通常包括心理治疗和药物治疗。父母或家庭谈话也是治疗的一部分，这可以让父母了解怎样更好地帮助和支持患抑郁症的孩子。

认识抑郁症 抑郁症的典型症状是孩子每时每刻都感到悲伤或易怒。您需要注意以下的症状和特征。

- **与家人或朋友的交流减少** 患抑郁症的孩子会觉得和朋友或家人一起玩太费劲了。他（她）可能花很多时间待在自己的房间里，远离其他人。

- **对喜爱的运动失去兴趣** 出现行为异常，比如放弃以前喜欢的运动或课外活动，不再和好朋友一起玩或一起过夜。

- **身体不适** 孩子的情感可能还未成熟，无法区分情感上的痛苦和身体上的痛苦。因此他们可能抱怨生病或头痛，而不是谈论悲伤。

- **食欲和体重变化** 孩子可能对吃东西失去兴趣；或者相反，比平时吃更多怎么进行家庭治疗？

当孩子和父母的某些行为方式已经在家庭生活中根深蒂固的时候，也许很难在短时间内做出改变。家庭治疗可用于治疗抑郁、焦虑、行为异常和饮食失调等各种心理情绪问题。

治疗师会融入你们的家庭生活，以全新的视角观察家庭成员如何互动，并提出改变导致孩子情绪问题的处理方式的建议，通过积极倾听和调节情绪反应来与孩子更好地相互沟通。

治疗师还能帮助家庭成员通过了解问题、设定可实现的目标、讨论解决方案、制订和实施行动计划，以及评估计划的效果等方式，来解决家庭存在的问题。有证据表明，在许多情况下，家庭治疗可以帮助孩子更快地缓解病情并恢复健康。

的零食。一些患有抑郁症的孩子体重会减轻或增加，还有些孩子的体重没有按照他们的年龄预期增长。

- *睡眠问题* 孩子的睡眠模式发生变化，比如白天睡觉、焦躁不安、半夜醒来或难以入睡。患有抑郁症的孩子经常说他们感到疲劳。您可能发现在早上很难叫醒孩子。

- *缺乏活力* 患抑郁症的孩子会感到失去目标、情绪低落或无精打采。

- *贬低自己的价值* 患抑郁症的儿童通常对自己过于苛刻，并表现出内疚、羞耻或贬低自己的价值的行为。他们可能把自己和朋友做负面比较，甚至会因为出现无法自控的情况而责怪自己。

- *注意力不集中* 孩子会变得不专注，记忆力减退，反应减慢，以致影响孩子在学校的表现或学习能力。

- *坐立不安* 当孩子抑郁时，烦躁不安或过度活跃的行为会增加，因为这是内心焦虑、痛苦的表现。

抑郁症有家族遗传倾向，有些孩子存在较高的抑郁症的遗传易感性。生活中的某些较大事件，如父母离婚、搬家、失去朋友或家人等，会让孩子感到悲伤。这种悲伤会变得慢性而持久，最终导致孩子抑郁。如果孩子在某些事件发生两周后仍然存在抑郁的症状，您要及时联系医生为孩子诊断和治疗。

抑郁症的诊断 如果您怀疑孩子患了抑郁症，需要尽早带孩子就医。医生可

能和心理健康专家合作诊断孩子的抑郁症。这些心理健康专家包括儿童精神病学家、心理学家、心理顾问或社会工作者。

儿童抑郁症的评估通常包括以口头和书面方式对您和孩子进行问卷测试，以及与您、孩子和家人面对面交流。

儿童抑郁症的治疗 心理治疗可以使大多数抑郁症的孩子和父母受益，包括以下治疗方法。

认知行为疗法（CBT） CBT是治疗抑郁症最常用的方法（见第286页）。该疗法也被用于治疗焦虑症和其他心理健康问题。治疗师会帮助孩子识别和改变消极、扭曲的想法，比如完美主义想法或灾难性想法，把坏的结果看成是普通的事情，用更积极、更现实的看法取代它们。孩子会学会重新看待和处理以前的问题。

人际关系治疗 认知行为疗法是心理治疗的一种方法，而人际关系治疗是心理治疗的另一种常见形式。它包括学习沟通和解决问题的技巧来改善人际关系。它可以帮助孩子学会在社交场合与大人和其他孩子相处。人际关系治疗对于缓解悲伤、减少内耗、缓和与别人的冲突，以及减少家庭环境差异都有帮助。

行为激活疗法　抑郁症的儿童通常会对曾经喜欢的事情失去兴趣。行为激活疗法是一种较新的治疗方法，专门针对这种异常行为进行治疗。有证据表明，它还有助于缓解儿童消极情绪和改善睡眠。这种疗法通过制订活动计划并积极强化，让孩子重新参与曾感兴趣的活动，减少逃避行为，以改善情绪。父母应该支持孩子选择的活动，并与孩子一起克服重新参与活动的障碍。

家庭疗法　家庭疗法的重点是通过帮助整个家庭以帮助儿童解决一系列心理健康问题，包括抑郁症。该疗法教给父母和亲人如何帮助抑郁症的孩子，和如何改善家庭环境。

药物治疗　如果孩子患中度到重度抑郁症，医生可能给孩子开一些抗抑郁药，如氟西汀（百忧解），该药物已被证明可以改善7~17岁儿童的抑郁症状。氟西汀属于SSRI，是一种治疗抑郁症的常用药物，可改善和调节强迫症

和其他精神健康问题患者的情绪。

联合治疗　有时会将心理治疗和药物治疗相结合对孩子进行治疗。药物疗法短期内即可见效，心理疗法可以培养您和孩子长期管理抑郁情绪的能力。

　　在治疗的前几个月，医生会让孩子定期复诊，评估治疗效果，酌情调整治疗方案。

　　抑郁症的治疗还包括心理健康团队进行长期随访，观察复发情况，并在必要时提供"强化"治疗。

在家帮助您的孩子　无论孩子采用哪种治疗方法，您都可以在家做一些事情来帮助他（她）恢复健康。

规律的作息时间　尽可能保证孩子在学校和家庭有规律的作息时间。坚持规律饮食，做到营养丰富。正常做家务、家庭作业和其他的家庭日常事务。做这些具体的事情，会帮助孩子把注意力从消极的想法和情绪上转移开。

躁郁症

躁郁症是一种复杂的精神疾病。它以极端的情绪波动为特征，会发生极度的兴奋情绪和活动行为，很少需要睡眠，表现出极端的自我意识，间断出现悲伤、绝望和冷漠的情绪。高潮和低谷的情绪交替可能持续几天或几周。

儿童躁郁症的诊断有一定困难，因为它的症状和发展方式与成人不同，所以可预见性也更低。在发作期间，孩子的情绪波动可能更快，很难判断这些症状是与躁郁症有关，还是与其他疾病有关，比如抑郁症或注意缺陷多动障碍（ADHD）。有时这些疾病会同时存在。

除此之外，孩子们不能完全准确地描述症状，也增加了诊断的难度。通常，躁郁症在青少年后期比在儿童中期更容易被诊断。

专业人员进行全面的评估很重要，因为准确的诊断和适当的治疗有助于改善预后。躁郁症治疗通常需要服用药物，如碳酸锂（lithobid）。这些药物有副作用，但情绪症状严重的儿童可以适当服用。

在症状被控制后，儿童通常需要继续口服药物维持治疗1~2年，以防止复发。许多儿童和家庭会接受心理治疗，包括了解这种疾病，以及学习如何治疗和控制症状。同时，也要进行家庭治疗，以改善家庭成员关系和解决家庭问题。

鼓励体育活动 充足的自由玩耍时间是使孩子健康成长和发展的重要因素。体育活动能促进天然的内啡肽和血清素的产生，这两种在大脑中的化学物质被称为"情绪助推器"，有助于情绪的改善。因此要多鼓励孩子玩耍，尤其是和朋友一起玩耍。

充足的睡眠 睡眠问题经常与抑郁症相伴而行，因此良好的睡眠至关重要。改善孩子的睡眠卫生习惯，睡觉前关掉电视，拿走卧室的电子设备及书籍，换上舒适的睡衣，并提供静音设备或新毯子。有关睡眠的更多信息详见第8章。

让更多的人支持孩子 虽然亲子关系是孩子社交关系中最重要的部分，但其他成年人也可以提供帮助，比如阿姨、叔叔或者祖父母。

多交朋友 社交活动对儿童的健康成长和大脑发育非常重要。随着抑郁症病情的改善，可以让孩子多参加一些有意义的活动，如体育活动，培养一个新爱好或交一个贴心的好朋友，这将有助于孩子更好地融入朋友。

对立违抗性障碍

即使是表现最好的孩子有时也会遇到困难和挑战。一旦遇到困难，有些孩子可能表现出易怒、争吵、蔑视或报复的情绪或行为。如果这种状态持续6个月或更长时间，他们可能患上一种被称为对立违抗性障碍（ODD）的心理疾病。

对立违抗性障碍是一个复杂的心理疾病，可能由多种因素引起，包括基因，不易调节的情绪气质，多变、苛刻的家庭环境，父母的心理健康状况或家庭物质状况等因素。学校同学的异常关注或其他人强行的纪律约束也会导致孩子出现这种消极行为。

对ODD的治疗通常是帮助父母培养进行积极的家庭互动和自控负面行为的能力。

ODD的症状　有时很难区分一个意志坚强或情绪化的孩子和一个有对立违抗性障碍的孩子，因为孩子在特定的发展阶段表现出对立行为是正常的。

ODD的症状一般出现于学龄前期，有的可能会晚一些，但几乎都在青少年早期发病。这些行为会对孩子的家庭生活、社会活动和学校学业造成严重的损害。

患ODD的孩子在几个月内经常会有以下表现。

- 爱发脾气。
- 故意和成年人争论。
- 故意惹别人生气。
- 指责别人的错误。
- 恶意报复。

许多患ODD的儿童还有其他症状，如注意缺陷多动障碍（ADHD）症状、抑郁、焦虑或学习障碍。虽然有时很难将ODD与其他情况区分开来，但是认真认识和对待每一种情况都很重要。

寻求帮助　如果孩子表现出ODD的行为，或者您担心没能力抚养这样的孩子，您需要向专业的心理学家或精神病学家寻求帮助，他们会为您推荐合适的心理学专业人士。

对孩子的心理健康状况的评估包括以下方面。

- 整体健康情况。
- 异常行为的频率和强度。
- 多重关系下的情绪和行为问题。
- 家庭生活和亲人间的互动情况。
- 既往针对异常行为管理的方法是否有效果。
- 是否存在其他精神健康、学习和沟通

障碍问题。

治疗方式　ODD的治疗主要是父母的干预，也包括其他类型的心理治疗和培训。治疗通常持续数月或更长时间。

与此同时，要及时治疗孩子可能存在的其他问题，比如焦虑或ADHD。如果不及时治疗，这些问题会加重ODD的症状。

除非孩子还有其他症状，否则不建议选用药物治疗。如果孩子同时患有ODD、ADHD或抑郁症，药物辅助治疗可能有效果。

ODD的治疗通常包括以下方面。

培训父母　心理健康专家可以帮助您改进教育方式，使您和孩子思想一致，共同保持积极乐观，最终使孩子战胜疾病。在某些情况下，孩子也会参加这个培训，因为家里的每一位成员解决此问题的目标是相同的。让和孩子有关的其他人（如教师）参与培训也是治疗的重要部分。

亲子互动治疗（PCIT）是家长培训的黄金标准。在PCIT期间，治疗师指导父母与孩子互动。在治疗时，治疗师坐在一面单向镜子的后面，通过耳麦音频设备来指导父母如何强化孩子的积极行为。

PCIT的预期结果是家长学会更有效的育儿技巧，亲子关系更加密切，孩子减少异常行为。

个体化和家庭式治疗　个体化治疗可以帮助孩子学会控制愤怒，以及用更健康的方式表达感情。家庭治疗可以帮助家庭成员学习如何更好地交流和互动（具体见第293页怎么进行家庭治疗）。

解决问题训练　这种类型的治疗旨在帮助孩子识别和改变导致行为问题的思维模式。父母和孩子一起努力想出有用的解决方案，帮助孩子治疗ODD。

社交技能训练　这种训练可以帮助孩子学习更灵活地处事，以及如何与同龄人更积极有效地互动。孩子可以单独完成，也可以加入小组完成。小组的方式可以让孩子练习新的技能，并得到及时的反馈。

坚持下去　尽管有些育儿技巧似乎只是常识，但在有反对意见情况下，尤其是当家里有其他阻力时，能始终如一地坚持下去并不容易。学习这些技能需要日常的练习和足够的耐心。

治疗中最重要的是您要持续、毫无保留地爱和接受孩子，即使在他（她）困难和心理混乱的情况下也不要放弃。但请不要对自己太苛刻，对于再有耐心的父母，这也是一个很艰难的过程。

第五部分
常见疾病和问题

感冒、头痛、肚子痛是孩子们小时候很常见的疾病。好消息是，随着孩子的成长和发育，他们生病的频率总体上会降低。

可以肯定的是，在一年中的某些月份，您作为家长，尤其是作为学龄前儿童的家长，可能每星期都要带孩子去看医生，就像每周的例行工作一样。但是，随着孩子继续成长，他（她）的免疫系统会变得强大，使他（她）能适应各种环境。等到孩子上小学时，您可能就很少带孩子到医院来治疗一些常见疾病了。

即使孩子确实被某一种病毒感染，您也不要过度担心。如果孩子表现活跃并且正在成长，他（她）很可能状态不错。孩子的免疫系统在建立好自己的免疫力之前会接触许多病毒。此外，按照推荐的疫苗接种计划为孩子按时接种疫苗有助于预防病毒感染。

尽管儿童时期可能发生严重的疾病，但学龄前和学龄儿童的大多数常见疾病并不会带来持久的后遗症。在这个年龄，孩子的适应能力很强，身体很容易从常见的疾病中恢复过来。

本章提供了一些对儿童的较常见疾病和疑虑有帮助的信息。针对不同情况，我们会告诉您此疾病的严重程度，何时需要寻求帮助，以及您在家中能做些什么来照顾孩子。

请记住，您最了解您的孩子，包括关于他（她）目前和以前生病的详细情况，以及孩子生病时的行为表现。您可以分辨出孩子的表现是不是和平常身体健康时一样。相信你的直觉。父母对孩子生病的直觉通常很准。如有疑问，请与孩子的医疗人员联系。在医疗人员的帮助下，您可以解决孩子遇到的大多数问题。

给孩子吃药

对于服用药物，无论是成人还是儿童，都必须要权衡益处和风险。虽然服用某些药物后肯定能让儿童感觉更舒服，但很多其他药物却不是这样的。另外，几乎所有药物都有潜在的副作用。因此，重要的是正确地选择何时用药和选择最合适的药物。

一般来讲，平时很健康的孩子很少需要服用非处方药。如果确实要服用非处方药，请选择儿童专用的药物，并仅在必要时按医生的建议服用。给孩子吃药时，请遵循以下注意事项。

服用适当的药物剂量　儿童药物通常是液体剂型的，但是不同的药物具有不同的浓度。您必须使用该种药物专用的分配器，并仔细按照药品说明书的指示进行操作，以便于给孩子服用正确的药物剂量。避免使用茶匙等餐具来计量药剂。如果您知道孩子的体重，请以体重为用药依据。请参见第470和471页上的对乙酰氨基酚（泰诺或其他）和布洛芬（艾得维尔、美林或其他）的剂量表。

避免药物过量　避免同时给孩子服用多种具有相同活性成分的药物，例如止痛药和减轻充血的药物，这可能导致药物过量。一些父母让孩子交替服用对乙酰氨基酚和布洛芬等止痛药，但通常不建议这样做。每种药物在每次用药之间需要特定的时间间隔。应用两种药物可能造成混淆，并且可能无意中给孩子用药过量。

避免服用阿司匹林　不建议18岁以下的儿童服用阿司匹林，因为该药的功效主要是治疗病毒性疾病（例如流感或水痘）。但是，要准确地区分病毒性疾病和非病毒性疾病并不是那么容易，因此专家建议，除非医生开具处方，否则应完全避免18岁以下的儿童服用阿司匹林。

如果您对给孩子服药有任何疑问，或者如果孩子在服药后呕吐或出现皮疹，请立即致电医生。

照顾生病的孩子

孩子许多常见的疾病都可以在家中治疗。如有任何疑问，请咨询医生。当您的孩子生病在家时，他（她）需要得到一些额外的关爱。为了帮助孩子快速、全面地康复，您可以遵循如下简单的方法。

鼓励多休息 确保孩子有足够的休息时间。充足的睡眠有助于缓解暴躁、烦躁和不适感。您可以借此机会和孩子依偎在一起并放松相处。轻微的疾病通常会是您暂停家庭紧张忙碌的日程并与孩子共度美好时光的机会。

补充充足的水分 感染和患其他常见的儿童疾病的最大风险是脱水。当孩子因呕吐、腹泻而丢失过多的水分，且难以进食和饮水，或孩子对新陈代谢的需求增加时，就会发生脱水（见第320页）。如果孩子进食困难或水分丢失过多，请少量多次给孩子喝水或口服补液盐（例如电解质水）。此外，孩子通常喜欢吮吸冰块。

使孩子感到舒适 如果孩子鼻塞，使用冷雾加湿器或喷雾器增加空气湿度可能对他（她）有所帮助。也可以让孩子在有蒸汽的浴室里呼吸湿润的空气。

用盐水滴鼻腔可以缓解鼻充血。如果孩子的房间闷热，请打开电风扇使房间空气流通，并确保孩子穿的衣服透气。

正确地使用药物 如果孩子发热，但饮食和睡眠状况良好，并且可以正常玩耍，则可能不需要用药治疗。但是，如果孩子感到疼痛，可以给他（她）服用对乙酰氨基酚或布洛芬以减轻不适。请遵循药品说明书上的建议或医生的建议。再次给孩子服用退热药之前，请确认与上一次用药间隔了足够长的时间。如果医生开了抗生素或其他处方药物，请严格按照医生的指示和处方服药，以最大程度地发挥药物的作用，并降低服药的风险。

致电医生 在照顾生病的孩子时，请相信您作为父母的直觉。如果您觉得应该致电医生，则请致电并描述您所担心的问题以及到目前为止您已经尝试过的事情。给医生打个电话通常可以解决很多问题，并且可以确保您采取的步骤是正确的。如果您想带孩子去医院看门诊或急诊，则请及时出发。

防止细菌传播 可以采用一些常识性的方法防止细菌在房间里传播或传给其他人。打喷嚏或咳嗽时口鼻要对着干净的纸巾；如果没有纸巾，口鼻要对着自己的肘部。立即扔掉用过的纸巾。不要与孩子共用餐具和水杯。经常使用的物品表面和房间要保持清洁，包括玩具和游乐区。如果可以，请待在家里以防止感染传播给他人。最重要的是，确保孩子和其他家庭成员多次彻底洗手。您可以在房间的多个地方都放洗手液。

疾病指导

以下是学龄前儿童和学龄儿童最常见的一些疾病，通过学习可以帮助您了解如何识别不同疾病的体征和症状，何时可能出现严重情况，何时需要打电话寻求帮助，以及有关家庭治疗的窍门。

过敏（含对环境过敏）

当孩子的免疫系统对某种物质（例如花粉、蜂毒、宠物毛屑、某种食物或药物）起反应时，就会产生过敏反应。这些物质看起来对人体有害，然而它们对于大多数人是无害的。

有些孩子由于遗传因素易患过敏症。哮喘、湿疹或食物过敏等过敏性疾病常常具有家族性。只有当儿童的免疫系统经历了多个花粉季节之后，才会出现季节性的风媒花的花粉过敏。

尽管过敏无法治愈，但治疗可以缓解不适症状，尤其是风媒花的花粉过敏、哮喘和湿疹引起的症状。对于其他过敏性疾病，避免接触过敏触发因素是防止过敏反应的关键。

如何识别过敏 过敏的症状多样，取决于引起过敏的原因。通常，过敏症状轻微或可控制。但在某些情况下，接触某些过敏原可能导致严重过敏反应，需要紧急治疗。严重过敏反应通常在暴露于过敏原后很快出现体征和症状，包括呼吸困难、水肿、荨麻疹、呕吐、腹泻、心率增快和头晕或晕厥（请参见第306页）。

吸入过敏 吸入过敏，也称为季节性变应性鼻炎或花粉症，具有季节性，孩子会在当花粉等过敏原在空中传播时发病。吸入过敏通常会导致以下症状和体征。

- 流鼻涕，鼻涕稀薄、透明。
- 打喷嚏。
- 眼睛发痒，流眼泪或眼睛轻度肿胀。
- 皮肤瘙痒或出疹子。
- 咳嗽（上气道咳嗽综合征）。
- 哮喘症状恶化，如喘息或呼吸急促。

食物过敏 食物过敏可引起以下症状和体征。

- 嘴唇、舌头、面部或喉咙水肿。
- 荨麻疹。

何时需要致电医生

父母通常需要知道孩子出现什么样的体征和症状是比单纯流鼻涕或皮疹更严重的状况。如果您不确定，可以尽快给医生打电话，以便为下一步治疗提供保障和指导。

请记住，患有慢性疾病的孩子，特别是患有影响免疫系统抵抗感染的能力的疾病的孩子，普通的感染可能迅速加重。对于尚未接种疫苗的孩子也是如此。

孩子出现以下症状和体征需要到医院门诊或急诊进行紧急评估。如果您不确定是否为紧急情况，请先致电医生。

- **持续发热或高热**。持续发热超过3天或发热达到39.4 ℃或更高。

- **发热伴皮疹**。发热并伴有皮肤出现红色或紫色的皮疹，在给皮肤施加压力时皮疹不会消失或变浅（变白）（为淤斑或紫癜）。

- **呼吸困难**。呼吸急促，说一句话中间需要停顿呼吸，并且难以进食或饮水。其他体征包括鼻翼扇动和吸气时肋骨之间的皮肤凹陷。

- **意识改变**。无法定向思考，意识混乱，呼叫后无反应，无法保持清醒或持续嗜睡，难以进食和饮水。

- **脖子僵硬**。无法移动脖子，尤其是在伴有发热和对光敏感的情况下。

- **惊厥**。失去知觉或出现突然的、无法控制的抽搐动作。

- **晕厥**。无法看清、听清或直立站立。

- **虚弱**。无法走路，不能自己吃饭或穿衣服。

- **脱水**。最近8小时内没有小便，口腔干燥，眼窝凹陷。

- **剧烈腹痛**。剧烈而持续的腹部疼痛。

- **发热严重**。服用退烧药1小时后体温未降。

- **极度烦躁**。难以被安抚或平静下来。

- **剧烈咽喉痛**。无法吞咽食物，流口水。

严重过敏反应

有时，接触过敏原会导致严重的过敏反应，甚至可能威胁生命（严重过敏反应）。这种严重过敏反应可能在孩子暴露于过敏原（例如花生或蜜蜂叮咬）后的几秒或几分钟之内发生。儿童最常见的严重过敏反应触发因素是食物。

严重过敏反应需要立即注射肾上腺素并到急诊治疗。如果您没有肾上腺素，则需要立即带孩子去急诊室。如果严重过敏反应得不到及时治疗，可能会致命。

症状　严重过敏反应会导致免疫系统释放大量化学物质，从而导致休克——血压突然下降，气道变窄阻碍呼吸。虽然严重过敏反应通常会立即发生，但也可能在暴露半小时或更长时间后发生。以下为严重过敏反应的体征和症状。

- 严重的呼吸急促，咳嗽或喘息。
- 嘴唇、舌头或喉咙肿胀，或口中有种奇怪的感觉。
- 出现荨麻疹或瘙痒。
- 皮肤变苍白，发凉或变湿冷。
- 晕厥或意识丧失。
- 突然出现腹痛，恶心或呕吐。
- 心率加快或心慌。
- 血压降低。

紧急情况下怎么做　如果孩子表现出严重过敏反应的迹象，请迅速采取行动，立即执行以下操作，并寻求紧急医疗服务。

- 如果有肾上腺素自动注射器，请将其在孩子的大腿注射。这是唯一可以治疗严重过敏反应的救命药物。
- 让孩子躺下。
- 检查孩子的脉搏和呼吸，并在必要时进行心肺复苏或其他急救措施。
- 致电120。

即使在使用肾上腺素自动注射器后症状有所改善，您仍然需要带孩子去急诊室。在某些情况下，孩子可能需要其他医疗干预或不止一次的肾上腺素自动注射器给药。

后续的安排　如果孩子出现过过敏反应或严重过敏反应，请预约医生或过敏专家，以检查引起此次过敏反应的诱因和进行长期治疗。医生将为孩子提供肾上腺素自动注射器，并告诉您如何使用它们（如果您之前还没有用过）。

花粉症的治疗

花粉症（例如花粉、霉菌和宠物毛屑）使许多人（包括儿童）感到痛苦。在许多情况下，很难完全避开户外活动或不去养宠物的朋友家里。因此，许多患者使用抗过敏药来缓解和控制症状。但是，哪种抗过敏药最适合孩子使用呢？

有多种抗过敏药被批准用于儿童。尽管临时服用抗过敏药可以缓解轻度症状，但定期服用效果最好。

以下几种非处方药和处方药可以缓解过敏症状。

- **抗组胺药**。抗组胺药可以缓解打喷嚏、瘙痒、流鼻涕和流眼泪。它们通常为非处方药，剂型有糖浆和片剂，其中一些可以嚼服。苯海拉明（benadryl）虽然是一种常见的药物，但通常不建议服用，因为它会引起嗜睡。推荐的非镇静抗组胺药包括氯雷他定（claritin）、西替利嗪（zyrtec）和非索非那定（allegra）。孩子的医生可能建议在整个过敏季节定期服用其中的一种抗组胺药。

- **糖皮质激素鼻喷雾剂**。根据过敏的严重程度，糖皮质激素鼻喷雾剂可单独使用，也可与其他过敏药联合使用。此药可以通过非处方购买或由医生开具。批准用于儿童的糖皮质激素鼻喷雾剂包括氟替卡松（flonase）、曲安奈德（nasacort）和莫米松（nasonex）。这些药物通常被认为是安全的，并且没有口服类固醇药物的全身性副作用。

- **孟鲁司特（singulair）**。这是一种口服药物，有助于缓解过敏症状，并具有改善哮喘症状的额外益处。该药物为咀嚼片，可以单独使用，也可以与其他抗过敏药联合使用。少数儿童在服用后可能有情绪障碍副作用的风险。一般认为，儿童长期服用是安全的。

- **抗组胺药鼻喷雾剂**。一些抗组胺药也被制作成鼻喷雾剂，属于处方药。这些药物包括氮卓斯汀（azelostine）和奥洛他定（olopatadine）。

- 严重过敏反应。

对叮咬的过敏　对昆虫叮咬的过敏反应可引起以下症状和体征。

- 全身荨麻疹。
- 咳嗽、胸闷、喘息或呼吸急促。
- 严重过敏反应。

对药物的过敏　对药物的过敏反应可引起以下症状和体征。

- 荨麻疹。
- 面部、四肢、喉咙水肿。
- 喘息或呼吸困难。
- 严重过敏反应。

有多严重　过敏环境会使孩子痛苦不堪，但通常情况并不严重。对症治疗和避免接触过敏原是减少过敏的关键。

有些孩子对某些食物、昆虫毒液或药物有严重过敏反应。例如，如果孩子对花生或蜜蜂叮咬过敏，医生很可能建议您长期备好肾上腺素自动注射器，以备孩子需要时进行紧急治疗。

何时需要致电医生　如果孩子有严重过敏反应的症状，请不要干等症状消失，应拨打120、当地的急诊服务部门电话，或去最近的急诊部。同时，如果有肾上腺素自动注射器，请立即给孩子注射。

经过紧急治疗后，请带孩子求诊医生，以确定引起这种反应的原因，并学习如何预防下一次发生严重过敏反应。医生可能将您推荐给过敏症专家进行深入检查。

对于食物过敏，医生会开出肾上腺素自动注射器，您可以随身携带。该药物是用于处理严重过敏反应的唯一救命药物。确保无论孩子在什么地方都可以获得该药物。所有照顾您孩子的成年人都应该了解有关孩子过敏的情况，并知道如何以及何时需要使用急救药物。

如果孩子经常流鼻涕、咳嗽或皮肤干燥发痒，请预约医生，讨论可能的原因和治疗方案。

您可以做什么　防止过敏反应的最佳方法是避免接触导致过敏的诱因，例如避免服用某些药物或导致过敏的食物，并采取预防措施以防止昆虫叮咬。

但是，某些过敏原，尤其是吸入的过敏原，完全避免并不总是可行。以下是一些有助于预防花粉症的方法。

- *冲洗鼻腔*。用盐水冲洗鼻腔，即用盐和水的混合溶液冲洗鼻窦，以清除鼻子中的过敏原和刺激性物质。为此专门设计的可挤压的瓶装盐水价格便宜，可在药店或超市柜台购买。
- *减少通过家庭空气传播的过敏原*。如果孩子对螨虫过敏，请每周清洗一次床单，并使用防螨虫的枕套、床罩，以减少孩子对尘螨的接触。使用高效空气过滤器有助于预防猫毛过敏。如果可能，在汽车和家里打开空调可以减少花粉过敏。

• *使用药物。* 多种抗过敏药物已被批准用来缓解2岁以上儿童的过敏症状（请参见第307页）。

哮喘

患有哮喘的儿童的肺部气道（支气管）很容易发炎和收缩，使孩子呼吸困难。

炎症、水肿和黏液分泌增加会使小支气管缩窄并阻碍气流。此外，患有哮喘的儿童的气道对某些疾病（触发因素）更为敏感。

当患有哮喘的儿童暴露于某种触发因素（例如冷空气或运动）时，支气管周围的肌肉会收紧或收缩（支气管痉挛）。这通常被称为哮喘发作，此时呼吸会变得困难，甚至非常困难。

在幼儿时期，哮喘的最初征兆可能是感冒引起的喘息，之后喘息消失，并在下一次感冒时再次发作。在幼年时诊断哮喘的难度比较大，因为约有20％的喘息患者在6岁后就不再喘息了。

许多儿童时期的疾病（例如毛细支气管炎和肺炎）的症状可能与哮喘引起的症状相似。在孩子长大后，肺功能测试有助于哮喘的诊断。

具有过敏性疾病如哮喘、过敏症或湿疹（如特应性皮炎）等疾病家族史的儿童更容易患上哮喘。

如何识别哮喘 喘息是哮喘的常见症状，表现为孩子呼气时发出高调的吹

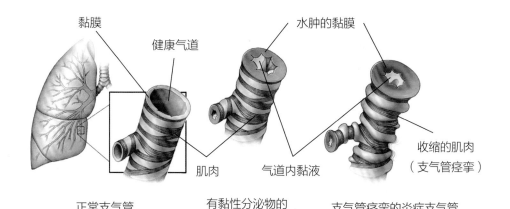

黏膜　　健康气道　　　水肿的黏膜

肌肉　　气道内黏液　　收缩的肌肉（支气管痉挛）

正常支气管　　有黏性分泌物的炎症支气管　　支气管痉挛的炎症支气管

哮喘发作通常是由炎症和支气管痉挛引起的

哮喘药物

药物治疗是哮喘的主要治疗方法。正确使用哮喘药物可以大大减轻孩子的症状，并有助于预防哮喘的发作。

哮喘药物通常通过吸入器给药，但也可以通过丸剂、胶囊剂或雾化剂的形式给药。吸入的药物有两种主要类型：快速缓解（抢救）药物和控制（维持）药物。

快速缓解药物　医生应为所有哮喘儿童开具快速缓解药物，以应对哮喘发作。该药物有助于缓解咳嗽、呼吸急促、喘息和胸闷的急性体征和症状。沙丁胺醇是一种常用的治疗哮喘的快速缓解药物，其作用迅速，可放松气道周围的平滑肌，使气道扩张从而呼吸顺畅。

哮喘儿童应始终随身携带快速缓解药物以及储雾罐装置，以确保药物及时且正确地输送到肺部。在幼儿园、学校，进行体育活动和其他活动时都要随身携带药物。您应告知看护人、老师、教练和其他学校或托儿所的工作人员您的孩子患有哮喘，并且让他们学习在哮喘发作时怎样帮助孩子。哮喘可能突然发生，沙丁胺醇有助于改善肺部气流并迅速缓解症状。如果症状没有立即改善，请及时就医。

速效药物（如沙丁胺醇）通常以吸入剂的形式开出处方。有时，医生会开出另一种次选的药物，称为雾化器。雾化器是一种将液态药物"汽化"成可吸入的细雾的装置。

对患哮喘的儿童来说，使用带有吸入器的储雾罐装置非常重要。储雾罐装置使药物向小气道的输送更有针对性，因此身体其他部位的吸收（全身吸收）更少，副作用也更小。储雾罐装置的类型因孩子的年龄和正确使用的能力而异。年幼的儿童使用面罩连接带阀门的塑料管，以便于吸入正确剂量的药物。年长的儿童将一个塑料管放入口中就足够了。

控制药物　快速缓解药物可缓解哮喘发作时的气道肌肉痉挛，而控制药物可缓解导致小支气管阻塞和狭窄的潜在炎症。缓解炎症有助于维持气流通畅，并减少将来哮喘发作的概率。因为哮喘影响日常生活而被诊断为持续性哮喘的儿童，医生会为他们开出治疗哮喘的控制药物。

哮喘症状的长期控制通常包括每天服用控制药物，例如吸入糖皮质激素，或者口服药片或胶囊剂型的糖皮质激素。忘记按时服药是哮喘频繁发作最常见的原因。监督孩子按时服药将在总体上改善哮喘症状。当孩子的症状消失时，虽然似乎没必要继续让他（她）服药，但实际上不要停止用药是重要的。如果不治疗或治疗不足，儿童哮喘可能导致永久性肺部改变，从而使成年后肺功能减弱。由于哮喘的病程可能是变化的，因此定期与孩子的医生联系以评估症状，并根据需要调整孩子的治疗计划也很重要。

哮喘药物通常非常安全，但如果服用不当，所有药物都可能带来风险。正确服用哮喘药物，其收益将远远超过其风险。如果您对正确使用药物或对药物的副作用有疑问，请与孩子的医生联系。

哨样的声音。哮喘的其他体征和症状包括夜间咳嗽加重、胸闷和呼吸急促。在患有哮喘时，喘息或咳嗽通常会反复发作。以上体征和症状通常是由感冒、其他上呼吸道感染或运动引起或加重。暴露于冷空气、吸烟的烟雾或过敏原（如花粉或霉菌）也是常见的触发因素。

虽然喘息最常与哮喘有关，但并非所有的哮喘儿童都会出现喘息的表现。有些患有哮喘的孩子可能只有某一个症状或体征，例如白天持续咳嗽，即使没有生病也持续夜间咳嗽，或持续胸闷。

同时，也并非所有喘息的儿童都患有哮喘。喘息也可能由感冒或其他呼吸道感染导致，因为感染会使孩子的呼吸道阻塞。

有多严重　哮喘的征兆和症状因人而异，并且随着患病时间的增加可能变糟或变好。一些有哮喘病史的学龄前儿童到上学后就不再发作了，但有些人的哮喘症状可能在停止后再次发作。还有一些人具有慢性、持续性的哮喘症状，需要常规治疗。

如果孩子有哮喘的症状，医生将根据症状的严重程度和类型给孩子开出处方药（请参阅第310页）。

如果孩子在整个学龄前期持续喘息，医生可能建议对孩子的哮喘病情进行全面评估。肺功能检查通常可以在6岁及以上的年龄进行，它可提供有关孩子的肺部的潜在阻塞和炎症程度的重要信息，以及这些情况在用药（如沙丁胺醇）后是否可逆转。对于6岁以上的哮喘患儿，建议定期进行肺功能检查以监测治疗效果。

何时需要致电医生　知道何时需致电寻求帮助对于控制孩子的哮喘症状很重要。您可以遵循以下准则。

如果孩子符合以下情况，则无须打电话。

- 白天几乎没有哮喘症状。
- 晚上没有哮喘症状的困扰。
- 不会因哮喘而不能上学。
- 可以进行正常的日常活动而不受哮喘症状的限制。
- 除了定期复诊，没有再去医院或急诊。
- 哮喘发作次数很少，且可通过药物控制。

以上意味着孩子的哮喘症状得到了控制。这种情况处于哮喘控制计划中的绿色区域（请参见上文）。

当孩子出现以下情况时，请致电医生

- 频繁出现哮喘症状（一周中有两个以上的白天出现症状，或一个月中超过两个晚上出现症状，并影响睡眠）。

哮喘控制计划

如果孩子被诊断出患有哮喘，那么您和医生将会制订一个综合治疗计划（通常被称为哮喘控制计划），以指导孩子的日常症状的家庭管理。美国疾病控制与预防中心列出了几个哮喘控制计划样本。

这些计划通常用颜色编码表示症状的轻重程度。

- **绿色。**症状得到良好控制。
- **黄色。**请立即致电医生。
- **红色。**需要急诊治疗。

每过一段时间，请和医生一起修改孩子的哮喘控制计划，以确保该计划仍能满足孩子的需求。如果孩子的哮喘症状很严重或您当前的治疗计划无法控制其症状，则可以添加其他类型的维持或控制药物。在症状得到控制后，通常会将药物剂量逐步降低至对孩子而言最低且有效的剂量。

- 无任何已知触发因素却出现哮喘发作。
- 在进行通常不会引起哮喘发作的活动时出现症状。
- 使用快速缓解药物不能完全缓解症状。
- 一周内必须多次使用快速缓解药物（不包括运动前的预防性使用药物）。

这些症状和体征符合哮喘控制计划的黄色区域。

当孩子出现以下情况时，需要前往急诊

- 使用快速缓解药物几分钟后仍然呼吸困难。

- 突然开始喘息。
- 说话时伴咳嗽或呼吸困难，不能连续说三个字以上。
- 喘息、咳嗽或胸闷感加重，使用快速缓解药物无法缓解。
- 剧烈的胸痛。
- 头晕或晕眩。
- 嘴唇、面部或指甲出现青紫。
- 严重或剧烈的哮喘突然发作。

这些紧急症状和体征符合哮喘控制计划的红色区域。

您可以做什么 观察孩子的哮喘症状，如果可能，最好记录在日记中。如果您发现某些东西容易引发孩子的哮喘症状（例如灰尘或花粉），请尽力避免孩子接触。定期清洁房屋以清除灰尘，同时在花粉季节关闭窗户，并开启空调，以消除空气中的过敏原。

避免让孩子吸入已知会引起哮喘症状的二手烟。如果孩子的症状因冷空气而恶化，请让孩子戴上帽子和围巾，使脸周围的空气保持温暖和湿润。但是，并非所有研究结果都表明避免接触过敏原就可有效控制哮喘。因此，您并不需要始终将孩子限制在保护性环境中。

由于感冒和其他呼吸道感染会加剧哮喘症状，因此请尽可能少让孩子接触病人。另外，您的孩子和家人每年都应接种流感疫苗，这一点很重要，因为它可以降低孩子患流感的风险。患有哮喘的儿童具有患流感严重并发症的风险。如果孩子患有哮喘的同时疑似感染了流感，请及时带孩子到医院进行检查。

许多孩子的哮喘症状是运动引起的，但是患有哮喘并不意味着孩子不能运动。根据孩子医生的建议，在运动前服用药物，可帮助孩子正常进行运动和上体育课。运动前适当热身、运动后放松可能也有助于减轻与运动有关的哮喘症状。

尿床

如果在近期早晨经常发现孩子尿湿了床单和睡衣，请不要担心。尿床（睡眠遗尿症）并不表示孩子养成的如厕习惯变坏了。因为，这通常只是孩子发育的正常过程。膀胱功能的成熟是大脑不同部位与神经系统之间建立复杂联系的结果。每个孩子的成长速度各不相同。大多数孩子会随着成长不再尿床，但有些孩子需要一些帮助。

尿床会发生在任何孩子身上，但男孩比女孩更普遍。尿床具有家族性，可能是由于孩子遗传了家族的发育模式。如果父母中的一个或两个在小时候尿床，那么他们的孩子在年龄较大的时候就有50%～75%的可能性尿床。

给孩子造成压力的事件（例如成为大哥哥或大姐姐，进入新学校或不在家睡觉）可能导致已经超过6个月不尿床的孩子出现尿床。这种尿床被称为继发性睡眠遗尿症。通常，这种现象会随着时间和压力消失而好转。

有多严重 在通常情况下，不用担心7岁之前的孩子尿床。在这个年龄段，孩子膀胱的夜间控制能力仍在发育中。大多数孩子在5岁之前都接受了如厕训练，但实际上此时并没有达到膀胱完全受控的目标日期。在5～7岁时，某些孩子仍然存在尿床问题，但是尿床的发生率显著下降。某些孩子可能需要更长的时间来发育膀胱。在7岁以后，每年约有15%的儿童会在没有干预的情况下不再尿床。

在某些情况下，尿床可能是需要治疗的潜在疾病的征兆，例如尿路感染、慢性便秘（通常是不易识别的尿床原因）或不良的日间排尿习惯。感染会使孩子难以控制排尿。由于控制排尿和排便的肌肉类型是相同的，因此当长期便秘时，这些肌肉不能很好地发挥功能，可能导致晚上尿床和排尿障碍。阻塞性睡眠呼吸暂停也可能是继发性睡眠遗尿症的原因，阻塞性睡眠呼吸暂停会使儿童在睡眠过程中呼吸中断。

虽然尿床令人沮丧，但是非疾病原因的尿床并不会带来任何健康风险。另外，尿床很少是由情绪或心理问题引起的。但是，尿床会给孩子带来以下的问题。

• 臀部和外生殖器周围出皮疹，特别是当孩子睡在湿的内衣中。
• 内疚和尴尬，伤害自尊心。
• 失去某些社交活动的机会，例如过夜的活动和露营等。

请记住，孩子不会故意尿床，也不会由于懒惰或反抗而尿床。他们的身体仍在努力进行夜间排尿的控制。当您和孩子一起经历这个过程时，请保持耐心。

排除便秘等引起尿床的危险因素后，您能在家中使用的策略一般是排尿

干预，例如让孩子就寝前上厕所排尿，以及让孩子在白天定期上厕所排尿。

如果这些干预无济于事，医生可能建议您使用遗尿症警报器（一种小型的使用电池的设备），它可连接在孩子的睡衣或床上用品的湿度感应垫上。当感应垫潮湿时，响起的警报会唤醒孩子，以便他（她）去洗手间。在前几周，您可能需要在每次警报响起时帮助孩子上厕所。遗尿症警报器可能要使用几周到几个月的时间，孩子才能一整晚不尿床。该设备易于获得，且使尿床复发或产生副作用的风险较低。

不得已时，医生会给孩子在短时间内用药，以减慢夜间尿液的产生或镇定过度活跃的膀胱。不过，药物无法解决问题，停止药物治疗后孩子可能继续尿床。

何时需要致电医生　如果孩子在7岁以后仍在尿床，或者在停止尿床6个月或更长时间后再次尿床，请预约医生进行咨询。如果孩子在排尿时疼痛，出现异常的口渴情况，尿液呈粉红色或红色，大便干燥或睡觉打鼾，也请给医生打电话咨询。这些体征和症状可能表明孩子患有潜在的疾病。

您可以做什么　以下是您在家可以采取的一些可能会帮助孩子避免遗尿的措施。

- *晚上减少饮水。*补充足够的水分很重要，因此无须限制孩子一天的饮水量。但是，可以让孩子在早晨和下午早些时候喝水，以减少晚上口渴的情况。但是，如果孩子在晚上进行了体育锻炼或体育活动，则不要限制他晚上喝水。

- *避免饮用含咖啡因或高糖的饮料。*不建议儿童在一天中的任何时间饮用含咖啡因或高糖的饮料。由于咖啡因会刺激膀胱，因此晚上尤其不建议喝咖啡。含糖饮料会使肾脏产生更多的尿液。

- *睡觉前上厕所。*鼓励孩子在睡觉前排尿。提醒孩子，如果有尿意，晚上可以上厕所。使用夜灯照亮卧室到卫生间的通道。

- *鼓励全天定期上厕所。*建议孩子每天每2个小时左右小便一次，或者使排小便的频率不让孩子出现尿急感。

- *预防皮疹。*为防止湿内衣引起皮疹，请每天早晨帮助孩子冲洗臀部和外生殖器。在睡觉时用保护性的防潮药膏或乳霜涂抹患处可能有帮助，也可以向医生咨询推荐的外用药品。

- *关注孩子的感受。*如果孩子感到有压力或焦虑，请鼓励他（她）表达这些感觉。给孩子支持和鼓励。当孩子感到平静和安全时，出现尿床的频率可能会降低。如果需要，请与医生讨论应对压力的策略。

- *做好方便清理的准备。* 可以用塑料罩盖住孩子的床垫，或在晚上使用厚而吸水的内衣来吸收尿液。但是，请避免让孩子长期使用尿布或一次性内裤。这可能会激发一种错觉，那就是可以随便尿床而不必先去洗手间。备好床上用品和睡衣。有时，也可以用厚毛巾覆盖潮湿的区域，到早晨再更换床单。

- *争取孩子的帮助。* 如果孩子的年龄合适，请考虑让孩子洗尿湿的内衣和睡衣，或者将这些物品放在特定的容器中以备洗涤。自己负责尿湿的衣物可以帮助孩子更好地控制排尿。

- *鼓励孩子的努力。* 尿床不是孩子自愿的，因此惩罚或笑话孩子是没有道理的。另外，也要阻止兄弟姐妹取笑尿床的孩子。相反，要称赞孩子遵循就寝的惯例并在发生尿床后帮助清理。可以使用贴纸奖励系统以激励孩子。

感冒和咳嗽

学龄前儿童平均一年感冒6~8次，大约比成年人的感冒次数高4倍。如果孩子有哥哥或姐姐，或者他（她）已经进入托儿所或学校，则更会经常出现感冒。孩子每次感冒通常持续一两个星期，但偶尔会持续更长的时间。孩子们之间很容易互相传染感冒，因此，孩子经常流鼻涕也就不足为奇了。

病毒是引起大多数感冒的原因。引起感冒的某些病毒，例如冠状病毒、流感病毒和呼吸道合胞病毒，也会引起其他感染，例如肺炎、支气管炎和喉炎。

当患感冒的人咳嗽、打喷嚏或说话时，会将携带病毒的飞沫喷向空气中，其他人吸入这些空气，就会传染上。鼻涕也很容易传播病毒，因为患感冒的孩子的鼻涕里有大量的病毒。它可以快速地从鼻子传递到孩子的手上，再到达其他物体的表面，然后被其他孩子触摸，然后又进入他们的眼睛、鼻子和嘴巴。一些病毒可以在包括人类皮肤在内的表面存活数小时，这使得手、器皿、玩具和学校用品成为病毒传播的主要媒介。洗手和清洁物品表面是减少病毒传播的关键。

如何识别感冒 当孩子感冒时，他可能出现鼻塞或流鼻涕。通常，孩子的鼻涕先是清水样的，然后变成黄色或绿色的、浓稠的，这是几乎所有父母都很熟悉的情况。几天后，鼻涕又变成清水样并流个不停。此时，孩子可能出现打喷嚏、咳嗽、声音嘶哑或眼睛发红的症状。婴儿感冒通常会以发热开始，而较大的孩子感冒可能不发热。感冒的其他症状包括咽喉疼痛、头痛和耳闷。

链球菌性咽喉炎

父母在听到"链球菌性咽喉炎"一词时经常会感到一定程度的恐惧，因为"链球菌性咽喉炎"是一种伴有咽喉疼痛的疾病，通常需要去看医生，并按疗程服用抗生素。患病的孩子不能去学校或托儿所而只能待在家中。

链球菌性咽喉炎是由A组链球菌感染引起的，最常见于5～15岁的儿童，这个年龄段的儿童比其他人更容易患链球菌性咽喉炎。但是，大多数咽喉痛不是由细菌感染引起的，而是由病毒感染引起的。如果是病毒性感染，通常只需要家庭护理即可治愈。

那么，如何区分病毒性咽喉疼痛和链球菌性咽喉炎呢？眼睛红、流鼻涕、咳嗽和声音嘶哑伴有咽喉疼痛通常是病毒感染的迹象。但是，要诊断链球菌性咽喉炎，需要对受感染者的咽拭子样本进行检测。在决定是否进行检查前，医生和您需要了解以下情况。

- 是否伴有发热？ A组链球菌是3～15岁儿童咽喉疼痛伴发热的最常见原因。
- 是否没有咳嗽？咳嗽通常与病毒感染有关，与链球菌性咽喉炎无关。
- 咽喉附近的淋巴结肿大和疼痛吗？淋巴结肿大可能是链球菌性咽喉炎的征兆。
- 扁桃体肿大或有脓液吗？在感染A组链球菌后，咽喉一般会发炎肿胀，扁桃体上可能出现特征性的红点。

如果这些问题的答案大多是肯定的，则医生可能建议给孩子进行检测以诊断是否为链球菌性咽喉炎。即便如此，患链球菌性咽喉炎的可能性也只约为50%。医生考虑的其他因素是您家中是否有人最近被诊断出患有链球菌性咽喉炎。

链球菌性咽喉炎的治疗通常是使用抗生素。如果在症状发生的48小时内服用抗生素，会减少症状的持续时间，并降低其严重程度和将感染传播给他人的可能性。并发症并不常见，而且抗生素可以降低感染传播到身体其他部位的风险。如果在10天内服用抗生素，可以降低发生较少见的风湿热并发症的风险。风湿热可引起关节疼痛、关节炎和皮疹，有时还会损害心脏瓣膜。

感冒和咳嗽药

当孩子感冒或咳嗽时，您最可能先去药房，但在购买药物前请注意一些事项。

研究结果表明，对于6岁以下的儿童，非处方感冒药和止咳药并没有实质帮助，甚至可能造成严重的副作用。

缓解充血药和抗组胺药对6～12岁儿童的益处尚未得到证实。而且，服用这些药物确实有风险。许多专家建议孩子在12岁之前不要使用上述药物。如果您要让孩子服用这些药，请确保在用药时进行监督管理，避免使孩子服用具有相同活性成分的多种药物，否则可能导致药物过量。

如果发热或头痛使孩子不舒服，对乙酰氨基酚或布洛芬可能有所帮助。请严格遵循标签说明。**不要使用阿司匹林。**儿童服用阿司匹林，尤其是在患病毒性疾病后，可能引发瑞氏综合征。这是一种罕见但严重的疾病，会导致大脑和肝脏水肿。

锌含片、紫锥菊和维生素C等经常被宣扬有助于治疗感冒，但不幸的是，没有证据证明这些方法有效。不过如果只是小剂量服用，也不太可能有害。另外，止咳药水或止咳硬糖可能有助于缓解咳嗽或咽喉疼痛。

医学界普遍认为，灰绿色或黄色的鼻涕肯定是细菌感染的迹象。病毒和细菌性上呼吸道感染均可引起鼻涕的量和颜色的相似变化。颜色变化可能是某些免疫系统细胞数量的增加或这些细胞产生的酶的增加所致。在接下来的几天里，流鼻涕会逐渐好转或鼻腔变干。

有多严重 感冒是令人讨厌的事情，但仅此而已。如果孩子得了感冒且没有并发症，会在一两周内恢复。有

时，轻微的流鼻涕或干咳可能持续更长的时间，但会逐步好转。

何时需要致电医生 感冒通常不需要去医院就诊。但是，如果症状很严重，持续超过10天没有好转，或者病情好转之后又恶化了（例如感冒快痊愈时又出现发热），则可能是细菌感染引起的中耳炎或鼻窦炎，应该去医院就诊。继发感染的其他体征和症状包括持续发热和耳痛。

您可以做什么 不幸的是，无法快速治愈孩子的感冒。抗生素可以杀死细菌，但对病毒无能为力，而绝大多数感冒是病毒导致的。过度使用抗生素可能有害，会使细菌对抗生素更具抵抗力，从而降低细菌感染治疗的有效性。

在大多数时候，治疗感冒的最好的方法是时间、休息和给孩子一些额外的爱与关怀。为了让孩子感到更舒适，您可以采取以下措施。

让孩子多喝水 补充水分对于避免

处理脱水

当孩子消耗或失去的水分超过了摄入的水分，身体内没有足够的水和其他液体来维持身体的正常功能时，就可能发生脱水。如果不及时补充丢失的水分，则会发生脱水。儿童脱水最常见的原因是严重的腹泻和呕吐。脱水的体征和症状因严重程度而异。

轻度脱水	中度脱水	重度脱水
• 尿量减少（24小时内排尿少于3次） • 心率轻度加快	• 尿量减少 • 心率加快 • 由于血压下降而引起起床或站立时头晕 • 皮肤弹性下降和眼窝凹陷 • 口干 • 手脚冰冷	• 中度脱水的体征和症状 • 血压低 • 手脚皮肤发花 • 精神差，嗜睡 • 呼吸深长且费力 • 脉搏弱

轻度至中度的脱水可以通过吃冰块，经常喝水，服用非处方的口服补液盐（如Pedialyte），或饮用水与苹果汁或运动饮料1∶1的混合液治疗。

每隔5分钟喝大约1茶匙水，持续最多3~4小时。年幼的孩子使用注射器饮水可能更容易恢复。当孩子喝下水几小时后，可以增加饮用量。如果孩子再次开始呕吐，应停止喝水，让胃休息30分钟至1小时再重新开始。呕吐后让孩子立即喝水可能引发更多呕吐。缓慢而稳定地喝水可以使胃更好地吸收。

重度脱水的儿童需要看急诊。致电120、联系当地的紧急服务部门，或前往医院急诊室。通过静脉输入的盐水和液体，可以让身体迅速吸收并快速恢复。

脱水很重要。鼓励孩子摄入正常量的水分。鸡汤或茶之类的温热液体有助于缓解充血并疏通发炎的气道。牛奶和奶制品也有相同的作用，尽管喝牛奶可能使咽喉中的痰液变稠，但不会导致人体产生更多的痰。实际上，当孩子不想吃饭时，冷冻的奶制品可以缓解嗓子痛，并提供所需的能量。

喝一勺蜂蜜 还记得喝蜂蜜和柠檬汁以防感冒或咳嗽的建议吗？长辈们可能有这方面的经验。有证据表明，服用1/2 ~ 1汤匙的蜂蜜可以降低咳嗽的频率，尤其是在晚上睡前服用。如果孩子喜欢蜂蜜，这是一个可以缓解咳嗽的好选择。可以让孩子直接用汤匙喝，也可以将蜂蜜稀释在茶或果汁中。

使鼻腔分泌物变稀薄 如果孩子的鼻腔分泌物浓稠，使用盐水滴鼻剂或喷鼻剂有助于使鼻涕变稀薄。这些滴鼻剂和喷鼻剂是用适量的盐和水制成的。它们价格便宜，无须处方即可购买。不要使用家庭自制的盐水，因为自来水中可能含有有害细菌。在每个鼻孔中滴几滴或喷1 ~ 2次。如果需要，您可以随后用吸鼻器吸出鼻腔中的黏液。

加湿空气 在孩子的房间里使用冷雾加湿器可以增加空气中的水分，并有助于减轻流鼻涕和鼻塞。为防止霉菌滋生，请每天更换设备用水并按照商家的说明清洁设备。让孩子在睡前洗个热水澡可能也有帮助。此外，不要使用热蒸汽加湿器，因为使用它们有造成儿童烧伤的风险。

防止感冒扩散 您与孩子应使用大量的肥皂和水进行洗手。学习正确的洗手技巧（请参阅第361页），并避免与生病的孩子共用杯子和器皿。经常清洁物品表面。确保孩子在托儿所和学校所有的用品都清楚地标明名字，以避免意外共享用品。教会每个家人咳嗽或打喷嚏要对着纸巾，然后扔掉它。如果没有纸巾，请对着自己的手肘咳嗽或打喷嚏。

脑震荡

几乎所有的孩子都会时不时磕着头。会让孩子感到不舒服，但请记住，多数头部受伤是轻微的，不会造成伤害。

但是，在体育赛事中碰撞、跌倒或身体接触有时可能导致脑震荡。脑震荡是一种脑外伤，会影响脑功能，但不涉及脑出血或颅骨骨折。它的影响通常是暂时的，包括头痛以及注意力、记忆力、平衡性和协调性的问题。

如果您怀疑孩子患脑震荡，请去看

医生。大多数儿童可以从脑震荡中完全康复，但是康复过程可能需要数天至数周。

如何识别脑震荡　脑震荡的体征和症状可能很轻微，也可能不会立即显现出来。此外，在幼儿中可能难以识别脑震荡，因为儿童可能无法准确描述他（她）的感觉。

患脑震荡的体征和症状包括头痛、失去平衡、头晕、恶心、对光和噪声敏感、易怒和情绪变化、意识不清、记忆力出现问题和注意力不集中，以及进食或睡眠规律变化。

有多严重　人的大脑具有黏稠的胶状物质，以缓冲来自颅骨和颅内液体的震动和碰撞。但是，对头部和颈部的重大打击会导致大脑在颅骨的内壁上来回滑动。如车祸在比赛中被强力击打或投掷之类的事件引起头部突然加速或减速，也可能导致脑部受伤。此类伤害通常会在短期内影响大脑功能，使人体出现脑震荡的迹象和症状。

脑震荡最佳的治疗方法是休息。大多数脑震荡都会自行好转。在最初的24~48小时内，孩子需要在家休息，不能上学、运动或做其他课外活动。在此阶段之后，让孩子逐渐增加他（她）能耐受的活动，同时注意饮食和睡眠。医学期刊*JAMA*上发表的一项最新研究得出结论，某些活动可能对脑震荡的恢复有益。该研究调查了3000多名在急诊室被诊断出患有脑震荡的儿童。研究结果发现，脑震荡后7天内没有参加任何体育锻炼的孩子比脑震荡后几天便开始进行轻度运动的孩子更容易在一个月后出现持续症状。

脑震荡的特征和症状

体征	情感
• 头痛或头部有压力感 • 失去平衡和行走不稳 • 恶心 • 对噪声或光线敏感	• 易怒和烦躁 • 持续哭泣

精神	睡眠
• 意识混乱 • 注意力不集中或记忆力减退	• 精神不振或困倦 • 睡眠规律改变

没有任何药物被证实能促进脑震荡的缓解，或防止脑震荡造成长期的影响。但是，医生可能开药治疗某些症状，例如头痛或恶心。孩子可能需服用非处方止痛药，例如对乙酰氨基酚（泰诺或其他）或布洛芬（艾得维尔、美林或其他），以缓解头痛。不要让孩子服用阿司匹林。

如果医生怀疑孩子有脑出血的危险，他（她）会要求对孩子进行脑影像学检查（例如CT扫描），并要求避免孩子服用布洛芬，因为布洛芬会增加出血的风险。

何时需要致电医生　当孩子除了头被轻碰以外有任何其他情况时，美国儿科学会建议您立刻与医生联系。

如果孩子没有严重的头部受伤迹象，神志清醒，活动正常，反应方式正常，那么他（她）受的伤很可能是轻微的，无须进一步检查。如果出现异常症状，则可能需要进一步检查。

在某些情况下，因强力造成的头部外伤可能导致更严重的问题，例如颅骨骨折、脑出血或脑周围出血，这可能是致命的。因此，您在孩子头部受伤后应该对孩子进行监控。如果孩子在头部受伤后出现以下情况，请及时前往急诊。

• 反复呕吐。

• 失去知觉的时间超过30秒。

• 持续不断的头痛，尤其是逐渐加重的头痛。

• 孩子的行为发生明显变化。

• 身体协调性变化，例如步态蹒跚或笨拙。

• 意识混乱或不能定向思考，例如不能识别人或地址。

• 言语不清或语音的其他变化。

• 癫痫发作。

• 视力或眼睛异常，例如瞳孔扩大或双侧瞳孔不等大。

您可以做什么　在康复期间，请监督孩子，以确保他（她）有足够的休息并且症状有所改善。休息包括限制进行需要思考和精神集中的活动，例如玩视频游戏、看电视节目、做功课、阅读、发短信或使用计算机，尤其是在这些活动会引发症状或使症状加重时。

通常，孩子需要充分休息数天才能返回学校和做其他活动。根据孩子的表现，医生可能建议缩短孩子的上学时间或减少学校的功课或作业。

一旦脑震荡的所有体征和症状消失，请与医生讨论应该采取哪些步骤来安全地进行体育运动。太早恢复体育运动会提高发生第二次脑震荡和造成更严重脑损伤的风险。

恢复体育运动

如果孩子进行田径运动时发生脑震荡，则应由医生对他（她）进行检查。医生最好具有小儿脑震荡诊治经验。发生脑震荡的儿童和青少年运动员不应在受伤当天继续比赛。

咨询医生孩子何时可以恢复体育运动或进行常规训练。休息时间的长短取决于孩子的受伤情况和症状、活动的耐受能力、既往的脑震荡史以及孩子进行的运动类型。在美国，个别州对儿童发生脑震荡后重新参加运动有一定的要求。大多数孩子在症状消失后，可以在一个月内恢复正常的训练。

不要心急。脑震荡后，孩子的大脑需要完全康复。如果孩子在他（她）的大脑康复之前再次发生脑震荡，则可能导致更严重的问题。

当孩子恢复正常训练后，他（她）可能需要慢慢进入训练状态。医生可能建议从轻度活动开始，逐渐增加至中等强度的活动，最终进行常规训练。当孩子能够进行常规训练而没有任何症状时，他（她）就已经康复了。

便秘

几乎每个人都遇到过便秘。便秘会使人不舒服和沮丧。当孩子便秘时，尤其是经常发生便秘时，排便会特别困难。

就像成人一样，每个孩子的排便习惯各不相同。婴儿通常每天排便数次。随着孩子长大，食物在胃肠道中停留的时间会增加。学龄前儿童和学龄儿童平均每天排便1~2次或隔天1次排便。

当孩子忽略便意或没有足够的时间排便时，便秘就可能发生。当孩子正处于过渡到新阶段的时期（例如在如厕训练期间，刚开始上幼儿园或上学时），可能发生这种情况。如果粪便堆积在直肠和结肠中，它就会变得干燥和坚硬，因此导致便秘。压力、缺乏运动、饮水不足、坐便位置不合适、食用大量奶制品或摄入膳食纤维不足也可能引起便秘。

如何识别便秘 孩子是否便秘并非总是很容易分辨，特别是如果您白天没有陪在他（她）身边。而且，当孩子长大后，父母询问孩子大便情况的次数就会减少。但是，您可以通过以下几种方法来判断孩子是否便秘。

- 孩子不经常排便（一周3次或更少）。
- 孩子经常抱怨肚子很痛。
- 孩子告诉您他（她）的下面发痒，或者您注意到孩子抓挠他（她）的肛周。
- 孩子的内裤上有条状粪便痕迹。
- 由于慢性便秘和盆底肌肉功能异常，孩子漏出非常稀的大便。
- 孩子的粪便很大很硬，排便时疼痛，粪便可能堵塞马桶。
- 孩子白天发生尿裤子、拉裤子或尿床，或兼有。
- 孩子反复出现尿路感染（UTI）。
- 孩子必须经常排尿或必须跑着去厕所才能及时排尿。
- 在孩子4~5岁或上幼儿园之前对其进行如厕训练时遇到困难。

孩子的腹部和盆腔空间不大，因此如果粪便填满了直肠和结肠，它将压迫膀胱。这样一来，膀胱就无法完全排空或容纳应有容量的小便，甚至导致尿频。如果孩子患有便秘，这是无法控制或阻止的。如果膀胱没有完全排空，或者大便在直肠中停留太久，细菌就会在尿道中滋生并引起尿路感染。

有多严重 尽管偶然的便秘会让人不舒服，但通常并不严重。但是，如果便秘发展成慢性，排便会变得痛苦或困难，甚至让孩子变得害怕去洗手间。因此，当孩子想排便时，他（她）可能躲起来，或试图阻止大便。这样做会使孩子的便秘更加严重，并且恶性循环下去。在某些情况下，孩子肛门周围的皮肤可能出现细小而疼痛的裂缝（肛裂）。

何时需要致电医生　如果孩子的便秘持续时间超过2个星期或伴有以下症状，请带孩子去求诊。

• 发热。
• 呕吐。
• 粪便有红色条纹或带血。

• 腹胀。
• 体重下降。

您可以做什么　您需要让孩子的饮食和日常习惯做一些改变，使孩子的大便恢复柔软、稀疏，并且排便有规律。慢性便秘需要一段时间才能得到改善，通常要几个月，有时甚至一年。但是坚

可以尝试以下高纤维的食物

每一份	膳食纤维含量
谷物和豆类	
全谷干麦片（1/3杯）	9克
鹰嘴豆*（1/2杯）	8克
黑豆或斑豆*（1/2杯）	7~8克
小麦片（1杯）	5克
烤南瓜子（1盎司）	5克
水果	
中等大小带皮的梨	5~6克
中等大小带皮的苹果	4~5克
覆盆子（1/2杯）	4克
蔬菜	
朝鲜蓟*（1/2杯）	7克
牛油果（1/2杯）	5克
混合蔬菜*（1/2杯）	4克
羽衣甘蓝叶*（1/2杯）	4克
荷兰豆*（1/2杯）	3~4克
西葫芦*（1/2杯）	3克

*熟的
来源：美国农业部

持下去，您将帮助孩子养成使他受益一生的好习惯。

- *强调均衡饮食*。为孩子提供大量的水果、蔬菜、豆类和全麦谷物食品。这些食物富含膳食纤维，有助于大便保持柔软。如果孩子不习惯吃这些食物，请逐步添加，以防止孩子产生腹胀。如果孩子经常喝很多牛奶或吃很多奶制品，可以将它们减量到最少，观察一段时间以判断是否有帮助。

- *鼓励孩子多喝水*。水是人体重要的组成成分。避免喝含有咖啡因或糖含量高的饮料。判断孩子是否摄入了足够的液体的一种方法是观察他（她）排的尿。在中午到夜晚时，如果孩子体内水分充足，尿的颜色应该是无色的或浅黄色的。

- *进行体育锻炼*。定期进行体育锻炼有助于促进肠道健康。减少看电子屏幕的时间，并鼓励孩子运动。

- *养成上厕所的规律*。让孩子养成在饭后上厕所的习惯。通常，进餐后15分钟左右，结肠会变得更加活跃，这段时间是排便的最佳时间。如果您仍在对孩子进行如厕训练，请暂停训练直到孩子的便秘消失。

- *合适的坐姿*。如有必要，请提供脚凳，以使孩子能够舒适地坐在马桶上，并能利用杠杆原理来促进排便。如果孩子还很小，请添加一个马桶座圈，以使孩子能放松身体或臀部肌肉。

- *提醒孩子留意身体的自然反应*。有时孩子全神贯注于游戏中，以至于忽略了去洗手间的冲动。让孩子的老师或护理人员鼓励孩子每隔2～3小时去洗手间，即使他（她）没有去的欲望。

- *护理干裂的皮肤*。对于年幼的孩子，在平时沐浴期间，您应仅用水冲洗他（她）的肛门周围的皮肤，然后轻轻拍干，而不用肥皂。如果孩子的皮肤发炎，则需要每天这样清洗。如果孩子年龄较大，请鼓励他（她）独立完成这些步骤。防水霜或软膏可以保护皮肤免受潮气。您可以与孩子一起学习并掌握正确的擦拭方法。

- *检查药物*。如果孩子正在服用会引起便秘的药物，请咨询医生能否更换其他药物。

如果这些措施不起作用，医生会推荐其他治疗方法，例如服用泻药。有时，在开始治疗便秘时会使用泻药清除肠内的大便，然后进行维持治疗。未经医生的同意，不要擅自给孩子服用泻药或灌肠。

耳痛

在多数情况下，耳痛是耳部感染引起的。中耳感染（中耳炎）通常是另一种疾病（感冒、流感或过敏）导致鼻腔、咽喉和咽鼓管充血和肿胀而引起的。咽鼓管是一对狭窄的管，从中耳延伸到鼻腔后方的喉咙后部的高处。上呼吸道感染或过敏引起的咽鼓管肿胀，发炎和黏液增多会阻塞咽鼓管，导致中耳积液（见右图）。这种液体的细菌或病毒感染通常会导致中耳炎的症状。

外耳道也可能被感染（外耳道炎），出现瘙痒和不适。外耳道感染有时被称为游泳耳病，因为它经常在频繁游泳后发生。外耳道感染是由于水卡在外耳道中因而引起感染。

耳垢的堆积有时会阻塞耳道，对鼓膜造成压力并引起不适。异物卡在耳朵中或对耳朵中的结构造成伤害也可能导致耳朵疼痛，例如在清洁耳朵时用力不均，耳朵受到较钝的力量，或者足球撞击耳朵或耳朵周围。

有时耳痛的原因不在耳朵本身，而是由于附近器官的异常情况，例如鼻窦炎或蛀牙。

如何识别耳痛　耳部感染通常在感冒或其他上呼吸道感染后发生。孩子很可能告诉您哪只耳朵疼痛，您需要回忆最近发生的事件以查明原因，例如近几天孩子都在游泳或曾用棉签掏耳朵。您还需要寻找以下其他的体征和症状。

- 耳朵疼痛，尤其是在躺下时。
- 听力下降或对声音的敏感度下降。
- 耳朵流出液体。
- 耳朵胀满感。
- 外耳道瘙痒或发红。
- 发热。
- 耳鸣。
- 身体平衡能力出问题。

此外，耳中突然排出脓血性分泌物，然后疼痛减轻，很可能是鼓膜破裂的迹象。

有多严重　在大多数情况下，耳痛是耳部感染引起的，并不会造成严重的问题。大多数耳部感染会在1~2周内自行好转。

有时，中耳脓液的积聚能产生足够的压力撕裂鼓膜。压力减轻通常导致疼痛减轻。但是，大的鼓膜破裂可能导致耳朵反复感染。由于您无法通过观察耳朵确定破裂的大小，因此，如果您认为孩子的鼓膜已发生破裂，请立即带孩子去看医生。

在少数情况下，耳部感染会扩散到附近的结构，例如耳后的颞骨乳突发炎（乳突炎）。这会带来更严重的问题，需要及时检查和治疗。

过多的耳垢和卡在耳朵中的异物被正确去除后，通常不会造成长期的问题。

何时需要致电医生　如果孩子的耳

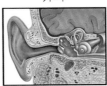

外耳

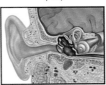

中耳

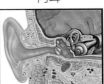

内耳

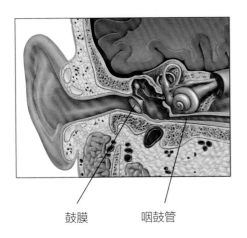

鼓膜　　咽鼓管

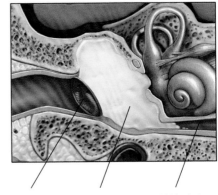

鼓膜发炎　　中耳的黏稠　　咽鼓管肿胀
液体（脓液）

部受到钝力或外伤，请立即与医生联系以进行评估。如果发生以下情况，也请致电医生。

- 持续耳痛超过1～2天。
- 出现发热。
- 耳朵疼痛严重。
- 耳朵流出脓液或血液。
- 耳后发红或明显肿胀（可能是乳突炎的征兆）。

　　如果医生怀疑孩子中耳感染，但症状较轻，医生可能暂时不开抗生素，先观察病情能否自行好转。

　　婴幼儿的中耳和咽喉之间的通道（咽鼓管）比成人更窄，更短，并且具有更大的水平角度，这些因素更易导致中耳积液。这种液体的细菌或病毒感染通常是耳部感染的原因。

　　但是，随着孩子的成长，咽鼓管会变得更宽，角度更大，从而使分泌物和液体更容易从耳朵排出。尽管仍可能发生耳部感染，但可能不会像出生后最初几年那样频繁发生。另外，大一点的孩子的耳部感染更可能是病毒性感染，并且症状会自行消失。

　　尽管对于2岁以下的孩子更推荐使用抗生素，而较大的孩子的中耳感染通常不应用抗生素就可以改善。大约80％的中耳感染不应用抗生素就会好转。但是，如果孩子的症状严重或反复发作，则可能适合使用抗生素。

通常，医生用局部抗生素滴剂治疗外耳道感染。这些滴剂可能还包含类固醇以减轻炎症。

鼓膜穿孔通常可以自行愈合，但医生也可能开抗生素。如果鼓膜在几个月内没有愈合，只需进行一次较小的外科手术即可修复撕裂。

您可以做什么 将温热的而不是烫的湿毛巾放在患耳上可以减轻耳痛，也可以使用非处方止痛药，例如对乙酰氨基酚（泰诺或其他）或布洛芬，但请仔细按照说明书服药。

为了降低孩子发生耳部感染的风险，请让孩子经常洗手，不与他人共用餐具并避免与其他生病的人接触。避免吸入二手烟，因为二手烟可能导致耳部频繁感染。关注孩子的疫苗接种情况，因为接种流感疫苗和肺炎球菌疫苗等可以预防上呼吸道感染，并降低耳部感染

耳垢

耳垢是人体防御系统中有益的组成部分。它通过阻挡污垢并减慢细菌的生长来保护耳道。通常，它会自行变干并从耳朵里掉出来，但偶尔也会出现耳垢堆积，这可能是由于耳道比较狭窄。过多的耳垢堆积，或是试图清除耳垢时可能将耳垢推入更深的耳道并造成堵塞。

除非您自己试图清除耳垢时使耳垢堆积，否则不太可能发生严重的问题。尝试用棉签或其他工具清除耳垢可能将耳垢推入耳朵深处，并严重损坏耳道或鼓膜。

最好的办法是，如果您发现孩子的耳朵中有大量耳垢流出，或者听力出现有问题，请立即致电医生。

如果孩子经常出现耳垢堆积，而他没有中耳置管或鼓膜破裂，那么您可以使用药店出售的耳垢软化滴剂来清除耳垢。请仔细按照包装说明进行操作。

或者，您可以将等量的过氧化氢和水混合，然后每天2次在孩子受影响的耳朵中滴几滴，最多持续5天。1~2滴矿物油也可能有助于软化耳垢。当耳垢变软时，它会自行排出。避免使用棉签掏出耳垢，因为棉签通常会将耳垢推得更深，并造成更大的阻塞。

的风险。

细菌容易在潮湿的环境中繁殖，因此保持耳朵干燥有助于耳痛的治愈并防止游泳耳病。这意味着在外耳道感染痊愈之前不要游泳。为防止感染，请让孩子在游泳或沐浴后将头向侧面倾斜以将水倒出，再仔细擦干外耳道，并使用吹风机冷风挡轻轻吹干外耳道。

还可以在游泳或沐浴后用几滴医用酒精或医用酒精和白醋的1：1溶液冲洗孩子的外耳道，以促进外耳道干燥并杀死细菌。醋可使外耳道恢复正常的酸平衡。

除非您不需要给孩子掏耳朵就能看到并去除卡在耳朵中的异物，否则请让医生将其移除。耳垢也是如此。否则，有将异物或耳垢推得更深，并伤害耳朵的风险。

湿疹

湿疹是一种幼儿常见的皮肤病，会使皮肤干燥、瘙痒，并伴有红肿和皮疹。湿疹通常具有家族遗传性，儿童和成人都会患病。在儿童中，症状通常在5岁之前开始。

湿疹的症状经常反反复复，发作可能持续数周或数月，然后长时间消失无症状。当孩子的皮肤干燥时（例如在冬天）或当皮肤被感染时，容易再次发病。许多患有湿疹的孩子也患有哮喘或

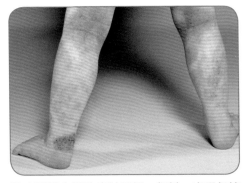

湿疹通常会导致皮肤干燥、粗糙，出现红棕色的皮疹

过敏，这会加重湿疹的症状。

如何识别湿疹 湿疹通常表现为红色至棕色的干燥的、凹凸不平的皮肤斑疹。这些发痒的斑疹通常出现在皮肤皱褶的地方——肘部和膝部周围。其他常见的区域包括手、手腕和脚踝。您可能发现孩子在晚上喜欢抓挠这些区域。反复的抓挠会使皮肤变硬、肿胀，更容易感染。随着时间的推移，皮肤可能变厚、破损和出现鳞屑。

有多严重 湿疹不会互相传染或威胁生命，但会使孩子不舒服，有时甚至影响孩子的睡眠。保持孩子皮肤的湿润，必要时使用药膏将有助于减轻瘙痒和不适感。

何时需要致电医生 如果孩子出现下述情况，请预约医生就诊：

- 皮疹引起不适，影响孩子的睡眠或活动。
- 您已在家中尝试对湿疹进行治疗，孩子仍持续出现症状。
- 皮肤感染（出现红色条纹、脓液和黄色结痂）。

如果孩子发热并伴有皮肤感染，请紧急就诊。

您可以做什么 无论有无症状，请务必保持孩子皮肤的湿润。每天至少使用2次无香料、低致敏的乳液、乳霜或软膏。例如，在上床睡觉之前使用软膏，在上学之前使用乳霜。

沐浴后立即保湿非常重要，可以防止皮肤干燥。洗澡时，用温水，让孩子使用低致敏性、无香料的肥皂，因为它们不会洗去皮肤上的天然油脂。洗完澡后，教孩子在3分钟之内擦干身体并迅速保湿。

其他可能有用的措施包括：避免吸入二手烟，避免使用带有香水或香精的产品和不穿刺激皮肤的不透气的衣服。

如果皮疹加重，请采取以下措施。

- *在患处涂上止痒膏。* 使用至少含有1%的氢化可的松的非处方软膏或乳霜可以暂时缓解瘙痒。在保湿后，每天涂抹患处不超过两次。先使用保湿剂可以使药膏更好地渗入皮肤。一旦皮肤症状得到改善，就可以减少使用

这种类型的霜剂，以防止皮疹突然加重。如果症状没有改善，请让医生开处方霜剂或药膏。医生也可以尝试其他方法。

- *服用抗过敏药或止痒药。* 服用非处方抗组胺药，例如西替利嗪或非索非那定，可能有助于控制瘙痒。另外，如果瘙痒严重，则服用苯海拉明可能有所帮助，但是苯海拉明会引起困倦，所以最好在睡前服用。

- *防止抓伤。* 某些孩子可能按压而不是搔抓皮肤会有所帮助。但是对于孩子来说，抵制想要搔抓的欲望可能很难。在这种情况下，可以用绷带或纱布和胶布覆盖发痒的区域。修剪指甲并在晚上戴上手套也可以保护孩子敏感的皮肤不被抓伤。

- *使用加湿器。* 炎热、干燥的室内空气会灼伤敏感的皮肤，并加剧瘙痒和皮屑脱落。便携式家用加湿器或与炉子相连的加湿器会为室内的空气增加水分。

- *穿柔软的衣服。* 避免穿粗糙、紧身或引起摩擦的衣服。可以让孩子穿柔软透气的衣服，例如纯棉内衣。另外，在炎热的天气或锻炼期间，穿合适的衣服可以防止出汗过多。

眼睛受伤

眼睛受伤通常是偶然的。有时洗发

水、家用清洁剂或异物会进入眼睛。在运动过程中，眼睛可能被球或球拍碰到。打闹时也可能会抓伤眼睛。

某些眼睛受伤可能很严重。当眼部受伤或眼中有异物进入而无法清除时，需要带孩子去看急诊。

如何识别眼睛受伤　如果睫毛、灰尘、肥皂水或洗发水进入眼内，则可能导致流泪或眼睛发红。在这种情况下，不适通常是暂时的。在其他情况下，眼睛受伤的症状可能是明显的和严重的。有以下症状和体征时，需要立即就医。

- 眼睛受到明显的伤害。
- 明显的眼痛、睁眼困难或看不清楚。
- 眼睑被割伤或撕裂。
- 一只或两只眼睛不能动。
- 一只眼球比另一只眼球更凸出。
- 瞳孔大小或形状异常。
- 眼睛白色部分出血。
- 眼睛内或眼睑下有异物很难去除。

有多严重　即使眼外伤很轻微，通常也要谨慎处理。眼睛内部的创伤可能并不总是很明显。延迟治疗可能导致永久性视力丧失或失明。由于存在潜在的并发症，眼睛受伤几乎都需要由医护人员处理。

何时需要致电医生　当发生眼外伤时（包括通过眨眼去除灰尘或清洗眼里的洗发水这么简单的情况），请尽快寻求医疗帮助，最好是去看眼科医生。

您可以做什么　眼外伤通常由医生治疗，但是您可以在家中为孩子做以下努力。

防止对眼睛造成进一步的伤害　请注意以下可以做和不能做的事项：

- 请勿触摸、揉擦眼睛或对眼睛施加压力。
- 请用大量清水冲洗掉眼睛接触到的任何化学物质。
- 请勿擅自尝试去除看似卡在眼睛表面或看似已穿透眼睛的物体。
- 不要在眼上涂药物。
- 在眼睛上轻轻放置防护罩或纱布，直到就医。

检查眼睛　检查孩子的眼睛是否有小的异物：

- 洗手后让孩子坐在光线充足的地方。
- 轻轻向下拉下眼睑，并让孩子向上看。然后，在孩子向下看的时候向上拉上眼睑。
- 如果物体漂浮在眼泪中或眼睛表面，请尝试用干净的温水或盐水冲洗。将水或溶液放入干净的杯子中，例如小的纸杯或小玻璃杯。将杯子的边缘放在孩子眼窝下方的骨头上，轻轻向后倾斜孩子的头，让孩子睁大眼睛，并将液体倒进去。

- 如果没有洗出异物，请去看急诊。

首先要确保安全　避免眼睛受伤：

- 不要让孩子玩无火药步枪，例如弹丸枪或BB枪。避免孩子玩射击玩具，如飞镖和弓箭等。请勿让孩子玩烟花和鞭炮。
- 禁止孩子使用激光笔。激光笔，特别是短波长的激光笔，例如绿色激光笔，照射眼睛短短几秒就会导致视网膜永久损害与视力下降。作为成年人，使用激光笔时也要小心，避免将光束对准任何人的眼睛。
- 运动时戴防护眼镜。任何涉及球、棍棒、球拍或飞行物品的运动都可能导致眼睛受伤。选择标记为ASTM F803（美国体育运动用护目器的标准规格）批准的运动防护眼镜。佩戴未经运动测试的眼镜（例如太阳镜）可能比不戴眼镜造成更大的危害。
- 让孩子远离狗。当年幼的孩子被狗咬伤时，经常会造成眼外伤。

发热

发热表明身体正在努力抵抗感染。病毒感染、链球菌性咽喉炎和耳部感染是儿童发热最常见的原因。更严重的疾病也可能引起发热，但幸运的是，它们并不常见，尤其是在按要求完成疫苗接种的儿童中。

发热是父母致电医生最常见的原因。发热本身并不需要治疗，但是如果发热持续若干天或伴有其他疾病的体征或症状，则应该进行检查。

如何识别发热　人体"核心"温度超过38 ℃通常被视为发热。在一天中的不同时间，孩子的体温通常会高于或低于37 ℃的平均体温。有时运动、天气炎热、穿衣过多或喝热饮也会导致体温暂时升高。

一些父母坚信可以通过触摸孩子的前额和脸颊来判断孩子是否发热。此方法可能有助于排除发热，但无法让您了解孩子的体温。

为此，您需要买一个温度计。美国儿科学会建议孩子在4岁之前测量直肠温度。测量舌下、腋下或太阳穴附近的温度也可以使您了解孩子的体温。无须增加或减少所测体温，只要告诉医生您使用了哪种方法测量体温即可。通常，比实际体温数字更重要的是孩子表现。

有多严重　孩子可以很好地忍受大多数发热，不过高温通常引起父母极大的焦虑。但是，即使出现高热也不总是表明存在严重的问题。孩子的表现更重要。如果孩子反应灵敏，继续喝水并想玩耍，那么就不需要担心。通常，孩子的体温将在1～3天内恢复正常。

接种疫苗有助于保护孩子免受许多严重疾病的侵害。如果孩子在未全程接种疫苗时发热，请与医生联系，因为孩子患严重疾病的风险更大。如果孩子接种的疫苗不是最新的，要告诉孩子的医生。

何时需要致电医生 如果孩子有以下情况，请立即致电医生。

- 不明原因持续发热3天以上，或发热至39.4 ℃及更高。
- 在退热24小时或更长时间后再次出现发热。
- 排尿时有烧灼感或疼痛。
- 耳朵疼痛或总想拉扯耳朵。
- 咳嗽并且呼吸费力。
- 发热伴有咽喉疼痛。

紧急就诊 如果孩子病得很重，或者发热伴有一定程度的精神萎靡、脱水、呼吸困难、皮疹、脖子僵硬、剧烈头痛、癫痫发作、关节痛或肿胀、持续呕吐或胃痛，需要带孩子前往急诊。

您可以做什么 以下做法可以帮助孩子缓解难受。

- 确保孩子摄入大量液体。发热会使儿

高热惊厥

有时，高热的孩子会出现癫痫发作（高热惊厥）。尽管高热惊厥令人惊恐，但大多数情况下对孩子无害，已完成疫苗接种的儿童也不会发生后续问题。没有按期接种疫苗的孩子发热和出现高热惊厥可能导致更严重的问题，例如脑膜炎或脑脊髓炎。

高热惊厥最常见于6个月至3岁的婴幼儿。发热通常是耳朵、鼻子、咽部或胃肠道的细菌或病毒感染引起的。

对于儿童来说，高热惊厥多半只出现一次，以后不会再发生，但是有些孩子可能在幼儿期反复出现高热惊厥。高热惊厥有时有家族性。大多数儿童，无论他们是发生过一次还是多次高热惊厥，在4岁或5岁以后就不会再发病。

高热惊厥有什么表现　其症状包括凝视、斜视、发直或上翻、抽搐或意识丧失。

高热惊厥分为两种类型：单纯型和复杂型。高热惊厥大多数为单纯型，单纯型高热惊厥波及两侧身体，通常持续15分钟以内。复杂型高热惊厥可能持续超过15分钟，重点波及身体的某一侧，可能在24小时内发生一次以上。

如果孩子高热惊厥发作该怎么办　您无法让惊厥发作停止，但可以让孩子在惊厥发作期间保持安全。轻轻地让孩子处于斜躺的姿势，并让孩子向一侧躺，以防止舌头后坠阻塞气道。不要将任何东西放在孩子的嘴里。不要束缚孩子。

大多数惊厥发作不会危及生命，通常会在5分钟内自行停止。如果惊厥发作持续5分钟以上，孩子出现呕吐、呼吸困难，或者孩子嘴唇周围的皮肤在惊厥发作期间变得青紫，请呼叫救护车。

孩子在高热惊厥发作后睡觉或感到昏昏欲睡是正常的。他们可能沉睡，在10~20分钟内难以唤醒。他们可能不记得发生的惊厥发作，这没关系。如果孩子在1小时后仍无法完全恢复，需要前往急诊。

惊厥发作结束后，孩子可以喝水和吞咽，您可以给孩子服用药物，例如对乙酰氨基酚（泰诺或者其他）或布洛芬（艾得维尔、美林或其他），以退热和减轻不适。然而，退热药似乎无法防止高热惊厥反复发作。

高热惊厥发作后，应该带孩子看医生吗　是的。尽管高热惊厥很少需要治疗，但医生需要确定惊厥和发热的原因，以确保它们不是由更严重的感染引起的。

在某些情况下，例如复杂型高热惊厥，或者怀疑是脑膜炎或其他神经系统感染，孩子可能需要做腰穿检查和一些血液检查。在少数情况下，要进行脑电图（EEG）或对大脑进行CT或磁共振成像等影像检查。脑电图可检测大脑功能，并有助于医生确定孩子的治疗方案。但通常情况下这些检查不是必需的。

避免孩子同时服用退热药、止咳药和感冒药，因为止咳药和感冒药通常也含有退热药的成分，会增加用药过量的风险。无论导致发热的原因是什么，退热药通常会降低核心温度1~3℃。不要使用阿司匹林来给儿童退热。儿童服用阿司匹林与瑞氏综合征有关联，瑞氏综合征可能威胁生命。

童消耗比平时更多的体液。水、冰块、冷冻果汁或汤可以提供额外的水分。喝大量的水可以补充出汗时流失的水分。

- 让孩子决定自己吃多少。
- 避免给孩子穿过多的衣服或把孩子包裹起来，这会使孩子感到更热。
- 鼓励孩子休息2~3天和进行安静的游戏。
- 不要给孩子洗冷水澡。洗澡的好处不会持续很长时间，并且可能增加不适感。

多数孩子在不用退热药物的情况下退热24小时后可以返回学校或托儿所。

如果您认为给孩子降温会使孩子更舒服，可以让孩子服用对乙酰氨基酚（泰诺或其他）或布洛芬（艾得维尔、美林或其他）以退热。但是，退热药不会使疾病更快消失。请仔细按照药品说明书进行操作。最好根据孩子的体重而不是年龄来确定剂量。

流行性感冒

流行性感冒简称流感，是一种秋季和冬季常见的病毒性疾病，会影响上呼吸道系统。它通常易与普通感冒相混淆，尽管流感通常会让孩子更疼痛和不适。

有多种类型的流感病毒可引起流行性感冒（最常见的是A型流感病毒和B型流感病毒），每种类型都有多种病毒株。流感病毒在不断变化，定期出现新的病毒株。这就是每年必须接种流感疫苗的原因——每年开发的疫苗都是为了防止当年最可能出现的3~4种病毒株。美国疾病控制与预防中心（CDC）建议每年对所有6月龄以上的美国人进行流感疫苗接种。通常接种的疫苗是灭活疫苗，有时是鼻喷雾剂形式的疫苗。请务必考虑CDC的建议，并找出哪种疫苗可以为当年预防流感提供最佳保护。

如何识别流感 流感最初通常表现为发热、发冷和寒颤（与普通感冒不同，普通感冒通常进展缓慢）。其他流感症状包括头痛、精神不振、身体酸痛、干咳、流鼻涕或鼻塞。幼儿偶尔会出现恶心、呕吐或腹泻。虽然普通感冒令人讨厌，但流感通常会使您感觉更糟。

有多严重 大多数孩子在1周左右可以从流感中康复，并不伴任何严重的问题。有些症状可能持续更长的时间，例如年幼的孩子咳嗽或年长的孩子虚弱和疲倦。从孩子出现症状前一天直至整个患病期间，都具有传染能力，可以将流感传给其他人。退热后，体内病毒仍可以传播。

流感会导致一些严重的并发症，包括儿童死亡，尤其是那些有潜在疾病的儿童，例如哮喘、糖尿病或其他慢性病。患有免疫系统疾病或正在服用免疫抑制剂的儿童，患流感相关并发症的风险也很高。此外，5岁以下的儿童，尤其是2岁以下的儿童更容易受到流感并发症的威胁。

流感最常见的并发症是耳部感染和肺炎。在某些情况下，细菌性肺炎会迅速加重。流感还会加重哮喘症状或其他潜在的呼吸道疾病。

何时需要致电医生　如果孩子患流感并发症的风险很高，请在孩子出现流感迹象的第一时间致电医生。如果孩子平时身体健康，但流感症状很严重，也要致电医生。严重症状包括呼吸困难、脱水、持续嗜睡或昏睡、看不清楚或听不清楚、极度虚弱和严重的咽喉疼痛以致难以吞咽。

对于发生并发症的风险高或有严重症状的儿童，抗病毒药物可减短流感的持续时间和降低严重程度，并减少并发症，尤其是在症状出现后的一两天内用药。通常，抗病毒药物只供真正生病的人使用。广泛或不加选择地使用抗病毒药物会导致病毒产生抗药性，最终降低药物的功效。

患流感后，约有1/4的儿童出现继

发性感染，例如耳部感染或肺炎。这些继发性感染有时非常严重。如果孩子退热后再次发热，或者症状似乎越来越严重，请及时致电医生。

您可以做什么　预防流感的最佳方法是接种流感疫苗，该疫苗适用年龄6个月以上的所有人。如果全家人都接种了流感疫苗，那么感染流感并将其传染给他人的可能性就会变得很小。

您还可以鼓励家人采取以下预防感染的措施。

- 经常洗手。
- 保持常用物品表面清洁。
- 对着纸巾或肘部弯曲处咳嗽或打喷嚏（立即丢弃用过的纸巾）。
- 请勿共用餐具或牙刷。
- 家庭成员不要互相亲吻手或嘴，避免生病的家庭成员之间发生交叉感染。
- 避免接触其他感染流感的人。
- 避免在流感高峰期去人多的地方，因为在人群中感染流感病毒的机会更大。

如果孩子确实患了流感，请鼓励他们多休息和多喝水。如果孩子不舒服，对乙酰氨基酚可缓解疼痛和退热。不要给孩子服用阿司匹林，对病毒感染的孩子，这可能引起严重的副作用。退热24小时之内，不要让孩子去托儿所或学校。

手足口病

手足口病在幼儿中是一种常见的病毒感染性疾病，一般病情较轻，具有传染性。它的特点是出现口腔疱疹和手脚红疹。它通常是柯萨奇病毒A16型感染引起的。

这种疾病是通过人与人的接触而传播的，接触了感染儿童的鼻腔分泌物、唾液或粪便就可能被感染。手足口病经常在幼儿园发生，这是由于孩子需要频繁更换尿布和进行如厕训练，以及小孩经常把手放在嘴里。患者皮疹的水疱破裂流出的液体，或患者咳嗽及打喷嚏时喷于空气中的飞沫，均可以传播感染。

尽管孩子在患手足口病的第一周内传染性最强，但在体征和症状消失后，该病毒仍会在孩子体内存留数周，这意味着孩子仍然可以传染他人。因此，重要的是让孩子经常洗手，并且打喷嚏或咳嗽时对着纸巾或自己的肘部。

手足口病与口蹄疫无关，后者是在农场饲养的动物中发现的一种病毒性传染病。宠物或其他动物不是手足口病的传染来源，人也不能将手足口病传给动物。

如何识别手足口病　手足口病可能引起以下所有症状和体征，或部分症状。

- 发热。

- 咽喉疼痛。
- 不适感。
- 舌头、牙龈和颊内黏膜疼痛、发红、出现水疱样皮疹。
- 手掌、足底、臀部、腿或手臂上出现没有痒感但可以起水疱的红色皮疹。
- 烦躁。
- 食欲不振。

从发生感染到出现症状和体征的时期（潜伏期）通常为3～6天。发热通常是手足口病的最初征兆，随后是咽喉疼痛，有时食欲不振和不适。发热开始1～2天后，口腔黏膜或喉咙可能出现疼痛的疱疹。随后1～2天内可能出现手、脚以及臀部和生殖器部位的皮疹。在较少见的情况下，皮疹也可能出现在手臂和腿上。

有多严重 手足口病通常是一种轻微的疾病，仅引起数天发热和相对较轻的体征和症状。手足口病最常见的并发症是脱水。口腔和咽喉疱疹会导致吞咽疼痛且困难。确保孩子在生病期间经常喝水以防止脱水。

在极少数情况下，该疾病会导致严重的并发症，例如病毒性脑膜炎或脑炎。

目前没有针对手足口病的特定治疗方法。患者的体征和症状通常在7～10天内消失。根据说明书使用口腔局部麻醉剂有助于减轻口腔疱疹引起的疼痛。除阿司匹林以外的非处方止痛药，例如对乙酰氨基酚或布洛芬，可能有助于缓解全身不适。

通常在不服用退热药的情况下超过24小时不发热，感觉良好，可以吃饭和喝水，并且能够上课时，孩子就可以回到学校了。

经常洗手并避免与感染该疾病的人密切接触，有助于降低孩子感染的风险。

何时需要致电医生 如果口腔疱疹或咽喉疼痛导致孩子不能喝水，请与医生联系。如果几天后孩子的体征和症状恶化，也请与医生联系。

您可以做什么 您可以采取以下措施来减轻水疱引起的疼痛，让孩子更容易吃饭和饮水。

- 吮吸冰块。
- 吃冰激凌或冰冻果冻。
- 喝冷饮料，如凉牛奶或冰水。
- 避免食用酸性食品和饮料，例如柑橘类水果、果汁饮料和苏打水。
- 避免食用咸或辛辣的食物。
- 食用不需要用力咀嚼的软的食品。
- 饭后用温水漱口。

如果孩子会不吞咽漱口水，用温盐水漱口可能有舒缓作用。让孩子每天漱口几次或根据需要多漱口几次，以减轻由手足口病引起的口腔和咽喉疼痛及炎症。

头痛

像成年人一样，儿童会出现不同类型的头痛，包括偏头痛、与压力有关的（紧张型）头痛或每日发作的慢性头痛。

孩子到十几岁时，头痛就会更加常见，但是头痛也可能在儿童期和青春期早期发生。在女孩中，青春期和青春期之后头痛通常更为普遍。

儿童头痛很少与严重的疾病有关。但是，重要的是注意孩子的头痛症状，如果头痛加重或频繁出现，请咨询医生。

以下因素都会导致孩子头痛。

• *不健康的习惯。*在大多数情况下，头痛是进餐不规律、脱水、睡眠不足、过度使用电子设备、缺乏运动和疲劳而引起的。

• *疾病和感染。*感冒、流感以及耳朵和鼻窦感染等常见疾病是儿童头痛最常见的原因。更严重的感染，例如脑膜炎或脑炎，也会引起头痛，但这些头痛通常很严重，并伴有其他体征和症状，例如发热、严重的光敏感和颈部强直。

• *头部外伤。*头部肿块和淤青可引起头痛。尽管大多数头部受伤较轻，但是如果孩子重重跌落或头部受到重击，应立即就诊。如果孩子头部受伤后头痛持续加重，请与医生联系。

• *情感因素。*压力和焦虑（与同伴、老师或父母之间的问题）可能导致儿童头痛。抑郁症儿童可能会抱怨头痛，特别是当他们不能识别悲伤和孤独感时。

• *遗传性原因。*一些孩子可能因为遗传性原因而容易头痛。头痛，尤其是偏头痛，往往具有家族性。

• *视力问题。*因视力问题需要戴眼镜的儿童可能抱怨头痛。

• *某些食品和饮料。*硝酸盐（在培根、博洛尼亚香肠和热狗等腌制肉中的食品防腐剂）和味精会引起头痛。此外，苏打水、巧克力、咖啡和茶中所含的咖啡因过多也会引起头痛。

• *药物。*一些药物会造成头痛的副作用。此外，经常服用对乙酰氨基酚或布洛芬等止痛药来缓解头痛（每周超过3~4次）会导致药物过度使用性头痛（以前称为反跳性头痛）。

• *脑部问题。*在少数情况下，脑肿瘤、脑脓肿或脑出血会压迫脑部区域，引起慢性的逐渐加重的头痛。在这些情况下，除了持续的头痛，通常还伴有其他症状，包括持续的恶心和呕吐、协调性降低、复视、异常的眼球运动、惊厥发作、行为改变、身体无力或发育里程碑倒退。

如何识别头痛　尽管儿童头痛与成年人的类型相同，但症状可能有所不同。

偏头痛　儿童偏头痛可引起以下症状。
- 搏动性、跳动性或重击样头痛。
- 劳累后疼痛加重。
- 恶心。
- 呕吐。
- 腹痛。
- 对光、声音和运动极度敏感。

即使是幼儿也能出现偏头痛。尚不能很好交流的孩子可能哭泣并抱住头，以表示严重的疼痛。他（她）可能不吃饭，可能极度躁动或易怒。

一些孩子可能没有头痛，但会反复发作腹痛和呕吐，并伴有其他类型偏头痛的症状，例如对光和声音的敏感，并在随后一段时间完全好转。偏头痛通常因体育锻炼而加重，并因睡眠而得到改善。

对于大多数儿童来说，偏头痛是双侧疼痛，可能持续2~72小时。

紧张性头痛　儿童紧张性头痛可引起以下症状。
- 头部或颈部肌肉紧张。
- 头部两侧轻度至中度稳定的疼痛。

- 在体育锻炼中疼痛不会加重。

与偏头痛不同，这种头痛不会伴有恶心或呕吐。紧张型头痛可能持续30分钟到数天。年龄较小的孩子可能不再参加正常游戏并想多睡觉。

丛集性头痛　丛集性头痛在儿童中并不常见，通常表现为以下症状。

- 头痛成组发作，频率为隔日头痛1次至每日8次。
- 持续3小时内的头部一侧刺痛。
- 伴有流眼泪、瞳孔大小改变、眼睑水肿充血、流涕、额头和面部潮红以及躁动或烦躁。

慢性每日头痛　医生将"慢性每日头痛"的术语用于描述偏头痛和紧张性头痛，这种头痛每月发生15天以上，连续出现3个月以上。

有多严重　儿童头痛通常并不严重，可以在家中通过服用非处方止痛药和调整生活方式的措施进行治疗。休息、减少噪声、多喝水和均衡饮食可以缓解头痛。

如果孩子年龄较大且经常头痛，放松和减轻压力的措施可能有所帮助。

药物　对乙酰氨基酚（泰诺或其他）或布洛芬（艾得维尔、美林或其他）通常可以缓解儿童头痛，应该在开始发生头痛的时候就服用。给孩子服用阿司匹林时要小心，因为尽管阿司匹林已被批准用于2岁以上的儿童，但仍与瑞氏综合征有关，这是一种罕见但可能危及生命的疾病。如有疑问，请与医生联系。

有时医生会使用曲坦类处方药来治疗儿童偏头痛。它们有治疗效果，可以安全地用于6岁以上的儿童。如果孩子因偏头痛而感到恶心和呕吐，医生可能开治疗恶心的药物。

如果孩子经常头痛，医生可能开预防头痛的药物，每日服用以减少头痛发生的频率和强度。

但是，针对不同的儿童有不同的用药策略。请务必与医生讨论如何使用药物。

行为疗法　压力可引发头痛或使头痛加重。抑郁症和其他精神疾病也可以引起或加重头痛。在这种情况下，医生可能推荐以下行为疗法。

- *放松训练*。放松训练包括深呼吸、瑜伽和冥想。还有一种训练是进行肌肉放松，方法是一次收紧一块肌肉，然后完全放松，直到身体的每块肌肉都得到放松。年龄较大的孩子可以通过阅读相关书籍、视频或上课来学习放松技巧。

安全使用止痛药

非处方止痛药，例如对乙酰氨基酚和布洛芬，通常可以有效减轻头痛。在给孩子服用止痛药之前，请记住以下几点。

- 仔细阅读说明书，并准备孩子适合的剂量。
- 服用次数请勿超过建议的次数。
- 孩子服用非处方止痛药每周不超过2～3天，且每日服用会引起药物过度使用性头痛（请参阅第342页）。
- 请谨慎让儿童或青少年服用阿司匹林。尽管阿司匹林已被批准用于2岁以上的儿童，但不建议患有水痘或流感样症状的在恢复期的儿童和青少年服用，因为阿司匹林与瑞氏综合征有关，这是一种罕见但可能危及生命的疾病。如有疑问，请咨询医生。

按年龄和体重分类的对乙酰氨基酚和布洛芬剂量的用法，请参阅第470和471页上的图表。

- *生物反馈训练*。生物反馈训练是教孩子控制某些身体反应，从而减轻疼痛。在进行生物反馈训练期间，孩子将连接特殊的监测设备，以监测并提供有关身体功能的反馈，例如肌肉张力、心率和血压情况。

  孩子将学习如何放松肌肉并减慢自己的心率和呼吸。生物反馈的目的是帮助孩子进入放松状态，以更好地应对头痛。
- *认知行为疗法*。这种疗法可以帮助孩子学习控制压力，并降低头痛的频率和严重程度。治疗师可以帮助孩子学习识别潜在压力并更积极地看待和应对生活中的事件的方法。

何时需要致电医生 大多数头痛并不严重，但是如果孩子的头痛有如下情况，则应立即就医。

- 因头痛从睡眠中醒来。
- 头痛加重或更频繁。
- 个性改变。
- 受伤后头痛，例如头部受重击。
- 持续呕吐或视力下降。
- 伴有发热和颈部疼痛或僵硬。

您可以做什么 以下方法可能有助于预防孩子头痛或减轻头痛的严重程度。

- *休息和放松*。鼓励孩子在黑暗、安静的房间里休息。睡眠通常可以缓解儿童的头痛。

- *使用凉毛巾冷敷头部*。在孩子休息时，将一块湿的凉毛巾放在他的额头上。

- *提供健康的零食*。如果孩子有一段时间没进食，请准备一点水果、全麦饼干或低脂奶酪。不吃东西会加剧头痛。

- *养成健康的行为习惯*。促进健康的行为习惯可以预防孩子头痛。这些生活方式包括每晚至少睡9小时，避免在睡前1~2小时看电子屏幕，坚持锻炼身体，吃健康的食物，每天喝4~8杯水，以及不喝含咖啡因的饮料。

- *减轻压力*。压力和紧凑的日程安排可能增加头痛的频率。警惕可能导致孩子产生生活压力的事情，例如难以完成学业或与同伴关系紧张。如果孩子的头痛与焦虑或抑郁有关，请咨询心理咨询师或医生。

- *写头痛日记*。日记可以帮助孩子确定导致头痛的原因。记录头痛何时开始，持续多长时间以及如何可以缓解。

- *避免触发头痛*。避免食用任何可能引起头痛的食品或饮料，如含咖啡因或人造甜味剂的食品或饮料。头痛日记有助于确定是什么促使孩子头痛，以便找出应该避免的东西。

- *遵守计划*。如果孩子的头痛严重，每天都发作并且干扰正常生活。医生可能建议预防性用药。定期服用某些药物会降低头痛的频率和严重程度。

荨麻疹

荨麻疹是一种皮肤反应，表现为略高出皮肤表面的粉红色或红色皮疹，通常非常痒。皮肤受影响的范围大小不一，从小斑点到大斑点皆有。

许多因素都会引发荨麻疹，包括对食物或药物的过敏反应、病毒感染、蚊虫叮咬、空气中的过敏原、寒冷的天气、体温变化、日晒或压力变化等。但通常对于导致皮疹发生的原因找不到明确的解释。

如何识别荨麻疹 荨麻疹的特征是突出于皮肤表面的红色的斑状皮疹，通常具有浅色的中心。皮疹的形状可能不规则，并且经常发痒或不舒服。荨麻疹可能出现在孩子的全身，或者集中在某一个区域，而且还可能更改位置，例如有些皮疹会扩大并融合在一起。

荨麻疹的症状可能持续数小时后消失，也可能持续数天或数周。

有多严重 幸运的是，荨麻疹通常是无害的和短暂的。然而，有时它可能伴有突然的呼吸困难或吞咽困难、舌头肿大、突然的呕吐或腹泻，或心率加快。荨麻疹伴有上述症状可能是严重过敏反应的表现，需要立刻前往急诊（请参见第306页）。

何时需要致电医生 如果孩子患有荨麻疹，请与医生联系，以了解如何最好地治疗。当有如下情况时，请及时与医生联系。

- 服药时出现荨麻疹（在咨询医生前停止用药）。
- 关节酸痛。
- 荨麻疹发生数天没有好转。
- 荨麻疹在身体的同一部位持续存在24～48小时。

如果孩子出现严重过敏反应的迹象，例如突然呼吸困难或吞咽困难、呕吐、腹泻或心跳加快，需要急诊治疗，例如注射肾上腺素以减轻肿胀。

您可以做什么 患有荨麻疹的孩子通常感觉不太舒服。为了使孩子尽可能舒适，请让孩子口服抗组胺药，这将有助于减轻瘙痒和不适感。您可能需要在一周左右的时间里按时让孩子口服抗组胺药，因为荨麻疹可能在消失后又反复出现。

让孩子穿着轻便、宽松的衣服，并避免用热水洗澡。用温水洗澡不易加重瘙痒。修剪孩子的指甲，以免抓伤皮肤。

如果孩子经常出现荨麻疹，请记录发病的情况。每当孩子出皮疹时，记下他当天吃的食物，参与的活动以及活动地点。通过追踪这些信息，您可能发现发病的模式以确定诱发的原因。荨麻疹可能在接触诱因的瞬间发病，也可能要等到几小时后才出现。

脓疱病

脓疱病是一种常见的且具有高度传染性的皮肤感染，主要影响婴幼儿。它通常表现为红色的硬币状皮疹，并覆盖着片状的蜂蜜色外壳，在少数情况下会出现水疱。脓疱多发于面部，尤其是在孩子的鼻子和嘴周围，以及手和脚上。

当细菌由外伤或蚊虫叮咬侵入皮肤时，通常会引发脓疱病，但它也可以在完全健康的皮肤上发生。这种病最常见于2～5岁的儿童。它很容易在人聚集的地方传播，例如托儿所和学校。在夏季，或当天气温暖潮湿时，也更容易发病。

保持孩子皮肤清洁是预防此类感染的最佳方法。当出现割伤、擦伤、蚊虫叮咬和其他伤口时需要立即清洗伤口，并涂上抗生素软膏以防止感染。

如何识别脓疱病　如果出现以下情况，孩子可能患有脓疱病。
- 圆形的红色疱疹迅速破裂，渗出液体，在几天后形成黄褐色的结痂。
- 轻度瘙痒。
- 疼痛的充满脓液的疱疹变成深溃疡（这是类型更严重的脓疱病）。

有多严重　脓疱病通常会在几周内自行消失。但是，由于脓疱病有时会导致更严重的感染，因此医生可能选择使用抗生素软膏或口服抗生素治疗脓疱病。

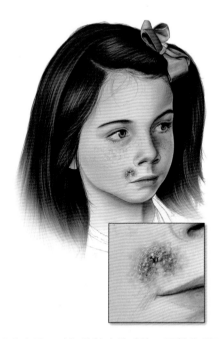

脓疱病是一种细菌性皮肤感染，开始为圆形的红色疱疹，短暂地长出水疱，之后渗出液体并形成厚的结痂

为防止感染扩散，重要的是让孩子不要去幼儿园或学校，直到他（她）不再具有传染性为止（通常是开始用抗生素治疗后24小时）。

何时需要致电医生　如果您怀疑孩子患有脓疱病，请向医生咨询治疗建议。如果感染是轻度的，则医生可能只建议采取卫生措施。保持皮肤清洁可以促使轻度感染自行痊愈。

如果孩子不舒服，或者脓疱正在渗出或扩散，请预约医生进行检查。严重的或广泛的脓疱病可能需要口服抗生素治疗。即使疮口已经愈合，也要确保孩子完成整个用药疗程。这有助于防止感染再次发生，并使细菌耐药性降低。

您可以做什么　对于尚未传播到其他皮肤区域的轻微感染，请尝试以下操作。
- 用温水或醋溶液浸泡患处皮肤，醋溶液为1汤匙（1/2盎司，即约15毫升）白醋配比1品脱（16盎司，即约473毫升）水。这样可以保持患处皮肤清洁，有助于去除痂上的细菌，并使痂皮随着时间自然脱落。
- 痂皮脱落后，每天应用非处方抗生素软膏涂抹患处3次。每次使用前都要洗净皮肤并拍干。
- 修剪孩子的指甲，以防抓伤和传播细菌。在感染区域使用不粘剂敷料也有帮助。

• 告诉孩子不要触摸感染区域。

为了防止感染传给其他人，洗手很重要。让孩子经常洗手，您自己也要这样做。在皮疹上涂完抗生素药膏后，洗手更加重要。另外，每天都要清洗孩子的毛巾和浴巾，不要让孩子与家人共用毛巾、浴巾或其他物品，例如毯子。

蚊虫叮咬

对于孩子来说，被蚊虫叮咬会令他们恐惧和痛苦。但幸运的是，蚊虫叮咬通常只会引起轻微的皮肤反应，并经常伴有瘙痒。

但是，有时孩子可能有更严重的反应，包括皮肤发红和肿胀，这被称为局部反应。少数儿童对某些昆虫的叮咬，特别是被蜜蜂、黄蜂和大黄蜂的毒刺蜇伤后会出现严重的反应。这种严重的反应称为严重过敏反应，需要紧急治疗（请参见第306页）。

如何识别蚊虫叮咬　叮咬可能来自以下蚊虫。

• *蜜蜂、黄蜂和大黄蜂*。对于大多数儿童，蜇伤最初会引起疼痛，并使皮肤在几小时后变红和肿胀。

• *蚊子*。在大多数情况下，被叮咬的部位仅会发痒，并可能略微肿胀。

• *鹿虻、马蝇、红火蚁、收割蚁、甲虫和蜈蚣*。被这些蚊虫叮咬会出现局部皮肤红肿疼痛，可能起水疱或肿胀。

有多严重　大多数孩子对蚊虫叮咬只有轻微的反应，但是有些孩子对蚊虫的毒液比其他孩子更敏感，特别是有毒刺的蚊虫。在这些孩子中，叮咬可引起严重过敏反应。严重过敏反应的体征和症状包括严重的呼吸急促、水肿、瘙痒或荨麻疹、突然呕吐、腹泻、头晕、心跳加快和低血压。

何时需要致电医生　蚊虫叮咬的体征和症状通常在1~2天内消失。如果您对此担心，即使反应很轻微，也请联系医生。如果孩子有以下情况，请立即就诊。

• 被蜜蜂、黄蜂或大黄蜂多次蜇伤，并且皮肤肿胀严重。

• 在最初的6~8小时后，蜇伤或叮咬周围的皮肤肿胀和发红加重。

• 全身性荨麻疹或远离叮咬部位的皮肤出现荨麻疹。

如果孩子有严重过敏反应的体征或症状，也要前往急诊。对于严重过敏反应，孩子可能需要注射肾上腺素以减轻肿胀。

您可以做什么　如果发现明显的毒刺，请尽快将其从孩子的皮肤上去除。

使用儿童驱蚊虫喷雾

避蚊胺是驱蚊虫剂中最常见的化学物质。避蚊胺不用于2个月以下的婴儿。对于2个月以上的孩子，美国儿科学会建议在户外活动时使用最低有效浓度的驱蚊虫剂。

产品中避蚊胺的浓度越高，其提供保护的时间就越长。避蚊胺含量为10%的产品可提供约2小时的保护；避蚊胺含量为24%的产品可提供约5小时的保护。美国儿科学会建议儿童不要使用避蚊胺含量超过30%的驱蚊虫剂。

请在一天中只给儿童使用一次驱蚊虫喷雾，并在一天结束时将其洗净，以免产生毒性。

有一些可以替代避蚊胺的产品。浓度为5%～10%的派卡瑞丁对幼儿是安全的。柠檬桉树油是一种植物性驱蚊虫剂，有效时间长达2小时，之后需要重新涂抹，但不建议3岁以下的儿童使用。

使用信用卡、硬纸片或其他有薄而钝的边缘的工具将毒刺刮掉。避免局部挤压，因为这样可能释放更多毒液进皮肤。

在毒刺去除后，请用肥皂和水仔细清洗该区域，然后用凉毛巾或冰袋冷敷缓解疼痛和肿胀。冷敷还可以缓解与蚊子、苍蝇、蚂蚁和其他蚊虫叮咬相关的瘙痒。

非处方霜剂或软膏（例如炉甘石洗剂或1%的氢化可的松药膏）可局部外用，以缓解瘙痒。对于严重的瘙痒，医生可能建议孩子口服抗组胺药。

为降低孩子被蚊虫叮咬的可能性，您可以采取以下做法。

- 让孩子在户外穿轻便的衣服，衣服要覆盖其大部分皮肤。
- 避开蚊虫聚集的地方，例如垃圾桶、污水（蚊子繁殖场）和盛开的鲜花。
- 根据需要使用驱蚊虫剂。
- 请勿在自己或孩子身上使用浓烈的香水、香皂和乳液。
- 盖住所有野餐食物，并用塑料袋密封野餐垃圾。
- 盖紧垃圾桶。
- 不要让后院积水。

人虱

人虱是一种体型小、无翅膀、灰白色的昆虫，它们很容易通过人与人之间的密切接触和共享物品传播，尤其是在幼儿园和学校的儿童中。人虱分为数种类型，儿童中最常见的是头虱。

要防止头虱在幼儿园和学校中传播很困难，因为孩子经常密切接触并共用一些物品。孩子患有头虱不是您作为父母的失败，也不是由于您或孩子的卫生习惯不良。

接触头虱或它们的卵后可以使头虱传播给别人。头虱不能飞行或在地面上行走，它有以下传播途径。

- *头部与头部接触*。这可能在儿童与家庭成员一起玩耍或亲密互动时发生。
- *物品存放邻近*。将有头虱的衣服存放在学校的壁橱中、储物柜中或并排的钩子上，或将有头虱的个人物品如枕头、毯子、梳子和毛绒玩具与别人的物品靠近放置，都可能导致头虱传播。
- *朋友或家人之间共用物品*。包括衣物、耳机、刷子、梳子、发饰、毛巾、枕头和毛绒玩具。
- *接触受污染的家具*。当患有头虱的人躺在床上或坐在堆满衣物的布艺家具上之后不久，其他人再去躺或坐则可能导致头虱传播。头虱可以离开人体存活1～2天。

一旦确定某个家庭成员患有头虱，就应检查该家庭的所有成员是否患有头虱。

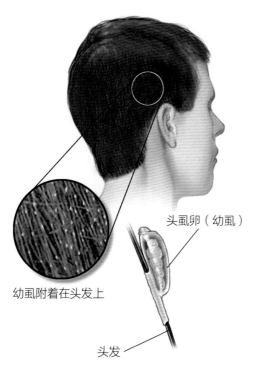

头虱卵（幼虱）

幼虱附着在头发上

头发

侵袭，也不需要治疗。当幼虱距离头皮超过1/4英寸（约0.6厘米）时，尤其如此。

有多严重 头虱不是威胁健康的严重问题，但应得到适当的治疗，否则可能反复出现。

使用专用于杀死头虱的非处方洗发水可以去除孩子身上的头虱。含有除虫菊酯或氯菊酯的洗发产品通常是治疗头虱的首选。除虫菊酯对于2岁以上的儿童是安全的，氯菊酯对于2个月以上的儿童是安全的。如果您严格按说明使用，它们会发挥最佳作用。使用后继续在2～3个星期内定期检查孩子的头发，以确保所有头虱和幼虱都已消失。

在某些地区，头虱对非处方的洗发水或洗剂具有耐药性。如果非处方洗发水或洗剂无效，医生则会开含有不同成分的处方洗发水或洗剂来治疗头虱。

何时需要致电医生 如果非处方洗发水不能杀死头虱，请与医生联系。医生可能为孩子推荐处方洗发水。如果孩子因抓挠而发生感染性荨麻疹或皮肤抓伤，也请与医生联系。

您可以做什么 通过彻底的治疗，孩子可以摆脱头虱的困扰。以下步骤可以帮助孩子消除头虱。

如何识别头虱 患头虱有以下体征和症状。

- 头皮剧烈瘙痒。
- 头皮有发痒的感觉。
- 头皮、脖子、耳朵和肩膀上有红色的小包。
- 在头皮或头发中发现头虱成虫。头虱成虫大约是芝麻那么大或稍大些。
- 在发干上发现头虱卵（幼虱）。幼虱通过类似胶水的物质附着在发干上，类似于头皮屑，但不像头皮屑那样容易去除。

如果仅存在幼虱，而没有发现头虱成虫，则可能不会发生活动性头虱

使用除虱洗发水 使用非处方除虱洗发水。请根据产品说明书在7～10天内重复让孩子使用除虱洗发水。在水池上方冲洗头部的药物而不是在淋浴间冲洗，以减少皮肤接触药物。如果非处方产品无效，请与医生联系。

梳理湿发 用细齿的除幼虱梳子梳理湿发，以去除湿发上的虱子。每3～4天重复梳理湿发，持续至少2周。尽管这很乏味，但通常是有效的。该方法可以与其他治疗方法结合使用，通常也是2岁以下儿童的首选治疗方法。

清洗梳子和发刷 使用非常热的肥皂水（至少130 ℉，即54.4 ℃）来清洗梳子和发刷，或者用酒精浸泡1小时。

清洗受污染的物品 用热肥皂水清洗床上用品、毛绒玩具、衣服和帽子，并在高温下烘至少20分钟。

密封不可洗的物品 将它们放在密封袋中2周。

吸尘 对地板和家具进行除尘。头虱如果没有食物，就不能长期存活。因此，不要在家居清洁上花费太多时间或精力。

不共用物品　家人和朋友间不要共用梳子、头刷、毛巾和衣物，包括帽子、围巾、大衣和头巾，以及耳机之类的物品。

入学问题　有些学校实行"无幼虱"规定，禁止有幼虱的学生上学，哪怕只有1个幼虱也不行。但是，美国儿科学会不赞成该规定，认为只要孩子已经充分接受过除虱的治疗就可以上学了，因为幼虱很难完全去除。

红眼病

红眼病（急性结膜炎）是指位于眼睑内表面（睑结膜）和覆盖白眼球的透明膜（球结膜）的炎症或感染。当结膜中的小血管发炎时，症状会更明显。这就是导致白眼球变成红色或粉红色的原因。

红眼病通常是细菌或病毒感染引起的，也可能是过敏反应的一部分。眼睛进入异物或暴露于化学物质也会导致结膜发炎。暴露于化学物质包括游泳池中的氯气、空气污染或化学物质溅入眼睛。

病毒性结膜炎和细菌性结膜炎　在大多数情况下，红眼病是病毒感染引起的。病毒性结膜炎和细菌性结膜炎都可能与感冒或呼吸道感染的症状同时发生。如果孩子戴的隐形眼镜没有得到适当清洗，也可能导致细菌性结膜炎。

通常，病毒性结膜炎产生的分泌物为水样，而细菌性结膜炎产生的分泌物则较稠厚，为脓性，并呈黄色、绿色或白色。单眼或双眼都可能受到影响。

病毒性结膜炎和细菌性结膜炎都具有极强的传染性。该病通常从一只眼睛开始，然后在几天内感染另一只眼睛，通过直接或间接接触受感染的眼睛排出的分泌物而传播。

过敏性结膜炎　过敏性结膜炎是对引起过敏的物质（如花粉）的反应。眼睛和气道黏膜中的特殊细胞（肥大细胞）在感受到过敏原的存在时，会释放出包括组胺在内的炎性物质。组胺的释放会造成许多与过敏有关的症状或体征，包括眼睛发红或粉红。通常，双眼都会受影响。

如果孩子患有过敏性结膜炎，他（她）会出现眼睛发痒、流泪和发炎，以及打喷嚏和流鼻涕。

如何识别红眼病　红眼病具有以下的常见症状和体征。
- 单眼或双眼发红。
- 流眼泪。
- 眼睛的分泌物在夜间会形成一层痂皮覆盖眼睛，可能引起早上睁眼困难。

防止红眼病的传播

为了防止其他家庭成员受到感染，请保持以下良好的卫生习惯。

- 请勿用手触摸眼睛。
- 经常洗手。
- 使用干净的毛巾和浴巾。
- 请勿共用毛巾或浴巾。
- 经常更换枕套。

如果可能，请让孩子待在家里，直到眼睛不再出现分泌物。病毒性结膜炎通常不需要治疗，因此应像普通感冒一样对待。如果您对孩子何时可以重返学校或如何照看孩子有疑问，请咨询医生。一些幼儿园或学校要求孩子在开始治疗至少24小时后才能入园或上学。发生病毒性结膜炎通常不需要治疗，可以遵循医生给出的注意事项。

- 单眼或双眼有沙粒感。
- 单眼或双眼发痒。

有多严重 尽管红眼病令人讨厌，但很少会影响孩子的视力。其治疗因病因而异。

病毒性结膜炎和细菌性结膜炎 在大多数情况下，病毒性结膜炎可通过在家中采取的一些方法改善，包括使用人工泪液，用湿布清洁眼睑，以及每天数次冷敷或热敷。如果孩子戴隐形眼镜，则应摘下隐形眼镜，直到感染消失。病毒性结膜炎需要一定的时间才能好转，通常在1~2周，眼睛发红会自行逐渐消失。抗生素不能治疗病毒感染，因此不建议用于治疗病毒性结膜炎。

如果孩子患有细菌性结膜炎，他（她）可能需要使用抗生素眼药水，不过不是每个人都需要。轻度细菌性结膜炎可能在几天内好转。如果没有好转，请咨询医生。

过敏性结膜炎 如果孩子的结膜炎是过敏引起的，那么医生可能开多种不同类型的眼药水。这些可能包括有助于控制过敏反应的药物，例如抗组胺药和肥大细胞稳定剂，和有助于控制炎症的药物，例如解充血剂、类固醇和抗炎眼药水。

非处方抗炎药或含有抗组胺药的眼药水也可能有效。请咨询医生应该使用哪种产品。

何时需要致电医生 如果症状在几天后没有改善，请与医生联系。这可能意味着有细菌感染，需要使用抗生素。如果孩子说眼痛、对光线敏感、视物模糊或混乱，或眼睛中有东西存在（异物感），也请与医生联系或前往急诊。

您可以做什么 在痊愈之前可以采取以下有帮助的措施。

- *湿敷眼睛*。请将干净的无绒布浸入水中并拧干，然后轻轻将其放在孩子闭合的眼睑上。通常，冷敷让人感觉最舒适，但是如果孩子感觉温热敷更舒服，也可以使用温热敷。如果红眼病只影响单眼，请不要让同一块布接触两只眼睛，以降低将红眼病从一只眼睛传播到另一只眼睛的风险。
- *尝试滴眼药水*。被称为人工泪液的非处方眼药水可能有助于缓解症状。有些眼药水含抗组胺药或其他药物，对过敏性结膜炎患者可能有帮助。
- *停止戴隐形眼镜*。如果孩子戴隐形眼镜，应停止佩戴隐形眼镜，直到痊愈。扔掉孩子发生结膜炎时戴的隐形眼镜镜片、清洗液和镜盒，因为它们可能被病原体污染。

胃腹痛

胃腹痛（肚子痛）似乎伴随着孩子的成长。通常，胃腹痛是消化不良、便秘引起，或是一次病毒性胃肠炎的开始。

有时，儿童会抱怨间歇性腹痛，这种腹痛通常在特定情况下或在一天中的某些特定时间发生。这种疼痛可能与孩子在社交活动或学校中的压力或恐惧有关。对于许多儿童，这种类型的腹痛会逐渐消失，但对有些儿童这会在数年内反复发作。

有时，突然的剧烈的肚子痛可能是更严重的情况的症状，如阑尾炎或炎性肠病。

虽然大多数腹痛不需要担心，但如果疼痛加重，或伴有其他症状，例如高热、严重呕吐或腹泻，或持续时间超过1周，则应与医生联系。如果疼痛很严重，也要尽快联系医生。

如何识别胃腹痛 通常，孩子会诉说肚子痛，但有时很难确定疼痛的原因。

有特殊原因的腹痛 具有特殊原因的腹痛可能伴随以下症状。
- 孩子在夜间因疼痛醒来。
- 呕吐、腹泻、腹胀、皮疹或发热。
- 排便或排尿异常。

- 按压腹部时疼痛（腹部压痛）。
- 呕吐物、粪便或尿液中有血性物，则需要立即就诊接受检查和治疗。

引起腹痛的常见疾病包括便秘、胀气和食物不耐受。有些孩子在喝牛奶或吃冰激凌、奶酪，以及吃其他含牛奶的食物后会感到腹痛，则他们可能患有乳糖不耐受。在这种情况下，他们的身体无法消化牛奶中的糖（乳糖）。乳糖不耐受的儿童在吃或饮用含乳糖的产品后会出现腹部绞痛、腹胀或腹泻。

腹痛不太常见的原因包括炎症性肠病、乳糜泻、尿路感染和其他感染。有时患有链球菌性咽喉炎的孩子会出现肚子痛和发热，而不仅是嗓子疼。

无特殊病因的腹痛　无特殊病因的腹痛可能具有以下特征。
- 孩子很难描述或定位疼痛。
- 疼痛与进餐、活动或排便无关。
- 疼痛可能不伴随其他症状，也可能伴有恶心、头晕和疲劳之类的模糊症状。
- 疼痛通常是短暂的。
- 疼痛不伴发热、皮疹、关节痛或关节肿胀。

经过彻底检查没有发现任何可见的或可检测到的病因，这样的腹痛称为功能性或非特异性腹痛。

压力或焦虑可能诱发功能性腹痛。它可能是因为家庭内部变化或压力而引发，例如新弟弟或妹妹的出生，家庭成员生病，父亲或母亲出门在外，或搬到新的城市或学校。在某些情况下，儿童会出现慢性腹痛。

其他解释是，一些孩子对神经冲动的敏感性增强，这使得他们在情绪紧张的时候或日常状态下（例如肠蠕动时气体或粪便通过）更容易感到疼痛。

重要的一点是，即使没有明确的原因，腹痛也是存在的。功能性腹痛并不意味着孩子没有痛苦，或"只是空想出来的"痛苦。

请注意可能使腹痛加剧的心理或情感问题。孩子的医生、儿童心理治疗师、心理学家或精神科医生都可以提出一些建议，以帮助孩子解决他经历的麻烦。他们还可以给您提供一些方法，指导您如何对孩子的腹痛做出反应，而不会诱导孩子的腹痛持续下去。例如，如果您一直担心孩子的腹痛，那么孩子可能变得更加焦虑，痛苦可能加重。

有多严重　在大多数情况下，腹痛是短暂的，未经治疗就会好转。但严重的腹痛有时是更严重的疾病的预警，而持续的腹痛可能意味着慢性病。

对于某些孩子来说，反复出现的腹痛会干扰其正常的日常生活，包括上学。在这种情况下，治疗的目标是减轻疼痛并帮助孩子恢复正常的生活，例如

便秘和腹痛

便秘是儿童腹痛的常见原因。如果孩子没有摄入足够的液体或纤维素，则更容易发生便秘。

每个孩子的排便方式都不一样，因此您应熟悉自己孩子的正常排便方式。如果孩子每隔几天就出现排便不正常或排便时不舒服，则可能需要您帮助他们养成正确的排便习惯。

为防止孩子便秘，您需要采取以下措施。

- 鼓励孩子多喝水。
- 确保孩子每天食用高纤维食物。高纤维食物包括新鲜的水果和蔬菜、全谷物食品和豆类。
- 帮助孩子建立规律上厕所的习惯。
- 鼓励孩子进行体育锻炼。锻炼和均衡饮食不仅可以预防便秘，而且可以为健康、积极的生活打好基础。

孩子每日应该食用多少纤维素？美国儿科学会为2～19岁的儿童和青少年推荐如下方案：用孩子的年龄加上5克。例如，如果孩子10岁，则他（她）每天应该摄入15克纤维素（年龄10＋5克=15克）。

上学和与朋友一起玩。请注意，医生可能需要一些时间来找出导致疼痛的原因，并确定最佳治疗方法。

功能性或非特异性腹痛包括以下的治疗方式。

放松技巧　患有功能性腹痛的年龄较大的儿童和青少年可以学习肌肉放松技巧和进行深呼吸练习。每天进行这些练习有助于减轻压力和焦虑。可以在疼痛时进行练习。

行为疗法　行为疗法旨在减轻焦虑和压力，并帮助孩子更好地忍受疼痛。行为疗法的常见类型包括认知行为疗法、生物反馈、心理疗法和催眠。

何时需要致电医生　如果您对孩子的腹痛有疑问，请与医生联系。另外，如果孩子发生以下任何一种情况，请联系医生。

- 疼痛持续1个星期或更长时间，即使它是间断发作的，疼痛轻微。

- 疼痛在24小时内没有缓解或更加严重或频繁。
- 疼痛伴有呕吐12小时以上或伴腹泻超过2天。
- 疼痛伴有排尿时灼热感。

如果孩子有以下症状，请立即前往急诊。

- 剧烈疼痛持续超过1小时。
- 疼痛伴有尿中带血或尿液颜色变化。
- 阴囊或睾丸疼痛。
- 疼痛位于孩子的右下腹部或转移到孩子的右下腹部，使孩子很难站直、走路或跳跃。
- 疼痛反复出现超过1天。
- 持续疼痛越来越严重。
- 血便、严重腹泻、反复呕吐或呕吐血性物。
- 剧烈疼痛伴有发热。
- 长时间拒绝吃东西或喝水。
- 行为改变，包括嗜睡和反应迟钝。

您可以做什么　如果孩子腹痛，您可以尝试做以下事情缓解孩子的腹痛。

- 让孩子安静地躺下来休息。
- 喝水或其他清淡的液体。
- 建议孩子去洗手间，尝试排大便。
- 几小时内避免吃固体食物，然后尝试吃少量清淡的食物，例如米饭、苹果酱或饼干。避免食用可能刺激胃的食物和饮料，例如油炸食品或油腻食物、番茄制品、奶制品、碳酸饮料或含咖啡因的饮料。

压力相关的疼痛　如果您认为孩子的腹痛与压力和焦虑有关，请积极关注孩子，尤其是在他压力变化时期。为做到这一点，可以安排专门陪伴孩子的固定时间，一起聊天或进行有趣的活动。规划好在一起的时间比偶然在汽车中或与其他兄弟姐妹共同在一起的随机时间更好。如果只在孩子抱怨肚子痛的时候才和孩子在一起，孩子会认为这是引起您的注意并与您共度时光的方式。

胃肠道病毒感染（肠胃炎）

腹泻和呕吐很难受。没有人想得胃病，但是当它发生时，有几天会令人不适。幸运的是，它通常不会持续很长时间，并且大多数时候只需要休息和补充大量水分即可痊愈。

虽然腹泻和呕吐常被称为胃肠感冒，但这与流感不同。流感会影响呼吸系统，包括鼻、咽、喉和肺。胃肠感冒更准确的名称是肠胃炎，这意味着胃和肠道系统的炎症。这通常是病毒感染引起的，细菌以及极少数的寄生虫也会引起肠胃炎。

这些引起肠胃炎的感染性疾病都具有传染性。只要孩子腹泻，他（她）就被认为具有传染性。最好让孩子待在家里，远离他人，直到腹泻和呕吐得到缓解。引起腹泻的细菌可以从手到口传播，这意味着正确洗手是控制病原体的关键。

如何识别胃肠道病毒感染　腹泻，即频繁地排稀便，是肠胃炎的主要症状。偶尔排稀便是正常的。

但是，如果孩子患有胃病，他（她）可能在1~2天内多次上厕所。肠胃炎的其他体征和症状包括发热、食欲不振、恶心、呕吐、胃痉挛和肌肉疼痛。

突然发作水样腹泻可能是病毒感染引起的。突然发作水样腹泻血便并伴有发热，可能是细菌感染的结果。慢性水样腹泻可能是寄生虫或潜在疾病引起的，例如肠易激综合征或乳糜泻。

有多严重　对于大多数孩子来说，腹泻和呕吐的最大并发症是体液丢失而导致脱水。帮助孩子在生病时保持水分，可以预防脱水。

患肠胃炎的孩子大多数可以通过在家中休息和多喝水治疗。抗生素对病毒感染没有帮助。即使是细菌引起的，抗生素也仅对某些感染有效，例如在旅行中患的感染。在某些情况下，抗生素还可能增加并发症的风险，例如溶血尿毒综合征，一种损害红细胞的疾病。而且，滥用抗生素会导致耐药菌增多。此外，通常用抗寄生虫药治疗寄生虫感染。

何时需要致电医生　如果孩子发生以下情况，请立即与医生联系。

- 发热102 ℉（38.9 ℃）或更高。
- 昏昏欲睡或非常烦躁。
- 非常不适或疼痛。
- 腹泻伴有血便。
- 出现皮疹或淤青。
- 尿液颜色改变或尿中带血。
- 有脱水表现——注意患儿的饮水和排尿情况，与未患病时相比较，以观察脱水迹象——24小时内排尿少于3次。
- 拒绝进食或饮水超过8小时。
- 症状持续超过3天。

您可以做什么　当孩子出现腹泻或呕吐时，特别是当两者同时出现时，最重要的是补充丢失的水分和盐分（请参阅第320页）。以下建议可能有所帮助。

- *帮助孩子补充水分。* 给孩子服用在药房购买的非处方的口服补液盐（Pedialyte，药物商品名）。如果对使用方法有疑问，请致电医生。给孩子喝苹果汁或用水稀释1倍的运动饮料（一半水一半饮料）有助于治疗轻度

正确洗手

　　避免生病的最佳方法是保持良好的手部卫生，要经常洗手、好好洗手。洗手可以消除沾染的病原体，可以在准备食物时、取出垃圾时和使用厕所时防止病原体传播到孩子的嘴、眼睛、鼻子，或其他人。为了得到最大程度的保护，请遵循美国疾病控制与预防中心的洗手提示，并教会孩子。

- 用干净的自来水打湿手。可以是温水或冷水，证据表明温度并不重要。
- 使用洗手液、泡沫或肥皂。使用肥皂比单独用水更好，因为肥皂中的元素有助于将污垢和病原体从皮肤上带走。不需要使用抗菌肥皂，因为它们在除菌方面不如普通肥皂。
- 用力摩擦双手至少20秒，这个时间大约可以将"生日快乐"的歌曲哼唱两次。记住要擦洗手的所有部位，包括手背、手腕、手指缝以及手指尖。
- 用干净的自来水将手冲洗干净，以洗去肥皂和病原体。
- 湿手比干手更容易沾染病原体，因此要用干净的毛巾、一次性纸巾或空气干燥机彻底干燥手。一些证据表明，一次性纸巾比空气干燥机更卫生。

　　如果没有肥皂和水，则可以使用酒精含量至少为60%的酒精消毒液来进行手部消毒。

脱水。不要喝碳酸饮料和苏打水。

- *尝试吃冰块或小口喝水*。如果孩子恶心或呕吐，请避免一次饮大量水。每次喝口服补液盐中间需隔30~60分钟。在孩子的胃得到休息后，鼓励他（她）每隔5分钟吮吸冰块，或喝一小口水或清淡的液体。如果呕吐再次出现，请再次间歇1小时，然后再从小量开始。4小时不出现呕吐后，您可以让孩子加倍饮用液体。

- *确保孩子得到足够的休息*。肠胃炎会使孩子感到虚弱和疲倦。让孩子在一个舒适的地方休息，最好是方便去卫生间的地方。

- *让孩子慢慢恢复正常饮食*。随着孩子食欲的恢复，您可以让他（她）逐渐恢复正常饮食。通常，要等8小时不呕吐才能吃东西。建议食用清淡、易消化的食物，例如吐司、米饭、香蕉和土豆，不过没有确凿的证据表明这些做法是有帮助的。更重要的是，确保孩子获得足够的营养，主要是碳水化合物、瘦肉、酸奶、水果和蔬菜。高脂肪的食物难以消化，因此应避免孩子食用。

- *避免服药*。没有医生的建议，通常不需要给孩子服用非处方止泻药。止泻药会减慢胃肠系统的运动，使孩子的身体更难以清除病原体。

- *避免疾病传播*。将生病的孩子的个人物品和餐具与其他人的分开存放。用完浴室或帮助孩子上厕所后，要彻底洗手。确保家庭中的每个人也正确洗手。用含漂白剂的清洁剂或2杯漂白剂与1加仑（约3.8升）水的混合物消毒物品的表面（例如台面、水龙头和门把手）。

晒伤

儿童的皮肤特别容易被晒伤，暴露在阳光下仅10~15分钟即可被晒伤。多云天气或阴天也可能发生晒伤。灼伤皮肤的不是可见光或来自太阳的热量，而是看不见的紫外线。此外，孩子的皮肤颜色越浅，对紫外线越敏感。但这并不意味着皮肤较黑的孩子不会被晒伤。

大多数晒伤发生在儿童时期。您当然允许孩子在户外玩，因为锻炼和玩耍对孩子有好处。但同时，重要的是避免阳光。您可以让孩子在户外的阴凉处玩，或使用遮阳伞，适当地涂抹防晒霜，戴帽子和穿防晒衣以防止晒伤。

如何识别晒伤 您可能无法立刻意识到孩子被晒伤，因为疼痛和发红可能在几小时后才出现。晒伤通常会导致皮肤发红、疼痛、肿胀和发热。如果严重晒伤，皮肤会起水疱。

有多严重 晒伤，即使是轻度灼伤，也对皮肤不利。儿童暴露在阳光下，可能出现水疱、发热、打寒颤和恶心，而成年人一般不会出现。

何时需要致电医生 如果孩子的晒伤只是皮肤发红、发热且有点疼痛，您可以自己治疗。如果晒伤出现皮肤水疱、发热或寒颤，以及呕吐或身体不适，请与医生联系。

您可以做什么 每隔几小时给孩子进行一次冷敷来治疗晒伤，请注意不要让孩子感到全身发冷。在晒伤处涂抹保湿剂，以帮助恢复。含有芦荟的乳液或凝胶可能有舒缓作用。此外，鼓励孩子多喝水。

如果需要，可以让孩子服用对乙酰氨基酚（泰诺等）来减轻疼痛。未经医生允许，请勿使用涂在皮肤上的麻醉乳液或喷雾，因为某些产品会引起刺痛，并且孩子的皮肤可能对喷雾产生不良反应，特别是幼儿应用苯佐卡因可能出现罕见但严重的副作用。

采取防晒措施很重要。

- 出门前，对孩子所有裸露的皮肤都充分涂抹防晒霜。广谱防晒霜可防止紫外线A（UVA）和紫外线B（UVB），且防晒系数至少为30。
- 每两个小时重新涂一次防晒霜，如果孩子游泳或出汗，则需要更频繁。不要忘记后脖子、耳朵、鼻子、嘴唇和脚背。
- 即使在多云天气也要使用防晒霜，因为云只能阻挡一小部分紫外线。
- 在游泳池或海滩，甚至下雪时要格外小心。紫外线从雪、水和混凝土反射回来会增加照射面积。如果可能，紫外线最强时避免让孩子去阳光下。通常上午10点至下午4点之间紫外线最强。
- 在树荫下或打伞玩。
- 如果可能，给孩子穿上尽可能多覆盖身体的舒适的轻便服装。紧密编织的衣服可比稀疏编织的衣服提供更多的保护。或者，您可以购买标有紫外线保护标志的防护服。数字越高保护能力越强。
- 让孩子戴上3英寸（7.6厘米）帽沿的帽子或前方有帽沿的帽子。

尿路感染

尿路感染是一个儿童期相当普遍的问题。尿路包括肾脏、输尿管、膀胱和尿道，尿道是尿液从膀胱排出体外的小管道。

大多数尿路感染涉及下尿路，包括膀胱和尿道，称为膀胱炎和尿道炎。当细菌进入尿道时，就可能导致尿路炎。

大肠埃希菌感染约占儿童尿路感染的80％。尿路感染不常见的原因包括其他类型的细菌、真菌或病毒感染。

尿液是天然无菌的，但是人体的其他部位，如皮肤、肠道和粪便中病原体很丰富。在这些位置的病原体向尿道迁移并向上传播进入膀胱的情况并不少见。在膀胱温暖的环境中，如果人体无法通过排尿清除病原体，病原体就会迅速繁殖。尿液从肾脏向膀胱单向流出，可阻止病原体在尿道中积聚并引发感染。

但是，有时这种自然防御会失败。以下是使孩子更容易发生尿路感染的因素。

- 憋尿时间太长。
- 膀胱未完全排空。
- 女孩用纸前后擦拭导致大便的病原体进入尿道口。
- 便秘干扰排尿。
- 长时间使用膀胱导尿管。
- 免疫系统功能减弱。
- 具有尿路感染家族史。
- 男孩未进行包皮手术。
- 影响正常尿流的先天性的解剖异常。

如何识别尿路感染 以下为尿路感染的体征和症状。
- 无法排尿或只能排出几滴尿。
- 排尿时感到疼痛或有灼痛感。
- 尿液混浊、颜色深、血性或有臭味。

- 排尿比平时更频繁。
- 发热。
- 下腹部或背部疼痛。
- 难以控制尿流，导致尿裤子或尿床。

有多严重 大多数尿路感染没有长期损害，重要的是立即治疗以防止肾脏感染。当膀胱感染从膀胱向上移至一侧或双侧肾脏时，可能发展为肾脏感染。肾脏感染通常会非常痛苦，并可能导致严重的健康问题，包括肾脏损伤。

尿路感染通常用抗生素治疗，以杀死引起感染的病原体。开始用药后1～2天内，孩子的症状会开始改善。

确保孩子完全按照要求服药，以彻底治愈感染并防止再次感染。在某些情况下，感染好转后还需要进行检查，尤其是当孩子有肾脏感染时。进行检查的目的是确认尿道是否存在畸形而使孩子容易发生尿路感染，并确认是否有肾脏受损。

如果孩子患有复发性尿路感染，医生可能建议孩子每天服用抗生素以预防感染。

何时需要致电医生 如果您担心孩子患有尿路感染，请在24小时内与医生联系。治疗不及时会增加肾脏感染的风险。

您可以做什么 教会孩子养成保护尿路免受感染的习惯。

注意卫生 在每次排便后，女孩应从前向后擦拭，而不要从后向前擦拭。这样可以防止病原体从肛门传播到尿道。未割包皮的男孩应该知道如何轻轻地拉下覆盖在阴茎头上的包皮并清洁该区域。

排空膀胱 教给孩子如果想要排尿，就不要"憋尿"。一些孩子会无视尿意，因为他们不想停止正在做的事情，而花时间去洗手间。膀胱中的尿液停留时间过长会促进病原体生长。

补充液体 确保孩子每天喝大量的液体，最好是水。排尿有助于冲洗尿道的病原体。有些孩子只是缺水导致排尿不够。

预防便秘 让孩子定期排便以预防便秘也很重要。坚硬的大便会压迫尿道并阻塞尿流（请参阅第325页）。包含足够的纤维素和大量水分的食物可以预防便秘。

衣服 让孩子穿棉质内裤，避免穿紧身的裤子、短裤或进行绑腿。这有助于防止尿道周围积聚水分。游泳后，让孩子及时换上干衣服，而不要穿着湿衣服坐着。

沐浴和肥皂 避免洗泡泡浴、使用香皂和其他可能刺激外生殖器和尿道口的物品。

病毒性皮疹

各种病毒性疾病均可引起皮疹。以下是儿童中最常见的病毒性皮疹。

水痘 水痘最初为发痒的红色斑点，之后迅速充满透明的液体，形成水疱。水疱最终会破裂并结痂。皮疹最初倾向于在面部、头皮、胸部和背部出现，并可能扩散到手臂和腿部。皮疹会持续出现数天，孩子可能还会发热、食欲不振、疲倦和头痛。

孩子在接触病毒后10~21天出现水痘，感染通常持续5~7天。孩子在水疱皮疹结痂前都具有传染性。

结痂的水疱疹在愈合时会发痒。尽量不要让孩子抓挠它们，因为抓挠会形成瘢痕，并增加疱疹被感染的风险。您可以修剪孩子的指甲以防抓伤。

水痘主要发生在儿童中，免疫力不强的成年人也可能感染水痘。自从应用水痘疫苗，水痘的发病率已大大降低。该疫苗分两剂给1岁和1岁以上的儿童接种（请参阅第6章）。

如果您认为孩子患有水痘，请与医生联系。平常身体健康的儿童，患水痘后通常不需要药物治疗，而是让疾病自然痊愈。但是如有必要，医生会开药以减轻水痘的严重程度并治疗并发症。

如果皮疹传染到一侧或双侧眼睛，或者皮疹疼痛或发热，这可能意味着出现细菌性皮肤感染，请立即与医生联系。如果孩子发热超过102 ℉（38.9 ℃）并伴有其他症状和体征，例如头晕、呕吐、颤抖或咳嗽伴随呼吸困难，也应立即联系医生。在少数情况下，水痘会导致严重的并发症，例如肺炎和脑炎（脑部感染），这也是接种疫苗的重要原因。

幼儿急疹 幼儿急疹是一种病毒感染性疾病，通常会影响幼儿健康。它通常以持续数天的突然高热开始。发热下降时，皮疹会出现在躯干和颈部，可能持续数小时到数天。皮疹由许多小的粉红色斑点或斑块组成，这些斑点通常是平坦的，并且其中一些斑点周围可能有白色的环。

一些孩子病情很轻，看起来就像没有生病，而另一些孩子则出现全部的体征和症状，包括咽喉疼痛、流鼻涕和咳嗽。

皮疹通常不会引起不适，在大多数情况下病情也并不严重。它通常无须治疗即可自行消失，但是对乙酰氨基酚

（泰诺或其他）或布洛芬（艾得维尔、美林或其他）可以缓解发烧和不适。您应让孩子待在家里并远离其他孩子，直到他（她）退热24小时后为止。有时，幼儿会因高热引起抽搐（高热惊厥）。如果发生这种情况，请立即与医生联系或前往急诊。

传染性红斑 传染性红斑是儿童常见的轻度感染。它是一种被称为人类细小病毒B19的病毒感染引起的。这种疾病被医生称为细小病毒感染。

传染性红斑的主要特征是两颊出现鲜红色的、高出皮肤的斑块，类似拍打的痕迹。手臂、躯干、大腿和臀部也可能出现粉红色、花边状、略微凸起的皮疹。皮疹可能持续3周。一些孩子会出现低热和其他轻度感冒样的症状。一旦出现皮疹，孩子将不再具有传染性。

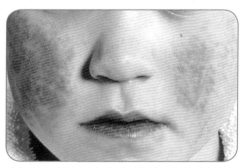

传染性红斑（细小病毒感染）是一种轻度病毒感染，两颊出现鲜红色的凸起斑块

在大多数儿童中，细小病毒感染都是轻度的，几乎不需要治疗。对乙酰氨基

酚（泰诺或其他）或布洛芬（艾得维尔、美林或其他）可缓解发热和不适。怀疑自己已感染该病毒的孕妇应及时与医生联系，因为胎儿可能出现严重的并发症。

麻疹　麻疹通常以高热起病，体温常高达104 °F ~ 105 °F（40 ℃ ~ 40.6 ℃）。其他体征和症状可能包括咳嗽、打喷嚏、流鼻涕、咽喉疼痛和眼睛发红、流泪。在3 ~ 5天后，脸部和发际线以及耳后会出现红色斑丘疹。皮疹通常沿颈部播散至躯干、手臂和腿，可能以细小的红点开始，并逐渐增大。有时，在口腔颊黏膜上会出现小的白色疹。皮疹通常持续约一周。

麻疹主要发生在儿童中，成年人也可能感染。预防麻疹的疫苗已大大降低了该疾病的发病率。预防麻疹的关键是确保孩子已经接种了疫苗。

如果您认为孩子可能患有这种疾病，或者孩子曾接触过麻疹患者，且未接种疫苗或免疫功能较弱，请与医生联系。麻疹具有极强的传染性，因此在出皮疹前4天到皮疹发生4天后应让孩子与外界隔离。对乙酰氨基酚（泰诺或其他）和布洛芬（艾得维尔、美林或其他）等非处方药可以控制发热。让孩子喝大量的水或适量的口服补液盐，以补充因出汗丢失的水分并避免脱水（请参阅第320页）。

麻疹可能引起的并发症包括耳部感染、支气管炎和肺炎。在极少数情况下，麻疹可能继发脑部炎症（脑炎）。

疣

疣呈突起的圆形或椭圆形，可能比周围皮肤的颜色浅或深。有些疣中间有微小的黑点，通常被称为"种子"，它们是小的、凝结的血管。

疣可以出现在孩子身体的任何地方，但是最常见的部位是在手上或指甲附近，以及脸部、脚趾、膝盖和肘部附近。疣也可能在孩子脚底生长，这种疣被称为跖疣。

疣是人乳头瘤病毒感染引起的。这种病毒通常通过接触传播，并经常通过皮肤伤口进入人体。人乳头瘤病毒有数百种。大多数引起的情况相对无害，例如寻常疣。但某些人乳头瘤病毒类型会引起严重疾病，例如宫颈癌，疾病与导致疣的病毒类型不同。

任何人都可能患上疣，但有些人比其他人更容易患上疣。疣最常见于儿童和青少年中，尤其是那些习惯咬指甲或挑指甲旁的倒刺的人。疣在免疫力较弱的人中更常见。

孩子与患有疣的人进行皮肤接触可能引起疣。如果孩子患有疣，他（她）也可以将病毒传播到身体的其他部位。

孩子还可能通过触摸别人的疣所碰到的东西，例如毛巾或运动器材而患上疣。在公共游泳池赤脚行走会提高孩子患跖疣的风险。

如何识别疣 在儿童中，疣通常发生在手上。它们看起来可能像是肉质的或颗粒状的小凸起，摸起来很粗糙。它们可以是皮肤色、白色、粉红色或棕褐色。它们可能有分散在其中的黑色的小点。

有多严重 疣通常并不严重。在儿童中，约2/3的疣未经治疗即可自行消失。但是，疣可能需要几个月到几年的时间才会消失，在此期间它可能扩大或出现新的疣。疣也可能会疼痛，有些孩

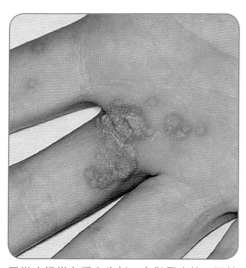

寻常疣经常在手上生长。它们是小的、颗粒状的凸起，摸起来很粗糙。颜色通常是皮肤色、白色、粉红色或棕褐色

子会因为它而感到尴尬。

治疗越早开始，彻底清除疣的机会就越大。治疗方法取决于疣的位置、它给孩子造成多大的困扰以及您希望多快清除它。您可以尝试使用非处方药自行去除疣，也可以向医生咨询治疗方法。

非处方药 您可以购买非处方药，例如水杨酸的贴剂或溶液来去除疣。17%的水杨酸溶液可以治疗疣。孩子通常需要每天使用这些药2~4个月。

为了获得最佳的治疗效果，请先将孩子的疣在温水中浸泡10~20分钟。使用新的指甲锉或金刚砂板（您可以将它们切成两半）从疣的表面轻轻刮落死皮。使用后扔掉被污染的指甲锉或金刚砂板，不要重复使用。随后应用药物并使其逐渐晾干，再用胶带或管道胶带覆盖。每晚按要求重复以上步骤。如果皮肤发炎，需停止治疗，直到局部疼痛缓解、发红消退。

药物治疗 许多父母更愿意让医生治疗该病，特别是在疣正在扩散、且父母或孩子受到疣的困扰的情况下。医生可能建议在疣的部位应用处方药品。其他选择包括刮除或切除（烧灼）疣，或用液氮冷冻。如果孩子有多个疣或疣反复发作，通常建议使用以上方法。有时会使用多种方法来防止疣复发。在极少

数情况下，医生可能建议手术切除疣。

通常，首选的痛苦最小的方法，是在幼儿时治疗疣。治疗的目的是消灭疣。但是即使进行治疗，疣也可能复发或扩散。

何时需要致电医生 如果孩子出现以下情况，请致电医生。

- 不确定长的是否是疣。
- 疣引起疼痛，出现外观或颜色改变，或令人不适。
- 非处方药治疗没有效果。
- 孩子的免疫力较弱。

您可以做什么 为了降低孩子患疣或疣扩散的风险，请注意以下事项。

- *不要让孩子抓挠疣。* 抓挠可能传播病毒。
- *尽量制止孩子咬指甲。* 疣多发生在有伤口的皮肤上。咬指甲周围的皮肤会为病毒打开入侵的门。
- *鼓励洗手。* 尤其重要的是，孩子在触摸疣后要洗手。接触公用运动器材或毛巾等公用物品后洗手也有助于防止病毒传播。
- *建议穿鞋。* 不要让孩子赤脚在游泳池或更衣室里走来走去。

管道胶带有用吗？

管道胶带是一种常用的修复胶带，在大多数家庭装潢商店都可以买到，目前已被用于治疗皮肤疣。管道胶带起作用的原理暂不清楚，不过这是一种有效的治疗方法。一些研究结果发现管道胶带有效，但另一些研究结果则发现无效。

如果您选择使用管道胶带治疗孩子的疣，则应优先选择银色胶带，而不是透明胶带，因为银色胶带可以更好地粘在皮肤上。首先用胶带覆盖疣，并保持6天。在撕下胶带后，将疣在温水中浸泡10~20分钟，然后使用新的指甲锉或金刚砂板轻轻刮落死皮，随后将疣暴露一夜，再重新覆盖上干净胶带保持6天。

胶带需要经过一些时间才能起作用，一般需要几个月。如果6~8周内孩子的疣没有任何改善，则胶带可能没什么帮助。

第六部分
更复杂的需求

第 21 章
注意缺陷多动障碍

孩子是活泼好动，还是过度活跃？是有点漫不经心，还是真的健忘？注意缺陷多动障碍（ADHD）的症状常常表现为爱插嘴、不守秩序、在家和在学校丢三落四、坐立不安或不能持久地保持兴趣。这些症状会给孩子在家庭、学校和其他地方造成长期的困扰和影响。

许多家长因为不知道如何应对孩子的行为而感到沮丧和无助，医生应通过正确的诊断和指导来缓解家长的压力。其实，大多数孩子都可以通过适当的治疗获得理想的生活状态，特别要强调的是，治疗应该尽早开始。ADHD虽然不能被治愈，但可以被有效地管理。

作为家长，最重要的是要与医疗团队合作，要给孩子无条件的爱，帮助孩子树立自尊和自信，要学习如何正确满足孩子的需求。

什么是ADHD

ADHD起病于儿童期，是因为大脑发育的轻微异常，影响了神经功能，引起行为紊乱。孩子的注意力、兴奋性、行为和情绪方面都可能受影响。神经影像学研究表明，ADHD儿童和非ADHD儿童在大脑的细微结构和大脑功能区激活方面存在着重要差异。造成这些差异的原因还不太清楚，遗传可能与此有关。例如，如果父母或兄弟姐妹患有ADHD，这样的儿童患ADHD的可能性是没有ADHD家族史的儿童的5倍。

ADHD与父母养育不良或吃太多糖果并没有因果关系。环境因素（如饮食、活动和养育技巧）可能会影响儿童的行为，但它们不会导致儿童ADHD。

1994年以前，**注意障碍**（ADD）一词被用来形容不能集中注意力的人。现在，**注意缺陷多动障碍**（ADHD）这个总称被用来指有ADHD症状的人，不管他（她）是注意力不集中、多动还是二者兼有。

患ADHD的儿童可能很难集中注意力，他们也可能难以保持静坐和无法控制突然的冲动。这些行为可以影响生活的几乎各个方面。

根据父母的反馈和医疗记录，每10个学龄儿童中就有1个ADHD患者。ADHD儿童中大约有一半人的症状将持续到成年。

ADHD——特别是未经治疗者——会对孩子的生活以及孩子的家庭产生深远的影响。ADHD可能会导致不良的人际关系、糟糕的学习成绩、意外伤害和自卑。

ADHD患者经常患有其他疾病，包括学习障碍、对立违抗性障碍、焦虑症和抑郁症。ADHD使患者有更高的药物和酒精滥用风险，并与其成年后精神障碍和违法行为有关。

正常还是患有ADHD 时不时地注意力不集中、活泼好动是健康儿童的天性。

一般来说，学龄前儿童注意力集中的时间很短，还不能长时间专注于某项活动。在年龄较大的儿童和青少年中，注意力集中的情况也各不相同。孩子的注意力是否集中取决于许多因素，比如他（她）对事物的兴趣、睡眠的质量。

好动也是如此。年幼的孩子天生精力充沛，当他们疲倦、饥饿、焦虑或处于新的环境中时，可能会变得更加活跃。有些孩子的活动水平天生就比其他孩子高。

应该在家庭和其他不同环境（比如学校或社交环境）中去密切观察孩子的表现。此外，也需要尝试从各种来源收集信息，如保姆、保育员、教师和孩子的医疗保健者。

一个孩子偶尔表现得有点出格，或者因为话多而被批评，并不一定就是ADHD。如果孩子在学校表现有问题，但在家里表现良好，与朋友也相处融洽，那他（她）可能是有ADHD以外的其他疾病。与此类似，如果孩子在家里过度活跃或注意力不集中，但学校表现和同学关系却不受影响，那也可能并不是ADHD。

当一个孩子有ADHD，他的行为与同龄人不一样，并不是源自于一个孤立的医学问题。而且这些行为是过度和持续的，足以干扰孩子在家、在学校和与其他人在一起的日常生活。

识别ADHD ADHD的症状出现于12岁之前，一般在4岁左右因过于好动而引起家长或照护者的关注。症状可以是轻度、中度或重度。ADHD男孩比女孩多，男孩和女孩的表现可能有所不同。例如，男孩可能以多动为主，女孩可能多为注意力不集中。

ADHD的症状

主要症状是注意力不集中、多动和冲动。许多孩子几种表现兼而有之。

注意力不集中

注意力不集中表现为以下方面。

- 做作业时不注意细节，粗心大意。
- 在学习或玩耍时不能持久专注。
- 与人面对面交谈时似听非听。
- 很难按计划完成作业或家务。
- 无法完成需要组织和管理的、有条理的任务及活动。
- 回避或不喜欢需要集中精神的工作，如家庭作业。
- 经常丢三落四。
- 容易分心。
- 日常生活中经常忘事，需要多次提醒。

多动和冲动

多动和冲动表现为以下方面。

- 坐立不安，手脚动个不停，或在座位上扭来扭去。
- 难以在教室或其他情况下保持就座。
- 闲不下来。
- 在不恰当的地方跑来跑去，爬上爬下。
- 无法安静地玩耍或做活动。
- 说话过多。
- 插嘴或打断别人。
- 不能安静排队等待。
- 打扰别人的谈话、游戏或活动。

还有哪些问题与ADHD相关?

ADHD儿童通常还有其他健康问题,例如以下几种。

学习障碍　一半以上的ADHD儿童有某种类型的学习障碍(见第22章)。患有ADHD和学习障碍的儿童在学校留级的可能性更大。但是,有学习障碍并不意味着孩子不如其他孩子聪明。

对立违抗性障碍(ODD)　ODD是对父母、老师或他人的消极、挑衅和敌对行为(见第20章)。在冲动和ADHD的孩子中,ODD更为多见。

情绪障碍　ADHD的儿童和成人患抑郁症或双相情感障碍的风险增加,尤其是有家族史者。更多关于情绪障碍的信息见第20章。

焦虑症　ADHD儿童患焦虑症很常见,表现为过度的担忧和紧张,伴随躯体症状,如心跳加快、出汗和头痛(见第20章)。

睡眠障碍　一半以上的ADHD儿童有睡眠问题,表现为入睡困难。睡眠问题可能是ADHD的症状。睡眠问题可能会因ADHD而恶化,或反过来使ADHD的症状恶化。

抽动障碍　ADHD儿童比其他儿童更容易出现抽动行为。

孤独症谱系障碍　ADHD可能与孤独症谱系障碍共患。孤独症谱系障碍与大脑功能障碍相关,可导致社交和沟通障碍(见第23章)。

重要的是,每种共患疾病都要与ADHD分开诊断和治疗,治疗方法会因疾病而异。治疗合并症可能有助于改善ADHD的症状,但是不能代替ADHD的治疗。

ADHD总体上分为三类:一部分孩子以注意力不集中为主;另一部分孩子以多动或冲动为主;更多的ADHD儿童有注意力不集中、多动和冲动的混合表现。

多动和冲动的症状往往显而易见,甚至在幼儿阶段也易于发现。而注意力不集中和组织规划能力差的表现就比较隐蔽,可能要到小学和中学阶段,因为孩子在校表现不良,学习跟不上,才引起重视。

因此,与多动型、冲动型或混合型ADHD儿童相比,注意力不集中的ADHD儿童通常要到儿童后期才被诊断出来。进入青少年时期后，ADHD症状多表现为不安、焦躁、注意力不集中和冲动。

怎样诊断ADHD

儿科医生、心理学家、精神科医生都可以诊断ADHD。ADHD不是通过仪器测试出来的，其诊断需要以下全面评估。

- 完整的个人史和家庭史。
- 孩子的照顾者和老师填写的调查问卷。
- 体格检查排除可能导致相关症状的躯体疾病，如视力或听力问题。
- 有需要时，进行学习障碍或情绪问题测试。

就诊时，医生可能询问一些问题：孩子的症状出现多久了？超过6个月了吗？他（她）的症状是否出现在两种或两种以上不同的环境中，比如家庭、学校和社交场合？他（她）的行为与同龄人相比怎么样？比如他（她）能不能和同学们一起专注安静地完成一项任务？他（她）会不会在其他人完成之前就跳起来，跑到另一项活动中去？

诊断ADHD主要是通过询问病史和观察症状，细节越丰富越好。为了给医生提供更详尽的信息，家长可以把平时观察到的现象写下来，就诊时带上。

学龄前儿童和ADHD　学龄前儿童往往精力充沛、冲动、注意力不集中，这些行为表现和ADHD有些类似。很难区分哪些表现是这个年龄段儿童所特有的，又有哪些表现是属于ADHD范畴的。在这个时期鉴别是ADHD症状或是发育迟缓也很困难。为了评估学龄前及年幼儿童是不是ADHD，可能需要心理学家、精神科医生、言语病理学家或发育儿科医生的共同参与。

学龄前ADHD儿童经常会因为他们的破坏性行为在幼儿园制造麻烦。有经验的老师常常能够在日常活动中观察到一些典型行为，家长可以向幼教老师了解相关情况，也可以向医疗机构咨询。

ADHD的治疗

ADHD并没有治愈的方法，但通过适当的治疗，其症状可以得到有效控制。制订治疗计划要考虑孩子的年龄和症状，通过治疗来帮助孩子克服可能出现的社交、情感和学业上的困难。

对于学龄儿童，治疗ADHD的主要方法是药物治疗、行为管理及心理咨询。研究表明，接受药物联合行为治疗的儿童，在家庭和学校的表现，以及人际关系方面有显著改善。

对于6岁以下的儿童，美国儿科学会建议从亲子行为治疗开始，而不是药物治疗。如果行为治疗没有效果，也可以考虑药物治疗。

有效的治疗需要有家长、医疗团队和学校老师的密切合作，需要积极开放的治疗态度，同时还要监控孩子对治疗的反应。孩子的发育阶段、气质类型以及特定的症状也是需要考虑的重要因素。

成功的治疗依赖团队的努力，稳固的支持网络能增加有效管理ADHD的机会。ADHD的最佳治疗策略是由家长、

孩子、医疗团队、教师、看护者、咨询师和孩子生活中的其他关键参与者共同努力的结果。

家长可能很想知道ADHD的孩子是否需要治疗。该领域的大多数医学专家的建议是诊断患有ADHD的儿童应尽早接受适当的治疗。治疗有助于预防或减少ADHD的并发症，例如自控能力差、交友困难、学校表现差、辍学、情绪障碍、酒精或其他药物依赖。

已经开始药物和行为治疗的父母会发现，这些方法可以缓解孩子的症状，改善家庭关系，孩子在学校表现更好，结交新朋友，自尊心提高。

药物治疗

药物治疗是ADHD治疗中最重要和有效的部分。与没有ADHD的人相比，ADHD者大脑中某些区域激活不足，药物可以改善这种情况。选择药物和调定剂量需要一定的时间。大多数医疗机构治疗时从低剂量开始，定期增加剂量，直到ADHD症状得到控制。伴随孩子的生长发育，或出现了药物的副作用时，剂量可能需要调整。治疗ADHD的两种主要药物是兴奋剂和非兴奋剂。

兴奋剂类药物 兴奋剂是治疗ADHD最有效的药物。兴奋剂能够调节与动机、注意力和运动相关的神经递质水平。哌甲酯（利他林）是常用的兴奋剂，含有苯丙胺类药物也属于兴奋剂。研究表明，兴奋剂改善ADHD儿童注意力不集中和多动表现的有效率约80%。

兴奋剂的优点是疗效确切且起效迅速，在孩子服用30分钟后，就能快速见效。

医生可能会让孩子在周末开始服用低剂量的药物，这样家长就有时间观察孩子对药物的反应。通过尝试不同的剂量或其他药物，才能找到最能改善症状、副作用最小的治疗方案。

有人担心长期使用兴奋剂会导致生长迟缓，但事实上很少见。兴奋剂可能会降低孩子的食欲，所以应确保孩子从饮食中摄入足够能量。比如，可以在药物起效之前就吃上一顿丰盛的早餐。

非兴奋剂类药物 研究表明，服用兴奋剂能够非常有效地控制ADHD的症状。但如果孩子因为健康原因或药物严重副作用而不能服用兴奋剂，就可以选择非兴奋剂。非兴奋剂比兴奋剂起效慢，可能需要几周才能完全发挥作用。

非兴奋剂包括托莫西汀，一种选择性去甲肾上腺素再摄取抑制剂。它通过增加去甲肾上腺素的水平起作用，去甲肾上腺素是一种在大脑中帮助控制行为的化学物质。抗高血压药物如可乐定和

药物治疗是否安全？

对父母而言，决定是否用药物治疗孩子的ADHD往往很困难。有人担心药物可能会让孩子变迟钝，或孩子会对药物上瘾，或引起更危险的药物滥用。

在合理的剂量范围内，兴奋剂治疗可达到提高ADHD儿童的注意力的目的。服药后，大多数ADHD儿童感到更平静，更能集中注意力，并不会让孩子变迟钝或引起其他问题。

滥用兴奋剂的情况也是存在的。因此，药物的存储和使用应当认真管控。孩子服药时家长应监督剂量是否准确，药物应该放在不能被儿童拿到的安全地点。如果要在学校服药，家长应该亲自将药物送到老师或校医手中。

如果孩子服药后有不舒服，或者观察到有个性的改变，例如易怒或情绪障碍，也许与药物剂量太大有关，应该与医生讨论调整剂量。

许多ADHD儿童的症状会持续到成年后，但也有一些儿童最终摆脱了ADHD症状，停止服药，其他人则学会了不用药物就能控制症状的方法。大多数孩子在整个学龄阶段可能都需要持续服用ADHD药物，有些人到成年后还要继续服用ADHD药物。

抗抑郁药安非他酮有时也有疗效。

药物副作用　ADHD儿童服药后可能会有一些副作用，但通常轻微。换药或调整剂量后，副作用会消失。如果怀疑孩子服药后出现了副作用，应及时告知医生。

兴奋剂的副作用　兴奋剂最常见的副作用包括食欲不振、睡眠障碍、易怒和社交退缩。

少数儿童开始服用兴奋剂后原有的抽动行为增多。抽动是突然的、短暂的、间歇性的运动，如挤眉弄眼、咧嘴、耸肩。兴奋剂并不会引起抽动，但它可能使原有的抽动障碍加重。

兴奋剂引起肝脏损害的风险很小。但它可能增加心脏病发作、脑卒中或死亡的风险，所以一般不推荐给有心脏病的儿童。

服用兴奋剂的儿童自杀、出现幻觉或攻击性行为的风险可能略有增加。如果观察到孩子出现明显的抑郁、惊恐或对立违抗性障碍等不良情绪，应及时告知医生。如果孩子有自杀的念头，要立即联系医生。

一些家长担心服用ADHD药物会改变孩子的性格。尽管这种药物被称为兴奋剂，但它通常体现出来的却是镇静作用。它并不会导致性格的重大变化或剥夺孩子的天性。如果观察到孩子在服用ADHD药物时有消极的性格变化，咨询医生，换药或调整剂量可能会有帮助。

非兴奋剂的副作用 低龄儿童服用托莫西汀可能出现恶心、呕吐、疲劳、腹痛、头痛和体重减轻的副作用。服用托莫西汀也有很小的自杀风险，与服用兴奋剂类似。

α受体激动剂和可乐定的常见副作用包括心率和血压下降、晕厥、头晕、困倦、疲劳、易怒、便秘和口干。

如果副作用引起不适或令人担忧，请与孩子的医疗保健者沟通，以便调整治疗方案。

减少副作用的方法 调整孩子的日常生活，有助于预防或减少ADHD药物最常见的一些副作用。

食欲减退 如果孩子不好好吃饭：
· 确定孩子服药剂量是否正确。随着服药时间延长，食欲减退的情况会逐渐减轻。

替代疗法是否有效?

一些家长希望用补充和替代疗法来治疗孩子的ADHD，这也许是希望避免服用药物所产生的副作用，也许是因为他们相信自然疗法更好。受欢迎的治疗方法包括特殊饮食、ω-3脂肪酸、草药、视觉治疗、运动和神经生物反馈。

到目前为止，这些方法的疗效大多尚未得到证实，有些甚至可能对儿童有害。有证据表明，ω-3多不饱和脂肪酸可以改善ADHD症状，但还需要进一步的研究来证实其有效性。

几乎没有证据表明，饮食控制对治疗ADHD有效。少吃糖是有益的，但是并没有证据表明吃糖会加重ADHD的症状。

最后，与任何儿童都一样，ADHD儿童需要充足的运动和睡眠，营养丰富的饮食，包括全谷物、水果、蔬菜、低脂奶制品和瘦肉蛋白。这些健康的生活习惯是所有孩子能够自信地学习和享受健康人际关系的基本保证。

- 咨询医生是否可以等到早餐后再服药，这样孩子在早餐时的食欲和饥饿感更强。
- 晚上药效最低，晚餐可以多吃一些。
- 手边常备健康的高能量食物，让孩子在饿的时候吃。例如坚果、麦片粥、花生酱和奶酪。

睡眠障碍　如果孩子有睡眠障碍：
- 即使在周末，也要坚持规律的起床时间。
- 每天晚上遵循一定的就寝程序，安排平静的活动，如洗澡或阅读。
- 睡前1小时关闭所有电子设备，包括电视、视频游戏、电脑和手机，把电

子设备拿出孩子的卧室。
- 如果这些方法都不奏效，应咨询医生。可能需要改变服用ADHD药物的时间或换药。如果有其他睡眠问题，比如白天瞌睡或打鼾，也应告诉医生。

易怒　如果孩子在服用ADHD药物时表现出暴躁、喜怒无常或烦躁不安：
- 可能是因为药物代谢太快，易出现于下午或晚上。如果你注意到这种副作用，请咨询孩子的医疗服务者。孩子的用药时间可能需要改变，或换药。

自我放松

养育一个ADHD儿童是整个家庭面临的挑战，和高需求或好争斗的孩子生活在一起，家庭其他成员很难过得舒心。兄弟姐妹往往比ADHD儿童得到的关注要少一些。压力会对每个人造成伤害，让每个家庭成员感到身心疲惫。

如果您是ADHD儿童的父母或照顾者，尽可能让自己有机会休息一下。花点时间照顾您周围的其他人，比如配偶和其他孩子。当您需要和某人单独相处的时候，或者只是需要自己单独待一会儿的时候，可以请朋友或亲戚来帮忙照顾孩子。有些家长觉得，加入ADHD家庭治疗团体很有好处，小组成员会在私下里分享在类似的情况下的应对经验。

不必为暂时没有照顾好孩子而感到内疚，放松以后再去照顾孩子，反而会更加得心应手！

行为疗法

虽然药物治疗有助于缓解ADHD的多动症状，但不能解决其他问题，如社交能力差或亲子冲突。ADHD儿童，以及他们的家庭成员和老师，都可以从行为治疗中受益。研究表明，接受强化行为疗法治疗的ADHD儿童有时可以减少用药剂量。有ADHD症状的学龄前儿童初始治疗可以首选行为治疗。

行为治疗侧重于建立积极的亲子互动关系。家长要学习理解和指导孩子行为的方法及策略，比如有效陪伴、强化积极的行为、设定明确的期望、忽略轻微的不当行为、保持良好行为。行为治疗还包括学习如何减少分心，如何逐渐扩大注意力的广度。有一些孩子可能还需要社会技能的培训。

您可以做什么 行为治疗师会指导家长针对孩子的特定行为进行矫正。行为治疗技术也有助于使家长和孩子的日常生活变得更加轻松。

鼓励孩子 多关心孩子，教孩子心存感恩。每天试着给孩子更多正面评价而不是负面批评。如果孩子不喜欢直白的感情表达，微笑、拍拍肩膀或拥抱都能表示您对他（她）的关心。只关注孩子的消极行为会损害亲子关系，影响孩子的自信和自尊。

与老师合作

让ADHD儿童充分地扬长避短，需要团队协作。家长是这个团队的主教练，起着至关重要的作用。如果能与老师建立坚实有力的联盟关系，家长不管在不在孩子身边，都会确信孩子所处的环境是安全的。

相互了解 与老师充分沟通是让老师帮助孩子的基础。可以安排孩子和老师面对面的交流，加强彼此的信任和联系。

支持与合作 与老师见面时，要带着合作和开放的态度接纳老师的风格与建议。要让老师知道家长愿意和学校同心协力帮助孩子达到目标。当孩子需要帮助或遇到困难时，建立在相互尊重基础上的强有力的家长-教师联盟将大有裨益。

倾听和共情 对付满教室喧闹的孩子常常已经让老师感觉筋疲力尽了，而掉队的孩子会消耗老师更多的时间和精力。如果你的孩子特别具有挑战性或破坏性，家长要尊重和理解老师，给老师发泄的机会，并共同寻找解决方案。

参与 家长要表明愿意与他人合作的态度，主动参与到学校教室、操场或食堂的志愿活动中去，这样家长就能在学校看到孩子的日常活动，理解孩子的困境和努力。

保持耐心 即使孩子情绪失控，也要试着保持耐心和冷静。家长冷静，孩子才容易冷静。

制订可实现的目标 制订切实可行的小目标，不要试图在短期内获得很大改变。

多一些陪伴 多花时间陪孩子，关注并欣赏孩子的闪光点。

规律生活 规律用餐、午睡和就寝，利用台历来记录将要进行的活动。孩子出门或改变活动时预留足够时间，教会孩子使用闹钟或计时器。出行计划中，不要把行程安排得过于紧凑。

合理规划 让孩子学会使用记事本。在一个安静的地方做作业，冲动发脾气时找个角落让孩子冷静下来。分门别类地存放孩子的玩具、衣服和学习用品。鼓励孩子在临睡前收拾书包和准备第二天的衣着，小而易于完成的任务可以让孩子获得成就感。

扬长避短　避免带孩子去长时间坐着听讲座，或去繁华的大商场购物，这些地方只会让孩子坐立不安、无所适从。尽量别让孩子太累，在他（她）的时间和空间选择上避免有过多选择项，不要制订过多规则，或寄予过高期望。

指示清晰　与孩子交谈时用简单的语言和清晰的示范，语速要慢，表达要具体，一次只提一个要求。

有效奖惩　对行为有明确、坚定的期望。奖励好的行为，并坚持阻止不好的行为。奖励积极的行为（例如，允许多玩15分钟最喜欢的游戏）通常效果很好。暂时隔离或权利剥夺可作为对不好行为的惩罚措施。隔离时间不要太长，但应该足够长到让孩子意识到问题并重新控制自己的行为。这样做的目的是中断和化解失控的行为，ADHD儿童要学会为他们的行为负责。

发展伙伴关系　邀请别的小朋友来家里做客。在进行年幼儿童游戏和活动时，要给予看护和指导。帮助较大儿童在朋友到来之前做好活动安排。

来自学校的帮助

孩子的老师也可以成为ADHD评价的重要组成部分。一旦诊断了ADHD，就要与孩子的老师和学校密切合作，确保孩子在校的学业和社交能获得足够的帮助、支持和反馈。

首先，要根据孩子的症状，确定他（她）是否有特殊需求。咨询并利用学校为ADHD儿童提供的便利条件。例如，孩子可以在图书馆或比教室更不容易分心的环境中参加考试。与学校讨论，看孩子是否符合学校特殊教育的条件。

与孩子的老师一起，制订孩子可以努力实现的具体目标。这些目标应符合行为治疗学原则，老师可以帮助强化这些目标。老师可以和孩子一起制订为实现目标的每日计划，督导孩子完成家庭作业和其他作业。家长和老师、教职人员还可以一起讨论可能导致孩子不良行为的诱因，并与学校合作尽量减少这些诱因。

经常与孩子的老师沟通，支持他们在课堂上努力帮助你的孩子。要求老师密切关注孩子的表现，提供建设性的反馈，并在给孩子指示时要非常明确。应该让其他的教职员工也都知道要帮助孩子在学校获得积极正面的体验和激励。

第 22 章
学习障碍

孩子偶尔在阅读、写作和数学学习上感到困难是很正常的，尤其是在学习新知识的时候。但随着时间推移，如果学习困难的情况反复出现，则提示可能是学习障碍。

学习障碍指孩子在处理、记忆和应用信息方面存在困难，主要指阅读、数学和拼写方面的困难。学习障碍导致明显的学习成绩落后，低于同龄儿童的发育水平。

学习障碍直接反映在孩子的课堂表现上，常常是老师首先提出来建议对孩子进行评估。如果不是功课繁重，而孩子学习跟不上，家长可能都不一定会意识到孩子有问题。

许多患有学习障碍的孩子在被诊断前已经痛苦挣扎了很长一段时间，他们常常感到难过、沮丧和被误解。孩子在学校和其他生活领域的自尊和主动性受挫，与家人和朋友的关系也受到影响。

学习障碍可能是由多种因素引起的，包括天然存在的大脑发育差异。这些差异会影响大脑处理信息的方式，并可能导致阅读、写作和数学方面的问题。遗传因素可能会起一定作用，因为学习障碍可以在同一家庭的成员中普遍存在。环境因素如疾病或脑损伤，也可能产生影响。

有学习障碍的儿童可能存在其他技能方面的缺陷，包括组织和完成任务、时间管理、抽象推理、长期或短期记忆、注意力和运动技能。但是，学习障碍与孩子的聪明程度并不相关。

学习障碍通常是一个终生的挑战，但早期发现、适当的支持和有针对性的干预措施可以帮助孩子在校内外顺利渡过难关。

学习障碍的类型

学习障碍包括各种各样的困难，每个孩子的情况都不一样。一些孩子表现轻微，而另一些孩子则表现得更为明显。问题常常集中在阅读、写作和数学方面。

阅读障碍　阅读障碍是学习障碍的一种类型，其特点是难以解码词语的发音，不能拼写和记忆已知字词。

有些病例的表现很轻微，有些则比较严重。当孩子开始学习阅读以后，这种障碍会越来越明显。目前，阅读障碍是最常见的学习障碍，占80%。

学校使用的术语与医学上用于描述学习障碍的术语略有不同。这些名词命名来源于美国政府根据《残疾人教育法》（IDEA）制定的指南。

教育领域中，阅读障碍的概念是指在基本阅读技能、阅读流畅性（速度）或阅读理解能力方面的特殊学习障碍。

阅读障碍的症状有时在学龄前很难识别，但也可能发现一些早期线索。幼儿可能有诵读困难，不能正确构词，发音颠倒或混淆相似的字词发音；不能记忆或讲出字母、数字和颜色；学习童谣或儿歌有困难。

孩子上学后，阅读障碍可能会变得更加明显。表现为阅读能力远低于同龄

学习障碍与情绪问题

孩子智力和学习能力的不匹配，加上家长和老师的期望没有得到满足，会让有学习障碍的孩子感到沮丧、焦虑和气馁。患有学习障碍的成年人常常回忆起他们在学校为取得好成绩所做的刻苦努力，而这些努力非但没有得到承认，相反，他们常常被认为是懒惰或不积极的学生。

如果学习障碍未被诊断出，会给孩子、家长和老师带来恶性循环。当孩子遇到学习问题时，家长和老师可能会认为孩子根本不够努力。他们可能会建议花更多的时间在家庭作业上，这会导致压力和冲突增加。由于无法达到预期目标，孩子通常会感到沮丧和焦虑。他（她）可能会对学习采取抵触态度，并采取自暴自弃的方式来避免显得"愚蠢"。这又导致了更大的压力，并可能受到家长和学校的惩罚。这些反应进一步扰乱了孩子的学习能力，导致更多的失败，如此循环往复，情况越来越糟。

相反，当学习障碍被正确识别和诊断，家长和老师努力帮助孩子克服困难，通常结局要好很多。从一开始上学就为孩子鼓劲加油会获益很多。作为有学习障碍的儿童的家长，除了多给孩子鼓励外，另一件重要的事情，就是给予孩子无条件的爱。要全心全意地、毫无保留地接受他（她）。一个温暖和包容的家庭环境可以让孩子创造性地克服弱点，迸发出意想不到的力量。

儿童水平，拼写拼读困难，无法发音不熟悉的字词，并且难以处理他（她）听到的内容。

到四五年级，当学生的阅读量开始明显增加时，阅读理解的困难可能会变得更加突出。有阅读障碍的孩子在阅读中可能会有注意力不集中，并且可能因为阅读带来的挫折感而逃避阅读。

书写障碍 书写障碍的特点是难以把所思所想写成文字。

书写困难的症状可能包括拼写和语法不好，作文水平与同龄儿童发展水平不匹配，思维简单，词语贫乏。

有些书写困难的孩子握笔动作不协调，写字难看，字迹潦草，字距不齐。《残疾人教育法》（IDEA）中书写困难的概念是与书写表达有关的特殊学习障碍。

数学学习障碍 数学学习障碍是一

如何向孩子解释学习障碍

一旦确诊学习障碍，家长可能想知道孩子对诊断会有什么反应。对一些孩子来说，终于知道了学业受挫的原因，反倒是一种解脱。

可以问问孩子他（她）是怎么理解学习障碍的，然后澄清孩子的误解。孩子很可能自己认为"慢、懒、坏"，或从其他不了解自己的人那里听到对自己的评价。实际上，学习障碍或注意力不集中这样的标签仅仅只是描述了孩子个性中的一小部分

不要总是只关注孩子的学习障碍。相反，要把孩子作为一个整体来对待。指出孩子的弱点，同时也要关注孩子的优点和强项。留出足够的时间去发现和发展孩子的天赋。家长可以和孩子在网上搜索那些克服了学习障碍的名人，从中获得指引和动力。

要让孩子确信，存在学习障碍可能让他（她）不管做什么事都要耗费更多的时间和精力，但每完成一个任务都是一次成功。要让孩子生活在有可靠支持的环境之中，不管任务有多小，也不管障碍有多大，都要鼓励孩子为他（她）个人的最佳状态而努力奋斗。

种与数学概念相关的学习障碍。幼儿可能患有数学学习障碍的迹象包括计数和排序困难。入学后，可能无法解决简单数学问题，不会列算式。数学学习障碍的表现还有不会付钱和找零钱。

患有数学学习障碍的儿童也很难理解与时间相关的概念，如计时或说出时间，或掌握日历概念，如天、周、月和季节。

《残疾人教育法》（IDEA）把数学学习障碍定义为在数学计算或数学问题解决中出现的一种特殊的学习障碍。

帮助学习障碍儿童

早期干预至关重要，有助于学习障碍的儿童在学校和其他地方获得更好的体验。例如，在小学早期帮助学生掌握基本的数学技能，可以让青少年在高中时期学习代数更容易。如果家长或老师发现孩子在学习方面十分吃力，应尽早进行学习障碍评估。

根据《残疾人教育法》（IDEA），美国联邦法律规定家长拥有向学校要求对孩子进行全面评估的合法权利。家长

可以咨询孩子的校长，或致电求助学区，或访问网站，来了解评估的方法和步骤。

有时，学校可能会提供一项或多项干预措施来帮助孩子，如指导教师或额外的课堂辅导。如果这些帮助能够奏效，解决了学习困难的问题，就可能不再需要进一步特殊教育评估了。

评估 特殊教育评估过程需要团队合作。参与评估的可能包括：医疗服务者、老师、学校心理学家、职业治疗师和物理治疗师、语言治疗师、教育专家、社会工作者和校医。

评估通常包括孩子的在校表现记录、课堂观察和学习成绩评估。有时还需要标准化测试，以衡量孩子的智商或阅读、写作、数学和其他技能。综合评估还考虑了其他可能导致学习成绩不佳的因素，如注意力不集中、ADHD、抑郁症或焦虑症。

某些情况下需要进行医学检查，包括神经系统检查，排除导致孩子出现学习困难（包括智力或发育障碍）和某些脑部疾病的其他可能原因。

评估之后 如果孩子符合特殊教育服务资格，下一步是根据孩子的需求制订个性化教育计划（IEP）。如果孩子不符合IEP资格，学校可以通过504计划提供帮助。该计划提供学校住宿，但不提供直接教学服务。

在为孩子制订教育计划之前，家长必须首先了解评估结果，弄明白评估结果中有疑问的地方。有时不必急于做决定，更放松的环境有助于集中精力，可以考虑回家后再仔细阅读一下评估结果。

为了制订孩子的教育计划，家长、老师或治疗师会给孩子设定目标，并制订实现这些目标的策略。需要IEP服务的孩子会被安排一位专门的督导员监督计划完成情况，并确保它符合孩子的需要。美国联邦法律不要求504计划中有督导员，但有一些学区可能会提供。

时刻关注孩子的进步，定期与老师和其他专业人士联系，确保帮助孩子获得进步。

干预措施

及时发现孩子存在学习障碍，可以避免让他（她）掉队太远。通过特殊的教育和辅导，许多孩子提高了技能，充分挖掘了潜力。通过合适的教学方法和目标，他们大部分可以达到最终的学业和职业目标。

干预措施的类型 当孩子有学习障碍时，可以考虑进行以下干预措施。

额外帮助 无论在校内还是校外，阅读专家、数学导师或其他受过培训的专业人士都可以帮孩子提高学科成绩，同时还可以教孩子组织规划和学习其他技能。

治疗 根据学习障碍的不同类型，有些孩子可能会从专项治疗中受益。例如，语言治疗可以帮助有阅读问题的儿童。作业治疗可能有助于提高有书写问题的儿童的精细动作技能。心理治疗或咨询可以解决情绪或行为问题。

学校和社区的帮助计划 根据评估结果，学校可能会为孩子制订IEP或504计划，以帮助他们在学校中更好地学习。

可以通过网站来了解学校或社区帮助学习障碍儿童的其他项目。在美国联邦政府资助网站上提供一些资源，可以搜索到所在州或地区的家长帮助中心。这些中心为有问题的儿童家庭提供支持和服务，并提供有关如何使用特殊教育系统的具体信息和指导。

如何进行 在制订干预方案时，要寻找最有利于孩子成功的因素。

- 小组授课，最好是单独授课。

- 每周数次。

- 与孩子的学校课程一致或重叠，并将课程分解成更小的步骤。

- 在学习新内容之前，先拿出时间复习旧知识。

- 在干预期间定期评估治疗策略，以确保有效。

有很多面向学习障碍儿童家庭的项目，改善大脑功能或帮助儿童取得学业成功的新方法也有望被找到。不过，这些项目，包括在线学习或移动应用程序，其有效性并非都有科学证据。此外，它们通常不在保险范围内，有些可能相当昂贵。

当家长考虑某个帮助学习障碍孩子的项目时，要先思考以下问题。

- 该项目是否有科学研究基础？理想状况下，这种计划应有专门研究脑科学的神经心理学家的支持。

- 该计划的具体好处是什么？它们可量化评估吗？

- 这个项目要教给孩子一些新的东西吗？它是否有揠苗助长的嫌疑？

- 它符合家庭的目标和生活方式吗？和孩子的特点相吻合吗？

家长如果对某个项目有疑问或担忧，可以和项目经理、教师或医生讨论，获得额外的指导。

第 23 章
孤独症谱系障碍

在过去几十年中，儿童孤独症的诊断率有所提高，这可能是由于人们对孤独症的总体认识提高和孤独症诊断范围扩大。如果没有特别说明的话，阿斯佩格综合征和广泛性发育障碍（PDD-NOS）这两种情况与孤独症有共同的症状，并且使用相同的方法进行治疗，现在都归属于孤独症谱系障碍。

如果孩子被诊断为孤独症，将给原已困难和混乱的育儿过程带来巨大挑战。例如，孩子坚持刻板的生活方式，固执己见，脾气暴躁，让父母感到不知所措并考验父母的耐心。但父母可能已经意识到，抚养一个有孤独症的孩子能够让人生更充实，使他们在任何时候都能牢牢地抓住最重要的事情。

本章讲述孤独症诊断和治疗的基本知识，以及父母如何在家帮助孩子，如何照顾自己和家人。

了解孤独症

孤独症是一种影响大脑和神经系统的疾病。孤独症儿童与其他人（包括儿童和成人）进行社会交往的能力受损。这种紊乱还会导致行为、兴趣或活动刻板重复，严重限制或损害日常功能。

然而，并不是每个被诊断为孤独症的孩子都表现一样，这也是命名中包含谱系一词的原因。一些孤独症儿童症状轻微，而另一些儿童在他们日常生活中则面临严峻挑战。几乎没有两个孩子表现出相同的症状。

在几乎所有的病例中，诊断患有孤独症的儿童都可能有另一种共患病。常见的如先天性或遗传性疾病、注意缺陷多动障碍（ADHD）、语言障碍、焦虑症、抑郁症和睡眠问题。

大约1/3的孤独症儿童有智力障碍。大多数人智力一般，少数人智力很

孤独症的症状

孤独症儿童通常在两个关键领域有障碍：社会交往和行为模式。诊断孤独症必须符合所有的社会交往标准和至少两个行为模式标准。

社会交往

缺乏社会互动

- 难以与家人和朋友互动，对社交兴趣不大。
- 言语交流困难。稍大的儿童可能会自言自语谈论自己感兴趣的话题，而对听者的兴趣漠不关心。
- 无法与他人分享兴趣和情感。

不能理解社交暗示

- 不能理解手势、面部表情和眼神交流。
- 目光接触和面部表情少。
- 表达情感和感觉的方式与同龄人不一样。

人际关系困难

- 对伙伴交往缺乏兴趣。
- 在与伙伴玩耍、调整对他人的行为、理解人际关系方面有困难。
- 与同龄人交朋友和保持友谊方面有困难。

行为模式

重复性行为

- 行为重复，如拍手、弹手指、旋转硬币或其他物品，站立时来回摇晃。

遵循刻板的常规和形式

- 严格遵守常规。孤独症儿童每天都遵照特定的程序，或者按照特定的顺序进食。当程序以任何方式改变时，他们可能会变得非常沮丧或易怒。
- 转换困难。从一项活动转变到另一项活动可能带来挫败感。

兴趣狭窄

- 强烈关注某种特定的感官体验，如有光泽的表面、灯光或气味。
- 强烈关注某个狭隘的兴趣主题。大一点的孩子可能困扰于日程安排、天气或电话号码。

反应水平

- 对光、声音、味觉或触觉异常敏感或缺乏敏感。

高。随着年龄的增长，一些孤独症儿童与他人的交往越来越频繁，表现出的行为障碍也越来越少。

诊断方法和时间

大多数医疗机构在儿童早期就进行孤独症筛查，观察18~24个月之间的发育里程碑是否正常。通常孤独症的症状发现于2~3岁，但这并不意味着孤独症不会在稍大年龄诊断。

诊断孤独症需要进行一系列的筛查、信息收集和临床评估。如果父母注意到孩子的行为和症状有异常（见左页），即应求助于医疗机构。父母对孩子的生活观察和描述对评估起关键作用，尤其要注意社交和沟通技巧以及行为相关的细节。这些信息有助于医生评估孩子的状况并计划下一步行动。

遗传在孤独症中起一定的作用，应记录家族中任何发展障碍的例子，如孤独症和智力障碍。

由于儿童的行为可能因时间、地点、对医务人员的熟悉程度，以及许多其他因素而表现出很大的不同，所以在做出最终诊断之前，孩子必须接受多次观察评估，这一点很重要。

通常，这些观察评估是由不同的临床医生进行的。父母和孩子可能会与发育儿科医生、儿科神经科医生、医学遗

孤独症谱系障碍病因尚不确定。多数情况下，孤独症可能是由于孩子的基因和环境之间复杂的相互作用而发生的。这种相互作用很可能影响大脑的早期发育以及大脑中神经细胞的连接方式。这一领域的研究仍在继续，可能还有其他原因尚未被发现。

许多学者一直在猜测可能的原因。例如，围绕疫苗和孤独症之间的关系存在争议。科学家们对这个问题进行了广泛的调查。尽管有很多研究，但没有证据表明疫苗会导致孤独症。然而，不给孩子接种疫苗会增加孩子感染和传播诸如百日咳、麻疹和腮腺炎等严重疾病的风险。

还有很多其他的说法，比如孩子的饮食可能在孤独症中起作用。有人提出，特殊饮食，如无麸质饮食，可能有助于抑制症状。但是，经过许多研究，没有发现任何证据表明饮食与孤独症之间有联系。

而且，也许是最重要的，绝对没有证据表明孤独症是由不良的养育方式引起的。

传学家、儿童和青少年精神科医生、言语治疗师、职业治疗师或物理治疗师以及医疗社会工作者交谈。不过，孩子可能并不需要看所有这些专家。

要诊断孤独症，孩子必须在两个关键领域表现出症状和体征：社交困难和重复或限制性行为。这些症状和体征必须从儿童早期开始，并对日常功能产生负面影响。诊断可参考美国精神病协会出版的《精神疾病诊断和统计手册》（第五版）（DSM-5）中的综合标准列表。医生应帮助父母理解适用于孩子的标准。

和孩子谈论孤独症

不要害怕或回避和孩子谈论他（她）出现的状况和问题。例如，当孩子不能理解某个社交场景时，就好好利用这个机会去教会他（她）。比如像不懂笑话这样简单的事情，可以对孩子说"你可能不懂，因为你有孤独症，这没关系。你的言语治疗师有时可以帮你。我来帮你理解这个笑话"。这样就可以帮助孩子了解他（她）的情况，并学会如何处理它。

很可能有些孩子（特别是8岁或8岁

以上的孩子）会觉察到他们与同龄人不一样。要注意扬长避短，可以和孩子谈谈孤独症带来的挑战。如何利用孩子的优势来克服困难或应对挑战呢？要和孩子强调每个人都是独一无二的，都有自己的长处和短处。孤独症其实是一种常见的疾病，很多其他孩子也有。要根据年龄和现实情况对孤独症做出准确的定义。

重要的是，不能让疾病摧毁孩子和家庭的生活，要在诊断之外努力寻找孩子的优点和兴趣所在。这有助于孩子意识到他（她）并没有受到疾病的限制。要让孩子知道，无论遇到什么挑战，父母都会在那里，爱他（她）和支持他（她）。

治疗方法

虽然目前还没有治愈孤独症的方法，但早期干预和治疗对于最大限度地提高孩子在日常生活中的能力至关重要。

在美国，3岁以下的孤独症儿童通常会接受早期干预，包括语言、职业或物理治疗服务。这些服务的目的是帮助孩子获得发展技能，并帮助家庭学习如何满足孩子的需要。早期干预方式可在家中、儿童中心、幼儿园或通过门诊进行。这些服务由独立的机构管理。

3岁以后，可通过公立学校系统，特别是通过特殊教育提供服务。与学校合作，为孩子获得个性化教育计划

补充和替代疗法

由于孤独症的治疗方法尚未找到，许多父母为他们的孩子寻求补充和替代疗法。这些疗法中，有一些是有帮助的，但也有许多很少或根本没有研究证明它们是有效的。有些治疗可能会需要巨大的花费，而且很难实施。有些还有潜在的危险。如果家长考虑让孩子接受一种特殊的治疗，一定要和医生讨论其背后的科学依据，以及潜在的风险和益处。

以下是孤独症的补充疗法和替代疗法的例子。

可能有效　一些补充疗法与循证治疗结合使用可能有益，可统称为综合疗法。例如：

- 创造性疗法，如艺术疗法或音乐疗法，侧重于降低儿童对触摸或声音的敏感性。这些疗法在与其他疗法一起使用时可能更有效果。
- 感觉统合治疗未经证实有效。孤独症儿童有感觉加工障碍，这会导致对感觉信息（如触摸、平衡和听觉）的耐受或处理出现问题。治疗师使用刷子、挤压玩具、蹦床和其他材料来刺激这些感觉。
- 按摩可以帮助孩子放松，但是没有足够的证据表明它能改善孤独症的症状。
- 宠物治疗可以提供宠物陪伴和娱乐，但与动物的互动是否有助于缓解孤独症症状尚不确定。

无害也无益　一些补充和替代的疗法可能不会有害，但也没有证据表明它们有帮助。例如：

- 特殊饮食对孤独症没有效果。对于成长中的孩子来说，限制性饮食会导致营养缺乏。如果决定采用限制性饮食，一定要与营养师合作，为孩子制订合适的膳食计划。
- 维生素补充剂和益生菌在正常用量下使用不会造成伤害。但没有证据表明它们对治疗孤独症有效果，而且补充剂可能很贵。向医疗机构咨询维生素和其他补充剂以及适合孩子的剂量。
- 针灸的目的是改善孤独症的症状，但目前的研究并不支持针灸的有效性。

可能有害　一些治疗方法并没有证明对孤独症有效果，反而会有潜在的危险。例如：

- 螯合疗法据说可以去除体内的汞和其他重金属，但重金属与孤独症谱系障碍之间没有已知的联系。螯合疗法没有研究支持，可能非常危险，曾有接受螯合治疗的儿童死亡的案例。
- 高压氧治疗是在加压舱内呼吸氧气。这种疗法并未被证明对孤独症有效，也未被批准用于治疗孤独症。
- 静脉注射免疫球蛋白对治疗孤独症没有疗效，也未获批准使用。

（IEP）或504计划。通过专业指导，特殊教育服务旨在提高孩子的沟通能力以及社交、行为和日常生活技能。这些服务可以在专门的学校或中心进行，也可以纳入主流学校的课程。

在美国，为孤独症孩子提供的服务因所居住的州而有所不同。复杂的支持选项有时可能会让人不知所措。当家长希望通过地方政府机构为孩子提供帮助的时候，社会工作者会是一个宝贵的资源。社会工作者可以在申请社会保障救助的过程中，帮助可能需要经济救助的家庭。

可以访问家长信息和资源中心网站。它的搜索功能可用于查找所在地的帮助中心。这些机构为残疾儿童的家庭提供支持和服务，并可以指导家庭通过特殊教育制度获得帮助。

除了孩子在学校接受培训外，可考虑在家里或假期安排治疗课程。这些额外的治疗时间可以加强学校的干预效果，也让家长有机会和治疗师一起制订家庭治疗计划。

随着治疗的进行，应定期与医生和老师一起重新评估治疗目标，并根据需要调整计划。

孤独症的治疗可包括以下几部分。

行为疗法　有许多针对孤独症谱系障碍的社会、语言和行为困难的项目。一些课程侧重于减少问题行为和传授新技能。另一些课程则侧重于教孩子如何在社交场合行动，或者如何更好地与他人沟通。

应用行为分析（ABA）是帮助孤独症儿童及其家庭成员的常用方法。它可以帮助孩子学习新技能，并通过激励系统将这些技能推广到多种情况。家长培训会是干预的一部分。课程通常在孩子小的时候在家里进行，孩子长大后，课程会转移到学校或社区。

其他治疗　根据孩子的需要，语言治疗可以提高沟通能力，作业治疗可以教授日常生活技能，物理治疗可以改善运动和平衡。

心理学家可以推荐解决问题行为的方法。可以参加社会技能的治疗组，帮助孩子学习更好的交流技巧，包括保持眼神接触、阅读面部表情、理解幽默和学习其他语言。

药物治疗　目前还没有药物能改善孤独症谱系障碍的核心症状，但特定的药物可能有助于控制一些症状。例如，某些药物可以改善多动症状；抗精神病药物可以用来治疗严重的行为问题；抗抑郁药则可以用来改善情绪障碍。

当考虑药物治疗时，要询问可能的副作用，并权衡利弊，同时也要考虑服用药物的目的。药物治疗是否符合孩子的整体治疗计划？吃药能让孩子获得进步吗？

最后要强调，家长是孩子最好的守护者和引导者。如果确实选择了药物治疗，请密切关注可能产生的副作用。如果有副作用，要及时告诉医生。还要记住，为了得到最好效果，药物治疗应该是包含在强化干预和综合治疗计划中的一部分。

家庭的帮助

父母对孩子的照顾与任何专家提供的护理对孩子的全面成长都是至关重要的。孩子依赖父母，相信父母会照顾他（她）。因此，家长的耐心和坚持是帮助孩子矫正行为的关键。家长的指导也强化了孩子从专家那里得到的指导。

在家、学校和社区，有很多方法可以帮助孩子取得成功。

激励正面行为 孤独症儿童的行为举止问题很常见。当孩子想沟通、想表达愿望或感觉时，发脾气可能是他（她）唯一的方式。

您可以通过关注以下几个关键步骤来鼓励孩子的积极行为（另见第16章）。

发脾气的背后是什么 找到触发孩子行为的诱因是什么。也许参加社交活动让他（她）太累了，或者对他（她）而言计划改变得太突然了。找到了原因可能也就找到了解决问题的办法。

忽略负面行为 忽略那些不会对他人造成伤害的负面行为，尤其是诸如抱怨或发脾气的行为。过度关注某一种行为（无论是负面的还是正面的）都会起到强化这种行为的作用。

奖励正面行为 不必总是试图纠正负面行为，可以把注意力转移到正面行为上。给孩子示范并解释如何在不同的情况下举止得体。

当孩子表现出正面行为时，要马上给予表扬和奖励，比如贴纸或允许进行喜爱的活动。可以制作一个行为鼓励表，让孩子通过多参与父母期待的正面行为来获得奖励。

始终坚持原则 为不良行为确定明确的后果。无论是取消孩子的某种权利还是减少游戏的时间，都要始终如一地坚持到底。通过一贯和积极的强化，家长可以努力帮助孩子改善行为。

保持规律的日程 通常孩子能够很好地遵循已成常规的日常时间表。但许多孤独症儿童缺乏适应变化的能力，当孩子遇到打破常规日程的情况时，挑战性行为往往发生得更加频繁。

教给孩子社交的技能 孤独症的孩子可能很难使用语言和非语言的沟通技巧，与别人交流时理解困难。他们可能不知道在不同的地方怎样才能举止得体。家长可以帮助孩子学习如何与人交往。

在学习社交技能时，有4个基本步骤可供使用。

1. 告诉孩子该做什么和该说什么。
2. 给孩子示范该做什么和该说什么。
3. 在家里、在学校和社区练习。
4. 强化行为，当孩子表现好的时候及时表扬。

邀请其他孩子一起游戏和互动，告诉孤独症的孩子如何对待其他孩子（见第265页）。家长可能需要给孩子反复示范，教会孩子玩耍和交谈时要讲秩序，教会孩子在发生冲突时如何解决问题。

讲一些"社会故事"，这些故事里讲了某些地方是什么样的，以及如何在那里表现。例如去商店、学会和其他孩子分享、看菜单、看医生或上学。

鼓励充足的睡眠 许多孤独症儿童有睡眠问题。多达一半的孤独症儿童入睡困难、夜醒、早起、做噩梦或睡行症。以下列出了一些简单的方法，可以帮助孩子睡得更好。

- 睡觉时间和起床时间固定。
- 安排轻松的睡前活动。
- 卧室安静、黑暗。
- 床仅用于睡眠，不在床上玩，不赖床。
- 在卧室里用风扇或舒缓的音乐制造一些白噪声。
- 在睡前1小时不使用电子设备，有助于让大脑平静下来。

如果孩子按要求躺在了床上，一定要在第二天奖励他（她）。有关睡眠的更多信息，请参见第8章。

均衡饮食 孤独症孩子和其他孩子的营养需求是一样的，但是他们常常挑食，这可能是因为他们对嗅觉或味觉的处理方式与其他孩子不同。

孤独症儿童通常对某些食物或饮食方式表现出强烈的偏好，这可能导致体重下降或胃肠功能紊乱，如便秘。如果孩子体重指数很低，要确保孩子摄入足够的钙和维生素D来保持骨骼密度。如果孩子有消化方面的问题，请咨询医疗机构。补充维生素或膳食纤维，可能会有帮助。以下几点有利于均衡饮食。

- 规律提供正餐和零食。
- 在零食和正餐之间只给孩子喝水。
- 构建用餐常规：保持安静；在桌子摆好前不要坐下；避免其他干扰；一起

使家庭恢复活力

在充满爱和关怀的日子里，许多家庭会惊喜地发现，在与孤独症较量的过程中，生活的内涵更加丰富。随着时间的推移，他们迸发出更大的情感力量，沟通能力更强，宽容心、同理心和耐心都提高了。当某个问题或危机出现时，他们可以用更加同情、平和与专注的态度来面对它。

家庭成员所拥有的积极应变能力，促使他们能够在面临挑战的情况下重新振作起来，集中精神，继续前进。这些家庭共同的价值观和行事原则包括以下方面。

1. 他们努力珍惜阖家欢乐的宝贵时光。

2. 他们能够平衡孤独症家庭成员和其他家庭成员的需要。

3. 他们在日常生活中遵循并保持健康的习惯。

4. 他们持有共同的价值观。

5. 他们在充满挑战的环境中找到了生活的意义。

6. 他们的家庭结构中，角色是灵活可变的。

7. 只要有可能，他们就充分利用临床专业支持系统。

8. 他们的交流坦诚开放。

9. 他们以积极主动的心态应对每一个挑战。

吃同样的食物；留出足够的用餐时间。

• 每顿饭至少吃一种孩子喜欢的食物。

• 添加新食物时反复尝试。大多数孩子在习惯或开始喜欢某种"新"食物之前，都要尝试好几次。

安全计划 孤独症儿童有一个普遍现象是容易走神，即使长大了仍然存在。当孩子出于好奇，或为了玩耍，或逃避不愉快的环境时，就可能四处徘徊。为了保证孩子的安全，要做以下方面的工作。

• 锁好门窗和院落，在家里安装一个警报系统，当门打开时会发出警报。

• 和邻居谈谈孩子喜欢四处徘徊的情况。给他们留电话，告诉他们如果孩子误闯入他们的家中时应该怎么办。

• 教孩子如何要求或展示他（她）需要什么，而不是逃避。

• 如果孩子能够理解，教会他（她）如

何在陌生人身边确保自己安全。

- 让孩子佩戴写有家长姓名和电话号码的身份手镯。全球定位系统（GPS）可能很有用，并且可以通过当地警察局获得。

父母的自我照顾

孤独症儿童的父母可能会很容易陷入一种专注于孩子而忘记照顾自己的模式。尽管生活可能很忙碌，但试着休息一下照顾自己也是很重要的。

努力建立一个常规的程序，让自己"补充精力"。即使只有几分钟，也可以坐下来看最喜欢的杂志或快速锻炼一下。

如果有伴侣，最好能轮流出门走走，做一些自己喜欢的事情。如果可能的话，最好能安排一些过二人世界的时间，请保姆或让其他家人朋友帮忙照看一下孩子。

如果家里还有其他孩子，要定期和每个孩子面对面交流。让他们知道，他们也是家庭的重要一员，父母关心他们，重视他们，并想多花时间陪伴他们。

通过这些策略，父母可能会发现，他们又能以新的活力、更积极的态度以及更多的耐心和同理心，重新开始护理工作了。或许最重要的是，自我照顾有益于改善其他家庭成员的观点和态度。在这种更加积极的家庭氛围中，每个家庭成员都有更好的机会健康成长。

外部支持的重要性

当压力难以承受时，大家庭成员始终如一的可靠支持有助于改变困境。如果孤独症儿童有一个大家庭，祖父母、叔叔婶婶、父母亲、兄弟姐妹的住处相距不远，并愿意相互帮助，孩子的父母表示这会提升照看孩子的满足感，家庭互动也会更好。

此外，可以积极寻求针对孤独症孩子和家庭的专业支持。接受专业帮助的家庭的幸福感更高，对孤独症及其症状的理解更加深入。通过与治疗师的讨论，父母对自己照顾孩子的能力更有信心，更有应变能力，在家庭中感受到的压力更小。

还可以参加所在地区受孤独症谱系障碍折磨的家庭支持小组。支持小组或许有点石成金的作用。在那里，您可以自我释放，展现真实的自己，小组成员会理解您的经历并产生共鸣，其他组员也可能给予感情支持，为应对挑战或压力提供有价值的建议。

第 24 章

养育具有复杂需求的儿童

慢性疾病、行为障碍和残疾的儿童往往需要复杂的医疗保健措施。对于父母而言,养育一个这样的孩子在许多方面与养育一个健康的孩子其实是相似的。每个孩子都需要爱、关注、看护和一个安全的家,但一个有着复杂需求的孩子往往需要更多的关注和照顾,他们的基本需求更多,父母需要花更多时间来学习和掌握满足孩子需求所必备的技能。

如果孩子被诊断患某种疾病已经有一段时间,那么父母可能已经度过了最初的调整期,并经历了由疾病诊断带来的情绪波动。通过学习疾病的管理方案,以及许多后续的护理方法,父母甚至成为了这种疾病方面的专家,他们能够从一些细微的征象中,敏锐地觉察出孩子的症状是在好转,还是在恶化。他们知道什么时候该寻求帮助,也知道在紧急情况下该怎么做。

随着育儿能力的增强,父母可能也会发现家庭生活中额外的收获和意想不到的快乐,比如说看到孩子取得了不可思议的巨大进步,突破了难以逾越的发育里程碑。

随着孩子的成长,父母会知道挑战永远存在,但回报也永远不会缺席。通过努力,甚至能够将挑战最小化,回报最大化。

在这一过程中,父母一定要确信决不能让疾病和残障摧毁孩子与自己的生活,要把精力专注于发掘孩子的优点和兴趣,而不是他(她)的健康状况。要尽情享受家庭生活,鼓励孩子独立面对一些困难,规划美好的未来。要让孩子知道,无论他(她)面临什么样的挑战,父母都会一直在那里,给予他们爱和支持。

尽管养育一个有着复杂需求的孩子是一种独特的经历,但本书中的许多育儿原则同样适用于所有父母。对其他章节感兴趣的读者可各取所需。

保证孩子的安全

当孩子进入学龄前和学龄期，他（她）可能独立性更强，活动范围更大，这时应重新检查孩子周围的环境，以确保安全。

孩子的医疗护理团队是可利用的资源，可以向他们咨询当孩子长大的时候，家长在保证家庭和家庭以外的环境安全方面能做些什么。

对于患有慢性病的儿童来说，预防意外伤害的注意事项与其他健康儿童并没有什么不同。每一个孩子的天性是不一样的，应该根据孩子的活动特点来制订保障安全的具体方案。家长要从孩子的特点出发，学习一些避免危险的基本常识。要牢记在心的是，随着时间的推移，孩子对安全的需求可能会发生改变。

家长须知

即便外部条件完全相同，每个孩子仍然是独一无二的。虽然孩子会以他（她）自己的方式经历和面对特殊情况，但家长尽量多了解一些相关内容还是有所裨益的。未来生活会怎样发展？在类似情况下，其他父母会面临哪些挑战？什么样的奖励比较好？

获得这些知识的途径包括以下几种。

- **查找权威信息。**关注一个与孩子病情相关的宣传机构。例如，脑瘫基金会的网站提供视频、情况介绍、活动和手机App应用程序。
- **与专业人士交谈。**孩子的医疗护理团队在治疗和照顾有同样疾病的儿童方面很有经验。团队成员会了解这种疾病的各种典型和不典型情况。
- **与其他家庭交谈。**养育患有慢性病或残疾儿童的家庭经常会遇到相同的问题。他们很有可能会提供一些在其他任何地方你都得不到的见解和建议。
- **相信自己。**当把从其他来源获得的知识应用到家庭实际生活中时，家长会发现哪些对孩子有用，哪些对孩子没用。记住，每个孩子都是独一无二的，所以一刀切的方法是行不通的，只能根据自己的经验为孩子和家庭量身定制适宜的养育方法。

根据医生的意见，制订一个安全方案，并与孩子、家人及其他亲友分享，制订方案时应考虑以下因素。

移动能力　行动能力或判断能力有限的儿童可能意识不到某些东西是危险的，或者他们遇到危险时可能难以逃脱。

仔细查看孩子经常驻留的每个角落，确保环境安全。

检查孩子的衣服和玩具，不仅要看大小是否合适，还要看有没有安全隐患。例如，大一点的孩子的衣服和玩具可能会有一些不安全的带子或附件，这些带子或附件对于一个不能轻易解开束缚的孩子来说，是不安全的。大一点的孩子的玩具通常也有一些小零件，这些小零件对那些还往嘴里放东西的孩子来说是不安全的。

安全设备　安全设备取决于孩子的需要。例如，如果家里有行动困难或容易摔倒的儿童，就可以在家中的重要区域安装扶手和安全栏杆。在户外也要注意加强安全防护，例如，游泳的时候要特别准备一件适合孩子的救生衣。

沟通　沟通存在障碍的孩子可能需要用不同的方法去学习关于安全和危险的规则。家长可以通过玩扮演游戏把安全常识教给孩子，并定期练习。

家长和孩子可能还需要学会用各种不同的方式发出安全警报。例如，教孩子使用口哨、铃铛或警报器，用来提醒其他人注意危险。家长可以告诉孩子的其他照护者，这些发出安全警报的方式都是允许的。

设定可行的常规程序

设定常规程序可以为保证家庭每天的日常生活顺利运转起到润滑剂的作用。在生活常规这个框架范围内，家庭成员在晚餐、看电视节目和放学后乘车回家时，可以沟通彼此的观点，交流和加深感情。

日常生活也有助于让孩子学会照顾自己，变得独立。按部就班的生活模式让孩子们知道什么时候该期待什么。他们按常规完成日常的任务，并建立按照一定顺序进行的秩序感。

通过掌握类似穿衣服、做作业和刷牙等事情，孩子们学习责任感，并获得了自信，相信自己能够驾驭世界。有规律的生活有助于孩子养成健康的习惯，比如常洗手，保证足够的锻炼和睡眠。

当孩子初到人世的时候，父母的日常生活的重心在家庭生活上，比如午睡时间和喂养计划。随着孩子的成长，日常生活的重点可能会更多地转向家庭以外的活动，如上学、体育活动和玩耍约会等。如果孩子有健康问题，这种转换可能会推迟一点，或者与其他家庭相比，方式略有不同。

研究表明，对于那些有着复杂需求的孩子的家庭来说，建立固定的生活习惯可能会更困难。原因很多，有时由于某些条件所限，完成一项任务需要更长的时间。残疾或患有慢性病的儿童往往有更多的医疗需求，每天可能没有固定规律。但如果家长事先深思熟虑充分做好计划，还是可以尽可能遵循常规程序的。

建立生活常规对家长很有帮助，例行作息规律可以使日常活动更简单方便。例如，如果每周五都留有剩饭，就不必再花费精力去琢磨晚饭吃什么了。"星期二吃玉米饼"可以减少当晚谁来决定晚餐的争论。当生活变得忙碌时，这些小规矩可以让家长感觉更有控制力，有利于腾出时间和有精力做其他事情。

在制订常规时，首先要考虑的是什么最适合家庭。是每天都计划好吃饭娱乐等一切活动，事事都有条不紊好？还是一个更宽松的时间表，让人更放松自然好？

同时要记住的是，建立常规不仅仅意味着每天例行公事。它可以保证家庭在规定的时间完成相应的日常生活安排，每周、每月的活动都会井然有序。这有助于为家庭提供一个安全稳定的环境。所以，无论日常生活的类型是什么，都要建立常规，使生活有规律、可预测、计划周密，并让所有家庭成员都清晰了解。

设置优先级别　成功的常规安排，要反映出家长想要达到的目标，并体现其价值观。比如，强调每天家人至少一起吃一顿饭，要腾出时间一起做更多有趣的活动，安排游戏或电影之夜。再比如，要减少玩电子产品的时间。

家长可以为自己、家庭的每个成员、整个家庭、任何成员的组合制订常规。例如，如果想培养孩子的独立性，那么孩子的常规安排可以包括以下内容。

- 收拾玩具。
- 早餐吃麦片。
- 放学后做作业。
- 摆放餐具。
- 洗碗。
- 睡前准备。

家长可以把任何想让孩子完成的事情纳入常规，当然也要包括孩子喜欢的活动，比如和朋友一起玩耍或者吃冰激凌。

如果想全家一起共度更多的时光，您的家庭常规安排可能包括以下内容。

- 一起吃饭。

- 家庭娱乐之夜。
- 与个别家庭成员单独相处。
- 共同规划未来一周的安排。
- 一起做志愿者。

相互交流　如果家长正在努力培养家庭生活习惯，或者只是想改变自己的生活习惯，那么，多与他人沟通交流，有助于提供一个全新的视角。

先和家人谈谈，包括有复杂需求的孩子，每个家庭成员的日常任务是什么？他们希望日常任务的时间是多少？他们需要多少空闲时间？

通过反馈来调整常规，以更好地满足每个人的需求。这会让家庭成员有一种团队意识，感觉到他们的投入是有价值的。

与家庭以外的人交流，包括孩子的保育员、教师、保姆和祖父母。了解他们希望为孩子做些什么，在他们和孩子在一起之前或之后有什么要注意的。

还要和孩子的医生谈谈。他们了解孩子的特殊需要。他们可能会提出一些建议，帮助家长围绕这些需求建立常规，为孩子成长和独立创造更好的条件。

减少问题发生　看到这里，家长已经知道孩子面临的问题和困境了。在计划日常生活时，要尽量减少和避免可能

教孩子面对压力

有复杂需求的孩子的日常生活对孩子和父母来说是一种压力。孩子也会因他（她）的疾病感到沮丧，并对自己与其他孩子不一样而感到失落。

有时父母很难识别孩子的压力。孩子经常尝试通过一些新的行为来适应压力。也许他们经常抱怨胃痛，或者他们在做作业时注意力不集中，或者他们更容易心烦意乱。

先和孩子谈谈，小心翼翼地试着找出可能导致压力增加的原因。也许是学校出了问题，或者是最近日常生活的改变。也可以考虑和孩子的医生谈谈，他（她）可能有这方面的经验，知道有类似病情的孩子会有什么样的压力，进而可能会提出一些积极的改善行为的方法，帮助孩子适应压力，最终提高孩子的独立性和可塑性。

为了帮助家长和孩子不时地放松一下，可以找一些双方都喜欢并且可以一起玩的活动。可以在公园里待一个下午，或者骑自行车长途旅行。这些没有压力的时刻不仅让人放松下来，还会留下你和你的孩子都珍惜的回忆。

带来麻烦的情况。

例如，如果孩子有注意力不集中的问题，家长可能就会看到他（她）在早上准备上学时的忙乱和慌张景象。想象一下孩子的立场，穿衣服、吃早餐都有时间限制；吃饭时要保持安静；家长在这个时间段的注意力可能也是分散的；必须出门的最后时间已迫在眉睫；虽然仍睡眼惺忪，但仍必须面对和完成这一切。

了解孩子面临的挑战有助于家长制订计划，在问题出现之前就解决问题。例如，可以教孩子提前做一些事情，比如在前一天晚上洗澡或者整理衣服，以减少早晨的忙乱。

培养睡眠习惯　随着孩子逐渐长大，会越来越独立，就寝时间有时会不太规律。然而，研究表明，学龄儿童每晚应该有9~11小时的睡眠。睡眠有助于养精蓄锐、恢复体力。充足的睡眠可以提高警觉性、注意力和应对压力的能力，这对做家庭作业和疾病治疗必不可少。试着在睡前建立特定的作息方式来帮助孩子放松，试着每晚都坚持相同的作息时间，即使在周末和节假日也不例外。

休闲时光　所有的孩子都需要休息，尤其是当他们不希望用特定的方式做某些事的时候，对于有疾病的孩子来说更是如此。给他们休息时间有益于行为矫正，并帮助他们学会娱乐放松。

别忘了在亲子时光中寻找乐趣，一起做一些喜欢做的事情，比如读书、看电影和做饭，家长从中能得到很多收获，要多为这些美好的亲子活动留出时间。

保持健康

当家中有一个患有疾病的孩子时，一些基本的东西是最重要的，比如均衡饮食、体育活动和足够的睡眠。它为整体健康奠定良好基础，并帮助孩子保持精力和专注。此外，鼓励良好行为的原则对所有儿童都是一样的。

- 有关睡眠的信息，请参阅第8章。
- 有关健身的信息，请参阅第12章。
- 关于营养的信息，见第13章。
- 关于鼓励正面行为的信息，见第16章。

培养独立性

作为父母的一个长期目标是培养孩子的独立性,但在照看孩子疾病的同时增加其独立性,可能会很棘手。

一方面,如果安排给孩子的任务太难,孩子失败的可能性就高,这会给孩子和父母带来沮丧、愤怒、怨恨和内疚感。反复失败会挫伤孩子的自尊心,产生无用感,最终孩子可能会觉得自己无法完成任何事情。

另一方面,如果不希望孩子做任何事情,或者安排的任务太简单,就有可能传递出这样的信息:孩子是无法自给自足的,于是家长就创造了一个依赖的循环,直到孩子长大成人可能都很难打破。在为孩子安排任务时,请确保以下几点。

- 孩子能做到。
- 这些任务具有足够的挑战性,可以提高孩子的技能和独立性。

找到正确的平衡点对帮助孩子培养责任感很重要。父母可能不愿意看着自己的孩子在困境中艰难挣扎,但正是在这些时刻,孩子克服了困难,获得了独立的信心。以下是一些鼓励孩子自信和独立的方法。

学习疾病知识 以一种适合孩子年龄和发展水平的方式,帮助孩子了解他(她)自己的身体状况,以及疾病对他(她)的身体、精神和情感的影响,一起找出应对的方法。

随着孩子的成长和成熟,家长可以将病情更复杂的细节传递给孩子,并逐渐将管理疾病的更大责任转移给孩子。例如,可以设定一个目标,当孩子进入小学高年级时,他(她)会明白以下几个方面。

- 他(她)自身的基本情况。
- 睡眠、营养、健身和讲卫生的重要性。
- 会使病情恶化的关键因素。
- 在他(她)的医疗团队中的人都负责做什么。
- 他(她)服用的药物的名称和它们的作用。
- 如何进行日常治疗,如调整设备或服药。

展望未来 无论什么时候考虑孩子的未来都不会嫌早。孩子高中毕业后能做什么?他(她)是否表现出任何特殊的兴趣或才能,可能有助于以后的生活?家长当然不需要计划好孩子未来的每一个细节,但提前思考这些问题将有助于为实现特定的独立目标创造机会。

大胆尝试 任何初次经历,比如开学的第一天,都会让父母和孩子倍感焦

夏令营

如果孩子患有慢性疾病或有残疾，父母常常担心夏令营是否适合孩子，即便适合，他们还要担心孩子是否能做好准备去参加。

不管孩子的身体状况如何，参加夏令营都是非常合适的。夏令营是一个让孩子进行社交和变得更加独立的好机会。在学校里，他（她）所做的都是他（她）不得不完成的任务；在夏令营里，他（她）可以做他（她）真正想做的事情，并从中获得乐趣。

找到与孩子非常匹配的营地项目非常重要。对一些孩子来说，参加主流夏令营可以扩展视野，加深与其他孩子的相互了解。另一些孩子可能会受益于更特定的夏令营。在网上搜索一下就会发现，全国各地有许多针对特定病症的营地，比如脑瘫、孤独症、脊柱裂、哮喘，这些营地提供了各种便利条件。

还需要考虑的问题是只参加日间夏令营还是全天候夏令营。如果您选择了一个适合孩子情况的夏令营，那里可能会有一套入营标准，来帮助家长决定在那里过夜是否合适。仔细阅读标准，以确保夏令营适合您的孩子。

如果您考虑的是主流夏令营，选择只参加白天，或者晚上也在那里过夜，可能都会比较棘手。孩子能遵守日常生活规范和听从指令吗？另外，孩子的社交技能怎么样？他（她）是不是不太会交朋友？如果是这样的话，您可以选择一个可以强化这些技能的夏令营，或者先和辅导员谈谈。

要考虑孩子的独立性。夏令营要求孩子独立做事，独立生活。孩子有离开父母的经历吗？离开家庭的表现如何？

夏令营是孩子获得新经验的机会，选对了合适的夏令营才能确保留下美好的经历。

虑。如果孩子有一些复杂的医疗需求，父母可能会担心自己的孩子能否和其他孩子合得来，同学们的态度会是什么样的。尽量不要因为这些担忧而使孩子驻足不前，失去独自体验这些时刻的机会。例如，如果孩子害怕上校车，可以先让他（她）坐在自己家的车上，跟着校车走，让孩子知道不必害怕，家长就在附近，但是也要告诉他（她），不能随便搭别人的车。

保持一致 根据孩子的特殊需要和目标制订规则。例如，应该给有智力障碍的儿童和神经症的孩子分配不同的任务。但是，一旦设置了规则，就要确保实施起来前后一致。规则构建出来的框架能让孩子有一种稳定感和安全感，这是培养独立性的重要基础。

考虑和孩子一起创建规则，这样能培养孩子的责任感。如果行为良好或表现出色，可以给予奖励，比如孩子喜欢的餐饮或逛动物园。家长和孩子可以一起把这些规则或期望写下来，或者做一个图表来说明。

保持灵活 可以兼顾一致性和灵活性。区别在于知道孩子的哪些行为是故意的，哪些是由孩子的疾病引起的。要做到这一点是一个挑战，甚至是每天都在变化的挑战。例如，一个有注意力缺陷的孩子也许第一天能做完家庭作业，但第二天却完不成任务。家长需要理解这种情况，并且能够区分什么时候是"我做不了"，什么时候是"我不想做"。

避免让孩子以他（她）的疾病为理由，作为达不到要求的借口。然而，如果孩子确实已经很努力了，那就要花点时间考虑有没有更好的方法，而不是继续采取现有的措施。

认同困难 当孩子有任务要做，但说"我做不到"时，接受他（她）的情绪和焦虑。也许家长可以分享一些小时候曾有的焦虑，这会让孩子知道您理解他（她）所经历的一切，以及知道您在关心他（她）正在经历的过程。

但仍然要温柔地鼓励孩子前进，问问他（她）需要什么帮助才能成功地完成手头的任务，帮助孩子克服困难和焦虑是走向独立的重要一步。

允许犯错 每个人都会犯错，也应该允许孩子犯错。如果家长看到孩子在和朋友交往时或在学校里犯了错，应该给他（她）相应的建议，但允许他（她）自己做出最终选择（只要不是危险的情况）。通过决策的过程和体验决策带来的结果，孩子能够提高自我意识和责任感。

接受疾病带来的不适 有特殊需求的孩子很可能会比其他孩子有更多的不舒服的时刻。在这些时刻，可以帮助孩子思考他（她）所看重的东西，并树立自己克服困难的信心，塑造坚韧不拔的性格。帮助孩子认识到，尽管有时会感到痛苦，但一切都会安好，大家都一直支持他（她）。有关塑造坚韧品格的更多信息，见第17章。

鼓励自由表达 当孩子有残疾或慢性疾病时，家长很容易替孩子说话。毕

如何在外过夜

对许多孩子来说，在外过夜像是一种成人仪式，像一个迷你假期，远离了孩子们的日常作业、早睡和其他责任。在朋友家过夜时，孩子们通常会在爆米花、电子游戏和电影中发展出更深厚的友谊。这让他们觉得自己是独立的，可以自由地驾驭世界，决定一切。

但在外过夜可能会让父母感到焦虑，尤其是当他们的孩子有特殊的医疗需求时。他（她）睡在陌生的床上会怎么样？孩子会记得用他（她）的吸入器吗？

什么时候孩子才算是准备好能离开家过夜呢？这一点非常重要。通常情况下，如果孩子能整晚安睡，能离开家长几个小时，能与他人交流良好，那么他（她）就可能已经做好在外过夜的准备了。这并不意味着在外过夜会一帆风顺。但采取以下步骤会有所帮助。

- 给孩子提供一些在外过夜的经验。可以在酒店住一晚或过周末，这会让孩子对在陌生的床和陌生的周围环境中睡觉有一种感觉。您也可以让孩子和亲戚一起过夜。

- 第一次在外过夜时选择孩子的朋友家。如果孩子已经有一个亲密的朋友，他（她）可能已经知道并接受孩子的怪癖和性格。

- 在外过夜前做足准备。如果可能要在外过夜，告诉孩子，他（她）需要至少一周的时间证明他（她）可以独立地完成睡前准备——刷牙、穿睡衣、上床睡觉。

- 和寄宿家庭事先沟通。如果担心孩子在外过夜有问题，可以先和寄宿家庭谈谈。他们越了解孩子，孩子的通宵派对就越有可能成功。

- 做好失败的准备。如果在半夜接到电话说孩子需要回家，不要感到惊讶，也不要气馁。对许多孩子来说，前几次在外过夜常常会失败，而不仅仅是那些有复杂需求的孩子。

竟，家长是最了解他（她）的人。有时，有特定问题的孩子很难表达自己，导致与他人对话时略显尴尬。

但是，替自己的孩子说话，就剥夺了孩子让别人听到他（她）的想法并提高他（她）的沟通技巧的机会。同时这也暗示了孩子的想法和感受不值得倾听。

鼓励进步 时刻注意与孩子积极互动的方法。及时表扬想在孩子身上看到的正面行为，这些行为就会逐步增加。同时，通过鼓励孩子的努力和坚持，他们就会知道这些都是家长看重和欣赏的东西。

保持耐心 孩子的独立之路并不总是一帆风顺的，挫折是必然会发生的。要有耐心，可以为孩子做出正确的行为示范。如果每一次挫折后家长都气馁失望，孩子就会认为失败和伤心是理所应当的。而只有在困难面前表现出耐心，才更有可能让孩子平静下来，让他（她）继续完成要求他（她）做的事情。

照顾好自己的健康

照顾有复杂需求的儿童需要父母付出额外的关注，额外的协调，额外的沟通，需要做好计划和预约，经济负担也会很重。

比起那些没有复杂医疗需求的家庭，所有额外的压力往往导致父母更容易抑郁，有更大的孤立无助感和更差的身体健康状态。孩子需要的关爱越多，父母压力就越大。

但生活的全部不应该都是这个样子。可以采取以下方法来最小化这些风险和压力。通过一些批判性的思考和认真的规划，可以降低您和家庭成员的健康风险。

识别和管理压力 当父母第一次被告知他们的孩子患有慢性疾病或残疾时，随之而来的心情会是很难承受的。父母知道他们的生活永远地改变了，以后的生活道路跟此前的规划截然不同了。但是，大多数的父母后来会意识到，即使有额外的紧张和压力，他们的孩子也会给他们带来意想不到的快乐和自豪。

关注事物的积极面 把注意力集中在积极的方面，利用积极的价值观、信仰和目标，创造出有意义的、愉快的育儿经历。充满阳光、有意义的生活可以增强对抗压力的力量。例如，与只关注消极方面的看护者相比，积极看待自己看护角色的看护者总体来讲更健康，更少抑郁。这并不奇怪，尽管孩子需要额外的照顾，但下面这些抚养孩子的乐趣

了解您面临的压力

每个父母都会犯这样或那样的错误，您也如此。不幸的是，有复杂需求孩子的父母往往面临更多的挑战，因此，有更多的机会生气或变得沮丧。

了解自己在压力之下的反应，这对于培养自己在心理和情感上的自愈能力至关重要。在这方面增强自我认识的方法有以下几种。

- **关注自己的身体信号**。心率加快、咬牙切齿等信号往往就是一种提示，当意识到身体紧张时，要提醒自己采取对策放松下来，比如深呼吸，或者在说话前停顿一下。
- **把内心的感受写下来**。可能暂时不容易做到这一点，但这是有意义的。关注自己在紧张的情况下的感受，把当时身体、精神和情绪的反应记录下来。稍后回顾这些内容，可能会有助于加深对自己的了解，并找到解决问题的方法。
- **自我反思**。倾听内心在压力下的声音，问问自己这是理性的还是非理性的，压力会导致非理性的想法，认识到这一点会让人审慎思考和判断。

仍然没有改变。

- 爱的分享。
- 护理中的乐趣。
- 学习和成长的机会。
- 成就感。
- 强大的家庭。
- 坚定的目标。
- 更高的精神境界。
- 更充足的信心。
- 更广的社交网络。

孩子有复杂的医疗需求，父母反倒会感觉到他们的孩子给了他们更大的个人力量。在一项研究中，每个参与者都说他们的孩子让他们更坚强，更自信。这些父母说，孩子改变了他们的生活重心，让他们更加珍惜生活。专家的建议是多关注积极的方面，有助于父母适应抚养一个有复杂医疗需求的孩子所带来的额外压力。

照顾好自己　父母是家庭的核心，是做重要决定的人，要处理所有关于孩子的问题。父母要给孩子恰当的护理，要与孩子的老师谈话，要预约医生，还要为孩子设定目标和达到目标。除此之外，还有其他的家务，比如付账单、打扫房间、做饭、洗衣服和其他没完没了的事情。

做好这些事需要很大的耐心和毅力。生活的根本是只有照顾好自己，才能照顾好别人。有时，父母会感到需要履行的所有职责让人难以承受。采取下面的这些措施有助于避免身心疲惫。

- *锻炼身体*。即使是绕着街区走一小段路，或者做一个快速的瑜伽，都可以让人理清思绪，释放身体的压力。
- *均衡饮食*。在养育孩子的混乱中很难有规律的饮食，但是研究表明，良好的营养对健康和情绪有很大的影响。让全家人有规律地在家里一起吃饭是非常重要的。
- *适当休息*。当您感到疲惫时，很难应对日常的压力和突发状况。这在照顾有复杂需求的孩子时很常见。充足的睡眠会对您的抗压能力有很大的积极影响。
- *保持兴趣爱好*。试着做自己喜欢的事情。例如，如果喜欢园艺或跑步，找机会把它纳入日常活动，即使只是偶尔做做也好。
- *短暂离开*。当照顾一个有复杂需求的孩子时，找到"自我时间"是很困难的。但正是这段自我的时间，您可以理清思绪，不受干扰地思考。试着去拜访朋友，避免脱离社会。如果有必要，请身边的人帮忙暂时照看孩子，

或者找一位专门照顾孩子的保姆。

不要忽视其他家庭成员　腾出时间和其他家人在一起也是很重要的。

生活的忙碌使父母很难再有机会单独出去约会了，但还是要试着找时间安排，也许得在其他人都上床睡觉后，再一起喝杯咖啡，或一起看看最喜欢的电视节目。

把有特殊需求孩子的情况告诉家中其他孩子，鼓励他们问问题，并如实回答。询问他们的恐惧或担忧，无论是在一起玩还是成为值得信赖的朋友，让他们知道如何帮助他们的兄弟姐妹。

家庭中的其他孩子有时可能会对他们的兄弟姐妹的情况和他（她）因病得到的额外关注感到不安，他们可能会因此感到沮丧、内疚，这些感受都很正常。但是，每个孩子都需要和父母单独相处的时间。如果可能的话，定期安排其他人照顾有复杂需求的孩子，腾出时间和您的每个孩子在一起。

借助支持网络　实事求是地看待孩子、家庭和自己的需要。自问是否需要帮助。也许每天清洗衣物就让人受不了，或者每天做饭是一件压力很大的任务。梳理一下自己的支持网络，找找看从哪里可以获得帮助，也许有一个兄弟姐妹或朋友很乐意在某个特定的时候为

化解内疚和怨恨

父母对孩子的病情或残疾感到内疚是很正常的，一些家长总觉得孩子得病都是父母的错。另一些人则因为希望自己的孩子变得正常，或希望孩子从来没有患病，而充满内疚感。

许多父母与怨恨的情绪作斗争，怨恨情绪会伴随着对未来期望的破灭。养育孩子比想象中的要牺牲更多的时间和精力。在这种情况下，产生抱怨情绪是很自然的。

这些感觉并没有让您成为世界上最糟糕的父母——有各种情绪是人类所特有的，如何处理这些情绪就取决于作为父母的技巧了。

不管是什么原因，最重要的是要意识到有这些情绪是正常的，您不是唯一有这种感觉的人。但同样重要的是要明白，不能沉溺于这种感觉，那意味着压力会增加，正能量储备会减少。

想想是什么导致了这些内疚和怨恨的感觉。也许是有人说了或做了什么事让您感到内疚和难过，让您对自己的处境不满。考虑并做出恰当的回应。试着和那些了解您孩子情况的人交流，这将有助于您有勇气面对现实，减少负面情绪。要意识到，怨恨情绪可能是一种暗示，提示您已经压力过大，需要休息。可以试着暂时离开一段时间，让自己放松一下。

您提供帮助。

支持网络不仅限于家人和亲密的朋友，它可以包括看护者、保姆和其他为家庭提供常规服务的人。还包括社会工作者、教师和治疗师。这些人熟悉孩子的情况，并可能知道所在地区的可用资源。孩子的医护团队也是可利用的资源，他们可以提供所在社区和政府的扶助项目信息。

此外，有许多专门针对某种疾病的支持团体，如癫痫和唐氏综合征。与处于类似处境的家庭联系可以使人感觉不那么孤单，让人体会到，所有正在经历的情况都是正常的。这些家长之间的联结可以提供丰富的信息。例如，各种照顾孩子的最好条件、保姆的联系方式、家庭成员的应对策略、所在地区的便利交通措施，等等。

研究表明，父母拥有的社会支持越多，他们应对当前的情况就越乐观。

当需要帮助的时候尽管开口 所有的养育过程都是富有挑战性的，养育一个患有慢性疾病的孩子尤其如此。有复杂需求孩子的父母更容易出现抑郁、焦虑、失眠和慢性压力。如果觉得需要帮助，开口承认自己正在困境之中并不是耻辱。

如果一直感到悲伤或无法缓解，就应该寻求专业帮助。心理专家会帮助寻找应对技巧，使人变得更有韧性。他们还会判断是否患有抑郁症和焦虑症，并帮助您处理这些问题。

在适当的帮助下，家长可以增加自我的幸福感，从而享受抚养孩子的过程。

第七部分

成为一个家庭

第 25 章
家庭的多种形式

在每个人的童年中，家庭都是孩子的中心。孩子不仅能在家里得到基本的衣食住行保障，更会在家庭寻求安全感、接纳和自我价值。反过来，家长要给孩子营造爱的氛围，给予他们支持，为他们提供正确的价值观，让他们拥有认同感和归属感。

家庭可以成为整个世界的缩影。它教会孩子如何建立社会关系，如何处理冲突和各种各样的情况。家庭是肥沃的土壤，可以让孩子茁壮成长。

现代家庭有多种形式。尽管传统的双亲家庭仍然是最主要的形式，但是越来越多的家庭是由单亲、祖父母或其他成年人构成的。无论何种形式的家庭，每个家庭的核心精神都应该是无条件的爱和接纳。

通过努力，家庭可以帮助孩子最大限度地实现人生的成功。每个家庭都需要创造一个温馨的环境。通过岁月的磨炼，通过家庭成员的磨合，家庭会不断地调整育儿方法，以满足孩子的独特需求，以适应他（她）的个性。因此，随着孩子的成长，家庭才是他们最重要的引路者。

什么造就了一个家庭

所有的孩子都能从一个温馨的家庭中受益，但每个家庭的模式都是独一无二的。在过去，传统的家庭是由爸爸妈妈和他们的孩子构成，而现在的家庭模式却多种多样。在美国，只有不到一半的孩子和他们的亲生父母生活在一起，更多的孩子生活在非传统的家庭中。有的孩子生活在单亲家庭中，由父亲或母亲独自抚养。有的孩子和祖父母生活在一起。有的孩子同养父母共同生活。还有一些孩子，生活在同性伴侣组成的家庭中。

所有这些家庭都可以养育孩子，让孩子在家庭中茁壮成长。无论何种家庭，大多数的育儿理念都是一样的。但是每个家庭也都有自己独特的育儿方法，特别是非传统的家庭。下面是关于各种家庭形式的一些建议。

共同抚养

共同抚养是指离婚或夫妻关系破裂后，仍然共同抚养孩子。虽然情况如此，但是经过努力，您还是可以和您的孩子成为好朋友。据估计，美国约40%的婚姻以离婚告终，每年100多万名儿童受此影响。

父母的离异会给孩子带来不确定、困惑、恐惧、悲伤、失落和愤怒等负面情绪，这种情绪在第一年里最为强烈。

即便如此，父母还是可以给予孩子和以前一样的爱，与前夫或前妻一起保障孩子当前和长远的幸福。孩子们有很强的可塑性和适应能力。随着时间的推移，他们会适应家庭的新常态。虽然父母分开不再继续生活在一起，但通过努力，您和孩子可以成为很好的伙伴。让孩子在新家庭中茁壮成长。

尽可能减少冲突 您能为孩子做的最好的事情，就是努力与前夫或前妻维持一个良好的关系。父母之间强烈的冲突会增加孩子焦虑、抑郁和自卑发生的风险。卷入父母之间强烈冲突关系的儿童，其青少年时期在学校生活和行为发展上更容易陷入冲突。

为了减轻您与前夫或前妻的紧张关系，试着接受他（她）也是您孩子生命中的重要部分这一事实，这有助于将您对前夫或前妻的个人感觉与他（她）作为孩子父母的身份分开。对孩子的教育出现分歧时，积极倾听对方的意见，试着理解对方。

虽然在某些特殊的时间，如生日和假期时，可能会让孩子有一种失落感，但您和前夫或前妻之间的持续紧张关系更有可能导致孩子痛苦。

避免说前任的坏话 离婚的父母尽量避免直接的冲突，最好用不公开的方式来表达对前任的消极情绪。尽量不要对前任过分挑剔，或者陷入责备中。避免跟孩子说对方的坏话。这些消极的敌对行为对孩子来说是一种压力。

关注共同目标 大多数共同抚养孩子的离异父母，即使彼此之间存在问题，但肯定也有一个共同点：那就是都想给孩子最好的。当有疑问时，试着从孩子的角度来看待您的决定。问问自己做什么对孩子最好。答案可能要求您抛开自己对前任的感情，做出有意义的妥协。

营造安全感 如果您和前任共同监护孩子，确保孩子在两个家庭都有他（她）所需要的一切。如果孩子在家与家之间的转换中挣扎，建议他（她）选择一个最喜欢的玩具从这个家带到那个家。尽可能遵守相似的规则和惯例，保持两个家的一致性。

需要时寻求帮助 如果离婚的父母正努力以一种建设性的、非对抗性的方式就孩子的未来做出决定，那么可以考虑其他家庭成员或离婚调解人。如果您或孩子在离婚后产生焦虑或抑郁，擅长心理健康指导的调解人可以给您提供指导和支持。也许您仅仅需要与其他人谈谈心。

再婚家庭

目前离婚越来越普遍，再婚也越来越普遍。据估计，15%的美国儿童属于再婚家庭，其中包括与继父或继母一起生活。

毫无疑问，再婚家庭的关系是复杂的。每个家庭成员都必须适应新的角色和规则。这需要时间和努力，但对您的孩子来说回报是巨大的。通过建立和巩固再婚家庭，您打开了一个不断扩大的人际关系网络，继父母也可以照顾和支持您的儿女。

这里有一些办法可以帮助您的子女与再婚家庭建立和维持持久的联系。

形成共同的理念 对于许多再婚家庭的夫妇来说，共同的紧张来源是抚养孩子，这是有道理的。再婚夫妇在抚养孩子方面有着不同的经历和期望。可以定期讨论你们的育儿策略和方式，包括各人想要扮演的育儿角色。目的是找到共同点，达成育儿的共识，这样就可以在父母的角色上感到尊重和有效。

小心处理对孩子的惩戒 如果您是新近再婚的父母，考虑等一段时间后再让您的伴侣对孩子进行管教或惩戒。这样就让您的伴侣有了更多的自由，可以先让他（她）和孩子建立一种积极、亲密的关系。一旦孩子和继父母建立了基于信任和感情的纽带，继父母就可以更多地参与家庭规则的执行。

与孩子独处 如果您是孩子的亲生父亲或母亲，您需要安排跟孩子一对一的时间。这能够让您的孩子放心，让他（她）觉得即使家庭结构发生改变，但您对孩子的关心没有改变。如果您是继父或继母，与继子女独处的时间也很重要。做你们两个都喜欢的活动将有助于加强你们之间的联系，打开沟通的渠道。

尊重过去，拥抱未来 对于再婚家庭的孩子来说，很多孩子总是放不下过去。相比之下，父母或继父母可能更专注于构建未来。成功的再婚家庭平衡了这两种需求。您可以把以前家庭的记忆和传统融入到现在的家庭生活中。同时，建立让每个人都能够认可和接受的新的家庭规范也很重要。

关心日常细节 作为继父母，您可能往往更愿意用一个漂亮的新玩具或一个美好的假期来赢得继子女的心。虽然

这些事情是善意的，但并没有持久的影响。更重要的是您持久的关心。比如辅导孩子做家庭作业，在后院玩接球游戏，或是在继子女心情不好的时候倾听他（她）的心声——这些每天的努力会让您和继子女走得更近。

家庭作为一个整体也应该这样。共同的家庭活动，如做家务活和一起吃饭，在很大程度上有助于建立一个有凝聚力的家庭。

更多的耐心 通常10岁以下的孩子比青少年更容易适应继父母。即便如此，一个新的继子女家庭可能需要几年甚至更长的时间才能适应一起生活。避免给孩子或其他家庭成员施加压力，让他们马上建立新的关系。相反，要鼓励所有的家庭成员互相尊重。如果孩子或其他家庭成员适应家庭生活有困难，请考虑寻求心理健康指导。

单亲家庭

目前，单亲家庭比以往任何时候都更普遍。据美国人口普查局统计，美国超过1/4的孩子属于单亲家庭。这些单亲家庭中大多是母亲，其中约1/4是父亲。

没有伴侣共同养育子女会带来特殊的挑战。日常抚养孩子的所有责任都可

能完全落在您一个人的肩上。兼顾工作和养育儿童可能让您在经济上很困难，在社会上也很孤立。但单亲教育也可能是有益的，它可以让您和孩子之间有特别牢固的联系。许多在单亲家庭长大的孩子学会了在家里承担更多的责任，培养更多自力更生的能力。

以下是一些建议，帮助您在满足自己的需要和幸福的同时，养育一个健康快乐的孩子。

寻求并接受帮助　作为单亲父母，您需要做一件很重要的事情：维系一个可以帮助您的强大的社会关系网。身边的人对您生活和情感上的支持，不仅可以帮助您在家庭中履行责任，还可以提升您的幸福感。您的关系网络可以包括受信任的家庭成员、朋友、同事。

寻找优质的儿童看护机构　在家里抚养孩子对许多单亲父母来说是奢望。因此，在工作的时候，为了孩子的幸福，也为了父母自己的内心踏实，寻找值得信赖的儿童看护机构是至关重要的。

寻找一位合格的看护人员，他们可以在安全的环境中给予孩子好的照顾，陪伴孩子进行适当的活动（见第9章）。要有良好的判断力寻找适合的看护人员。看护您孩子的人应该有看护孩子的经验，也应该是您信任的人。

照顾好您自己　单亲教育是一种持续的需要兼顾多方的事情，涉及您的工作、财务状况、多方面家庭责任。为了缓解压力，您在日常生活中应进行体育锻炼，有健康的饮食和充足的睡眠。只有规律的生活才能确保您有足够的精力。如果可能的话，可以考虑每周或每月安排小时工帮忙料理家务，给自己放个假。或者每天早上享受一杯咖啡，让自己度过一段安静的时光。

优先安排家庭时间　陪伴孩子做一些事情很重要，但是做家务等事情会使您陪伴孩子的时间减少。应该把陪伴孩子、和孩子共度美好时光作为一个固定的优先选项，即使有时房间乱一些也没有关系。当然，您也可以试着和孩子一起做家务，一起享受共同劳动的快乐和成果。

保持乐观　对待生活的态度要积极乐观，不要只停留在单亲家庭的消极方面。在处理日常困难时要保持幽默感，可以自己找点乐子。如果您经常情绪低落，或者陷入一种消极的思维模式，可以找您的心理医生去谈一谈。

祖父母养育

当您的孩子逐渐长大，您可能又一次进入另一个育儿的角色——祖父母。据估计，约有10%的美国儿童与祖父母生活在一起，这个数字还会随着时间的推移而增长。

许多祖父母与父母一方或双方分担抚养孩子的责任，隔辈老人独自抚养孙子孙女也很常见。

虽然有些老人不一定希望抚养孙辈，但它其实也是很有价值的。许多祖父母说：他们感到有了新的目标，所以很有幸有第二次机会成为"父母"。他们享受着在孙辈那里得到的认同感、归属感。

作为祖父母，你们为孙辈提供了一个安全、有爱心的家，你们的孙辈可以在其中茁壮成长。但是，同时你们也面临一些挑战。做一个好的看护人的同时，还要照顾好您自己。

承认孙辈的感受 由于父母去世、离婚、滥用药物、精神疾病或其他特殊情况，许多孩子最终与祖父母住在一起。如果是上述境遇，您的孙辈可能会有不安全感、挫折感，他们的生活中充满了担忧和悲伤。要让您的孙辈大胆地说出自己当前的感受。如果您的孙辈似乎一直焦虑或抑郁，应寻求专业的心理医生的帮助。

提供安全感 您现在成为孙辈生活中的主要人物，这对您和孩子都是一种改变。尽您最大的努力为孩子制订明确的规则，并以一致的方式坚持执行。建立可预期的家庭规则，如规定就寝时间、用餐时间。做这些事情将有助于给您孙辈的生活带来稳定和安全，也有助于维持您自己的家庭秩序。

寻求支持 一个强有力的社会关系网络，对任何父母都是至关重要的，尤其是对第二次做"父母"的祖父母来说。不要不好意思向信任的朋友和家人请求帮助。您可以加入一个帮助祖父母抚养孙辈的团体。通过孩子的学校、当地社区中心和政府机构获得额外的帮助。

把自己的健康放在第一位 您可能会认为把自己的需要放在第一位是自私的。但是照顾好自己对于照顾好家庭是至关重要的，这是不争的事实。适当寻求儿童看护方面的帮助，这样您就可以有时间去看医生，照顾好您自己的健康。尽量有适当的运动，有放松自己的时间，有健康的饮食习惯。如果您情绪上感到不堪重负、失望和怨恨等，不要犹豫，立即寻求心理辅导。

军人家庭

军人家庭在生活中面临着独特的挑战。当父母一方接受派遣任务时，会给所有家庭成员带来压力，影响孩子和父母的幸福。子女错过了与外派执行任务的父亲或母亲相伴的日子。他们会担心父母的安全，会面临更大的心理健康问题，例如抑郁或焦虑。而留在家的父亲或母亲则面临着额外的压力，要在没有伴侣的情况下承担家庭责任。同时，被派遣的父母一方可能会担心不能与子女和伴侣保持密切关系，错过很多与家人的相处时间，无法见证孩子的成长。但是，大多数家庭成功地应对了父亲或母亲外派的挑战。

以下是一些您可以做的事情，帮助您顺利度过这段时光。

- **鼓励诚实的交流**　在父亲或母亲外派之前和外派期间，让孩子表达对外派执行任务的父亲或母亲的感受和担忧。父母要以适合孩子年龄的方式，尽可能诚实地回答孩子的问题。

- **寻求支持**　依靠家人、朋友和社区的支持。如果在您所在的地区有相关的家庭项目，您可以利用这些项目得到帮助。这些项目会有课程传授父母养育知识，也会教给父母怎样应对困难。

- **保持联系**　尽量多打电话、聊天、发手机短信、发电子邮件。作为夫妻需要花时间解决为人父母的问题和其他生活问题。经常与孩子保持联系，保持亲密的关系。一些被外派的家长会为孩子制作特别的视频，比如录制视频，作为睡前故事给孩子看。

- **慢慢地重新融入**　虽然父母回归家庭生活是值得庆祝的，但对许多家庭来说，要有一个适应阶段。作为回归家庭的父亲或母亲，您需要重新与伴侣分担育儿责任，重新与孩子建立联系，适应家庭的生活节奏。孩子和伴侣也要适应您重新进入他们的日常生活。要有耐心，给自己留出创造新生活所需的时间。

了解您的权利 在某个时候，您可能需要和您的孙辈建立合法的监护关系。祖父母的权利因地方的不同而异，所以找一位家庭律师，他（她）可以帮助解决相关法律问题。

寻求经济援助 作为祖父母，您可能很难维持收支平衡，尤其是当您不再工作或者不得不放弃工作来照顾孩子的时候。您可能能够得到社会保障。如果您的孙辈已经有一个和他（她）结对的社工，您可以求助社工。或者向当地政府机构求助，如社会服务机构、儿童和家庭服务机构、儿童福利机构，或者向当地的老年部门求助。

领养父母

无论您的孩子是通过国际领养还是国内领养，作为一个婴儿或是大一点的孩子，他（她）都是您家庭世界的中心。和任何父母一样，您的家庭需要知道的有关照顾孩子的大部分知识已经在这本书中了。同时，作为被领养孩子的父母，也会面临一些独特的机遇和挑战。

以下是您的家庭在孩子一生的旅途中可以帮助他（她）的一些方法。

庆祝家庭的故事 许多专家建议，父母应该定期与孩子分享家庭的故事，讲述家庭是如何建立的。通过这个故事以一种让孩子容易理解的方式谈论他（她）的亲生父母，并解释您为什么选择领养来建立您的家庭，让孩子了解家庭的历史和获得归属感。任何细节，您都可以添加到故事中，比如您第一次与孩子相遇时的喜悦，这将让您的孩子更加幸福。

诚实回答孩子的问题 孩子在长大懂事后，如果开始问更多关于他（她）的领养故事或出生家庭的问题时，不要惊讶。您的孩子在知道自己是被领养的时候也可能会表现出一些痛苦或失落感。当谈论孩子的背景时，要积极向上和实事求是。抵制美化或添加一些您不知道是否属实的细节。同时，在孩子成熟到可以处理这些信息之前，不要过早地和孩子分享所有的信息，有一部分细节可能被隐瞒下来更好。

接受孩子的身份 许多养父母在抚养一个不同于自己种族或族裔的孩子。大多数专家建议家庭承认并接受这些差异，而不是忽视它们。通过阅读多元文化书籍，参加文化节、展览或活动，以及吃传统文化菜肴，将孩子的文化背景融入家庭生活。如果孩子对自己的身份很敏感，就应该用一种适合孩子年龄的方式谈论与偏见和歧视有关的问题。

寻找同类型的家庭　最好能与其他领养家庭建立联系——孩子和父母都会发现这种类型的团体对家庭很有帮助。花时间与其他领养孩子和领养家庭相处，将会使孩子得到额外的收益，他们的故事可能更接近自己的故事。

冷静处理难题　时不时地，父母和孩子可能从别人那里听到无知甚至伤人的言论。一个陌生人可能想知道您和您孩子有什么关系，或者您孩子的亲生父母是谁。您不必回答每个问题，也不必让每个人都知道您领养了孩子。相反，您的回答可能更多的是为了孩子的利益，而不是回答提问的人。平静而肯定地说"我是他（她）真正的父母"，这样的话有助于让您的孩子安心。

平等对待领养和亲生的孩子　如果您的家庭包括领养的孩子和亲生的孩子，努力在对待他们时做到公平。有些父母更愿意给领养的孩子提供特殊待遇或者宽松的管教，但从长远来看，这对孩子没有好处。记住，平等对待并不一定意味着对所有孩子都采用同样的方法。每个孩子都会根据自己的长处和短处有不同的需求。重要的是您要接受孩子，确保他们的需求得到满足。

寄养子女

作为寄养父母，您是特殊的养育者，把自己奉献给一个可能只是您生命中的短暂存在的脆弱的孩子。虽然这段经历是难以想象的艰难，但是可以产生令人难以置信的回报和生活的改变。许多寄养儿童经历过虐待、忽视或两者兼有。他们很可能来自于贫困、暴力、精神疾病或药物滥用的家庭或社区。这种慢性压力在儿童早期会对发育中的孩子的身心造成伤害，常常导致发育迟缓、行为、身体、情感和教育问题。

尽管有这些消极的早期生活经历，但是您的养子女还是会为与原生家庭分离而痛苦挣扎。他（她）可能会表现出来，或是筑起一面很难突破的墙把自己封闭起来。尽管您可能无法消除孩子的痛苦，但重要的是，您提供了一些重要的、不可替代的东西：一个安全、有教养的环境，保护孩子免受伤害。这不是一件小事。

为了充分利用您和养子女在一起的时间，考虑以下这些建议。

寻求适当的医疗保健 美国儿科学会建议寄养儿童在寄养家庭的前30天内进行全面的身体、牙齿、发育和心理健康的评估。此外，每个寄养儿童都应该有一份医疗档案，其中包含迄今为止所获得的所有相关的医疗信息。

最终，相关寄养儿童的工作人员负责这些任务。如果很难收集儿童的病史，并无法确定谁对儿童的医疗保健决策负有法律责任，可以试着找儿科医生帮助您了解孩子的医疗需求。

帮助连接原生家庭 寄养制度的最终目标是使孩子与其原生家庭团聚。虽然您可能对其亲生父母有着复杂的感受，但重要的是尊重他们与孩子之间的联系。注意您自己的偏见或判断，并尽量关注寄养孩子的需要。避免说原生家庭成员的坏话，而是强调他们的积极品质。为养子女去原生家庭探亲或给他们打电话提供帮助，因为这些事情都会给孩子带来复杂的情绪。

帮助孩子处理情绪 管理情绪是任何孩子都要掌握的一项重要技能。这对一个经历过压力或创伤的孩子来说很难。教孩子可以用来表达感情的话，鼓励他（她）公开进行思想和感情上的交流，即使他（她）是消极的或令人不安的。以热情和一致的态度回应孩子，并以此作为榜样。

让您的孩子成为孩子 尽管痛苦的经历可能迫使您的养子女早熟，但最终他（她）还是个孩子。给孩子提供机会去做一些常规的事情，比如在操场上玩，假装超级英雄或者玩拼图。一起做你们都喜欢的活动，为一起做游戏提供机会。让孩子有机会获得适合其年龄的玩具，如书籍、橡皮泥、艺术品、乐器或服装。

寻找支持　当寄养父母可以用你们从未想象过的方式来拓展自己，这就是一个帮助性的社会关系网络是如此宝贵的原因。朋友或家庭成员可以向您伸出援手，您可以向他们寻求实际的帮助、倾听他们的心声或是他们鼓励的谈话。联系其他寄养家庭，无论是在您的社区还是在网络上。他们会知道您正在经历什么，并能提供具体的鼓励和建议。

接受您的局限　当寄养父母最困难的地方之一就是不知道您的养子女能和您的家人一起生活多久，可能是几天，也可能是一年多。无论你们在一起的时间有多长，都不要指望能解决所有的问题，也不要指望改变孩子的整个生活。相反，设定一个能实现的愿望。为您想完成的事情和您希望帮助孩子的具体方法制订一个计划。然后一天一天地去实现，当然您可能会经历一些不可思议的起伏。

家庭事务

有效的育儿方式与其说取决于家庭的具体构成，不如说取决于家庭的努力程度。孩子依靠家庭所提供的温暖、尊重和接纳而茁壮成长。伴随着这种情感滋养，孩子也会懂得家庭成员之间如何对待彼此。

不管具体情况如何，您都可以给孩子提供家庭所能给予的爱和稳定、温暖和友爱、沟通和团结、一致性和可预测性、限制和界限——这些都是能够支持快乐、健康童年的营养成分。

第 26 章
共同抚养

照顾一个家庭就像管理一个小企业。您负责确保每个人都在做他们需要做的事，去他们需要去的地方，提供给他们成长和成功所需要的东西。这是一项艰巨的工作，需要与所有相关人员进行协调与合作。在很多家庭里，不仅有一个首席执行官，有时还会是两个。

和另一个成年人一起抚养孩子需要承诺、灵活性和相互尊重。像任何一个团队一样，你们每个人都可能扮演某些角色，但这些角色往往会根据当前的需要重叠和转换。你们不会总是在孩子生活的方方面面都达成一致，但通过开放的沟通渠道，你们可以积极地合作，达成共识，并解决出现的问题。

共同养育意味着分享父母的决定和责任以及快乐和喜悦。一个坚实的育儿团队努力在养育孩子、相互支持和建设性解决问题方面保持一致。您和您的育儿伙伴作为一个整体合作得越多，你们

的关系就越牢固。你们的亲和力越强，你们做父母的效率就越高。

采取一致的方法

如果您的孩子是学龄前儿童，他（她）最喜欢的词是"不"；您的孩子也可能是一个经常吵着想要更大自由和特权的学龄儿童。您和您的伴侣将在一系列育儿问题上面临着要做出无数个决定。

当父母的意见达成一致时，就是说他们对孩子的期望或对孩子不当行为的处罚发出一致的信息时，孩子表现得最好。

如果你们共同努力，形成基本的共同理念，就能帮助你们处理各种各样的育儿问题和挑战，这对教育孩子有很大帮助。这样，父母就不太可能用混杂的信息导致孩子迷惑，就可以对孩子的期

望和限制保持一致性。

然而，您和您的伴侣可能并不总是对限制什么以及如何执行达成一致。很大程度上，因为你们来自两个不同的家庭，你们传承了自己家庭的育儿策略和观念——通常是几代人以前留下的。

反思自己的理念　许多父母在抚养孩子的方式上效仿自己的父母，而有些人则强调要做与自己父母相反的事。

也许我们应当反思一下自己的成长经历，以及它对育儿方式的影响。您认为您父母养育您的方式有什么价值吗？有您珍视并想传承的传统吗？您希望有什么不同的做法？您从童年的家庭生活中吸取了哪些关于养育子女的理念和信息？

仔细思考这些问题，不仅能让您更清楚地了解自己是什么样的父母，也能让您更公开、更有效地与伴侣沟通您的育儿目标、希望和担忧。

这样的交流可以让你们更深入地了解彼此的出身，提高你们融合育儿方式和发挥彼此优势的能力。

可能一些伴侣不想讨论他们的信仰、希望和担忧，因为他们担心会暴露出不可逾越的差异或引发重大冲突。但是，倾诉为人父母的希望和关心的事情会加强您和伴侣之间的联系。

融合你们各自的育儿方式　理解自己作为父母的另一个方面是，确定您作为父母的基本养育方法或养育方式。您作为父母的核心信念和态度会在育儿方式中得到体现，影响与孩子的互动方式。

例如，您是否倾向于将自己视为权威人物，并且基本职责是用严格的规则和高期望来抚养孩子？您是否喜欢对您的孩子倾注感情，不喜欢设定严格的限制和执行规则？还是您把自己看作一个教练，用同样的尺度来指导孩子在生活的起起伏伏中成长？

一些父母发现他们的风格很相似。他们倾向于在大局问题上达成一致，比如如何应对不当行为。但有时他们可能会在一些小事上有意见分歧，比如睡前是否可以吃零食。

虽然父母以两种不同的方式来教育孩子并不稀奇，但这可能会导致在很多事情上产生分歧，包括从制订多少规则到违反规则时采取何种惩戒。

当每个人都花时间去识别自己的教养方式，以及思考这些方式可能的来源时，你们也许就能更好地找到共同点，同时也有灵活性和妥协的空间。

当涉及孩子的时候，互相谈谈各自的优先想法，以及作为父母您最希望完成的事情。这可以帮助你们以更加紧密

父母的教养方式

一些专家将父母的教养方式分为三大类。虽然您可能会在一种或多种父母教养方式之间找到合适的方式，但大多数父母倾向于选择一种特定的教养方式。

了解各种各样的育儿方式，以及您用哪一种育儿方式可以做得更长久，可以帮助您更好地了解自己和伴侣，让你们一起设计育儿方式。以下不同类型的育儿方式供您参考。

独裁的方式　采取独裁方式的父母往往对孩子施加相当大的控制，并希望大多数规则都能毫无疑问地得到遵守。由于这种方式专注于保持明确的权威，与孩子进行公开的沟通和协商就比较少见。父母表达的温暖和培养也可能会被寄予很高的期望代替。

宽容的方式　独裁的另一端就是宽容。这些父母经常表达出很多的温暖和接纳，不太可能说"不"，或者没有为孩子设定明确的限制。他们也不太可能对自己的孩子施加控制和监督他（她）的活动，或对孩子的不当行为实行惩戒。

权威的方式　权威式教育通常被认为是最有效的教育方式，介于其他两种教育方式之间。权威的父母既提供温暖又提供限制，以关怀的方式来实施这些限制，考虑到孩子的需求和感受，以及父母的观点和目标。权威的父母倾向于在坚定和灵活之间取得平衡，在期望和尊重之间取得平衡。

的方式将你们的育儿理念和目标编织在一起。

不过，请记住，你们没必要都采取同样的方式。例如，当孩子受伤时，你们中的一个可能会拥抱他（她），而另一个则可以使用幽默或玩乐让孩子分心。

不同并不总是意味着更好或更糟。同样的问题可以有多种不同的解决方式。互补的育儿方式有助于丰富孩子的视角。

我们的目标不是使孩子成为彼此的复制品，而是争取在规则、期望和结果等重大问题上达成一致。

共同努力

随着孩子的成长，您的育儿技巧和教育理念必然会同步发展。在抚养孩子的问题上，一定要定期和您的伴侣或父母讨论目标，这样你们就可以保持一致。

特别重要的是要同意并遵守同样的规矩准则，减少孩子的困惑。

这里有一些关于如何保持育儿目标和方法一致的建议，这样你们就可以一起工作，提供爱、关注、限制和孩子日常生活的需要。

提出统一战线　给孩子传递始终如一的信息，不管同意还是不同意，都不要在孩子面前表现出你们在养育孩子的决定上有分歧。在育儿问题上，避免在孩子面前显出互相矛盾。

相反，试着制订一个政策，在私下里做一些重要的育儿决定，然后再把决定反馈给您的孩子。明确这些指南是你们两人共同制订的。如果你们中的一个对自己为孩子设定的方向感到不舒服，您可以重新审视自己的决定。

互相支持　有时候，您或您的伴侣、共同承担抚养子女责任的家长可能会在讨论之前，就已经做出某个养育孩子的决定。这可能发生在一些小事上，比如对良好行为的奖励，或者更大的问题上，比如围绕学校表现制订新的规则。

即使您不同意另一位家长的选择，也要在孩子面前表示支持，以保持统一战线。如果您对这个问题有强烈的不满或者担心长期的后果，私下讨论这些问题。以后，您可以选择一种双方都可以接受的方式来调整此前的决定。然后您可以把这个决定告诉孩子。

给自己点时间　想象您的孩子在家里踢球的时候，不小心把一盏灯打碎了，这种行为违反了明确的家庭规则。您想给孩子适当的惩戒，但您知道您的伴侣可能会做其他的决定。怎么办？

　　为了表示对伴侣的尊重，避免日后在养育子女方面出现分歧，要抵制因冲动而做出的决定。相反，考虑告诉孩子这种行为造成的后果，但您需要先和您的伴侣谈谈。一旦你们作为父母同意了某个方案，你们就可以把方案告诉孩子。

　　避免让伴侣陷入困境　有时父母一方的冲动决定会不公平地影响到另一方。父母中的一方可能会施加严厉的惩罚，或做出一个很大的承诺，但却不看孩子是否遵守了承诺。这样，剩下的一方的父母就会陷入两难境地：要么做出一个他（她）感到不舒服的承诺，要么违背对方的意愿。

　　为了避免这种情况，尽量不要做出您无法付诸行动的决策，除非您和您的伴侣或共同承担抚养子女责任的家长提前达成一致。

　　不要被各个击破　试想您的孩子晚饭后来找您，问她能不能吃一块昨晚剩下的苹果派。您答应了，但当您递给她一个盘子时，您的伴侣走进来说他已经拒绝了孩子的要求。听起来很熟悉吗？这是一种经典的各个击破的方法，很多孩子都会使用这种方法。孩子会为达到某个目的分别寻求父母的支持，直到孩

子得到想要的结果。

您可以问"爸爸说了什么"或者说"让我们先和妈妈确认一下"之类的话，而不是马上给出答案，从而温和地终止孩子的"小计谋"。如果您和您的伴侣、共同承担抚养子女责任的家长无意中发现两人的做法相互矛盾，考虑听从孩子第一个找到的父母所做的决定。这样，您将给孩子传递一个信息，即各个击破的方法不起作用。

处理出现的问题 当父母对如何处理一个育儿问题或困境有不同意见时，他们会完全回避问题，任由问题得不到解决。在其他情况下，父母一方会总是顺从另一方，希望避免冲突，让另一方来处理大多数困难的问题。

为了您的孩子，要勇于一起解决问题。两个人的想法通常比一个人好，你们达成的一致意见可能比你们中的任何一个单独提出的意见都要有效。

支持对方的努力

为人父母是一件艰难的事情，有时会让您感到力不从心。当看到您的努力在孩子成长中全面发挥作用时，您会感到很有成就。但您并不经常能够得到关于教养方式的直接反馈。毕竟，没有人会对这样一项伟大的工作给予评价或奖金。

大多数父母有时会感到疑惑，他们会对自己的决定或作为看护者的能力产生怀疑。作为一个育儿团队，你们可以通过给予积极的鼓励和回应对方的需求，来增强彼此的信心，增强你们共同抚养孩子的能力。

当互相支持时，有助于促进理解、信任和联系。这些积极的情感通常可以减少在抚养孩子和其他生活领域中的冲突，并增进双方的关系与配合。

相互支持还可以提高您对育儿技巧的信心，帮助您更有效地抚养孩子。这就产生了积极的雪球效应：当您对自己的育儿能力感觉良好时，您实际上会成为一个更好的父母。要支持您的伴侣或共同承担抚养子女责任的家长，您可以从以下方面做起。

关注积极的一面 花点时间去注意你们彼此在为人父母的方法中所看重的东西，并且表达您的感激之情。也许您的伴侣在和孩子交流时会用幽默的方式达到很好的效果，或者他（她）有非凡的能力来消除孩子的忧虑。让他（她）知道您是多么钦佩他（她）的这些品质，并对他（她）为孩子所做的一切表示感谢。

帮助彼此进步 当然，没有父母是完美的，有时给予或接受深思熟虑的

夫妻一起养育孩子

当你们不仅是夫妻，还是父母的时候，培养夫妻关系对你们和孩子都很重要。例如，对已婚父母的研究表明，夫妻关系的质量不仅影响做父母是否能够成功，而且还影响孩子的幸福。夫妻关系中的消极情绪可能扩展到养育子女和家庭互动中。

相互支持、相互满足的夫妻关系增强了整个家庭的幸福感。为此您应特别努力，不仅把自己看作是母亲或父亲，而且要把自己看作是对方的伴侣，这对你们双方都有好处，对孩子也有好处。

虽然总觉得时间不够用，但对您和您的伴侣来说，为彼此腾出时间并找到适合你们的交流方式是很重要的。如果可能的话，每周留出一个固定的时间，在没有孩子的情况下单独在一起。做一些你们喜欢的事情，或者可以轻松地谈论某个事情。把孩子安顿上床之后出去约会一下，散散步，或只是花几分钟坐在一起。

建议是必要的。没有人喜欢被教导，但是如果您能以一种温和、体贴的方式给出具体问题的建议，作为父母，你们之间的关系就能得到加强。同样的道理，如果您处在这种建议的接收方，您需要努力地以开放的心态去倾听对方建议，并把孩子的最大利益放在心上。

互相支持 所有的孩子都会经历怨恨父母的过程。这是孩子成长中的必然过程。如果孩子向您抱怨另一位家长，要有同情心地倾听，让孩子知道您关心他（她）的感受，但不要同意或添加孩子对另一位家长的批评。

根据情况而定，您可以鼓励孩子直接向另一位家长表达这些感受。这样，他们两个就可以一起缓解紧张关系。如果您觉得孩子已经提出了一些有效的观点，用支持的方式私下里表达给另一位家长。

提供和请求帮助 所有的父母都会在某个时候觉得自己太累了。您应该告诉伴侣您需要什么样的帮助，同时您也可以为对方做同样的事。以专业、具体的方式寻求帮助，例如让对方帮忙给孩子洗澡，或帮助孩子完成科学展览项目。如果您注意到对方似乎负担过重或疲惫不堪，您需要主动提出投入或接管一部分特定的育儿工作。例如，您可以提出由您辅导孩子晚上的数学作业，这样您的伴侣就可以安静地单独待上一会儿。

转换角色　有时家长会被某些角色所束缚，比如训导者、问题解决者和家庭作业帮手。不要害怕改变角色，给对方一个打破常规的机会，让你们有机会在孩子的生活中扮演不同的角色。

塑造健康的习惯

作为父母，要有效地合作，你们能做的最好的事情之一就是在你们的成人关系中保持健康互动和良好习惯。相互尊重和关爱的伙伴关系不仅有利于你们两个人，而且能为你们的孩子提供安全感和幸福感。

你们的关系为孩子树立了一个好的榜样。从你们身上，孩子正在学习如何对待他人、处理分歧，并形成人与人之间深厚的感情。当您和您的伴侣互相支持，一起解决问题，一起克服挫折时，就等于在给孩子上一堂建立健康关系的课程。

也许没有什么比夫妻双方不可避免的分歧更能破坏家庭关系。这种分歧可能每天都会出现。例如：关于养育孩子的决定、家庭责任分配、财政问题或任何一个问题。

尽管当着孩子的面把父母之间的分歧说出来是不明智的，但看到父母以建设性的方式处理其他类型的分歧时，孩子可能会从中受益。

当您冷静而理性地处理这些分歧时，就等于在教孩子解决冲突的宝贵技能，比如如何处理分歧和协商妥协。

重要的是，您用健康的方式来调节比如压力、愤怒或沮丧等负面的情绪时，就等于向孩子表明冲突不是什么可怕或必须避免的事情，而是任何健康关系的正常组成部分。

健康的冲突也可以帮助您和您的伴侣更紧密地结合在一起。当知道您可以克服你们的分歧，并且仍然表现得很好时，您会觉得你们之间的关系更牢固、更安全。这会让你们有更强的合作、信任和团队精神。

这里有一些健康的解决问题的方法，当您和您的伴侣面对分歧或冲突时可以借鉴。

说出来　当遇到问题或分歧时，抽出时间一起讨论。选择一个既冷静又能以开放的心态倾听的时间。给双方轮流表达观点的时间。当您的伴侣说话时，试着真正专注于他（她）在说什么，而不是想着您要说什么。

保持专注　把谈话集中在手头的问题上，避免把其他话题或不满混为一谈，避免互相批评或责怪。集中精力一起解决分歧，并想出一个解决方案。

保持继续对话　面对冲突时，您会感到不舒服，可能很想停止并退出对话。但只有坚持下去，你们才能达成令人满意的结果。如果有必要，暂时休息一下，向对方说自己需要一些冷静下来思考的时间，然后再回到之前的对话上。

努力理解对方　真正地努力让自己站在对方的立场上想问题。这能帮您更好地理解您的伴侣的观点，还可以帮助您以更高的敏感度去处理冲突。

当您花时间去了解伴侣的想法因何而来时，您将更有可能找到一种方法，把你们的观点都纳入一个折中方案，使双方都满意。在许多情况下，共同解决问题将为您的孩子提供更丰富的成长环境。

找到平衡点　在某些情况下，您可能会意识到在某个问题上你们根本无法达成共识。

如果您的伴侣对这件事有更强烈的愿望，考虑让他（她）带头做决定。如果是您有更强烈的愿望时，同样他（她）也可以为您做同样的事情。

这种相互的礼让，会使你们在"同意或不同意"的问题上保持平衡与和谐。

坚实的基础

您与伴侣的关系是家庭的重要基础。伴侣之间相互尊重、相互欣赏、相互支持，让彼此成长和发展，你们的基础就会更加牢固。

双方作为一个统一的团队来面对养育孩子这件事，你们应该为孩子创造最佳的成长环境，一个让孩子感到安全和能够得到安全的地方。这就等于为一个充满感情和善于交流的家庭生活定下了基调。你们可以在现实生活中塑造健康的成人关系，这对任何成长中的孩子来说都是一份重要而持久的礼物。

第 27 章
左右兼顾

作为家长，日常的一天就像是一个长距离的冲刺过程。从起床的那一刻起就是疯狂的冲刺，直到晚上躺到床上。在照顾孩子的同时，您可能还要处理好工作关系和人际关系，很难再给自己挤出时间了。

您在生活中扮演的多重角色可以给自己带来深刻的意义和满足感，但有时您可能会觉得自己被太多的东西所牵扯。您想知道怎样才能把这一切都做完，同时又能保持某种平衡。如果能把额外的时间和精力整合在一起就好了！

您需要知道，不仅仅是您面临这种情况。如果您有时觉得自己失去了平衡，那并不是因为您效率低下或缺乏动力，许多父母也都这样。他们的日常生活很匆忙，他们努力在各自的角色上尽力工作，但又担心有时会落空。

在日常生活中找到平衡是一个持续地兼顾左右的行为，需要有计划、有意识地选择和放松自己。虽然您不可能把所有的计划和愿望都实现得很完美，但您还是有可能通过左右兼顾的方法来掌控好生活，甚至能让生活变得越来越好。您可以享受这些角色，同时充分利用这些宝贵的时间来陪伴您的孩子。

兼顾工作和家庭

作为一名家长本身就好像是一份全职工作。再加上美国大多数父母还会从事某种有薪工作，难怪大家会觉得生活过于忙碌。

可以同时兼顾工作和为人父母的方法，没有对错之分。适合您和您家人的方法就是最好的。

对于出去工作的父母来说，在工作和家庭之间取得平衡是最终法则。

毫无疑问，为人父母者实现工作和

生活平衡的难度更大。然而，研究表明，把养育子女和工作结合起来，可以对你在两个方面的经历产生积极影响，使生活的每一个方面都更加丰富和满足。

作为全职父母，照顾好家庭需要时间、精力和专注，这就是一份工作，虽然可能得不到金钱的回报，但当您能够享受这份工作并从中获得满足感时，这种感觉就会传递给孩子。

当您投入到所做的事情中，并从中获得快乐和生活意义时，这些美好的感觉会渗透到您的家庭生活和与孩子的互动中。

不过，有些时候您可能会感到在事业与家庭和孩子的责任之间左右为难。一般来说，虽然有些父母说为人父母影响了他们的事业，但绝大多数父母还是会因为工作需要无暇顾及家庭生活而感到更多的压力。

虽然在工作、家庭和为人父母等方面都面临着挑战，但您还是可以做些事情，从生活的各个方面寻求更多的平衡，获得更多的乐趣。这里有一些重要的想法希望您能记住。

确定自己的核心价值 您的价值导向会影响您在家庭中和工作中的目标。问题是，有时这些价值导向会相互冲突。您相信自己是优秀父母和职场英雄，您喜欢保持家里一尘不染并与孩子在一起。这些都可以帮助您自己弄清楚什么是您最重要的核心价值。这将使您更容易在繁忙的生活中优先考虑您的目标。

学会知足 如果您总是为自己设定过高的标准，那么现在是放弃完美主义的时候了。平衡需要的是足够好而不是完美。家里可能没有您期待的那么整洁，您可能没有那么多时间做一顿大餐。也许您没有那么多时间把工作做到完美，或者您不能为了最后一分钟的会议而放弃一切。努力做到最好就行了，不要期待不可能完成的目标。

放下罪恶感 有时候，在试图平衡所有的角色时，您会觉得好像让所有人都失望了。您可能特别担心没有给孩子足够的时间。这个时候就是心中的内疚感真正涌起的时候。

事实是，与上一代的父母相比，目前美国的父母花在照顾孩子上的时间更多，而不是更少。即使父母双方都在工作也是如此。研究还显示，有工作的母亲和全职母亲花在教育和亲子活动上的时间几乎相同。与其担心您在做什么或不做什么，不如把注意力集中在您目前情况中的积极方面。

与职场保持联系

随着办公技术、工作方式和工作规范的变化，离开带薪工作而去照顾孩子的父母往往发现重返职场具有挑战性。如果已经离开职场很长一段时间，您可以采取措施保持与职场的联系，避免在家待上几年后对职业的陌生感。

- **保持上网** 保持个人和业务的联系，与以前的同事共同进餐，通过社交媒体或电子邮件保持联系，或参加社交活动。
- **了解行业趋势** 阅读行业杂志，查看行业网站或订阅您所在领域的电子快讯。
- **考虑做一些非全职的工作** 偶然负责某个项目，甚至一些兼职工作，您就可以保持一直在行业内。

重新定义平衡 平衡不一定是一成不变的状态。有时生活的某个方面需要更多的关注或优先于其他方面的关注，这是可以预料的。如果您发现生活失去平衡太久了，那就需要花点时间重新评估需要优先去做的事情，并及时做出调整。

有效的组织 每天编制一份今日待办事情的清单。您可以将任务列表分为工作任务和家庭任务，也可以分为自己的任务和伴侣的任务。确定您需要做什么，什么可以等待，什么可以完全忽略。有效地组织安排家务活动，如分批处理事情或集中在某天洗一大堆衣服。做必须要做的事，剩下的可以适当放弃。

寻求支持 不要试着自己完成所有的事。接受伴侣、爱人、朋友和同事的帮助。如果您感到内疚、悲伤或不知所措，就大声说出来。如果您经济宽裕，考虑支付1~2周的劳务费请人帮着打理家务，为家人和自己节省一些时间。

在工作中设置限制

因为一天里的工作时间有限，所以在日程中安排好优先任务是很重要的。如果您要兼顾全职工作、育儿和家务，同时又想为家庭、人际关系和您喜欢的活动留出更多时间，对工作设定一些限制会是一个有效的方法。您可以做的事情包括以下几个方面。

让工作为自己服务 您对自己的工作时间有更多的自主权和灵活性，您所面临的家庭与工作之间的冲突就越少。您可以与雇主探讨关于弹性工作时间、缩短工作时间、工作任务分配、远程办公和其他工作时间灵活的问题。

并不是每份工作都会给您提供照顾孩子的时间。但是您需要提供令人信服的理由来解释工作时间的灵活性会给您的雇主带来好处。劳动力正在发生变化，许多雇主也承认这一点。您可以与其他同事一起负责一个项目，或是在您的部门营造一种实现个人和工作平衡的环境，这对有孩子的雇员和没有孩子的雇员都有帮助。

提供关键信息 与同事合作，而不是与他们作对。如果家庭责任会影响您的工作时间，尽可能提前通知雇主。让雇主和同事知道，这样您就能得到他们的支持，也能让他们感觉到您对他们的尊重。

管理好时间 在工作时集中精力提

出差的时候

许多工作是需要出差的。虽然出差可以提供离开家休息的机会，但离开家的时间也会影响家庭生活和日常生活。您可以通过一些简单的策略来减少出差对孩子造成的影响。

- 沟通 让孩子知道您什么时候出差，出差多长时间。如果您有学龄前儿童，在离开前一周或几天告诉他（她）您的出差计划。年龄较大的孩子对时间有更好的理解，可能更愿意提前了解您的出差计划。
- 承认消极情绪 如果孩子对您的出差计划表现出悲伤或失落，不要忽视这些情绪，倾听并给予理解和安慰。
- 不要延长告别时间 避免因为内疚而在离开时拖拖拉拉。另一方面，不要不说再见就离开。告别要简短，让人放心。
- 保持联系 打视频电话与孩子进行面对面交流。晚上通过电话或视频聊天给孩子朗读。分享您今天的照片，寄明信片给孩子。
- 坚持育儿常规 在您不在的时候，与伴侣或育儿团队一起尽可能保持孩子的日程和日常生活的完整性。

高工作效率，然后在工作一天结束时放下工作。如果可能的话，不要害怕说"不"，不去执行您不喜欢或无法完成的任务，或者与雇主分享您的担忧和可能的解决方案。当您停止接受任务，而且能摆脱负罪感或失败感时，您就会在工作中更加努力，也能使您有更多的时间用于家庭和其他对您有意义的活动。

定义自己的边界　有些父母发现，当他们分清不同的角色之间的界限时，他们会获得更好的平衡。他们有意识地决定在精神上把工作时间和家庭时间分开，并严格限制在家里提及与工作有关的事情。也有人可能会发现，把工作和家庭生活更完美地结合起来，如在家偶尔接个工作电话，或者在家完成一些工作任务，压力会更小。尝试两种选择，找出您觉得最好的一种。

保持职业选择的开放性　从特定的雇主或职业中创造一种独立感，可以让您在公司和职位之间自由流动，也可以休假或考虑自己创业。保持您与专业领域的联系，并在您的职业领域建立良好的声誉。

分担家务劳动

　　在成为父母之前，您和您的伴侣可能公平地分担家务。当孩子进入家庭时，传统的参考性别分担家务的模式可能更适合。但如果您是全职父母，您可能要承担更多的育儿和家庭责任。

　　正如没有一个可以兼顾工作和家庭的公式，没有任何一种方式可以完美地分担家庭的责任。重要的是，您要积极地、有意识地与您的伴侣共同制订分工模式，双方共同承担作为父母的压力和回报，以使双方都满意。

　　分别承担责任意味着父母中的一个选择把精力放在家庭上，而另一个则专注于工作。或者有一个人在工作时间上有所缩减，而在家里承担更多。或者你们决定双方都减少工作时间以腾出更多时间来照顾孩子。

　　这并不是说您必须把生活中所有的责任都一分为二，而是您应该制订出一个你们都能接受的计划，一个让父母作为整体来照顾孩子、分享决定和任务的计划。以下是一些您可以考虑的建议。

公开沟通　在家里每个人应该承担多少责任？列个清单，谈谈您能做什么，想做什么，擅长什么。把计划作为一个试验来实践，并在实践中对其进行调整。同时不断地与伴侣交流您的期望，什么是您可以做的，什么是您做不了的。

认识并承认不同的选择可能会随着时间的推移而改变。坐下来讨论对你们每个人来说最重要的是什么，您的孩子，您的事业，您的业余时间及家务。您和伴侣不会在所有事情上都达成一致，尝试协商和妥协，以求得问题解决。分配家务时，要考虑到双方的喜好和优势，以及最有效地利用时间。

检查您的角色　如何分配家务貌似是一个选择，但实际上它会受到社会或性别规范的影响。例如，在历史上，母亲通常被认为是儿童的主要看护者，父亲则扮演次要角色。

在实际生活中，不要被性别角色束缚，应该用灵活的手段去完成任务。对自己在家庭中所扮演的角色没有那么严格期望的夫妇，会因此面临更少的作为个体的压力，他们之间的关系也会更加和谐。如果伴侣做家务和照顾孩子的方式与您不一样呢？建议是你们两个可以有不同的做事方式，只要你们在孩子面前保持一致性就行。

避免计较　您和伴侣是一个团队，您不需要与伴侣计较承担家务的多少。不要把您的伴侣正在做（或没有做）的每件事都列在清单上，相信你们都在为家庭的成功而努力。一起解决问题，避免抱怨谁干得多或少。彼此较劲会让每个人都吃亏。

创建自动化的家务安排　为你们设计一套合适的家务安排。例如：您负责洗衣服，您的伴侣使用吸尘器打扫卫生。您的伴侣周末做饭，您负责工作日做饭。你们轮流陪孩子上床睡觉和洗澡。如果你们的经济条件允许，可以考虑雇用家政人员来帮忙做家务或干杂活。但要清楚，做出这些安排是谁的责任。

为孩子生病制订计划 孩子感冒或胃肠病发作时，谁在家照顾孩子呢？如果父母双方都有工作，那就制订一个你们都满意的A、B甚至C计划。也许你们会轮流和生病的孩子待在家里。也许朋友、家人或邻居愿意在你们俩都无法放下工作的时候帮助你们。您所在地区的一些儿童看护服务、儿童看护中心或医院也可能为孩子提供生病护理服务。

关注当前的时刻

有没有发现自己和孩子在一起处于自动驾驶状态？也许你们在玩经营餐馆或超级英雄的游戏时，您的思绪却远在千里之外。您是否太专注于自己的想法或忧虑，而不喜欢孩子的笑容，也没有惊叹于孩子在您眼前展现的创造力。当您被困在自己的世界里时，您就不太注意孩子的情绪和需求了。那就错过了一个通过孩子的眼睛看世界的机会。

克服这种为人父母常见的错误方法是采取正念养育。简单地说，就是要专注于现在和孩子在一起的时刻，而不去关注孩子将来会如何表现或将会发生什么事情。正念养育的父母用一种不加评

判、不加控制的方式，通过积极倾听和关注，将父母的全部意识带给孩子。这意味着通过关注自己对孩子的情绪和反应，让自己也有同样的意识和判断力。

研究表明，实行正念养育的父母会对他们的孩子有更多情感上的了解，也会在他们与孩子之间产生更多的共鸣、接纳和同情。正念养育对父母与子女的互动方式产生积极的影响。例如，正念养育会增加父母育儿的良好习惯，如表达爱意、给予安慰或鼓励。同样，它也会减少一些不当的育儿行为，比如对孩子大喊大叫或过于挑剔。

学习如何与孩子相处，需要时间和练习，但您可能会发现这种体验可以减轻压力，改善与孩子的关系。您可以把这些融入到日常生活中，即使是一些日常事务，如上学前准备或帮助孩子做睡前准备。您在与孩子单独相处的时候，更应该有意识地使用正念养育的理念。以下是一些策略，您可以将这些理念融入到日常育儿中。

全身心投入 当您把注意力集中在孩子身上时，您要选择注意力是集中在身体上、智力上还是情感上。如果您发现自己的思绪在游荡，或者一天的压力开始悄悄袭来时，停下来，深吸一口气，专注于眼前发生的事情。

观察孩子 努力观察和欣赏您的孩子，因为他（她）只是他（她）自己，而不是您希望要成为的模样。要意识到您自己未实现的愿望、梦想或计划可能会干扰您接受孩子的当前状态。

听孩子说 无论您是在和孩子谈话，帮助孩子学习，还是只是一起闲逛，努力关注孩子所要表达的东西。这包括孩子说的话，以及他（她）可能通过行为和其他非言语暗示传达的信息。您对孩子的情绪、想法和感知越敏感，您对他（她）的需求就越了解。

控制发脾气 不管是否意识到，孩子的某些行为可能成为触动父母发怒的按钮。当您对孩子正在做或正在说的事情感到恼火时，停下来，重新审视您的感觉或想法，不要立即下决断。只要思考一下，想想孩子的行为会在您的内心触发哪些无意识的情绪。在采取任何行动之前，考虑应对这种情况的最佳方式。

选择暂停 当您正在叠一堆衣服或做饭时，孩子向您提出一个问题或要您给他（她）讲一个故事时，如果可能的话，请停下手头的事情，与孩子进行眼神交流。在您回到那些没有干完的家务之前，花点时间陪着孩子并倾听孩子的想法。

自我原谅　即使您在正念养育的时候尽了最大的努力，有时候您也会分心，也会失去耐心，或者以一种不太理想的方式来处理育儿问题。正念养育的一部分就是放弃自己的判断。努力无条件地珍惜自己，就像您爱自己的孩子一样。作为回报，您的爱也会流向您的孩子。

远离电子设备屏幕

如果您和许多其他父母一样，有时候会在和孩子玩耍、在操场上荡秋千或孩子参加比赛时沉迷于手机。您的孩子可能会抱怨您花在屏幕上的时间太多了。他（她）甚至可能觉得有必要通过表演来争取您的注意力。但问题是许多父母的压力之一就是必须立即回复来自朋友、家人和同事的手机短信或电话。一旦拿起手机，就很容易陷进去。

虽然孩子不需要您一直全神贯注地关注他（她），但电子设备可能会经常横亘在你们之间。当您盯着屏幕看的时候，您会更加分心，对孩子的反应也会减弱。研究表明，父母长时间应用手机的习惯会干扰甚至减少与孩子的对话和互动。当您放下手机或平板电脑，把注意力放在孩子身上时，您传递给孩子的信息是：他（她）才是您的无价之宝。这种关注是帮助孩子茁壮成长的珍贵礼物。

这里有一些建议，可以帮助您更好地规范自己应用电子媒体的习惯，这样您就可以更好地参与孩子的生活。

做个好榜样　研究表明，孩子会深受父母使用电子设备习惯的影响。当父母花在电子设备上的时间增加时，孩子也会效仿父母。这是您限制自己在电子设备上花费时间的一个重要原因。您可以树立一个好榜样，比如说在吃饭的时候，在开车的时候，在和孩子或与其他人直接接触的时候，把手机放在一边。

创建无电子设备区域　考虑为整个家庭设立无电子设备区域。例如，在厨房或餐桌上禁止使用电子设备。在短途旅行中也不要使用电子设备，而是与孩子交谈或一起唱歌。

确定不使用电子设备的时间　确定一天中的某个时间段全家都不使用电子设备。吃饭时间是个不错的选择。您也可以在每天晚上或周末的某些时间段不使用电子设备。

把电子屏幕时间变成家庭时间　和孩子一起看适合孩子年龄的节目和电影，或者与孩子一起玩游戏。谈谈您在看什么或在做什么，并提出一些问题。

家庭聚餐

由于足球训练、芭蕾舞课和下班后的琐事，似乎定期的家庭聚餐已经成为过去。不过，您需要努力让您的家庭优先考虑大家一起用餐。

带有餐桌的厨房是一个理想的聚会场所，它可以把一个家庭联系在一起，为孩子建立安全感和归属感。定期的家庭聚餐也可以从其他方面促进孩子的身体健康。与家人一起吃饭可以使孩子饮食更均衡，情绪更健康，危险行为更少。作为一个家庭，一起吃饭也可以减少儿童和青少年饮食失调与体重问题的风险。

更多关于如何充分利用家庭聚餐的信息，请参阅第13章。

通过这些与孩子的愉快互动，您就可以加强与孩子的联系。

照顾好自己

许多父母都知道，理论上他们应该把自己的健康和幸福放在首位。但是，在现实生活中，似乎总有更重要的事情要处理。因为太多的责任，您可能会觉得，把自己放在第一位，说得好听点是对自己宽容，说得不好听就可能是自私了。

如果您也有这种想法，请认真思考一下，其实珍视自己不仅对您自己有好处，也对孩子有益。

回想一下航班起飞前播放的紧急指示："在给孩子戴氧气面罩之前，请先给自己戴好氧气面罩。"作为父母，现在就把这种理念应用到您的整个生活之中。您首先需要确保自己是正常的，然后才能妥善地照顾好孩子。

当您总是把自己放在最后考虑时，您的情绪和身体就会被耗尽。您就会很难有能力应对养育孩子所带来的压力。适当地承担一些压力对您有好处，它能激励您面对挑战和处理危机。但是当您不断承受压力时，压力就可能对您的身心健康造成损害。父母的压力也会影响孩子，经常导致孩子以消极的方式表现出来，从而导致更多的家庭压力。

在某些情况下，忽视自己的需求可能会导致心理健康问题，如抑郁或焦虑。父母的心理健康问题不仅会增加孩子出现行为问题的可能，还会增加孩子出现心理健康问题的风险。

当您不断地通过自我调节舒缓压力和恢复精力时，就像在飞机上确保先给自己带好了氧气面罩一样，这才是既保险又恰当的做法。除了使自己更好地养育和支持孩子发展需要外，您也为孩子树立了一个如何安排生活的榜样。

当孩子看到父母拥有这些健康的习惯时，他们更有可能建立健康的行为，如饮食健康和锻炼身体的习惯。当您的孩子看到您善待自己时，他（她）也就懂得了自我照顾的价值。而且重要的是，当您更快乐时，您的孩子也会更快乐。

自我保健包括优先考虑生活的三个基本要素：锻炼身体、健康饮食和心理健康。您每天走了多少步，吃了什么，以及如何满足自己的情感需求，这些都有助于提升幸福感。通过满足您在这些方面的需要，您才有精力、耐心和韧性来满足孩子的需要。

体育活动　经常参加体育活动是自我保健的基础之一。体育活动可以帮助您控制体重，改善骨骼健康，预防和管理一系列健康问题。同时，它可以减轻

压力，改善情绪，提升您的整体能量。

虽然体育活动有很多不可否认的好处，但父母在有了孩子后往往会减少锻炼，甚至干脆停止锻炼。在照顾孩子、工作和做家务之间，许多父母很难把身体锻炼融入日常生活。有些家长还说：他们会对离开孩子花时间去锻炼感到内疚。

但是，您要知道，通过锻炼使自己的身体健康，这是您作为家长的重要基础，同时也有利于为孩子塑造健康的行为模式。正如某位家长所说："我只需要克服罪恶感和恐惧感，做出选择，做自己需要做的事。"

每周至少进行150分钟的中等强度运动，或每周75分钟的剧烈运动。如果这听起来难以实现，那很少的锻炼也总比没有强。做您喜欢的、任何能让您动起来的事。最好让整个家庭都参与进来。步行、骑自行车、打篮球或游泳，您可以把这些项目融合在一起进行！

如果您的健身运动是从一个相对较低的水平开始的，那么，这就需要慢慢地增加运动量，才能使您的健康状况得到改善。这个过程可能需要几个月。如果您要开始一个新的锻炼计划，先咨询医生，以确保它对您是安全的。

健康的饮食 良好的营养是自我保健的另一个关键因素。健康的饮食可以帮助您控制体重，降低患心脏病和2型糖尿病等疾病的风险。高质量的饮食也可以使您心理健康和情绪健康。另外，您也将为孩子塑造健康的饮食习惯。因此，您需要有意识地选择吃什么和吃多少。

多选择水果、蔬菜和全谷类食品，选择低脂奶制品和优质蛋白质，限制摄入不健康脂肪和糖。最好远离垃圾食品。有关家庭营养健康的更多信息，请参阅第13章。

心理健康 如何平衡好夫妻关系和履行其他责任，时常会让您感到压力或精力枯竭。在漫长的一天结束后，您可能会面对水池里的一堆脏盘子、准备给孩子洗澡和一个未完成的工作项目。任何人都有可能不知所措。

当情绪不佳时，您就没有精力为孩子着想。这就是为什么管理心理健康像管理身体健康一样重要。当您的情绪健康时，您就能更好地应对养育子女的压力和挑战。当然您不可避免地会经历负面情绪，比如担心或者愤怒，但您可以用一种有效的方式来处理这些情绪。定期锻炼和健康饮食是两个关键方法，您可以采取措施来保障自己的心理健康。另外，您需要充足的睡眠。良好的睡眠对身心健康至关重要。大多数成年人每晚至少需要7小时的睡眠。

当父母开始约会

如果您是单亲父亲或母亲，照顾好自己的同时可能包括寻找一个浪漫的伴侣，花时间和新伴侣在一起。虽然一段新的关系会给您一个新的生活机会，但它也会给孩子带来焦虑。

建议单身父母不要把孩子介绍给您随便约会的人。而是要等到发展一段时间并确立正式关系之后再告诉孩子。您可以向孩子分享您约会对象的一些细节，以及您喜欢对方什么，让孩子为第一次见面做好准备。同时，也让您的约会对象知道您孩子的个性和兴趣。您甚至可以提出一些他们之间可以谈论的话题。

让您的孩子和您的新伴侣的见面保持随意和相对简短，尽可能把时间集中在孩子喜欢的活动上。慢慢来，给您的孩子和您的新伴侣一个"热身"的机会。这可能需要时间和更多的聚会。

刚开始时，这种新关系可能会影响孩子，孩子可能会表达忧虑、悲伤甚至愤怒。让孩子表达这些情感，并帮助他（她）克服这些情感的障碍。如果您已经离婚了，您的孩子可能会坚持认为您和您的前任总有一天会重归于好。这时候您需要向孩子保证不管发生什么，您和您的前任会一如既往地爱他（她）。

花点时间放松自己，做自己喜欢的事情。虽然您可能没有时间去做那些在您有孩子之前喜欢的休闲活动，但您仍然可以腾出时间来娱乐。试着每天安排时间做一些让您快乐的事情，无论是读书、锻炼、棒球赛，还是静静地品尝一杯咖啡。

在生活中结交积极向上的人，他们可以帮助您乐观开心和振奋精神。保持你们的友谊，例如，和朋友出去玩一晚，或者打电话和朋友聊聊天。如果您感到压力、悲伤或沮丧，不要把它憋在心里，向您的朋友圈去寻求支持和建议。

如果您认为自己可能正在经历抑郁、焦虑或慢性压力的症状，不要独自支撑。您需要与医生交谈或寻求心理健康专家的指导。

享受为人父母的快乐

您可能从未想过，为人父母是一次

伟大的冒险、挑战和自我升华的方式。它有时会非常可怕，但也会带来巨大的快乐，让您感受到前所未有的爱和目标感。没有什么比看着孩子形成独特的个性和庆祝他（她）一路走来的成功更重要的事情了。

有时平衡做父母、职场和人际关系会很棘手。但所有这些快乐和责任都给生活增添了意义和目标，使生活更加丰富多彩。

当您继续在为人父母的道路上奋斗十几年或二十几年的时候，记住您的孩子在未来最可能记住的，不是您在某个特定时刻说了什么或做了什么，而是您是什么样的人和您正在努力成为什么样的人。如果您努力使自己做到最好，那您也将成为孩子心目中最好的父母。相信您最了解您自己，最了解您的孩子和家庭，相信您自己有足够的能力去适应为人父母这一路上的起起落落。

使做饭更简单

在家做饭不一定会耗费您大量的时间。只要有一些预先的计划安排，您完全可以把烹饪安插在繁忙的家庭时间表里。

下面几页是给您示例一周的餐饮计划表。您不必一步一步地完全照做，但是，列出的建议可以帮助您学会如何通过厨房里的一两次准备工作使您一周的生活更加轻松。这里提供了一些关键食谱。对于其他菜品，您可以通过食谱或互联网找到您喜欢的简单食谱，比如烤鸡或炒蔬菜。

以下是一些更好地安排厨房时间的关键概念。

安排两天的烹饪准备时间 建议每周预留两次时间（至少一次安排在周末），来准备好大部分的食材。如果您做饭需要切菜，那就把几天内所需的蔬菜一起切好，然后把它们放在干净的容器里。这样，当您需要的时候就可以很容易找到。肉类或其他蛋白质也是如此。如果您在烤鸡胸肉，可以多做一些，配在玉米饼或沙拉里。

多做一些冷冻起来 准备双倍分量，这样您就可以先吃一半，另一半冻起来以后吃。这种方法比较适合多种调味汁和炖菜，也很适合个别食物，例如松饼和比萨饼坯。一次多做一些，放到冰箱的托盘上，等完全冷冻后，用塑料袋包起来以后吃。

有一个系统 确定好每周的菜单主题。星期二吃玉米饼？通过！星期一无肉日？好！孩子们通常喜欢他们期待的、可预测的传统安排。与家人和孩子们一起制订餐饮计划。他们就会更喜欢自己选择的菜单。

做一次饭多吃几顿 有意识地预留一些剩菜在本周的晚些时候用来制作快餐。例如，星期天剩下的牛排边上的肉，可以在星期二用来制作美味的玉米饼。很多类谷物，例如糙米和扁豆，可以作为某一天晚餐的配菜，而到另一天时在上面放些蔬菜就可以作为主菜。把您的想象力发挥到极致吧！

星期六菜单

提前准备

- 准备本周的水果和蔬菜，试着固定4~5种蔬菜在整体饮食安排中循环使用。可以用冷冻蔬菜以减少准备时间。
- 为星期二的早餐制作松饼（见第474页）。

早餐

- 全麦蓝莓薄饼*
- 水果

午餐

- 烤奶酪，配全麦面包和番茄片

零食

- 苹果配奶酪或坚果酱

晚餐

- 烤、煎、炒或水煮鸡胸肉*†
- 糙米*（遵循食品包装说明）
- 白灼或清炒蔬菜*†

> 可多做些鸡肉、米饭和蔬菜，一周内都可以吃。

* 适合多餐食用
† 选择自己喜欢的菜谱

全麦蓝莓薄饼

12个薄饼量

可按照双倍量制作两倍数量的薄饼。冷冻一半，冷冻时用烘焙纸分隔。在某个忙碌的早晨，只需用烤箱或烤面包机加热即可。

1¹⁄₃杯全麦面粉

2茶匙酵母粉

1汤匙糖

1/2茶匙肉桂粉

1¹⁄₃杯脱脂牛奶

1个鸡蛋，轻轻搅拌

1汤匙菜籽油

1杯新鲜或冷冻蓝莓

1. 取一个大碗，混合面粉、酵母粉、糖和肉桂粉。

2. 取另一个碗，把牛奶、鸡蛋和油一起搅拌，然后加入面粉混合物中，搅拌成面糊。

3. 加入蓝莓，轻轻搅拌。

4. 在煎锅或平底锅上涂上少许食用油，加热至中高热。将约1/4杯面糊倒在锅上，煎至棕色，翻面再煎至棕色。

每份（2个薄饼）包含：

能量	158千卡	钠	240毫克
总脂肪	4克	总碳水化合物	28克
饱和脂肪酸	1克	膳食纤维	4克
反式脂肪酸	0克	糖	7克
不饱和脂肪酸	2克	蛋白质	6克
胆固醇	35毫克		

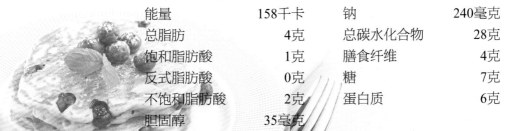

星期日菜单

提前准备

• 本周零食是煮鸡蛋。

早餐

• 蔬菜鸡蛋饼*（食谱见第477页；制作额外的蔬菜鸡蛋饼并冷冻，在星期四午餐时食用）
• 水果

午餐

• 鸡肉凯撒卷饼†

> 把星期六晚餐剩下的鸡肉和凯撒沙拉混合在一起，卷入皮塔饼即可。

• 水果

零食

• 煮鸡蛋
• 新鲜蔬菜棒

晚餐

• 快捷辣汤*（为星期一的午餐做额外的准备）
• 沙拉
• 玉米饼

* 适合多餐食用
† 使用前一餐的剩菜

快捷辣汤

8人份

素食版本，可用一罐黑豆或鹰嘴豆代替牛肉馅。

1磅特瘦牛肉馅
1/2杯切碎的洋葱
2个大西红柿（或2杯罐装无盐西红柿）
4杯罐装无盐四季豆，漂洗后沥干
1杯切碎的芹菜
1½汤匙辣椒粉，水酌量
2汤匙玉米淀粉
墨西哥胡椒，去籽并切碎（不包括在营养分析中）

1. 取一汤锅，加入牛肉馅和洋葱。中火炖至肉变褐色，洋葱变半透明，把水倒净。

2. 将西红柿、四季豆、芹菜和辣椒粉加入炖好的牛肉馅中。加盖煮10分钟，经常搅拌。揭开锅盖，加水至所需稠度。加入玉米淀粉。再煮至少10分钟，让味道融合。

3. 装入碗中即可食用，如有需要，可用墨西哥胡椒装饰。

每份（约1½杯）包含：

能量	225千卡	钠	260毫克
总脂肪	11克	总碳水化合物	24克
饱和脂肪酸	4克	膳食纤维	8克
反式脂肪酸	0克	糖	0克
不饱和脂肪酸	4克	蛋白质	18克
胆固醇	39毫克		

星期一菜单

提前准备
- 准备奶油、芝士、通心粉，以便晚上烘烤。

早餐
- 全谷类和水果

午餐
- 快捷辣汤†（星期日晚餐的剩菜）
- 全麦饼干

零食
- 全麦玉米饼，配香蕉和坚果酱

晚餐
- 奶油芝士通心粉 *
- 蒸西蓝花

* 适合多餐食用
† 使用前一餐的剩菜

每份（1杯）包含：

能量	300千卡
总脂肪	11克
饱和脂肪酸	5克
反式脂肪酸	0克
不饱和脂肪酸	4克
胆固醇	27毫克
钠	292毫克
总碳水化合物	41克
膳食纤维	4克
糖	0克
蛋白质	18克

奶油芝士通心粉

10人份

多做一些，用锡纸或塑料薄膜包紧冷冻，下一餐食用。

1包（14.5盎司，约406克）全麦弯管通心粉
1½杯脱脂松软干酪
2汤匙菜籽油
1/2杯面粉
1/2茶匙黑胡椒粉
1/4茶匙大蒜粉
2杯脱脂牛奶
2杯脱脂切达干酪，切碎
2杯切碎的樱桃番茄
新鲜欧芹作为配菜，可选

1. 根据包装说明制作通心粉。同时，将松软干酪放入食品料理机或搅拌机中搅拌至顺滑备用。

2. 将油、面粉、黑胡椒粉和大蒜粉倒入一个大炖锅中，中火加热。搅拌混合。慢慢加入牛奶，煮至沸腾。煮2分钟或至变稠变滑。加入松软干酪和切达干酪，搅拌至融化。

3. 准备烤盘，涂抹少量食用油。通心粉煮好并沥干水分后，装入盘中。将芝士混合物倒在通心粉上，搅拌均匀。350℉（约177℃）烘烤约30分钟，或直至完全加热。食用前撒上樱桃番茄碎。

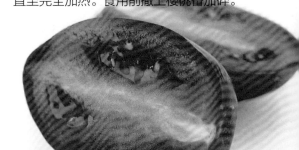

星期二菜单

提前准备
- 准备玉米饼馅料*。

早餐
- 牵牛花松饼*
- 水果

午餐
- 烤鸡肉沙拉‡

> 把星期六晚餐的熟鸡肉切成丝，拌上少量烤肉酱。铺上一层绿色蔬菜，上面放樱桃番茄、玉米和黑豆。

零食
- 蔬菜和蘸酱

晚餐
- 玉米卷†‡

> 在玉米饼里卷入富含蛋白质的食材、蔬菜和沙司，自制玉米卷。例如，把烤鱼条和生菜丝、牛油果酱和新鲜沙司混合在一起。

* 适合多餐食用

† 选择自己喜欢的菜谱

‡ 使用前一餐的剩菜

牵牛花松饼
18人份

把您不吃的松饼冷冻起来，需要时从冰箱取出食用。冷冻松饼可以使松饼保持新鲜。食用前把松饼稍微加热一下。为了口味多样，可尝试用切碎的西葫芦代替切碎的苹果。

1杯普通面粉

1杯全麦面粉

3/4杯糖

2茶匙小苏打

2茶匙肉桂粉

3个鸡蛋

1/2杯植物油

1/2杯不加糖的苹果酱

2茶匙香草精

2杯切碎的苹果（去皮）

1/2杯葡萄干

3/4杯磨碎的胡萝卜

2汤匙山核桃碎

1. 烤箱加热至350 ℉（约177 ℃）。在松饼盘中铺上烘焙纸或箔纸衬垫。

2. 取一大碗，混合面粉、糖、小苏打和肉桂粉，搅拌均匀。取另一个碗，加入鸡蛋、植物油、苹果酱和香草精，拌入苹果、葡萄干和胡萝卜。将鸡蛋混合物加入面粉混合物中，搅拌均匀，略呈块状。

3. 将面糊装入松饼杯，填充约2/3的量。撒上山核桃碎，烤大约35分钟，直到感觉有弹性。冷却5分钟，然后把松饼转移到架子上，完全冷却。

每份（1块松饼）包含：

能量	180千卡	不饱和脂肪酸	2克	膳食纤维	2克
总脂肪	8克	胆固醇	31毫克	糖	14克
饱和脂肪酸	1克	钠	156毫克	蛋白质	3克
反式脂肪酸	微量	总碳水化合物	26克		

星期三菜单

提前准备
- 把星期四午餐的蔬菜鸡蛋饼从冰箱取出。

早餐
- 蔬菜炒鸡蛋
- 全麦吐司

午餐
- 黑豆和奶酪煎玉米饼 †‡

  > 在煎锅里加热一个大的玉米饼，上面放上黑豆和奶酪。奶酪融化后，将玉米饼对折，放入盘中。可以蘸酱吃。

零食
- 鹰嘴豆泥配新鲜蔬菜条

晚餐
- 炒饭‡

  > 用星期六晚餐剩下的米饭。

- 鲜切的水果，如橘子或菠萝

† 选择自己喜欢的菜谱
‡ 使用前一餐的剩菜

炒饭
4人份

将米饭煮熟并冷藏一夜（或更长时间，最长3天），更适合做炒饭。

2杯熟糙米
3汤匙花生油（或植物油）
4个葱头，切碎
2根胡萝卜，切碎
1/2杯切碎的青椒
1/2杯冻豌豆
1个鸡蛋
2汤匙低钠酱油
1汤匙芝麻油
1/2杯切碎的欧芹

1. 取一大而重的平底锅或炒锅，用中火加热食用油。加入米饭炒至金黄色。加入葱头、胡萝卜、青椒和豌豆。炒至蔬菜嫩脆，约5分钟。

2. 把蔬菜和米饭推到一旁，在锅的中心位置挖空一个圆，打入鸡蛋，轻轻搅动鸡蛋。把炒鸡蛋拌入米饭中。洒上酱油、芝麻油和切碎的欧芹。

3. 即可食用。

每份（约1杯）包含：

能量	279千卡	钠	116毫克
总脂肪	16克	总碳水化合物	31克
饱和脂肪酸	3克	膳食纤维	4毫克
反式脂肪酸	微量	糖	0克
不饱和脂肪酸	7克	蛋白质	6克
胆固醇	47毫克		

星期四菜单

提前准备
- 准备明天（星期五）的比萨面团。

早餐
- 牵牛花松饼‡

午餐
- 蔬菜鸡蛋饼‡
- 水果

零食
- 奶酪棒配饼干或坚果

晚餐
- 香肠意大利面 *、青椒和洋葱†

> 煮香肠（预留出星期五晚上比萨的量），加入切好的青椒和洋葱，煮至蔬菜变软。拌入煮熟的意大利面和少量热水。

* 适合多餐食用
† 选择自己喜欢的菜谱
‡ 使用前一餐的剩菜

星期五菜单

提前准备
- 准备好比萨饼，晚上烘烤。

早餐
- 全麦蓝莓薄饼

午餐
- 烤面包片加熟鸡蛋和牛油果，或坚果酱和香蕉三明治
- 切片蔬菜

零食
- 水果配酸奶

晚餐
- 香肠、西蓝花全麦比萨

> 用现成的比萨饼坯，或自制您最喜欢的面团。上面涂抹比萨酱、周四晚餐时准备的香肠‡、清蒸西蓝花和马苏里拉奶酪，烤至饼皮酥脆。

‡ 使用前一餐的剩菜

蔬菜鸡蛋饼
6人份

制作双倍的分量，分两个平底锅烹饪，其中一份冷冻（或用松饼烤盘制作成多个单人份）。您也可以在前一天晚上制作并冷藏；第二天早上恢复室温后，按照烤箱指示加热。

1杯冷冻碎菠菜
6个鸡蛋
1杯脱脂牛奶
1茶匙干芥末
1茶匙干迷迭香或1汤匙碎鲜迷迭香
1/2茶匙无盐香草香料
1/4茶匙黑胡椒粉
6片全麦面包，去掉面包皮，切成1英寸（约2.5厘米）见方
1/4杯洋葱碎
1/2杯红辣椒丁
4盎司（约112克）低脂瑞士奶酪薄片

1. 将烤箱预热至375 ℉（约191 ℃）。取一个7英寸×11英寸（约18厘米×28厘米）的玻璃烤盘或砂锅，涂抹食用油。

2. 将菠菜放入过滤器，用刮铲背面按压，除去多余水分。备用。

3. 取一中等大小的碗，把鸡蛋和牛奶混合搅拌。加入干芥末、迷迭香、香料和黑胡椒粉，搅拌均匀。

4. 把菠菜、面包、洋葱碎和红辣椒丁放入一个大碗，加入鸡蛋混合物，搅拌均匀。

5. 倒入准备好的烤盘并压实。用箔纸覆盖。烤30分钟或直到鸡蛋变熟。

6. 撒上奶酪，继续烘烤15分钟或直到顶部略呈棕色。

7. 放置架子上冷却10分钟，即可上桌。

每份（3½英寸×3½英寸，约9厘米×9厘米）包含：

能量	258千卡
总脂肪	10克
饱和脂肪酸	4克
反式脂肪酸	0克
不饱和脂肪酸	2克
胆固醇	137毫克
钠	465毫克
总碳水化合物	25克
膳食纤维	3克
糖	0克
蛋白质	17克

按照体重计算的止痛药剂量

对乙酰氨基酚（泰诺或其他）

体重	剂量				
	婴儿或儿童口服浓度 160毫克/5毫升	儿童咀嚼片 80毫克/片	青少年强力咀嚼片 160毫克/片	成人片剂 325毫克/片	成人增强片剂 500毫克/片
6~11磅（2.7~5.0千克）	1.25毫升（40毫克）	—	—	—	—
12~17磅（5.4~7.7千克）	2.5毫升（80毫克）	—	—	—	—
18~23磅（8.2~10.4千克）	3.75毫升（120毫克）	—	—	—	—
24~35磅（10.9~15.9千克）	5毫升（160毫克）	2片（160毫克）	1片（160毫克）	—	—
36~47磅（16.3~21.3千克）	7.5毫升（240毫克）	3片（240毫克）	1½片（240毫克）	—	—
48~59磅（21.8~26.8千克）	10毫升（320毫克）	4片（320毫克）	2片（320毫克）	1片（325毫克）	—
60~71磅（27.2~32.2千克）	12.5毫升（400毫克）	5片（400毫克）	2½片（400毫克）	1片（325毫克）	—
72~95磅（32.7~43.1千克）	15毫升（480毫克）	6片（480毫克）	3片（480毫克）	1½片（487.5毫克）	1片（500毫克）
96~146磅（43.5~66.2千克）	—	—	4片（640 毫克）	2片（650毫克）	1片（500毫克）

来源：Mayo Clinic

只使用随产品附送的分药器（厨房用茶匙量药不准确）

每4小时服用1次，24小时内用药次数不得超过5次

剂量表使用以下缩写：·毫克（mg）·毫升（mL）·磅（lbs）

一：表示该药品不适用于该体重范围的孩子

布洛芬（艾得维尔、美林或其他）

体重	剂量				
	婴儿滴剂或口服浓度50毫克/1.25毫升	儿童口服浓度100毫克/5毫升	儿童咀嚼片50毫克/片	青少年增强胶囊或咀嚼片100毫克/片	成人片剂200毫克/片
12~17磅（5.4~7.7千克）	1.25毫升（50毫克）	—	—	—	—
18~23磅（8.2~10.4千克）	1.875毫升（75毫克）	—	—	—	—
24~35磅（10.9~15.9千克）	—	5毫升（100毫克）	2片（100毫克）	1片（100毫克）	—
36~47磅（16.3~21.3千克）	—	7.5毫升（150毫克）	3片（150毫克）	1½ t片（150毫克）	—
48~59磅（21.8~26.8千克）	—	10毫升（200毫克）	4片（200毫克）	2片（200毫克）	1片（200毫克）
60~71磅（27.2~32.2千克）	—	12.5毫升（250毫克）	5片（250毫克）	2½片（250毫克）	1片（200毫克）
72~95磅（32.7~43.1千克）	—	15毫升（300毫克）	6片（300毫克）	3片（300毫克）	1½片（300毫克）
大于96磅（大于43.5千克）	—	20毫升（400毫克）	8片（400毫克）	4片（400毫克）	2片（400毫克）

来源：Mayo Clinic

小于6个月的孩子服用布洛芬之前，请咨询儿童医疗机构

如果给药少于100毫克，使用婴儿滴剂

只使用随产品附送的分药器（厨房用茶匙量药不准确）

每6~8小时给药1次，24小时内用药次数不得超过4次

剂量表使用以下缩写：·毫克（mg）·毫升（mL）·磅（lbs）

—：表示该药品不适用于该体重范围的孩子

索　引